Wo sind sie alle?

Stephen Webb

Wo sind sie alle?

Fünfzig Lösungen für das Fermi-Paradox

Mit einem Geleitwort von Martin Rees
Aus dem Englischen übersetzt von Matthias
Delbrück

 Springer

Stephen Webb
DCQE
University of Portsmouth
Portsmouth, UK

Übersetzt von
Matthias Delbrück
Dossenheim, Baden-Württemberg
Deutschland

ISBN 978-3-662-63289-5   ISBN 978-3-662-63290-1   (eBook)
https://doi.org/10.1007/978-3-662-63290-1

Die Deutsche Nationalbibliothek verzeichnet diese Publikation in der Deutschen Nationalbibliografie; detaillierte bibliografische Daten sind im Internet über http://dnb.d-nb.de abrufbar.

Deutsche Übersetzung der 2. englischen Originalauflage erschienen bei Springer International Publishing, 2015
Translation from the language edition: *If the Universe Is Teeming with Aliens ... WHERE IS EVERYBODY?* by Stephen Webb, and Matthias Delbrück © Springer International Publishing Switzerland 2015. Published by Springer International Publishing. All Rights Reserved.

Planung: Lisa Edelhäuser

Cover: deblik Berlin unter Verwendung eines Motivs von © Анна Лукина/stock.adobe.com

Springer ist ein Imprint der eingetragenen Gesellschaft Springer-Verlag GmbH, DE und ist ein Teil von Springer Nature.
Die Anschrift der Gesellschaft ist: Heidelberger Platz 3, 14197 Berlin, Germany

Geleitwort

„Sind wir allein im Universum?" ist eine der ältesten und universellsten Fragen. Seit über 100 Jahren regt diese Frage brillante Science-Fiction an – und heute ist sie Gegenstand von Wissenschaft und Forschung. Aber immer noch fehlen uns Beweise – wir wissen zu wenig, um sagen zu können, ob die Existenz intelligenter Außerirdischer wahrscheinlich oder unwahrscheinlich ist. Deshalb brauchen wir alle Argumente, die wir auftreiben können. Und genau deshalb wird dieses Buch eine Anregung für alle wissbegierigen Geister sein.

Es könnte einfache Organismen auf dem Mars geben oder Überreste von Lebewesen, die in der Frühzeit des Roten Planeten gelebt haben. Leben könnte auch in den eisbedeckten Ozeanen des Jupitermonds Europa oder des Saturnmonds Enceladus vorhanden sein. Aber nur wenige würden wohl darauf wetten – und sicherlich würde man an solchen Orten keine komplexe Biosphäre erwarten. Dafür müssen wir zu den fernen Sternen blicken – weit jenseits der Reichweite jeder Sonde, die wir heute konstruieren können.

Die Aussichten sind hier viel besser. In den letzten 20 Jahren (und vor allem in den letzten fünf) ist der Nachthimmel viel interessanter und für Forscher deutlich verlockender geworden, als er es für unsere Vorfahren je war. Astronomen haben entdeckt, dass viele Sterne – vielleicht sogar die meisten – von Planeten umkreist werden, genauso wie die Sonne. Diese Planeten sind im Allgemeinen nicht direkt nachweisbar. Aber sie verraten ihre Anwesenheit durch Effekte auf ihren Mutterstern, die durch präzise Messungen nachgewiesen werden können: kleine periodische Bewegungen des Sternes, die durch die Schwerkraft eines umkreisenden Planeten hervorgerufen werden, und leichte, wiederkehrende Abschwächungen der Helligkeit eines Sternes, wenn ein Planet vor ihm vorbeizieht und einen winzigen Teil seines Lichtes blockt.

Besonderes Interesse besteht an möglichen „Zwillingen" unserer Erde – Planeten gleicher Größe, die einen sonnenähnlichen Stern umkreisen, und das auf Bahnen mit Temperaturen, bei denen Wasser weder kocht noch gefriert. Die Kepler-Raumsonde hat viele solcher Planeten bereits identifiziert und wir können mit Sicherheit davon ausgehen, dass es in unserer Galaxis Milliarden davon gibt.

Innerhalb von 20 Jahren wird die nächste Generation von Teleskopen die nächstgelegenen dieser Planeten erfassen. Wird es auf ihnen Leben geben? Wir wissen zu wenig darüber, wie das Leben auf der Erde begann, um belastbare Vermutungen anzustellen. Was hat den Übergang von komplexen Molekülen zu stoffwechsel- und fortpflanzungsfähigem Leben ausgelöst? Bei diesem Prozess könnte es sich um einen Zufall handeln, der so selten ist, dass er in einer ganzen riesigen Galaxie nur einmal vorkommt. Andererseits könnte dieser alles entscheidende Übergang in der „richtigen" Umgebung sogar zwangsläufig und häufig erfolgen. Wir wissen es einfach nicht – und wir wissen auch nicht, ob die DNA/RNA-Chemie des irdischen Lebens die einzige Möglichkeit dafür ist oder nur eine chemische Basis unter vielen Optionen.

Selbst wenn einfaches Leben weit verbreitet sein sollte, können wir nicht abschätzen, wie wahrscheinlich es ist, dass sich daraus eine komplexe Biosphäre entwickelt. Und selbst wenn dies der Fall wäre, könnte das Ergebnis für uns nicht erkennbar sein. Ich erwarte mir nicht allzu viel vom SETI-Programm, aber es ist einen Versuch wert – denn wäre die Suche erfolgreich, hieße das, dass Konzepte der Logik und der Physik (wenn nicht sogar des Bewusstseins) nicht auf die Hardware in menschlichen Schädeln beschränkt sind.

Außerdem ist es vielleicht zu anthropozentrisch, die Aufmerksamkeit nur auf erdähnliche Planeten zu beschränken. Science-Fiction-Autoren haben andere Ideen verfolgt – ballonartige Wesen, die in der dichten Atmosphäre von Jupiter-ähnlichen Planeten schweben, Schwärme von intelligenten Insekten, Roboter mit kleinsten Abmessungen im Nanobereich und so weiter. Vielleicht kann Leben auf Planeten gedeihen, die in die gefrorene Dunkelheit des interstellaren Raumes geschleudert wurden und deren einzige Wärmequelle die Radioaktivität in ihrem Inneren ist (ein Prozess, der auch den Erdkern aufheizt). Es könnte sogar diffuse lebende Strukturen geben, die frei in interstellaren Wolken schweben; solche „Wesen" würden in Ultra-Zeitlupe leben (und, wenn sie intelligent sind, denken), aber vielleicht in ferner Zukunft zu ihrem Recht kommen – wie die „Schwarze Wolke"

(The Black Cloud), die sich mein Mentor Fred Hoyle in Cambridge vorstellte.

Kein Leben könnte auf einem Planeten fortbestehen, dessen zentraler sonnenähnlicher Stern sich zu einem Roten Riesen aufblähen und seine äußeren Schichten absprengen würde. Solche Überlegungen erinnern uns an die Vergänglichkeit bewohnter Welten (und den Drang des Lebens, ihren Fesseln irgendwann zu entkommen). Wir sollten auch bedenken, dass scheinbar künstliche Signale von superintelligenten (wenn auch nicht unbedingt bewussten) Computern stammen könnten, die irgendwann einmal von einer längst ausgestorbenen Rasse außerirdischer Wesen geschaffen wurden.

Vielleicht werden wir E.T. eines Tages finden. Andererseits erklären viele der in diesem Buch zusammengetragenen 50 Antworten auf die berühmte Fermi-Frage, warum die SETI-Suche scheitern und die komplizierte Biosphäre der Erde einzigartig sein könnte. Das würde die Suchenden enttäuschen, hätte aber einen Vorteil: Es würde uns Menschen dazu berechtigen, weniger „kosmisch bescheiden" zu sein. Außerdem wäre das Leben auf der Erde damit nicht bloß ein kosmischer Nebenschauplatz. Die Evolution steht vielleicht noch ganz am Anfang und nicht am Ende. Unser Sonnensystem ist gerade mal mittelalt, und wenn die Menschen sich nicht selbst zerstören, ist sogar ein posthumanes Zeitalter möglich. Das Leben könnte sich von der Erde aus durch die Galaxis ausbreiten und zu einer wimmelnden Komplexität entwickeln, die weit über das hinausgeht, was wir uns überhaupt vorstellen können. Wenn dem so ist, könnte unser winziger Planet – dieser blassblaue, durch das All schwebende Punkt – der wichtigste Ort in der gesamten Galaxis sein, und die ersten interstellaren Reisenden, die von der Erde aufbrächen, hätten eine Mission, die in der gesamten Galaxis und vielleicht darüber hinaus einzigartig wäre.

Diese Debatte wird noch Jahrzehnte andauern. Und Stephen Webb hat in einem einzigen, höchst unterhaltsamen Buch einen äußerst intelligenten Schwarm an Argumenten und Spekulationen zusammengetragen, welche diese Debatte bereichern. Wir können ihm dafür dankbar sein!

Martin Rees, Königlicher Astronom

Vorwort

Die Erfahrung, mit großen Augen in den unendlichen dunklen Nachthimmel zu schauen, lässt in uns einige fundamentale Fragen aufkommen. Wie ist das Universum entstanden? Wann hat es das getan? Wie wird es enden? Die Wissenschaft hat in den letzten Jahrzehnten einige große Fortschritte bei der Beantwortung dieser Fragen gemacht. Der Nachthimmel birgt aber noch ein weiteres großes Rätsel, für das bisher niemand eine allgemein akzeptierte Lösung gefunden hat: Unsere Galaxis enthält 100 Mrd. Planeten, vielleicht noch mehr. Da muss es doch auf einem oder sogar ziemlich vielen dieser kaum vorstellbar zahlreichen Planeten eine Zivilisation von Aliens geben, und diese Zivilisationen dürften angesichts des ebenfalls kaum zu ermessenden Alters des Universums der unseren technologisch weit überlegen sein. *Aber* – wir sehen nirgendwo etwas von ihnen. Wo sind die bloß alle?

Diese Frage hat seit Mitte des letzten Jahrhunderts, als sie von Enrico Fermi aufgeworfen wurde, viele Menschen fasziniert und dazu angestachelt, sich über die Jahre eine ganze Menge erstaunlich unterschiedlicher Antworten auszudenken. Im Jahr 2002 habe ich ein Buch publiziert, das 50 verschiedene Sichtweisen auf das Problem der Existenz oder Nichtexistenz von extraterrestrischem Leben zusammenstellt und diskutiert. Doch der wissenschaftliche Hintergrund entwickelt sich dynamisch und viele Disziplinen tragen dazu bei, sodass mich der Verlag zehn Jahre später um eine zweite Auflage des Buches bat. 2015 erschien dann das Update mit 75 Ansätzen zur Lösung des „Fermi-Paradoxons".

Die schiere Menge an Literatur zu dieser Frage ist seitdem derart rasch angewachsen – wobei sowohl professionelle Naturwissenschaftlerinnen als auch Amateurphilosophen, reine Mathematiker und bodenständige Ingenieurinnen gleichermaßen beigetragen haben –, dass eine dritte Auflage möglich wurde. Ich war mir allerdings nicht ganz sicher, ob die Leserschaft die Geduld aufbringen würde, sich nunmehr 100 Lösungsversuche am Stück anzutun … So oder so kam das Projekt zu einem Halt, als im Frühjahr 2020 die globale Pandemie zuschlug.

Etwa zur selben Zeit kam die Idee auf, eine deutsche Übersetzung des Buches zu wagen. Ich war begeistert: Ich liebe Deutschland, meine Frau ist Deutsche und wir besuchen das Land, so oft wir können. Es galt allerdings ein paar Randbedingungen zu beachten: Alle 75 Lösungen der 2015er-Ausgabe zu übersetzen, hätte den Rahmen gesprengt, und selbst in den fünf Jahren seither ist wissenschaftlich derart viel passiert, dass eine sowohl kürzende als auch aktualisierende Neubearbeitung des Materials notwendig erschien. Das Ergebnis war ein Manuskript, das sich von beiden bisher vorliegenden englischen Versionen unterschied. Es war ein neues Buch.

Und selbst zwischen der Fertigstellung des (englischen) Manuskripts und der Publikation der deutschen Übersetzung hat sich noch eine ganze Menge getan: Meldungen über mikrobielles Leben auf der Venus wurden publiziert und verworfen, es gab neue Ideen zur Möglichkeit des „Warp-Antriebs" und zu den Ursprüngen des Lebens auf der Erde. Offensichtlich bleibt kein Buch zu diesem Thema allzu lange aktuell … Doch ich hoffe, dass Sie beim Lesen meines Buches genügend Informationen finden, um selbst Ihren Weg durch die immer wieder neuen verblüffenden Meldungen auf den Wissenschaftsseiten (und -websites!) zu finden. Sollten Sie dabei auf eine neue Antwort zur Frage „Wo *sind* die bloß alle?" stoßen, die weder in diesem Buch noch anderswo verzeichnet ist, dann bitte schreiben Sie mir! Vielleicht bekommt diese Lösung ja einen Ehrenplatz in einer künftigen dritten Auflage der englischen Version.

Zum Schluss möchte ich meine Dankbarkeit ausdrücken gegenüber Dr. Lisa Edelhäuser vom Springer-Verlag, die dieses Projekt initiiert und immer mit Rat und Tat begleitet hat, Bettina Saglio, ebenfalls vom Springer-Verlag, die das Projekt so wunderbar effizient gemanagt hat, und Dr. Matthias Delbrück, der sich bereit erklärte, das Manuskript zu übersetzten. Matthias hat nicht nur eine sehr kompetente Übersetzung abgeliefert, sondern auch zahlreiche Verbesserungen vorgeschlagen.

Stephen Webb

Die Originalversion des Buchs wurde revidiert. Ein Erratum ist verfügbar unter https://doi.org/10.1007/978-3-662-63290-1_7

Inhaltsverzeichnis

1

Wo sind die bloß alle?

Ich bin zum ersten Mal im Sommer 1984 auf das Fermi-Paradox gestoßen. Eigentlich sollte ich mich auf einen Physikkurs vorbereiten. Stattdessen habe ich das *Science Fiction Magazine* von *Isaac Asimov* studiert. (Ohne schlechtes Gewissen. Asimov war es gewesen, der überhaupt erst mein Interesse an den Naturwissenschaften geweckt hatte.[1]) In diesem Jahr erscheinen zwei Artikel in Asimovs Magazin,[2] die mich sehr zum Nachdenken angeregt haben: Der erste war von Stephen Gillett und hieß *The Fermi-Paradox*. Der zweite war eine kraftvolle Erwiderung von Robert Freitas und hieß *Fermi's Paradox: A Real Howler.*[3]

Gillett argumentierte folgendermaßen. Nehmen wir an, die Milchstraße sei das Heim von vielen extraterrestrischen Zivilisationen. (Um nicht so viel tippen zu müssen werde ich diese in der Regel als ETZ bezeichnen.) Da die Milchstraße ziemlich alt ist, stehen die Chancen gut, dass diese ETZs uns *weit* überlegen sind. Nikolai Kardaschow hatte damals bereits ein gutes Schema zur Klassifikation von ETZs vorgeschlagen: Eine Kardaschow-Typ-1-Zivilisation (oder KI-Zivilisation) wäre uns ein bisschen voraus und könnte die Energievorräte ihres Planeten effektiv nutzen. Eine KII-Zivilisation wäre schon viel weiter: Sie könnte die Energievorräte ihres Sternes (oder eines anderen) anzapfen. Eine KIII-Zivilisation schließlich wäre in der Lage, sich die Energievorräte einer ganzen *Galaxie* zunutze zu machen. Gillett zufolge wären dann die meisten ETZs in einer Galaxie vom Typ KII oder KIII. Terrestrisches Leben wiederum hat die Tendenz, sich in jede verfügbare Nische auszubreiten. Warum sollte das bei extraterrestrischem Leben in irgendeiner Weise anders sein? Sicherlich würden

© Der/die Autor(en), exklusiv lizenziert durch Springer-Verlag GmbH, DE, ein Teil von Springer Nature 2021
S. Webb, *Wo sind sie alle?*, https://doi.org/10.1007/978-3-662-63290-1_1

doch ETZs von ihrer Heimatwelt aus in die Milchstraße expandieren? Allerdings – und genau dies ist der Punkt – eine KII- oder KIII-Zivilisation könnte unsere „Milchstraße" oder „Galaxis" genannte Galaxie[4] bereits in wenigen Millionen Jahren kolonisiert haben. Die Milchstraße sollte also vor technologisch hochstehenden Zivilisationen nur so brummen – sie sollten längst hier angekommen sein! Und doch sehen wir keinerlei Belege für ihre Existenz. Gillett nannte dies das Fermi-Paradox. (Ich erkläre später, warum Fermis Name mit diesem Argument verbunden ist.) Für Gillett führte das Paradox auf eine ernüchternde Schlussfolgerung: Die Menschheit ist allein im Universum (oder zumindest in unserer Heimatgalaxie).

Freitas hielt das für Unsinn. Er verglich Gilletts Logik mit dem folgenden Argument: Lemminge vermehren sich schnell. Richtig schnell – etwa drei Würfe pro Jahr und jeder Wurf enthält bis zu acht süße kleine Nager. In wenigen Jahren übertrifft die Gesamtmasse aller Lemminge die Gesamtmasse der irdischen Biosphäre. Die Erde muss vor Lemmingen brummen! Und doch haben die meisten von uns keine Belege für die Existenz von Lemmingen. Haben Sie schon mal einen gesehen? Die Argumentation des Fermi-Paradoxes würde uns also zu dem Schluss führen, dass Lemminge nicht existieren, was natürlich, wie Freitas herausstellte, absurd ist. Interessant ist auch sein Hinweis darauf, dass es gar nicht so klar sei, dass es keine Belege für die Existenz von ETZs gibt: Würden diese kleine Sonden im Planetoidengürtel oder größere in der Oortschen Wolke parken, dann hätten wir keine Chance, sie zu entdecken. Außerdem argumentierte er, dass die Logik hinter dem sogenannten Paradox nicht aufgeht. Die ersten beiden Schritte lauten:

1. Wenn Aliens existieren, dann sollten sie hier sein.
2. Und wenn sie hier sind, sollten wir sie beobachten.

Aber „sollten" ist nicht „müssen", also ist es logisch nicht korrekt, den Folgerungspfeil umzukehren. (In anderen Worten können wir aus der Tatsache, dass wir sie nicht sehen, nicht darauf schließen, dass sie nicht hier sind. Wir können also erst recht nicht darauf schließen, dass sie gar nicht existieren.[5]

Ein Paradox ist interessant, weil wir – solange wir keine weiteren Informationen bekommen, mit denen es sich auflösen lässt – damit gedanklich auf ganz unterschiedliche Weisen umgehen können. In diesem Fall geht es um so viel (Sein oder Nichtsein von intelligenten Außerirdischen) und die experimentellen Fakten sind so dünn (selbst jetzt können wir nicht einmal sicher sein, ob die ETZs nicht schon längst hier sind), dass die Diskussionen oft ziemlich hitzig werden. In der Gillett-Freitas-Debatte war ich ursprünglich auf der Seite von Freitas, vor allem wegen der schieren Größe der Zahlen: Unsere Heimatgalaxie enthält vielleicht 400 Mrd. Sterne und es gibt ebenso viele Galaxien im Universum wie Sterne in jeder Galaxie. Seit den Tagen von Kopernikus hat uns die Naturwissenschaft gelehrt, dass an der Erde einfach nichts Besonderes ist (man nennt dies auch das kopernikanische Prinzip). Daraus folgt sofort, dass unsere Erde einfach nicht der einzige Ort im gesamten Kosmos sein kann, an dem es intelligentes Leben gibt. Und doch ...

Gilletts Argument hatte bei mir verfangen. Seit meiner Kindheit habe ich über die Wunder von Raumfahrttechnik und Sternenreisenden gelesen; diese Science-Fiction-Legenden waren Teil meiner geistigen Wohnzimmereinrichtung. Auch die ersten Flug- und Raumflugpioniere waren immer eine Inspiration (Abb. 1.1). SF-Autoren hatten mir Hunderte von möglichen Universen eröffnet, doch meine Astronomiedozenten machten mir klar, dass sich alles, was sich beim Blick in das reale Universum erkennen lässt, mithilfe kalter physikalischer Gleichungen erklärt werden kann. Einfach gesagt: Das Universum sieht rundum unbelebt aus. Je mehr ich über die Fermi-Frage „Wo *sind* die bloß alle?" nachgrübelte, desto mehr zog mich das Paradox in seinen Bann.

Mir schien es so, als sei das Paradox letztlich ein epischer Wettstreit zwischen zwei unvorstellbar großen Zahlen: der Unmenge an potenziellen Entstehungsorten für Leben und dem genauso unvorstellbaren Alter des Universums.

Die erste Zahl ist schlicht die Anzahl der Planeten mit für die Entwicklung von Lebensformen geeigneten Umweltbedingungen. Wenn wir uns an das „Prinzip" halten und weiterhin annehmen, dass an der Erde nichts Besonderes ist, muss es Millionen von potenziellen Brutstätten geben. Leben sollte etwas ganz Gewöhnliches sein. Dieses Argument geht zurück bis mindestens ins 4. Jahrhundert v. Chr., als Metrodoros von Chios schrieb, dass „ein einzelnes Weizenkorn in einem großen Feld genauso seltsam ist wie eine einzige Welt im unendlichen Raum".

Die zweite Zahl ist heute mit großer Genauigkeit bekannt: Kosmologische Messungen[6] haben ergeben, dass das Universum 13,8 Mrd. Jahre alt ist (plus/minus etwa 37 Mio. Jahre). Um ein Gefühl für so eine Zeitspanne zu bekommen, lassen Sie uns das aktuelle Weltalter auf ein Erdenjahr zusammenquetschen: ein „kosmisches Jahr" (Tab. 1.1). In den 365 Tagen dieses kosmischen Jahres entspricht eine Sekunde 437 realen Jahren. Demzufolge begann die Geschichte unserer modernen Naturwissenschaft etwa eine Sekunde vor Mitternacht am 31. Dezember. Die Gattung *Homo*

Abb. 1.1 Oben: Orville Wright und einer seiner Flugapparate im Jahr 1903. Unten ▶
links: Die deutsche V2-Rakete war das erste menschliche Objekt, das einen sub-
orbitalen Raumflug absolvierte. Unten rechts: Start der interplanetaren Raumsonde
Voyager 1 im Jahr 1977 – ein gigantischer technischer Fortschritt in nur wenigen Jahrzehnten. Wie sehen unsere Raumfahrzeuge wohl in 1000 Jahren aus? (Credit: top--
USAF; bottom left--Crown Copyright 1946; bottom right-NASA)

entstand etwa eineinhalb Stunden vorher. Die frühesten ETZs könnten
Anfang des Sommers entstanden sein. Da die Kolonisierung unserer Galaxie
vermutlich nur ein paar Stunden benötigen dürfte, hätte während der
langen Sommer- und Herbstmonate sicherlich mindestens eine ETZ diesen
Job hinbekommen. Und selbst wenn sich alle Zivilisationen aus irgendeinem
Grund entschieden hätten, ihre Zeit mit etwas anderem als galaktischem
Kolonialismus zu verbringen, müssten wir doch wenigstens irgendwelche
Zeichen ihrer Anwesenheit sehen oder hören können. Aber das Universum
ist still. Das Fermi-Paradox beweist zwar vielleicht nicht logisch, dass es
keine Aliens gibt, aber es ist ganz bestimmt mehr als einen Gedanken wert.
Viel mehr.

Bald entdeckte ich, dass ich nicht der Einzige war, der sich gerne über
das Fermi-Paradox den Kopf zerbrach, und fing an, die verschiedenen
Lösungen zu sammeln, die sich andere Fermi-Grübler ausgedacht hatten.
So entstand dieses Buch. Es diskutiert – mal ziemlich locker, mal ernsthaft – 50 Antworten auf die Frage „Wo *sind* die bloß alle?" und richtet
sich damit an ein ganz allgemeines Publikum. Einer der großen Vorteile an

Tab. 1.1 Wir quetschen 13,8 Mrd. Jahre in ein kosmisches Jahr à 365 Tage. Auf dieser
Zeitskala währt die Lebensdauer eines Menschen eine Sechstelsekunde. Jesus lebte
etwa 4,6 s vor Mitternacht am 31. Dezember. Die Dinosaurier starben in den frühen
Morgenstunden des 30. Dezember aus

Reale Zeit	Kosmisches Jahr
70 Jahre	0,16 s
100 Jahre	0,23 s
437 Jahre	1 s
1000 Jahre	2,3 s
2000 Jahre	4,6 s
10 000 Jahre	23 s
100 000 Jahre	3 min 50 s
1 Mio. Jahre	38 min 20 s
2 Mio. Jahre	1 h 16 min 40 s
10 Mio. Jahre	6 h 23 min 20 s

der Fermi-Frage ist die Tatsache, dass sich über sie nachdenken lässt, ohne irgendwelche Mathematik jenseits von „Hochzahlen" (Exponentialschreibweise) bemühen zu müssen. Dementsprechend kann auch so gut wie jede und jeder etwas zu der Debatte beitragen. Ich hoffe, dass mindestens eine Leserin oder ein Leser dieses Buches auf eine Lösung kommt, an die noch niemand gedacht hat. Wenn Ihnen das gelingt, dann schreiben Sie mir und teilen Sie Ihre geniale Idee!

2

Über Fermi … und über Paradoxe

Bevor wir uns dem Fermi-Paradox zuwenden, möchte ich gern noch ein bisschen Hintergrund einbringen.

Am Anfang steht eine kurze Skizze von Enrico Fermis Leben. Diese ist notgedrungen ziemlich knapp gehalten. Um einen ersten Eindruck davon zu bekommen, was er erreicht hat, betrachten Sie einmal all die Dinge, die nach ihm benannt sind: Das Fermilab in der Nähe von Chicago ist eines der weltweit führenden Forschungszentren für Teilchenphysik. Physikstudierende lernen, wie man „Fermi-Fragen" löst (oder sollten es zumindest, siehe Kasten). Das chemische Element mit der Ordnungszahl 100 heißt … Fermium (Fm). Die typische Längenskala der Kernphysik, 10^{-15} m, ist das Fermi, abgekürzt „fm".[7] Fermi heißt weiterhin ein großer Krater auf der Rückseite des Mondes und „(8103) Fermi" ist ein Planetoid des Hauptgürtels, der seine Bahn zwischen Mars und Jupiter zieht. Das *Fermi Gamma-ray Space Telescope* vermisst den Himmel im Licht kosmischer Gammastrahlung. Und mehrere Mitglieder des Enrico Fermi Institute der Chicago University haben einen Nobelpreis gewonnen.

Anschließend möchte ich die Idee eines Paradoxes als solches diskutieren. Und danach werde ich – sicherlich nicht gänzlich unerwartet – zum Fermi-Paradox zurückkommen und insbesondere erklären, wie es kam, dass Fermis Name mit einer Frage verbunden wurde, die älter ist, als viele Leute denken.

© Der/die Autor(en), exklusiv lizenziert durch Springer-Verlag GmbH, DE, ein Teil von Springer Nature 2021
S. Webb, *Wo sind sie alle?*, https://doi.org/10.1007/978-3-662-63290-1_2

Der Physiker Enrico Fermi

Enrico Fermi war der vielfältigste Physiker des letzten Jahrhunderts – ein Weltklassetheoretiker, der auf höchstem Niveau experimentierte. Abb. 2.1 zeigt ihn in typischer Pose als inspirierenden akademischen Lehrer. Seit Fermi ist niemand mehr mit so viel Leichtigkeit zwischen Theorie und Experiment gewechselt, und dies wird wohl auch in Zukunft niemandem mehr gelingen. Das Wissensgebiet ist zu groß geworden, um eine solche Zweigleisigkeit noch zu erlauben.

Abb. 2.1 Dieses Foto von Enrico Fermi findet sich auf einer US-amerikanischen Briefmarke, die am 29. September 2001 zu Ehren seines 100. Geburtstags ausgegeben wurde. (Credit: American Institute of Physics, Emilio Segrè Visual Archives)

Fermi wurde am 29. September 1901 in Rom geboren. Er war das dritte Kind von Alberto Fermi, einem Verwaltungsbeamten, und der Lehrerin Ida de Gattis.[8] Er zeigte bereits sehr früh außergewöhnliche mathematische Fähigkeiten und als Studienanfänger an der Scuola Normale Superiore in Pisa war er seinen Lehrern schnell überlegen.[9]

Sein erster wichtiger Beitrag zur Physik beschäftigte sich Ende der 1920er-Jahre mit dem Verhalten einer gewissen Gruppe von Teilchen, zu denen Protonen, Neutronen und Elektronen zählen und die heute *Fermionen* heißen. (Noch so ein Ding, das nach ihm benannt wurde.) Fermi zeigte, was passiert, wenn Materie aus identischen Fermionen sehr eng zusammengedrückt wird: Eine nur quantenphysikalisch zu erklärende repulsive Kraft verhindert die weitere Kompression. Diese fermionische Abstoßung spielt eine sehr wichtige Rolle in unserem Verständnis so unterschiedlicher Phänomene wie der thermischen Leitfähigkeit von Metallen oder der Stabilität von Weißen Zwergen und Neutronensternen.

Bald darauf, im Jahr 1934, zementierte Fermis Theorie des Betazerfalls (eine Form von Radioaktivität, in welcher ein Atomkern ein Elektron emittiert, das manchmal auch Betateilchen genannt wird) seine internationale Reputation. Diese Theorie erforderte die Existenz eines neuen Teilchens, das er *Neutrino* – „Neutrönchen" auf Italienisch – nannte und das zusammen mit dem Elektron den Kern verlässt. Nicht jeder glaubte an dieses neuartige Fermion, doch Fermi behielt Recht: Im Jahr 1956 gelang die direkte Messung der nur äußerst schwach mit anderer Materie wechselwirkenden Neutrinos. Trotz ihrer scheuen Natur spielen Neutrinos eine wesentliche Rolle in heutigen astronomischen und kosmologischen Theorien.

Fermi-Fragen

Fermi war unglaublich gut darin, im Kopf die Ergebnisse von physikalischen Rechenaufgaben zu überschlagen. Er versuchte diese Fähigkeit auch bei seinen Studierenden zu trainieren, indem er ihnen scheinbar unbeantwortete Fragen stellte: Wie viele Sandkörner gibt es an den Stränden der Erde? Wie weit können Krähen fliegen, ohne eine Pause einzulegen? Wie viele Atome von Cäsars letztem Atemzug gelangen bei jedem Luftholen in Ihre Lungen? „Fermi-Fragen" erfordern grobe Schätzungen und Alltagswissen – und kein langes Herumstöbern in Lehrbüchern (oder heute in der Online-Welt).

Die klassische Fermi-Frage lautet: „Wie viele Klavierstimmer gibt es in Chicago?" Wir bekommen einen guten Schätzwert, indem wir uns Folgendes überlegen:

1. Nehmen wir an, Chicago hat $E_{Ch} = 3$ Mio. Einwohner. (Ich habe nicht kontrolliert, ob das stimmt oder wenigstens zu Fermis Zeiten gestimmt hat, aber einfach drauflosschätzen ist ja der Witz an der ganzen Sache). Chicago

ist eine große Stadt, aber nicht die größte in Amerika, also liegen wir wohl kaum um mehr als einen Faktor 2 daneben. Da wir unsere Annahme explizit aufgestellt haben, können wir sie gegebenenfalls durch einen genaueren Wert ersetzen und die Rechnung neu aufstellen.

2. Nehmen wir weiter an, dass eine Familie nur ein Klavier besitzt und nicht eines für jedes Kind, und ignorieren wir zudem die verhältnismäßig wenigen Klaviere von Schulen, Universitäten und Orchestern.

3. Wenn eine typische Familie aus $n_F = 5$ Personen besteht, gibt es etwa 600 000 Familien in Chicago.

4. Wir schätzen, dass eine von $B_{Kl} = 20$ Familien ein Klavier besitzt, das macht dann 30 000 Stück in der Stadt. Jetzt fragen wir: Wie oft müssen 30 000 Klaviere im Jahr gestimmt werden?

5. Unmusikalisch, wie wir sind, nehmen wir einfach an, dass einmal pro Jahr reicht (und bezahlbar ist), das ergibt jedes Jahr 30 000 Klavierstimmungen in Chicago.

6. Ein gewissenhafter Klavierstimmer schafft $n_T = 2$ Klaviere pro Tag und arbeitet an $n_J = 200$ Tagen im Jahr (der übliche Schätzwert für die Zahl der Arbeitstage im Jahr, wenn Wochenenden und Urlaubstage frei bleiben). Dann stimmt der Stimmer 400 Instrumente im Jahr. Der Markt ernährt also 30 000/400 = 75 Klavierstimmer in Chicago. Wir wissen, wie wild wir geschätzt haben, und runden die Zahl auf ganze Hunderter auf, also 100.

Fermis unvergleichliche Fähigkeit, das Wesentliche in einem Problem zu erkennen, kulminierte in seiner Frage: „Wo *sind* die bloß alle?"

1938 erhielt Fermi den Nobelpreis für Physik, unter anderem für eine Methode, die er entwickelt hatte, um Atomkerne zu untersuchen. Mithilfe dieser Methode entdeckte er neue radioaktive chemische Elemente, oder besser: Er stellte, indem er bekannte Elemente mit Neutronen beschoss, über 40 künstliche Radioisotope her, also Formen von Elementen mit unterschiedlichen Kernmassen. Der Preis belohnte weiterhin Fermis Entdeckung, wie sich Neutronen abbremsen lassen. Dies klingt nicht spektakulär, doch langsame Neutronen können viel besser Kernreaktionen auslösen als schnelle. Wozu man das benutzen kann? Für die Erzeugung neuer Elemente, Kernkraftwerke und Atombomben.

Die sich verschlechternde politische Lage in Italien überschattete die Freude über seine Auszeichnung. Der faschistische Diktator Benito Mussolini initiierte unter wachsendem Einfluss von Adolf Hitler eine antisemitische Kampagne. Seine faschistische Regierung erließ Gesetze, die direkt von den „Nürnberger Gesetzen" der Nazis abgekupfert waren. Dies betraf zwar Fermi und seine beiden Kinder nicht direkt, die als „Arier" galten; doch seine Frau Laura war Jüdin. Die Familie entschied sich, Italien zu verlassen, und Fermi nahm eine Stelle in den USA an.

Zwei Wochen nach ihrer Ankunft in New York erreichte Fermi die Nachricht, dass Forschern die erste künstliche Kernspaltung gelungen war. Albert Einstein schrieb – nach einigem Drängen von Kollegen – seinen historischen Brief an Präsident Roosevelt. Mit Verweis auf Arbeiten von Fermi und seinen Mitarbeitern warnte Einstein, dass eine Kettenreaktion in einer gewissen „kritischen" Menge Uran entstehen könnte, welche eine gigantische Energiemenge freisetzen würde. Mit anderen Worten: eine Bombe. Roosevelt finanzierte ein entsprechendes Forschungsprogramm, das „Manhattan-Projekt", und Fermi wurde zu einer der zentralen Figuren darin.

Am 2. Dezember 1942 gelang es Fermi in einem Behelfslabor eine erste, sich selbst erhaltende nukleare Kettenreaktion zu entfachen. Der „Reaktor" war ein Haufen aus gereinigten Uranbrocken in einer Graphitmatrix. Das Graphit bremste die von gespaltenen Urankernen freigesetzten Neutronen, wodurch diese in der Lage waren, weitere Spaltungen auszulösen und so die Kettenreaktion aufrechtzuhalten. Kontrollstäbe aus Cadmium, das ein starker Neutronenabsorber ist, verhinderten eine zu große Reaktionsrate (das heißt eine nukleare Explosion). Der Haufen wurde um 14:20 „kritisch".[10]

Fermi spielte mit seinem unübertroffenen kernphysikalischen Wissen eine wichtige Rolle im Manhattan-Projekt. Er war am 15. Juli 1945 in der Alamogordo-Wüste, nur 14,5 km vom Ort des „Trinity"-Atombombentests entfernt. Er hatte sich dort auf den Boden mit vom Explosionsort abgewandtem Gesicht gelegt, doch als er den Lichtblitz sah, stand er auf und ließ kleine Papierstückchen fallen. In der ruhigen Luft begannen diese zu seinen Füßen herabzufallen, doch als ihn die Schockwelle der Explosion erreichte, wurden die Papierfetzen horizontal davongerissen. Wie es für ihn typisch war, maß er die Flugstrecke der Papierstücke und konnte daraus unmittelbar die bei der Explosion freigesetzte Energie abschätzen.

Nach dem Krieg kehrte Fermi ins akademische Leben an der University of Chicago zurück und begann sich für die Natur und Herkunft von kosmischer Strahlung zu interessieren. 1954 wurde bei ihm Magenkrebs diagnostiziert.[11] Emilio Segrè, Fermis lebenslanger Freund und Kollege, besuchte ihn im Krankenhaus, als dieser nach einer diagnostischen Operation ruhte und intravenös ernährt wurde. Selbst in dieser Situation behielt Fermi, laut Segrès berührendem Bericht, seine Begeisterung für das Beobachten und Berechnen: Er schätzte den Fluss der Nährflüssigkeit, indem er die Tropfen zählte und die Zeit mit einer Stoppuhr maß. Enrico Fermi starb am 29. November 1954 im Alter von nur 53 Jahren.

Paradoxe als solche

Ein Paradox entsteht, wenn Sie mit einem Satz von scheinbar selbstverständlichen Aussagen starten und dann zu einer Schlussfolgerung kommen, welche diesen Aussagen widerspricht. Wenn Sie etwa sagen: „Es regnet und es regnet nicht", dann widersprechen Sie sich einfach. Keine große Sache. Wenn Sie dagegen mit unbestechlicher Logik beweisen, dass es genau jetzt regnen *muss,* und Ihnen beim Blick aus dem Fenster die Sonne vom blauen Himmel ins Gesicht lacht, *dann* haben Sie ein Paradox, das es aufzulösen gilt.[12]

Ein schwaches Paradox oder ein *Trugschluss* lässt sich oft mit ein bisschen Nachdenken auflösen. Der innere Widerspruch entsteht normalerweise durch einen Fehler in der logischen Kette zwischen den Voraussetzungen und der Schlussfolgerung. Beispielsweise trifft man ab und zu auf „Beweise" für die offensichtlich falsche Aussage „1 + 1 = 1". In solchen Fällen besteht der Trugschluss häufig in einer Gleichung, die durch 0 geteilt wird, was mathematisch einfach gar nicht geht. In einem starken Paradox dagegen ist die Ursache der inneren Widersprüche bei Weitem nicht so unmittelbar einsichtig. Es können Jahrhunderte vergehen, bevor die Sache geklärt wird. Ein starkes Paradox hat das Potenzial, unsere meistgeschätzten Theorien und Glaubenssätze herauszufordern.

In der Philosophie wimmelt es nur so vor Paradoxen. Ein ganz altes stellt die Frage: „Wenn jemand sagt, dass er oder sie lügt, ist das dann gelogen oder nicht?" Egal wie man den Satz dreht und wendet, es gibt einen Widerspruch. Wenn selbstbezügliche Aussagen wie diese erlaubt werden, sind Paradoxe fast unvermeidbar. Auch andere Paradoxe hängen von der Sprache ab, in der wir kommunizieren. Wenn wir etwa akzeptieren, dass das Zusammenbringen von zwei Sandkörnern keinen Sandhaufen macht und ein Korn erst recht keinen Haufen darstellt, dann müssen wir schließen, dass es unmöglich ist, einen Sandhaufen zu bilden.[13] Und doch sehen wir Sandhaufen in der Nachbarschaft. Die Wurzel des Paradoxes liegt in der ungenauen Definition des Wortes „Haufen". Das sogenannte Paradox von Theseus – wenn Sie in einem hölzernen Schiff nacheinander jede Planke durch eine neue ersetzen, haben Sie dann hinterher noch dasselbe Schiff? – hängt an der Mehrdeutigkeit des Wortes „dasselbe". Unseriöse Politiker bedienen sich gerne solcher linguistischer Tricks.

Auch die Naturwissenschaften haben ihr Päckchen an Paradoxen zu tragen.

Das Zwillingsparadox ergibt sich, wenn ein Zwilling zu Hause auf dem Sofa bleibt, während der andere in einem Raumschiff mit nahezu Lichtgeschwindigkeit zu einem fernen Stern reist. Die Spezielle Relativitätstheorie lehrt uns, dass für den Sofa-Zwilling die Uhr des Raumschiff-Zwillings langsamer geht und dieser daher langsamer altert als er. (Dies mag der Alltagserfahrung widersprechen, ist aber eine experimentell bestens belegte Tatsache.) Die Relativitätstheorie sagt aber auch, dass der Raumschiff-Zwilling alles Recht der Welt hat, sich selbst als in Ruhe anzusehen. Aus *seiner* Sicht altert der sich rasend schnell von ihm entfernende Sofa-Zwilling langsamer. Die spannende Frage lautete nun: Was passiert, wenn der Raumschiff-Zwilling ins gemeinsame Elternhaus zurückkehrt? Sie können nicht *beide* langsamer als der jeweils andere gealtert sein. Des Rätsels Lösung ist, dass die beiden Sichtweisen tatsächlich doch nicht einfach so vertauscht werden dürfen: Nur der reisende Zwilling beschleunigt zunächst, bremst dann kurz vor dem Ziel ab, kehrt um, beschleunigt wieder und bremst schließlich erneut. All das ist innerhalb der Speziellen Relativitätstheorie nicht vorgesehen, die nur gleich bleibende Geschwindigkeiten behandelt. Eine tiefschürfende Analyse ergibt, dass der Raumschiff-Zwilling tatsächlich jünger ist, wenn er zu Hause ankommt. Auch dies widerspricht unserer Erfahrung, aber es ist kein Paradox – eher eine unschöne Begleiterscheinung des interstellaren Tourismus.[14]

Einstein äußerte sich nicht zum Zwillingsparadox (er verstand seine Theorie gut genug, um zu wissen, dass es hier eigentlich gar kein Problem gibt). Doch dafür stellte er mit zwei Kollegen ein fieses Paradox auf, womit er die vermeintliche Unvollständigkeit der Quantenphysik zeigen wollte. Dieses sogenannte EPR-Paradox ist selbst heute noch Thema von experimentellen Arbeiten auf dem vielversprechenden Gebiet der Quantentechnologie (auch wenn diese zeigen, dass Einstein in dieser Frage irrte).[15]

Etwas anders geartet ist das Feuerwand-Paradox, das in der aktuellen theoretischen Physik heiß diskutiert wird. Das Paradox tut sich auf, wenn Sie sich fragen sollten, was beim Sturz in ein Schwarzes Loch eigentlich mit Ihnen geschieht: Es ist zwar klar, dass es für Sie fatal ausgeht, doch drei fundamentale physikalische Theorien – die Quantentheorie, die Allgemeine Relativitätstheorie und die statistische Thermodynamik – geben unterschiedliche, sich widersprechende Antworten, auf welche Weise das geschieht.

Schauen wir uns nun ein älteres Paradox etwas näher an, das etwas leichter zu analysieren ist als Zwillings-, EPR- und Feuerwandparadox: das Olberssche Paradox.[16]

Heinrich Wilhelm Olbers beschäftigte sich mit einer Frage, die sich unzählige Kinder auch schon gestellt haben: Warum ist es nachts dunkel? Er ging für seine Antwort von zwei Prämissen aus. Erstens: Das Universum ist unendlich ausgedehnt. Zweitens: Die Sterne sind zufällig und gleichmäßig über das gesamte Universum verteilt. (Olbers wusste noch nichts von Galaxien, die erst gut 75 Jahre nach seinem Tod entdeckt wurde, aber seine

Argumentation funktioniert genauso, wenn man Sterne durch Galaxien ersetzt.) Er gelangte zu dem Schluss, dass es alles andere als selbstverständlich ist, dass der Himmel in der Nacht dunkel ist.

Nehmen wir einmal an, dass alle Sterne dieselbe Helligkeit besitzen. (Dies vereinfacht die Argumentation, beeinflusst die Schlussfolgerung jedoch in keiner Weise.) Stellen wir uns nun eine dünne Schale von Sternen um uns herum vor (nennen wir sie Schale A), in deren Mittelpunkt sich die Erde befindet (Abb. 2.2). Eine zweite dünne Schale von Sternen (Schale B), wieder mit der Erde als Mittelpunkt, habe einen doppelt so großen Radius wie Schale A. Mit anderen Worten: Schale B ist doppelt so weit von uns entfernt wie Schale A.

Ein Stern in Schale B wird dann nur 1/4 so hell sein wie ein Stern in Schale A. (Dies ist das $1/r^2$-Gesetz: Wenn wir die Entfernung zu einer

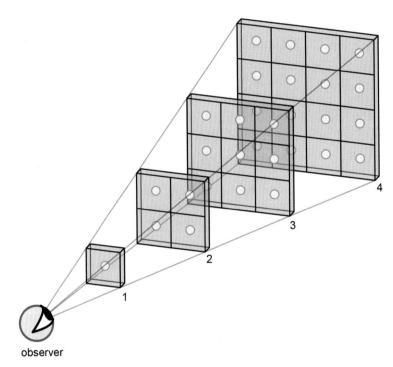

observer

Abb. 2.2 Angenommen die Sterne sind gleichmäßig in einem unendlichen Weltraum verteilt. Die Helligkeit eines Sternes nimmt mit dem Quadrat der Entfernung vom Beobachter (observer) ab. Die Anzahl der Sterne nimmt mit dem Quadrat der Entfernung vom Beobachter zu. Diese beiden Effekte gleichen sich aus, sodass von jedem Gitterquadrat in der Grafik gleich viel Helligkeit beim Beobachter ankommen sollte. Das es nach Voraussetzung unendlich viele solche Gitter gibt, sollte der Himmel Tag und Nacht unendlich hell strahlen. (Credit: Htykym)

Lichtquelle verdoppeln, nimmt ihre Helligkeit um das Quadrat von 2, also das 4-Fache ab.) Auf der anderen Seite ist die Oberfläche von Schale B 4-mal so groß wie die von Schale A, also enthält B 4-mal so viele Sterne wie A. Viermal so viele Sterne, die ein Viertel so hell sind – Schale A und Schale B haben dieselbe Gesamthelligkeit. Dies gilt übrigens für zwei beliebige Schalen. Eine weit entfernte Schale und eine ganz nah bei uns tragen gleich viel zur Helligkeit des Nachthimmels bei. Wenn das Universum wirklich unendlich groß wäre, dann sollte der Nachthimmel nicht nur nicht dunkel, sondern eigentlich sogar unendlich hell sein.

Dieses Argument ist nicht ganz korrekt: Das Licht von einem weit entfernen Stern könnte von einem Stern auf dem Weg verdeckt werden. Nichtsdestotrotz wird in einem unendlichen Universum mit gleichmäßig verteilten Sternen *jede* Sichtlinie letztlich bei einem Stern landen. Statt dunkel sollte der Nachthimmel (und der Taghimmel genauso!) gleißend, genauer gesagt unendlich hell sein.

Wie können wir dieses Paradox auflösen? Eine naheliegende Erklärung wäre, dass Staubwolken das Licht ferner Sterne verschlucken. Solche Wolken gibt es tatsächlich, doch sie retten uns nicht vor Olbers' Paradox: Wenn die Wolken das Licht absorbieren, heizen sie sich auf, bis sie dieselbe Temperatur haben wie die Sterne selbst – und dann strahlen sie ihrerseits wie Sterne. Nein, die Lösung ergibt sich aus einer der dramatischsten wissenschaftlichen Entdeckungen, die je gemacht wurden: Das Universum hat ein endliches Alter. Da es lediglich etwa 13,8 Mrd. Jahre alt ist, hat der Teil des Weltalls, den wir sehen können, eine endliche Größe. (Dass sich das Universum außerdem ausdehnt, hilft zusätzlich bei der Erklärung. Die grundsätzliche Lösung des Paradoxes rührt jedoch vom endlichen Weltalter.)

Es ist schon ziemlich faszinierend, dass man durch das Nachdenken über eine so simple Frage wie „Warum ist es nachts dunkel?" darauf kommen könnte, dass sich das Universum ausdehnt und ein endliches Alter hat. Vielleicht führt ja die simple Frage von Enrico Fermi – „Wo *sind* die bloß alle?" – eines Tages zu einer Folgerung von ähnlicher Tragweite.

Das Fermi-Paradox

Dank der Detektivarbeit von Eric Jones, der 30 Jahre lang in Los Alamos geforscht hat und auf dessen Bericht[17] dieser Abschnitt im Wesentlichen beruht, wissen wir, wie das Fermi-Paradox zu seinem Namen kam.

Im Frühling und Sommer des Jahres 1950 beherrschte ein nur begrenzt mysteriöses Thema die New Yorker Zeitungen: das Verschwinden der öffentlichen Abfalleimer. Ein weiteres, deutlich spektakuläreres Thema in diesem Jahr waren fliegende Untertassen. Am 20. Mai 1950 veröffentlichte daher *The New Yorker* einen Cartoon von Alan Dunn (Abb. 2.3), der die beiden „Threads" auf amüsante Weise verband.

Fermi war in diesem Sommer mal wieder in Los Alamos. Eines Tages unterhielt er sich auf dem Weg zum Mittagessen mit Edward Teller und Herbert York über die jüngste Flut von Berichten über UFO-Sichtungen. Emil Konopinski schloss sich ihnen an und zeigte ihnen Dunns Cartoon. Fermi bemerkte daraufhin trocken, dass Dunn eine vernünftige Theorie aufgestellt hätte, denn sie kläre zwei unabhängige Phänomene auf: verschwindende Abfalleimer und die Berichte über fliegende Untertassen. Auf Fermis Witz folgte eine ernsthafte Diskussion über die Frage, ob irgendetwas schneller als das Licht sein kann.

Die vier gingen in die Cafeteria und setzten sich zum Essen, wobei sich ihre Konversation etwas weltlicheren Themen zuwandte. Und dann,

Abb. 2.3 Die Aliens kehren zu ihrem Heimatplaneten zurück und laden die Abfalleimer aus, die eigentlich dem *Department of Sanitation* der Stadt New York gehören. (Credit: *The New Yorker* Collection 1950, drawn by Alan Dunn © Cartoon Bank/Condé Nast)

mitten im Gespräch und aus heiterem Himmel, fragte Fermi: „Wo *sind* die bloß alle?" Seine hochbegabten Kollegen verstanden sofort, was er meinte: die außerirdischen Besucher. Und weil es Fermi war, der die Frage gestellt hatte, war ihnen vermutlich sofort klar, dass hinter dieser Frage mehr steckte, als es zuerst den Anschein hatte. York erinnerte sich später, dass Fermi eine Reihe von schnellen Berechnungen anstellte und dann schloss, dass wir schon längst und viele Male Besuch hätten bekommen müssen.

Keiner der drei Tischgenossen Fermis hat diese Berechnungen überliefert, aber wir können uns ganz gut vorstellen, wie sein Gedankengang lief. Er wird zuerst die Anzahl der ETZs in der Milchstraße geschätzt haben, die, wenn nicht zu interstellaren Reisen, dann zumindest zu einer fernmündlichen Kontaktaufnahme in der Lage sind. Diese Zahl können wir auch selbst ganz gut überschlagen. Schließlich ist die Frage „Wie viele interstellar kommunizierende extraterrestrische Zivilisationen gibt es in einer Galaxie?" eine typische Fermi-Frage!

Schreiben wir N für die Zahl der kommunizierenden ETZs. Wir können dann den Wert von N abschätzen, indem wir die folgenden Größen miteinander multiplizieren: die Rate R, mit der sich pro Jahr Sterne bilden; den Bruchteil B_P aller Sterne, der Planeten besitzt; die Zahl n_E der Planeten, welche in einem Sternensystem lebensfreundliche Umweltbedingungen wie auf der Erde bieten; den Bruchteil B_L an Planeten, auf denen tatsächlich Leben entsteht; den Bruchteil B_I an Planeten, auf denen sich Lebensformen mit Intelligenz finden lassen; den Bruchteil B_K an Planeten, dessen intelligente Lebensformen eine kommunikationsfähige und -willige Kultur entwickeln, und schließlich die Zahl J der Jahre, während der sich diese Leute der interplanetaren Kommunikation widmen. (Fermi dürfte dies in seinem Kopf überschlagen haben. Die erste Person, welche die Gleichung aufgeschrieben hat, war Frank Drake. Deshalb heißt sie jetzt Drake- und nicht Fermi-Gleichung.[18])

Beachten Sie, dass

$$N = R \cdot B_P \cdot n_E \cdot B_L \cdot B_I \cdot B_K \cdot J$$

als Gleichung für die Zahl der kommunizierenden ETZs in einer Galaxie ein genauso sinniger oder unsinniger Ansatz ist, wie die Gleichung

$$N = E_{Ch} : n_F : B_{KI} : n_T : n_J$$

die Anzahl der Klavierstimmer in Chicago „berechnet" (siehe Kasten). Nichtsdestotrotz, wenn wir den verschiedenen Faktoren halbwegs vernünftige Werte zuweisen – und diese bei verbessertem Hintergrundwissen gegebenenfalls anpassen –, bekommen wir einen groben, aber vernünftigen Schätzwert für die Zahl der kommunizierenden ETZs in unserer Milchstraße. Die Schwierigkeit, vor der wir stehen, ist die schwer abzuschätzende Unsicherheit in unserem Hintergrundwissen. Fragen Sie eine Wissenschaftlerin oder einen Wissenschaftler, für wie genau sie/er die Zahlenwerte in Fermis Kopfrechnung hält, so reichen die Antworten von „Da sind wir uns ziemlich sicher" (für R) über „Ein paar Planeten haben wir gefunden, in zehn bis 20 Jahren ist die Statistik vielleicht gut genug" (für n_E) bis zu „Wie um alles in der Welt sollen wir das denn wissen?" (für J). Bei den Chicagoer Klavierstimmern können wir wenigstens davon ausgehen, dass unsere einzelnen Schätzwerte nicht völlig aus der Luft gegriffen sind und sich die jeweiligen Unsicherheiten vielleicht sogar gegenseitig ausgleichen. Davon können wir bei der Zahl der kommunizierenden ETZs definitiv nicht ausgehen. Wie kommen wir hier in Abwesenheit jeglichen belastbaren Hintergrundwissens weiter?

Fermi dürfte noch deutlich weniger über die verschiedenen Faktoren in der „Drake-Gleichung" gewusst haben als wir heute. Aber er kann durchaus vernünftig geraten haben, sofern er sich an das kopernikanische Prinzip der Mittelmäßigkeit hielt: Wir sind nichts Besonderes – und die Erde und die Sonne schon gar nicht. Sehen wir uns die Faktoren an: Wenn er eine Sternbildungsrate von einem Stern pro Jahr geraten hat, dürfte er nicht zu sehr danebengelegen haben. Die Werte $B_p = 0{,}5$ (jeder zweite Sterne hat Planeten) und $n_E = 2$ (Sterne mit Planeten haben im Mittel zwei davon in der lebensfreundlichen Zone) klingen auch ganz vernünftig. Die übrigen Faktoren stehen dann schon auf wackligeren Füßen: Wenn er ein Optimist war, mag Fermi $B_L = 1$ gewählt haben (jeder Planet, der Leben entwickeln *könnte, tut* das auch), $B_I = 1$ (ist das Leben erst einmal entstanden, wird es auch schon irgendwie intelligent werden), $B_K = 0{,}1$ (jede zehnte intelligente Lebensform wird eine Zivilisation aufbauen, die in der Lage und willens ist, mit Leuten wie uns zu kommunizieren) und $J = 10^6$ (die letztgenannten Zivilisationen schaffen es, sich 1 Mio. Jahre lang nicht selbst zu vernichten, und bleiben auch von äußeren Katastrophen verschont). Hätte Fermi so gerechnet, wäre er bei $N = 10^6$ herausgekommen. Einige von dieser Million, vielleicht auch mehr an kommunikationsfreudigen Zivilisationen müssten Technologien entwickelt haben, die den unseren überlegen sind. Warum also hören wir nichts von ihnen?

Spinnen wir diesen Gedanken weiter, sollten wir uns auch fragen, warum ETZs nicht schon längst hier aufgetaucht sind. Wenn einige dieser Zivilisationen so ausdauernd und findig sind, dann wäre eigentlich zu erwarten, dass sie während ihrer Schaffensperiode die gesamte Galaxis kolonisiert hätten – und das vermutlich bereits lange, bevor auf der Erde vielzelliges Leben entstand. *Wo sind sie?* Sicherlich wird der eine oder die andere diese Frage rein rhetorisch oder auch ziemlich weit hergeholt finden. Aber die Argumentation formuliert sehr explizit ein Paradox[19] und wir können ziemlich sicher sein, dass Fermi das Paradoxe an der Sache sehr geschätzt hat ...

Beachten Sie, dass das Paradox nicht darin besteht, dass es keine extraterrestrischen Zivilisationen gibt. Ich vermute, dass Fermi wie viele andere Physiker fest an die Existenz außerirdischer Intelligenzen geglaubt hat. Vielmehr liegt das Paradox darin, dass wir keinerlei Anzeichen von ihnen sehen, obwohl wir erwarten, dass wir welche sehen müssten. Eine mögliche Auflösung des Paradoxes ist natürlich die Annahme, dass wir tatsächlich die einzige fortschrittliche Zivilisation im All sind – aber das ist nur einer von mehreren möglichen Ansätzen, wie Sie im Laufe dieses Buches sehen werden.

Dass das Fermi-Paradox etwas Besonders ist, erkennen wir übrigens auch daran, dass es mindestens vier Mal unabhängig voneinander aufgedeckt wurde: Es sollte daher eigentlich besser das Ziolkowski-Fermi-Viewing-Hart-Paradox heißen.

Konstantin Ziolkowski, ein wissenschaftlicher Visionär[20], der sich schon 1903 mit den theoretischen Grundlagen der Raumfahrt beschäftigte, glaubte an die monistische Lehre, nach der die Realität vollständig von einer einzigen Substanz bestimmt wird. Wenn aber alle Teile des Universums im Prinzip aus demselben Stoff sind, dann muss es auch anderswo Planetensysteme wie das unsere geben, und einige von diesen Planeten müssen Leben tragen. Weiterhin war Ziolkowski überzeugt – nicht unerwartet angesichts seines Interesses für die Raumfahrt –, dass die Menschen eines Tages sich selbst auf den Weg ins All machen würden: „Die Erde ist die Wiege der Intelligenz, aber man kann nicht ewig in der Wiege leben." Der Monist in ihm brachte ihn dann zu der Folgerung, dass, wenn *wir* in den Weltraum expandieren werden, *andere* dies ganz genauso tun. Er war sich bewusst, dass dies auf unser Paradox führt. 1933, lange bevor Fermi seine Frage stellte, wies Ziolkowski darauf hin, dass man die Existenz von ETZs verneinen kann, denn wenn solche Zivilisationen existieren, sollten ihre Repräsentanten die Erde bereits besucht oder zumindest kontaktiert haben. Ziolkowski bot folgende Auflösung des Paradoxes an: Fortschrittliche Intelligenzen – „perfekte göttliche Wesen" – erachten uns Menschen als noch nicht reif genug für eine Visite (oder einen Anruf).

Im Jahr 1975 brachte David Viewing das Dilemma auf den Punkt.[21] Das folgende Zitat aus seinem Paper drückt es besonders gut aus: „Dies ist dann das Paradox: All unsere Logik, all unser Anti-Isozentrismus bestätigen uns, dass wir nicht einzigartig sind – dass es sie geben *muss*. Und doch sehen wir sie nicht." Viewing erkannte an, dass Fermi die wichtige Frage als Erster gestellt hatte und dessen Frage auf ein Paradox führt. Meines Wissens ist diese Publikation die erste, die sich direkt und unter diesem Namen auf das Fermi-Paradox bezieht.

Mein eigenes Interesse an dem Paradox entzündete sich allerdings an einer Veröffentlichung von Michael Hart.[22] Dieser suchte nach einer Erklärung für die unbestreitbare Grundtatsache, dass sich zurzeit keine intelligenten Wesen aus dem Weltraum auf der Erde aufhalten. Er argumentierte, dass es vier Arten von Erklärungen hierfür geben kann:

- „Physikalische" Erklärungen – irgendwelche Schwierigkeiten machen interstellare Reisen undurchführbar.
- „Soziologische" Erklärungen – die ETZs sehen aufgrund gesellschaftlicher Erwägungen von Besuchen auf der Erde ab.
- „Temporale" Erklärungen – die ETZs hatten bisher nicht genug Zeit, um uns zu erreichen.
- „Detektivische" Erklärungen – also solche der Art, dass die Außerirdischen uns vielleicht bereits besucht *haben,* wir aber die Spuren davon übersehen.

Mit diesen vier Kategorien sollten alle denkbaren Ansätze abgedeckt sein. Hart zeigte dann, inwiefern nichts davon das Paradox zufriedenstellend auflösen kann. Dies führte ihn zu seiner eigenen Erklärung: *Wir sind die bisher einzige Zivilisation in unserer Galaxie.*

Harts Aufsatz stieß eine Debatte an, an der sich jede und jeder beteiligen konnte – einer der ersten Beiträge kam aus dem House of Lords[23] in Westminster! Einen kontroversen Vorschlag machte Frank Tipler in einem Paper mit dem unmissverständlichen Titel „Extraterrestrische intelligente Wesen gibt es nicht". Tipler überlegte[24], dass sich selbst replizierende Sonden die Galaxis preisgünstig und (relativ) schnell erkunden oder kolonisieren könnten. Im Abstrakt zu seinem Paper fasst er zusammen: „Es wird argumentiert, dass, wenn extraterrestrische intelligente Wesen existieren, ihre Raumschiffe bereits unser Sonnensystem erreicht haben müssten." Tipler behauptete, dass das SETI-Programm[25] keinerlei Erfolgschancen habe und somit eine reine Zeit- und Geldverschwendung sei. Seine Argumentation goss einiges Öl in das auch so schon lodernde Feuer der Debatte. Die coolste und beste Zusammenfassung dieser Streitigkeiten kam von David Brin[26], der das Paradox das „Große Schweigen" nannte.

1979 organisierten Ben Zuckerman und Michael Hart eine Konferenz über das Fermi-Paradox. Die Proceedings wurden in Buchform publiziert[27], und obwohl der Band eine Vielzahl an Standpunkten enthält, ist es schwierig, am Ende nicht zu dem Schluss zu kommen, dass ETZs, wie man im Vorabendkrimi so schön hört, „Mittel, Motiv und Gelegenheit haben", die Milchstraße zu kolonisieren. Die Mittel: Interstellare Reisen scheinen möglich zu sein, wenn auch nicht einfach. Das Motiv: Zuckerman zeigte, wie die stellare Evolution einige ETZs geradezu dazu zwingt, Raumfahrzeuge zu entwickeln und einzusetzen, um der planetaren Katastrophe am Ende des Sternenlebens zu entkommen. Die Gelegenheit: Die Galaxis ist über 13 Mrd. Jahre alt, während sich ihre Kolonisierung in wenigen Millionen Jahren bewerkstelligen lässt. Und doch sehen wir niemand. Die toughe Kommissarin aus dem Vorabendprogramm würde sagen: „Wir haben einen Verdächtigen, aber keine Leiche."

Allerdings hat das nicht jeden überzeugt. Lee Smolin etwa schrieb:[28] „Das Argument für die Nichtexistenz von intelligentem Leben ist eines der merkwürdigsten, die ich je gehört habe; es klingt ein bisschen, wie wenn ein zehnjähriges Kind Sex für einen Mythos hält, weil es noch nie welchen gesehen hat." Zur Idee, dass ETZs die Galaxis mit Sonden kolonisieren würden, schrieb Stephen Jay Gould[29]: „Ich muss zugeben, dass ich einfach nicht weiß, wie ich auf solche Argumente reagieren soll. Ich habe schon genug Schwierigkeiten dabei, die Pläne und Reaktionen der Menschen in meiner unmittelbaren Nähe vorherzusagen. Ich bin generell schlicht baff, zu was für Gedanken und Errungenschaften Menschen in anderen Kulturen fähig sind. Ich kann beim besten Willen nicht sagen, was irgendeine extraterrestrische Quelle von Intelligenz vorhaben und umsetzen mag." Amir Aczel wiederum erklärte lapidar,[30] die Wahrscheinlichkeit für intelligentes Leben anderswo im All sei 1.

Es fällt leicht, mit Smolin und Kollegen zu sympathisieren. Es erinnert mich an den Witz über den Ingenieur und den Manager[31], die zusammen die Straße hinunterlaufen. Der Ingenieur zeigt auf eine Banknote auf dem Pflaster und sagt: „Sieh mal! Ein Hundert-Euro-Schein." Der Manager blickt keine Sekunde nach unten und entgegnet stattdessen: „Du musst dich irren. Wenn da Geld herumläge, hätte es schon jemand aufgepickt." In der Naturwissenschaft kommt es darauf an, zu beobachten und zu experimentieren; wir können nie wissen, was da unten (oder da draußen) ist, wenn wir nicht hinschauen. Alles Theoretisieren dieser Welt führt zu nichts, wenn es nicht den Härtetest des Experiments besteht.[32]

Nichtsdestotrotz schreit Harts grundsätzliche Feststellung nach einer Erklärung. Astronomen suchen bereits seit mehr als einem halben Jahrhundert nach ETZs. Das anhaltende Schweigen beunruhigt langsam auch hartgesottene SETI-Enthusiasten. Wir beobachten ein unbelebtes Universum, obwohl wir ebenso gut ein von kunstfertigen Wesen bereistes, ja

Abb. 2.4 Enrico Fermi in einem Boot vor der Insel Elba. Das Foto entstand kurz vor seinem Tod. (Credit: American Institute of Physics, Emilio Segrè Visual Archives)

gestaltetes beobachten könnten. Warum? Wo *sind* die bloß alle? Fermis Frage verlangt heute wie zu seiner viel zu knapp bemessenen Lebenszeit (Abb. 2.4) nach einer Antwort.

3

Sie sind (oder waren) schon hier

Die einfachste Lösung für das Fermi-Paradox ist, dass „sie" – intelligente Vertreter außerirdischer Zivilisationen – schon hier sind (oder, wenn nicht gerade jetzt, dann irgendwann einmal in der Vergangenheit). Dies ist auch der populärste Lösungsansatz. Meinungsumfragen zeigen regelmäßig, dass viele Leute daran glauben, dass UFOs sich am ehesten als Alien-Raumschiffe erklären lassen; mehr dazu später. Manche denken auch, dass die Extraterrestrier antike Monumente wie Stonehenge oder die ägyptischen Pyramiden errichtet haben. Einige wenige behaupten sogar, selbst in Kontakt mit Wesen von einem anderen Planeten getreten zu sein. Für diejenigen ist Fermis Frage „Wo *sind* die bloß alle?" leicht zu beantworten: „Hier sind sie!"

Wenn wir solche außerordentlichen Behauptungen ernst nehmen sollen, können und müssen wir von denen, die sie aufstellen, außerordentlich gute Beweise dafür verlangen. Doch unabhängig davon lohnt es sich, offen gegenüber der Vorstellung zu bleiben, dass Aliens unsere Nachbarschaft tatsächlich besucht haben könnten. Es ließe sich sogar argumentieren, dass, solange wir unser eigenes Sonnensystem noch nicht systematisch durchstöbert haben und die Anwesenheit extraterrestrischer Hinterlassenschaften definitiv ausschließen können, es gar kein Fermi-Paradox *gibt*.

Beachten Sie, dass ich den Titel diesen Kapitels relativ locker interpretiere: Mit „hier" meine ich nicht nur meinen Schreibtisch oder die Erde, sondern das gesamte Sonnensystem – und später im Kapitel sogar unser gesamtes Universum[33]. Zu Beginn jedoch stelle ich Ihnen eine auf das Vortrefflichste lokalisierte Lösung des Paradoxes vor, die sogar älter ist als die Frage selbst.

S. Webb, *Wo sind sie alle?*, https://doi.org/10.1007/978-3-662-63290-1_3

Lösung 1
Sie sind hier und nennen sich Ungarn

Auch Fermi dürfte diese erste Lösung des Paradoxes gekannt haben, als er Teller, York und Konopinksi seine Frage stellte: Sie beruht auf einem Witz, der damals in Los Alamos rund ging.

1945 oder 1946 dachte sich der Los-Alamos-Physiker Phil Morrison eine Geschichte aus, wie Marsianer planen würden, die Erde zu besetzen – sollten sie das einmal nötig haben.[34] Morrison wusste, dass eine marsianische Invasion der Erde ein noch komplizierteres Unterfangen sein würde als die kurz zuvor erfolgte alliierte Invasion in der Normandie. Wie würden es die kleinen grünen Männchen also anfangen? Morrison vertrat die Ansicht, die Marsianer würden vermutlich (sehr) langfristig vorgehen und sich ein oder zwei Jahrtausende Zeit nehmen, um sich mit der Gegend vertraut zu machen. Dann führte er eine Reihe von Gründen dafür an, dass ... Ungarn der ideale Brückenkopf für sie wäre. Eine solche Langzeiterkundung würde nämlich erfordern, dass die Marsianer bei uns als menschliche Wesen durchgehen. Und Morrison zufolge ist ihnen das – mit drei Ausnahmen – auch erfolgreich gelungen. Als erste Ausnahme benannte er die „Wanderlust"[35], die bei den ungarischen Roma zutage trete. Der zweite Grund sei ein linguistischer: Ungarisch ist mit keiner in den Nachbarländern gesprochenen Sprache verwandt. Der dritte Grund betraf die Intelligenz: Der Intellekt der Ungarn sei dem gewöhnlicher Sterblicher weit überlegen. Wenige Jahre später, als Fermi seine Frage stellte, war Morrisons Geschichte – in heutigen Worten – zum „Meme" unter den zahlreichen Nerds in Los Alamos geworden. Man traf sich, grinste merkwürdig und sagte: „Sie sind unter uns und sie nennen sich Ungarn."

Unglücklicherweise – zumindest für die Theorie – haben viele Völker in ihrer Geschichte „Wanderlust" gezeigt. Und das Ungarische ist keineswegs singulär, sondern nah mit Finnisch, Estnisch und einer Reihe von in der Russischen Föderation gesprochenen Sprachen verwandt. Für den dritten Beweis des marsianischen Ursprungs der Ungarn allerdings gab es tatsächlich beeindruckende Belege, wenn man die Herkunft der Forscher des Manhattan-Projekts beleuchtet: Fermis Kollegen Leo Szilard, Edward Teller, Eugene Wigner und John von Neumann waren alle innerhalb von zehn Jahren in Budapest geboren worden; und ein weiterer, nur etwas älterer Budapester, der erheblich zur Kriegsforschung beigetragen hatte, war der Aerodynamiker und Strömungsforscher Theodore von Kármán. Leo Szilard arbeitete sowohl zur Molekularbiologie als auch zur Kernphysik – und erfand zusammen mit Albert Einstein einen genialen, kommerziell aber komplett erfolglosen Kühlschrank.[36] Edward Teller ging als der „Vater der

Wasserstoffbombe" in die Geschichte ein. Eugene Paul Wigner schließlich war ein führender Quantentheoretiker und erhielt 1963 den Physik-Nobelpreis.[37] Der brillanteste „Marsianer" war jedoch sicherlich von Neumann.

John von Neumann, dem wir noch wiederbegegnen werden, war ein herausragender Mathematiker. Er schuf die Disziplin der Spieltheorie, trug Wesentliches zur Quantentheorie, Ergodentheorie, Mengenlehre, Statistik und Numerik bei – und half den ersten programmierbaren digitalen Computer zu entwickeln. Er beriet große Konzerne und das US-Militär und teilte beständig seine gigantische Hirnkapazität wie ein Parallelprozessor auf unzählige gleichzeitig verfolgte Projekte auf. Seine Fähigkeiten im Kopfrechnen waren legendär – er schlug darin regelmäßig Fermi, wann immer die beiden ihre Kräfte maßen – und zusammen mit seinem fast fotografischen Gedächtnis verschaffte all dies ihm den Ruf, über eine überirdische Intelligenz zu verfügen. Es besaß auch noch andere Talente, welche die „Ungarn-sind-Aliens-These" stützten: „Gute-Laune-Johnny" verleibte sich auf Partys in Princeton große Mengen Alkohol ohne erkennbare Auswirkungen auf seine geistigen Fähigkeiten ein. Er war in eine alarmierend hohe Anzahl von Verkehrsunfällen verwickelt – eine Kreuzung in Princeton wurde bekannt als die „Von-Neumann-Ecke" nach der Zahl der dort von ihm verursachten Unfälle –, doch er kam immer ungeschoren davon. (Eine naheliegende Erklärung wäre natürlich der einverleibte Alkohol gewesen, dies scheint aber nicht der Fall gewesen zu sein; er war offenbar einfach ein furchtbar schlechter Fahrer.)

Nichtsdestotrotz hat auch der „cleverste Mann der Welt" manchmal danebengelegen. Obwohl von Neumann eine entscheidende Rolle bei der Entwicklung des Digitalcomputers gespielt und unser Leben damit stärker verändert hat als alle anderen Mathematiker vor und nach ihm, war er anscheinend überzeugt, dass Computer immer riesige Gerätschaften bleiben würden, deren einziger Nutzen darin bestünde, thermonukleare Bomben zu bauen und das Wetter zu kontrollieren. Er scheiterte komplett darin, vorherzusehen, dass eines Tages Computer in jedem x-beliebigen Gerät vom Toaster über den Wäschetrockner bis zum Smartphone integriert sein würden. Ein echter Marsianer hätte es besser gewusst.

Lösung 2
Sie sind hier und nennen sich Politiker
Viele von uns denken ab und zu, dass unsere Politikerinnen und Politiker nicht ganz normal sind. Möglicherweise finden wir einige von ihnen sogar richtiggehend bizarr. Aber würden Sie sagen, dass einer von ihnen ein Alien ist? David Icke – ein früherer britischer Fußballspieler und

Sportkommentator – vertritt genau diesen Standpunkt. Laut Icke[38] projiziert eine Rasse von extradimensionalen Echsenmenschen[39] ihre Identitäten auf maßgebliche US- und britische Politiker. (Und nicht nur auf die: Auch Königin Elizabeth, Prinz Philip und Prinz Charles sind offenbar gestaltwandelnde Reptilien. Obwohl Prinzessin Anne auch eine Reptiloidin ist, wurde sie anscheinend noch nie beim Gestaltwandeln beobachtet.)

Icke ist nicht der Einzige, der daran glaubt, dass mächtige Menschen nicht das sind, wonach sie aussehen. Paul Hellyer, eine durchaus respektable Persönlichkeit des öffentlichen Lebens in Kanada, der für die Regierung von Pierre Trudeau[40] gearbeitet hat, ist überzeugt, dass Außerirdische genau jetzt auf der Erde herumspazieren. Insbesondere bezeugte er bei einem Hearing von UFO-Fans, dass zwei Mitglieder von Präsident Obamas Administration Aliens seien.[41] Ein früherer britischer Lokalpolitiker ging sogar so weit zu bekennen, er habe mehrfach intime Begegnungen (der wievielten Art auch immer) mit Aliens gehabt: Simon Parkes, der früher im Whitby Town Council aktiv war, will ein Kind mit einer Alien-Person namens „Cat Queen" gezeugt haben.

Die Sache mit den ungarischen Außerirdischen war ein Witz. Die Standpunkte von Icke, Hellyer und Parkes dagegen sind leider bitterer Ernst. Für diese Leute gibt es kein Fermi-Paradox: Extraterrestrier sind hier und sie beherrschen oder erotisieren uns oder wen oder was auch immer. Es ist leicht, das als Unsinn abzutun – so werde ich es auch halten: Es *ist* absoluter Schwachsinn – aber ich führe das hier nicht nur der Vollständigkeit halber auf. Erstaunlich viele Menschen sehen diese Ideen als wahr an. In den Online-Foren liest man mehr positive als negative Kommentare zu Ickes Büchern. Hunderttausende Menschen haben Hellyers Aussage auf YouTube gesehen und viel unterstützendes Feedback gegeben. Als Parkes mit seiner Geschichte im Frühstücksfernsehen auftrat, gab es anschließend jede Menge aufmunternde und mitfühlende Zuschaueranrufe. Die Vorstellung, dass Aliens eine Rolle in unserem täglichen Leben spielen, erscheint einem nennenswerten Anteil der Bevölkerung allen Ernstes plausibel.[42]

Nun, ich könnte schon verstehen, wie der eine oder die andere dazu kommt, die Queen für eine reptiloide Gestaltwandlerin zu halten oder das Verhalten eines Bundesministers für das eines verkleideten Außerirdischen – oder dass der eigene reguläre Sexualpartner von ganz, ganz weit weg stammt. Letztlich können wir mit Sicherheit nur die Erfahrungen kennen, die sich in unseren Köpfen abspielen. Für Leute wie Icke repräsentieren die quergedachten Bläschen, die in ihren Köpfen herumblubbern, vielleicht tatsächlich eine externe Realität. (Auch feinfühligere Geister als der von Icke sind einen ähnlichen Weg gegangen. John Nash, ein herausragender

Mathematiker, der von Neumanns Arbeiten zur Spieltheorie fortgeführt hat, litt an paranoider Schizophrenie. Als ihn jemand fragte, wieso er als Mathematiker davon überzeugt sein könne, dass ihm Aliens Botschaften schicken, antwortete er, dass diese Ideen ihn auf demselben Wege erreichen wie seine kreativen mathematischen Ideen – weswegen er gezwungen sei, sie ernst zu nehmen.[43]) Was ich aber einfach nicht in den Kopf bekomme, ist die Tatsache, dass so viele Menschen sich dafür *entscheiden,* die irren Vorstellungen von Icke, Hellyer oder Parkes zu teilen. Obwohl die Idee, dass Politiker nicht von dieser Welt sind, eine verlockende Hypothese sein mag (und zugegebenermaßen erstaunlich gut Donald Trumps Politik erklären würde), müssen wir uns wohl doch nach einer etwas durchdachteren Lösung für das Fermi-Paradox umsehen.

Lösung 3
Sie werfen Steine auf Radivoje Lajic

Ein bekanntes Buch über Materialwissenschaften[44] enthält einen beiläufigen, aber durchaus ernst gemeinten Kommentar über Radivoje Lajic – einen Mann aus Bosnien, der behauptet, sein bescheidenes Haus in einem Dorf in der Nähe von Prijedor sei sechsmal unabhängig voneinander von Meteoriten getroffen worden. Wie dieses Buch zu Recht bemerkt, ist die Chance dafür, dass dasselbe Haus zufällig sechsmal von Meteoriten getroffen wird, so unvorstellbar winzig, dass Lajics Erklärung deutlich plausibler erscheint: Er (oder zumindest sein Dach) wird planmäßig von Außerirdischen beschossen oder beworfen.

Als ich das gelesen hatte, war ich so aufgeregt (Lajics Behauptung ist immerhin eine neue und ziemlich innovative Antwort auf die Fermi-Frage), dass ich mich näher mit der Sache zu beschäftigen begann.

Eine Internetrecherche ergibt, dass Lajics Geschichte in einer Reihe von Zeitungen und auf vielen Webseiten erschien, und zwar erst im April 2008 (als der fünfte Meteorit eingeschlagen hatte) und dann wieder im Juli 2010 (nach dem sechsten Treffer). Leider ist die ursprüngliche Quelle für diese Berichte nicht leicht ausfindig zu machen. Der Bericht von April 2008 könnte aus einer Online-Publikation stammen, die bezeichnenderweise am Ersten des Monats herauskam. Die Geschichte von 2010 tauchte offenbar am 19. Juli auf, unter anderem in dem britischen Boulevardblatt *Metro.*

An diesem Punkt lohnt es sich, auf die Arbeit des Comedians und Skeptikers Dave Gorman zu verweisen, der von den regelmäßig bei *Metro* erscheinenden „Jesus-Gesicht-Storys" fasziniert war. (Laut diesem Blatt ist Jesus' Gesicht bereits an vielen Orten erkannt worden, unter anderem an einem Baumstumpf, in Hühnerfedern und auf einem Geschirrtuch.)

Gorman entschied sich, ein Jesus-Bild zu fabrizieren, und zwar auf einem alten T-Shirt, auf dem er „jesusmäßig" Weichspüler verteilte. Anschließend sandte er ein Foto des fleckigen Kleidungsstücks an die Zeitung zusammen mit einer kurzen albernen Geschichte, die angeblich von einem Studenten namens Martin Andrews stammte[45] – und natürlich wurde die Sache abgedruckt. Das eigentlich Interessante daran ist jedoch, dass innerhalb weniger Stunden Gormans abstruse Geschichte von anderen Medien übernommen wurde. Noch interessanter ist, wie sehr die Ausbreitung von Gormans Story derjenigen der Lajic-Geschichte gleicht, bis hin zu sprachlichen Eigentümlichkeiten. In Gormans Originalgeschichte witzelt ein Student, dass Jesus auf dem Fleck aussieht wie der „Fonz aus der Serie *Happy Days*"; nach ein bisschen „Stille Post" war der Student dann „überzeugt", dass der Fleck wie das Gesicht (*face*) von Jesus Christus aussieht. 2010 berichtete *Metro* lediglich, dass Lajic „sagt", er sei „attackiert" worden; bald darauf stand im Netz, dass Lajic „darauf besteht", sein Haus werde „bombardiert".

Alles in allem scheint die Lajic-Geschichte wohl eher einem Aprilscherz als einer Antwort auf Fermis Frage zu ähneln. Es ist ziemlich deprimierend zu sehen, wie bereitwillig Medien diese Story aufgenommen und in ihren „bunten" Rubriken verbreitet haben, ohne mit nur einem Wort anzudeuten, dass dahinter auch alltägliche Geschehnisse stecken könnten. Und es ist traurig, dass es für jeden kritischen Blog-Post, der ungezogene Nachbarskinder für eine wahrscheinlichere Erklärung hält als wie auch immer erzogene Außerirdische, mindestens einen Gläubigen gibt, der sich nun noch sicherer ist, dass „da irgendetwas vor sich geht". Wirklich beschämend ist, das selbst seriöse Wissenschaftsseiten die Sache ohne kritischen Kommentar übernommen haben. Viele Science-Fiction-Geschichten erzählten von Menschen, die tragischerweise von Aliens angegriffen wurden. Aber das sind eben Geschichten. Es gibt keinerlei Belege dafür, dass Aliens auf Radivoje Lajic gezielt haben – oder auf irgendjemand anderen.

Lösung 4
Sie sehen uns von ihren UFOs aus zu

Shakespeare lässt Julia fragen: „Was ist ein Name?" Manchmal lautet die Antwort: „Alles!" Beispielsweise sehen die Menschen seit Tausenden von Jahren seltsame Lichter am Himmel.[46] Die Leute haben solchen Erscheinungen keine große Aufmerksamkeit geschenkt, bis diese Lichter einen eingängigen Namen bekamen. Sagen Sie „fliegende Untertasse", und schon hören alle zu.

Wir können die erste Sichtung einer fliegenden Untertasse datieren. Am 24. Juni 1947 flog Kenneth Arnold sein Privatflugzeug über die Kaskadenkette im US-Staat Washington und sah vom Cockpit aus einige nicht zu identifizierende Objekte in der Luft.[47] Bei der Landung beschrieb er, was er gesehen hatte: „Sie sprangen wie Untertassen über einen Tümpel." Der Name blieb hängen: Die Presse gierte nach Neuigkeiten über diese „fliegenden Untertassen", und darüber hinaus war die US-amerikanische Öffentlichkeit sowieso schon wegen des beginnenden Kalten Krieges ziemlich nervös. Viele Leute glaubten sofort, dass die Besatzungen der fliegenden Untertassen Aliens waren – entweder aus Russland oder von einem anderen fremdartigen Planeten.

Wenn fliegende Untertassen wirklich extraterrestrische Raumschiffe sind, dann ist das Fermi-Paradox gelöst. Von allen zirkulierenden Ansätzen erfährt dieser vielleicht die größte Unterstützung in der Öffentlichkeit. Wie Umfragen stabil zeigen,[48] denken mehr als ein Drittel der US-Amerikaner, dass genau jetzt fliegende Untertassen die Erde besuchen; der Anteil in Europa ist kleiner, aber auch hier signifikant. Nichtsdestotrotz ist Wissenschaft natürlich kein demokratischer Prozess. Wir testen Hypothesen nicht per Abstimmung. Egal wie viele Leute an die Wahrheit einer bestimmten Hypothese glauben, Wissenschaftlerinnen und Wissenschaftler akzeptieren eine Vermutung nur (und auch immer nur vorläufig), wenn sie

* viele Fakten mit möglichst wenigen Annahmen erklärt,
* massiver Kritik widersteht und
* nicht in Widerspruch zu dem steht, was bereits bekannt und akzeptiert ist.

Nun – wie gut macht sich im Lichte dieser Anforderungen unsere Hypothese, dass fliegende Untertassen die Existenz von ETZs belegen?

Bevor wir dies diskutieren, wollen wir uns auf den neutraleren Ausdruck „unidentifiziertes Flugobjekt", kurz UFO, einigen, wenn wir über seltsame Lichter am Himmel reden. Diese Bezeichnung geht auf Edward Ruppelt[49] zurück, der für die U. S. Air Force eine Untersuchung über UFOs durchgeführt hat. Die Begriffe „UFO" und „fliegende Untertasse" werden oft synonym gebraucht, was nicht ganz glücklich ist. Wenn man es wörtlich auffasst, ist ein UFO genau das, was sein Name besagt: ein Phänomen in der Luft, das *nicht identifiziert* wurde (Abb. 3.1). Alles was wir in der Atmosphäre sehen, ist entweder ein UFO oder ein IFO (ein *identifiziertes Flugobjekt*). Infolge einer Untersuchung kann ein UFO zu einem IFO

Abb. 3.1 UFO oder IFO? Dieses Foto hat ein Tourist in der Nähe von St Austell (Cornwall) im August 2011 geschossen. (Zufälligerweise habe ich in genau diesem Zeitraum Urlaub in St Austell gemacht, versichere aber aufrichtig, dass dieses Bild nicht von mir stammt.) Das Objekt ist komplett identifizierbar: Es handelt sich um eine fliegende Möwe,[50] die eine weiße klebrige und dielektrische Substanz ausscheidet. Das einzig Mysteriöse an dem Bild ist, warum die britische Regierungskommunikationszentrale GCHQ es in eine Präsentation über UFOs und Internetnutzung aufgenommen hat. (Credit: Initial creator unknown; presentation created by GCHQ, leaked by whistleblower Edward Snowden)

werden und sich zum Beispiel auch als fliegende Untertasse identifizieren lassen – zu dieser Einschätzung gelangen wir aber nur durch sorgfältige und gründliche Nachforschungen.

Mit dieser Definition ist es unbestreitbar, dass UFOs existieren. Wenn Sie tatsächlich noch nie ein UFO gesehen haben wollen, dann haben Sie vermutlich noch nie ernsthaft in den Himmel geschaut. Der bietet dem Betrachter ein ein Schauspiel von unzähligen interessanten Erscheinungen, sowohl natürlichen als auch von Menschen verursachten. Allerdings lassen sich schon mit einer flüchtigen Untersuchung die meisten UFOs erklären – sie werden in der Regel schnell zu IFOs:

- Sehr häufig halten Menschen etwa die Venus für ein Artefakt,
- Flugzeuge können ungewöhnliche Lichteffekte bewirken,
- jeden Tag fallen 4000 t an extraterrestrischem Staub und Gestein auf die Atmosphäre, wo sie normalerweise verbrennen und eine manchmal beeindruckende Lightshow bieten

… und so weiter. Manche UFOs entpuppen sich als Ergebnis von sehr ungewöhnlichen, aber dann doch komplett profanen Ereignissen. Eine mysteriöse Leuchterscheinung etwa stellte sich als ein Golfball heraus, den jemand in ein großes Lagerfeuer geworfen hatte. Die Aktenordner der UFO-Forscher sind gut gefüllt mit Beobachtungen verblüffter Leute, die erkennen mussten, dass einmalige Zufälle nichts anderes sind als eben solche. Einige wenige UFOs erfordern gründlichere Nachforschungen, bevor sie sich als IFOs abheften lassen. Beispielsweise werden auf der arktischen Inselgruppe Nowaja Semlja seit Jahrhunderten Kälte-Fata-Morganas und sogenannte Fata Bromosas beobachtet, die dort aufgrund spezieller atmosphärischer Bedingungen recht wahrscheinlich sind. Könnte dies eine Erklärung für so manches UFO bieten? Wird vielleicht das Licht eines Autoscheinwerfers durch ungewöhnliche Wetterbedingungen gebrochen oder gespiegelt und narrt dann weiter entfernte Beobachter? Die Erklärung für gewisse UFOs erfordert unter Umständen sogar ziemlich anspruchsvolle wissenschaftliche Kenntnisse. So ist etwa das Phänomenon des Kugelblitzes zwar als real anerkannt, aber immer noch nicht richtig verstanden und auch nur sehr schwer zu erforschen. Natürlich sind manche UFOs auch einfach nur gut gemachte Aprilscherze.

Wenn man also gründlich hinschaut, wird aus den allermeisten UFOs recht bald ein IFO. Aber jedes Jahr bleibt ein Rest an Fällen, für die sich keine rationale Erklärung finden lässt. Das sollte uns nicht überraschen. Schließlich hat der Skeptiker Robert Sheaffer[51] zu Recht darauf hingewiesen, dass auch die Polizei nie 100 % aller Mordfälle löst. Aber während die Leute im Allgemeinen keine grundsätzlichen Schwierigkeiten mit unaufgeklärten Morden haben, halten viele es für inakzeptabel, dass ein UFO einfach unidentifiziert bleibt – sie wollen eine Erklärung für *jede* Sichtung. Wie sollten wir dann am besten mit unerklärlichen UFOs umgehen?

Wenn ein UFO, über das jemand berichtet hat, einfach ein Licht am Himmel wäre, ließe sich durchaus vernünftig argumentieren, dass wir es gar nicht unbedingt erklären *müssen,* egal wie seltsam dieses Licht auch sein mag. Das Leben ist zu kurz, als dass Wissenschaftlerinnen und Wissenschaftler jedes Detail von jedem Phänomen erklären müssten. Aber was ist, wenn jemand eine Erklärung *verlangt?*

Ich habe das Gefühl, dass wir keine grundsätzlich neuen Hypothesen benötigten, um die restlichen UFO-Sichtungen zu erklären: Die bereits bekannten Gründe für das Auftreten der meisten UFOs würden auch für die übrigen gelten, wenn wir nur clever und geduldig genug für die nötige Detektivarbeit wären. Sheaffer zeigt, dass der Anteil der scheinbar unerklärlichen UFOs wenig von der Gesamtzahl der Sichtungen abhängt. Mit anderen Worten: Egal ob es ein betriebsames oder ein ruhiges Jahr für die UFO-Gemeinde war, das IFO-zu-UFO-Verhältnis ist immer ungefähr dasselbe – was kaum zu erwarten wäre, wenn diese unerklärlichen UFO-Erscheinungen auf extraterrestrische Raumschiffe zurückgingen. Die einfachste Erklärung hierfür lautet in Sheaffers Worten: „Für den scheinbar unerklärlichen Rest ist die im Wesentlichen zufällige Natur von Wahrnehmungsstörungen und Übermittlungspannen verantwortlich." Eine Sache ist dabei besonders bezeichnend: In den letzten Jahren ist eine Explosion von Videomaterial über uns hereingebrochen – von Überwachungskameras in Gebäuden über Dashcams in Autos bis natürlich zur allgegenwärtigen Smartphone-Armada. Diese Filmchen erfassen durchaus mal seltene (und interessante) natürliche Ereignisse wie helle Meteoriten, die über den Himmel zischen. Sie zeigen aber keine fliegenden Untertassen.

Nichts von all dem beweist, dass wir *keine* Besuche von Aliens empfangen. Aber genauso wenig beweist die Beobachtung eines UFOs, dass wir besucht werden. Die absolut unwiderlegbaren Sichtungen von Lichtern am Himmel sind genau das – und nicht mehr: Sichtungen von Lichtern am Himmel. Wenn Sie etwas sehen, was Sie nicht erklären können, dann sollten Sie es dabei bewenden lassen – bei einem unerklärlichen fliegenden Objekt, kurz: einem UFO. Wenn Sie es dagegen eine fliegende Untertasse nennen, dann haben Sie es erklärt beziehungsweise identifiziert, allerdings ohne nachvollziehbare Gründe für so eine Identifizierung.

Eine hiermit verwandte Idee ist die Behauptung, dass die außerirdischen Raumschiffe ab und zu ohne viel Aufhebens und ohne Versuch der Kontaktaufnahme bei uns zwischenlanden. Betrachten wir zum Beispiel einmal die sogenannten Kornkreise. (Abb. 3.2; Kornkreise gibt es übrigens in einer ganzen Reihe von Formen: Kornsechsecke, Kornfraktale, Korn-Nike-Sportschuh-Logos … man spricht aber trotzdem immer von Kreisen.) Da es tatsächlich nicht leichtfällt zu verstehen, wie solche komplexen Designs durch natürliche Vorgänge einem Weizenfeld aufgeprägt werden sollten, beweist dies einigen Cereologen[52] zufolge, dass zumindest manche Kornkreise von fliegenden Untertassen erzeugt wurden. Matthew Williams, der sich selbst als Macher von Kornkreisen bezeichnet, widersprach dieser Schlussfolgerung. Er wollte zeigen, wie einfach sich auch komplizierte Kornkreismuster anlegen lassen, also schuf er im Jahr 2000 eine siebenzackige Struktur – was ein führender Cereologe zuvor als unmöglich bezeichnet hatte.

Ausgestattet mit nur ein paar Holzplanken, Bambusstäben und einer Taschenlampe ging Williams drei Nächte lang in ein Feld mit reifenden Weizenhalmen, um seinen siebenzackigen Stern zu erschaffen. Ich selbst bewundere seine Hingabe an die Sache des Rationalismus. Der Besitzer des Feldes allerdings war weniger beeindruckt, ebenso wenig der lokale Richter, der eine Geldbuße von 100 Pfund wegen Sachbeschädigung und zum Begleichen der Gerichtskosten 40 Pfund verhängte. Williams zog weiter seine Kornkreise, bis er 2013 wegen seines sich verschlimmernden Heuschnupfens damit aufhören musste.

Abb. 3.2 Viele Kornkreise erscheinen in Südengland; diese hier wurden allerdings in der Schweiz gesichtet. Solch ein wunderschönes Muster kann nicht auf natürliche Weise entstanden sein, aber die sich aufdrängende Schlussfolgerung ist natürlich, dass Menschen und nicht fliegende Untertassen dahinterstecken. Sehen Sie die Schaulustigen? In England kann man übrigens mit geführten Touren durch solche kunstvollen Kornkreise reales Geld verdienen. (Credit: Jabberocky)

Obwohl solche Aktivisten bekannten, dass sie selbst Kornkreise fabriziert und auch anderen gezeigt haben, wie es geht, sind leider immer noch genügend Menschen davon überzeugt, dass Kornkreise ein ungeklärtes und vielleicht sogar unerklärliches Phänomen seien. Möglicherweise lässt sich solchen Leuten nur mit *Ockhams Rasiermesser*[53] beikommen: Diesem Prinzip gemäß sollte man unbekannte Phänomene immer erst einmal mithilfe von bekannten Größen zu erklären suchen. Und natürlich *können* wir Kornkreise mit bekannten Größen erklären.

Wann immer ein außergewöhnlicher Bericht über fliegende Untertassen auftaucht, sollten wir außerordentlich gute Belege dafür erwarten. Stattdessen werden uns Lügen, Ausflüchte und Schabernack aufgetischt. Die Fliegende-Untertassen-Hypothese mag die populärste Erklärung des Fermi-Paradoxes sein, aber es gibt weitaus bessere.

Ich sollte hier vielleicht erwähnen, dass ich auch einmal ein UFO gesehen habe. Es ist und bleibt eine meiner eindrücklichsten Erinnerungen. Ich war noch ein relativ kleiner Junge und spielte gerade mit anderen Kindern Fußball auf der Straße – das war, bevor der Verkehr das Spielen auf der

Straße unmöglich machte – und mit einem Mal blickte ich auf und sah einen reinen weißen Kreis, der etwa halb so groß wie der Vollmond war. Der Kreis schwebte einige Sekunden über mir und raste dann mit höchster Geschwindigkeit davon. Ein Freund, der es auch gesehen hatte, erinnert sich noch heute. Interessanterweise aber unterscheiden sich unser Erinnerungen: Ich glaube, dass der Kreis nach links davongeschossen ist, er meint nach rechts. (Menschen sind schlechte Beobachter, ich weiß jedenfalls aus leidvoller Erfahrung, dass ich ein sehr schlechter Beobachter bin. Aber ich bin felsenfest davon überzeugt, dass das Licht nach links verschwunden ist!) Wir haben definitiv etwas an diesem Tag gesehen und ich habe keine Idee, was es gewesen sein könnte. Aber es war keine fliegende Untertasse. Es war ein Licht am Himmel.

Lösung 5
Sie waren hier und haben Spuren hinterlassen

Es gibt keine stichhaltigen Beweise dafür, dass die Aliens momentan unter uns sind. Aber vielleicht waren sie irgendwann in der Vergangenheit hier – vor langer Zeit, als kein Mensch sie als solche erkennen konnte? Wenn das geschehen sein sollte, dann hat ihre Technologie möglicherweise Spuren hinterlassen, entweder auf der Erde oder zumindest in unserer kosmischen Nachbarschaft. Gibt es irgendwelche Belege dafür? Dies ist eine wichtige Frage, denn sie hat das Potenzial, unsere Suche nach extraterrestrischen Intelligenzen auszuweiten: Außer nach artifiziellen Radiosignalen (die werden später thematisiert) könnten wir auch nach Hinterlassenschaften extraterrestrischer Technologien suchen.[54]

Arbeiten wir uns durch unser Sonnensystem, ausgehend von unserer planetaren Heimstatt.

Die Erde

Nehmen wir einmal an, Aliens hätten die Erde in der fernen Vergangenheit besucht – etwa vor zig Millionen Jahren. Könnte es noch physikalische Spuren von solch einem Besuch geben?[55] Ziemlich unwahrscheinlich. Die Erde ist ein aktiver Planet, Vereisungen, tektonische Prozesse und die allgegenwärtige Erosion würden mit der Zeit fast jede Form von Hinterlassenschaft oder Spur auslöschen. Nichtsdestotrotz könnte man sich ein paar Aktivitäten vorstellen, deren Nachwirkungen sich heute noch detektieren ließen. Beispielsweise haben manche Radionuklide Halbwertszeiten im Bereich von zum Teil vielen Jahrmillionen. Hätten unsere Besucher etwa eine hinreichend große Menge an Strahlenmüll der richtigen Sorte in einer kreidezeitlichen Landschaft entsorgt, könnten wir das heute noch messen.

(Natürliche Uranvorkommen in der Gegend von Oklo in Gabun wurden vor 1,7 Mrd. Jahren durch tektonische Kräfte so komprimiert, dass sie „kritisch" wurden und nukleare Kettenreaktionen zündeten, die später von selbst wieder erloschen. Diese sogenannten Oklo-Reaktoren[56] hinterließen eine Menge an Radionukliden mit einer charakteristischen Zusammensetzung, die sich heute noch detailliert untersuchen lässt.) Würden wir beispielsweise irgendwo auf der Erde Plutonium finden, müssten wir dafür irgendeine Art von technologischer Aktivität als Ursache annehmen, denn es gibt keine natürlichen Lagerstätten dieses Elements. Großmaßstäbliche Bergbautätigkeiten oder hinreichend große Steinbrüche dürften auch auf geologischen Zeitskalen überdauern – ähnlich wie wir auch heute noch Hunderte von Millionen Jahre alten Meteoriteneinschlägen erforschen können.

Es wäre gar nicht mal sehr aufwendig, nach ungewöhnlichen Radionukliden oder vorzeitlichen Steinbrüchen zu suchen – Geologen machen das im Prinzip sowieso die ganze Zeit. Auch wenn es sehr unwahrscheinlich ist, dass bei so einer Suche etwas zutage kommt, würde es wenig schaden, die Augen offen zu halten. Wer nicht hinschaut, wird auch nichts finden. Andererseits … selbst wenn Sie es nicht unglaubwürdig finden, dass außerirdische Industrielle in der Erdgeschichte irdische Bodenschätze ausgebeutet haben (warum sollten sie den weiten Weg nur für ein paar Steine oder Goldklumpen auf sich genommen haben?): Es wäre schon ein äußerst glücklicher Zufall, wenn tatsächlich ein Beleg für solche Aktivitäten während normaler geologischer Untersuchungen gefunden würde. Gab es vielleicht weniger lang zurückliegende Besuche, deren Relikte sich besser erhalten haben könnten?

Das sogenannte Tunguska-Ereignis, eine Explosion mit einer Sprengkraft von rund 15 Megatonnen TNT, fällte im Jahr 1908 Millionen von Bäumen in der sibirischen Taiga. Als anschließend die ersten Forscher dort eintrafen, fanden sie weiträumige Zerstörungen, aber keinerlei Reste eines großen Meteoroiden (oder gar eines kleinen Planetoiden), was natürlich die nächstliegende natürliche Erklärung für das Phänomen ist. Darum blieb das Ereignis über viele Jahre nicht nur in den einschlägigen Kreisen, sondern auch wissenschaftlich ein ungelöstes Rätsel. Als Mitte des Jahrhunderts allgemein bekannt wurde, wie groß die Sprengkraft nuklearer Explosionen ist, machte die Idee die Runde, dass in der Tunguska-Region ein extraterrestrisches Raumschiff mit Nuklearantrieb eine Bruchlandung vollführt hätte. Dies wurde in der Wissenschaft zumindest halbseriös aufgenommen. Aber niemand fand Spuren von Radioaktivität, die ein explodierter Kernreaktorantrieb hätte hinterlassen müssen, auch ein Antimateriemotor konnte ausgeschlossen werden.[57] Heute ist sich die Wissenschaft einig, dass ein natürliches Ereignis hinter dem Phänomen steckte: Vermutlich ist ein steinerner Meteoroid (oder ein Kometenkern) relativ weit oben in der Atmosphäre explodiert und dabei vollständig verdampft – Abb. 3.3 zeigt ein ähnliches Ereignis aus den 2010er-Jahren, weil es vom Tunguska-Phänomen kein Bildmaterial gibt. Sollte jemals ein (nichtirdisches) Raumschiff auf der Erde abgestürzt sein, haben wir keine wissenschaftlichen Belege dafür.

Vielleicht sind aber Steinbrüche und Raumschiffwracks gar nicht das, wonach wir suchen sollten. In den 1970er-Jahren wurde der als Koch ausgebildete Schweizer Erich von Däniken ziemlich berühmt mit seiner seitdem in vielen Büchern publizierten These, dass extraterrestrische Besucher verschiedene, über die Welt verteilte berühmte prähistorische Strukturen errichtet haben – Stonehenge, die Nazca-Linien in Peru, die Statuen auf der Osterinsel (Rapa Nui) und so weiter. Keines seiner Bücher enthielt Beweise für seine Behauptungen. Aber seine Millionen zählende Leserschaft hielt zu ihm, auch als er 1968 wegen Betrugs und Urkundenfälschung für dreieinhalb Jahre ins Gefängnis musste und später alle seine Aussagen gründlich

Abb. 3.3 Dies ist die Spur eines Meteors, nicht die eines Raumschiffs. Die an einem Supercomputer der Sandia National Laboratories simulierte Bahn des Tscheljabinsk-Meteors wurde der Anschaulichkeit halber mit einem Foto von Olga Kruglova kombiniert – leider gibt es keine Fotos des Originalereignisses, ebenso wenig wie vom Tunguska-Ereignis. (Credit: Sandia Labs)

überprüft und komplett widerlegt wurden.[58] Erst als es dem Publikum langweilig wurde, wandten sich Interesse und Mode anderen Ideen zu. Nach der Jahrtausendwende erlebte von Däniken wie manche Popgruppe seiner Zeit eine Art Comeback, obwohl er auch in der Zwischenzeit keinen Beleg für seine ursprüngliche These hatte fabrizieren können – eine Tatsache, die von Däniken übrigens selbst offen zugibt, aber für irrelevant hält. Da seine Anhänger vermutlich für rationale Argumente nicht sonderlich empfänglich sind, wenden wir uns besser anderen Themen zu und akzeptieren, dass es einfach keine Evidenz dafür gibt, dass ETZs jemals auf der Erde waren. Wie immer folgt daraus nicht, dass sie *nicht* hier waren. Aber in Abwesenheit jeglicher Hinweise auf das Gegenteil dürfen wir getrost vermuten, dass die Erde (von außen) unberührt geblieben ist.

Der Mond

Der Mond ist geologisch (oder besser selenologisch) viel weniger aktiv als die Erde. Wenn also in der Vergangenheit dort Besucher vorbeigekommen sein und Spuren hinterlassen haben sollten, besteht eine viel größere Chance, dass diese Spuren noch zu sehen sind. Bauliche Strukturen wären nicht erodiert und radioaktive Müllhalden hätte keine tektonischen Umwälzungen zu befürchten gehabt. Ab und zu gehen Meteoriten nieder und wirbeln Staub und Regolith auf, aber solch ein „leichtes Umgraben" würde Hunderte von Millionen Jahren benötigen, um ein Objekt von auch nur ein paar Metern Größe unter sich zu begraben. Und wir können nach solchen Dingen bereits jetzt Ausschau halten: Die NASA-Sonde Lunar Reconnaissance Orbiter (LRO) kartiert seit 2009 sehr detailliert die Mondoberfläche. Ihre Kameras haben eine maximale Auflösung von 50 cm pro Pixel, was im Prinzip ausreicht, um Hinweise auf Hinterlassenschaften interstellarer Besucher aufzuspüren. Die LRO-Kameras *haben* übrigens Belege für die frühere Anwesenheit von intelligenten Wesen auf dem Mond gefunden – nämlich die Gerätschaften und Fähnchen der Apollo-Astronauten.[59]

Lagrange-Punkte des Erde-Mond-Systems

Wie wir noch sehen werden, wäre es denkbar, dass eine ETZ zur Erkundung unseres Sonnensystems kleine, unbemannte (unalienierte?) Sonden zu uns schickt. Wo könnten wir solche Objekte finden?

Drei Möglichkeiten bieten sich an: Erstens könnten diese Sonden so programmiert sein, dass sie gezielt versuchen, unsere Aufmerksamkeit zu erregen. Dies scheint offenkundig nicht der Fall zu sein. Zweitens könnten die Sonden den Auftrag haben, sich gezielt vor uns zu verstecken (das scheint sehr gut zu funktionieren!). Da es einfach aussichtslos ist, nach winzigen Sonden zu suchen, die eine uns überlegene Zivilisation vor uns in einem gigantischen Raumgebiet versteckt hat, brauchen wir darauf keinen Gedanken und keine Zeit zu verschwenden. Drittens könnte es der ETZ egal sein, ob wir ihre Sonden bemerken oder nicht. Wenn *das* der Fall sein sollte, wo würden wir wohl auf solche Sonden stoßen können?[60]

Wir könnten argumentieren, dass von allen Planeten im Sonnensystem der unsere am ehesten eine interstellare Untersuchung wert ist. Dafür gibt es eine Reihe von Gründen – vor allem natürlich, weil die Erde, soweit wir wissen, der einzige Ort mit Leben ist. Also würden die Sonden höchstwahrscheinlich die Erde bevorzugt ins Visier nehmen. (Dieses Argument riecht ein bisschen nach Anthropozentrismus. Wer weiß schon, wofür Aliens sich wirklich interessieren? Wer weiß, welcher Technologien sie sich bei ihren Untersuchungen bedienen würden? Aber solche Überlegungen sind alles, was wir an Logik zur Verfügung haben, also verlieren wir auch nichts, wenn wir schauen, wohin sie uns führen.) Die Erdoberfläche selbst wäre kein geeigneter Ort für Langzeitstudien unseres Planeten. Sinnvoller wäre es, die gesamte Erdkugel aus dem Weltraum zu beobachten, wo die Sonnenenergie uneingeschränkt zur Verfügung steht und eine Sonde auch nicht vor geologischen (und sonstigen) Aktivitäten geschützt werden muss.[61]

Hier kommt uns die Himmelsmechanik zu Hilfe: Die fünf sogenannten Lagrange-Punkte[62] von Erde und Mond, L1 bis L5, sind Orte, wo eine im Vergleich zu den Himmelskörpern sehr kleine Masse im Prinzip für lange Zeit kräftefrei ausharren könnte, weil die jeweiligen Anziehungskräfte sich dort gerade aufheben (dasselbe gilt für Erde und Sonne oder zwei beliebige andere gravitativ gebundene Himmelskörper). Die verschiedenen irdischen Raumfahrtagenturen nutzen bereits die Lagrange-Punkte von Sonne und Erde zum Parken von Raumsonden. So befinden sich am der Sonne zugewandten Punkt L1 Sonnenbeobachtungsmissionen und beim der Sonne abgewandten Punkt L2 besonders empfindliche astronomische Messgeräte.

Wenn NASA, ESA, Roskosmos oder die chinesische Raumfahrtbehörde von der Idee mit den Lagrange-Punkten so überzeugt sind, dann würde eine ETZ dies ja womöglich genauso sehen. Vielleicht finden wir ja an den Lagrange-Punkten von Erde und Mond eine extraterrestrische Sonde? Besonders interessant wären die Punkte L4 und L5, die dem Mond auf seiner Bahn voraus- beziehungsweise nachlaufen, weil dort eine Testmasse grundsätzlich stabil bleibt, also nach einer Störung ohne Treibstoffverbrauch an ihre Position zurückgetrieben würde. (L1 bis L3 sind instabil, man bräuchte dort Energie, um eine Sonde nach einer kleinen Störung zurück an ihren Platz zu manövrieren.) Nun, eine gezielte Nachforschung hat es bereits gegeben. Und da die Erde-Mond-Punkte L4 und L5 aus verschiedenen Gründen ganz generell interessant für die Astronomie sind, wurden auch speziell diese untersucht. Leider ohne Ergebnis. Darüber hinaus haben jüngste theoretische Berechnungen ergeben, dass L4 und L5 doch nicht so stabile Bedingungen bieten wie zunächst gedacht.[63] Schon nach wenige Jahrmillionen würden dort geparkte Sonden abdriften, vielleicht bereits auch deutlich eher. Das macht es wieder weniger wahrscheinlich, dass langfristig operierende ETZs ihre kleinen Raumfahrzeuge dort parken würden.

Nicht um ETZs zu entdecken, sondern um unserer selbst willen suchen Astronominnen und Astronomen seit Längerem immer intensiver nach möglicherweise tödlichen Planetoiden, die uns auf ihren Orbits um die Sonne gefährlich nahekommen. Als Nebeneffekt könnte dabei vielleicht auch eine interstellare Sonde aufgestöbert werden. Insbesondere wird das in Nordchile fast fertig errichtete Vera C. Rubin Observatory ab 2022 mindestens zehn Jahre lang den gesamten Himmel in bislang nicht gekannter Detailliertheit regelmäßig durchkämmen. Dabei sollten selbst Objekte mit wenigen Metern Durchmesser[64] zu erkennen sein, also solche von der Größe einer kleineren extrasolaren Erkundungssonde. Bis Anfang 2021 wurde aber noch nichts dergleichen gefunden. Zumindest die von solchen hypothetischen Raumfahrzeugen unweigerlich abgegebene Wärmestrahlung (sofern es sich nicht um tiefgekühlte Wracks handelt) müsste zu detektieren sein, auch hier bisher Fehlanzeige. Schließlich ist zu erwarten, dass diese Sonden in irgendeiner Weise Beobachtungsergebnisse an ihre Kontrollstationen im fernen Weltraum senden – was für einen Sinn hätten sie sonst?[65] Das dürfte dann über elektromagnetische Signale erfolgen, die wiederum von uns detektiert werden könnten, aber noch nicht wurden. Übrigens fangen unsere Teleskope natürlich gelegentlich Transmissionen von Raumsonden aus den Tiefen unseres Planetensystems auf – aber die stammen dann leider immer von unseren eigenen Raumfahrzeugen.

Der Mars

Wie wir später sehen werden, gibt es Gründe für die Annahme, dass der Mars eine Rolle bei der Entwicklung von Leben auf der Erde gespielt hat. Aber könnte es auch dort selbst Leben geben – vielleicht sogar eine eigene technische Zivilisation?

Der Mars galt tatsächlich vom Ende des 19. bis Mitte des 20. Jahrhunderts als bewohnt,[66] was großenteils auf einen Übersetzungsfehler zurückging. Giovanni Schiaparelli entdeckte während einer Beobachtungsreihe im Jahr 1877 linienartige Strukturen auf der Marsoberfläche,[67] die er *canali* nannte – auf Italienisch kann dies sowohl natürliche als auch künstliche angelegte Wasserläufe bedeuten. Aus Schiaparellis Schriften geht klar hervor, dass er von *natürlichen* Prozessen als Ursache der *canali* ausging, aber im Ausland wurden daraus „Kanäle" im Sinne von künstlichen Wasserläufen.

Um die Jahrhundertwende beobachtete dann auch Percival Lowell[68] ausführlich den Mars und kam dabei sogar auf 437 Schiaparelli-Kanäle. Leider übersah er, dass er die ganze Zeit an der Grenze des Beobachtbaren operierte und die Evolution das menschliche visuelle System daraufhin optimiert hat, vertraute Züge in vermeintlich oder tatsächlich zufälligen Mustern auszumachen. Lowell war am Ende felsenfest überzeugt, dass er kunstvoll angelegte Netze von geradlinigen Kanälen sah, und er spekulierte darüber, wie sie Wasser von den eisigen Polkappen in die wüstenartigen niedrigen Breiten transportierten. Kanäle waren sowieso gerade sehr en vogue – der Suezkanal war als modernes Weltwunder im Jahr 1869 eröffnet worden und die Möglichkeit, dass intelligente Wesen auf dem Mars ebensolche Bauwerke errichtet hätten, elektrisierte die Öffentlichkeit. Es war eine romantische Vorstellung. Selbst 1960 glaubten noch manche Astronomen, dass das mit den Jahreszeiten wechselnde Aussehen des Marsscheibchen auf variierende Vegetationsmuster zurückgehe.

In den frühen 1960er-Jahren entdeckte dann Iossif Schklowski, dass die Umlaufbahn von Phobos, dem größeren der beiden winzigen Marsmonde, mit der Zeit langsam kleiner wird, und fand dafür eine geniale Erklärung.[69] Das Problem war, dass sich die beobachtete Rate des „Zerfalls" der Umlaufbahn mit klassischer Himmelsmechanik schlecht nachvollziehen ließ. Mehrere Mechanismen wurden vorgeschlagen, etwa ein hypothetisches Magnetfeld des Mars, Gezeitenkräfte oder ein schwacher Einfluss der Sonne. Nichts davon passte, auch nicht die an sich naheliegende Hypothese, dass Phobos durch Reibung an der dünnen Hochatmosphäre des Planeten allmählich abgebremst wird – dieser Effekt wäre zu schwach. Der tollkühne Schklowski fragte sich daraufhin, ob Phobos vielleicht hohl wäre – dann hätte er weniger Masse und die atmosphärische Reibung würde doch ausreichen, um die Abbremsung zu erklären. Wenn der kleine Mond aber hohl wäre, dann könnte es unmöglich auf natürlichem Wege dazu gekommen sein. Also musste Phobos ein künstlicher Satellit sein, geschaffen von einer marsianischen Zivilisation. Schklowski meinte, der Satellit sei schon vor Millionen von Jahre in seine Umlaufbahn gebracht worden, andere Wissenschaftler glaubten an einen aktuelleren Starttermin: Frank Salisbury etwa wies darauf hin,[70] dass die zwei Marsmonde Phobos und Deimos erst 1877 von Asaph Hall mit einem 26-Zoll-Fernrohr entdeckt worden waren, obwohl Heinrich d'Arrest 15 Jahre vorher mit einem größeren Teleskop den Mars bei noch dazu besseren Sichtbedingungen erfolglos nach Monden abgesucht hatte. Wie konnte der berühmte Astronom Heinrich d'Arrest die beiden Monde 1862 übersehen haben? War es möglich, fragte Salisbury, dass die Monde künstliche Strukturen waren und die Marsianer sie erst danach, also irgendwann zwischen 1862 und 1877, in ihre Orbits geschossen hatten?

Die Hypothese einer fortschrittlichen marsianischen Zivilisation, die Kanäle und künstliche Monde bauen kann, verlor in den 1960er-Jahren deutlich an Zuspruch. Endgültig beerdigt wurde sie, als die (irdischen!) Mariner-Raumsonden Nahaufnahmen von der Planetenoberfläche funkten, auf denen keine Spur von Lowells Kanälen (oder Vegetation oder kleinen grünen Männchen) zu erkennen war. 1976 landeten die Viking-Sonden auf der Oberfläche und fanden ebenso wenig wie die verschiedenen, seitdem auf dem Mars ausgesetzten selbstfahrenden Roboter („Rover") irgendetwas dergleichen. Auch auf Phobos haben verschiedene Sonden nichts gesehen außer kraterübersätem Felsgestein. Möglicherweise handelt es sich bei ihm und Deimos um eingefangene Planetoiden, ihr Ursprung ist aber auch heute noch Forschungsgegenstand. Schließlich haben jüngere Messungen gezeigt, dass Phobos auf seiner Bahn nur etwa halb so stark abgebremst wird wie früher gedacht, was sich dann plausibel mit der gravitativen Gezeitenwechselwirkung des Mars erklären lässt. Aufgrund dieser Abbremsung kommt Phobos dem Mars jährlich nur etwa 2 cm näher – das aber dann doch: Ungefähr in 40 Mio. Jahren wird er auf dessen Oberfläche einschlagen und einen Krater von der Größe Belgiens hinterlassen. Obwohl das für Astronominnen und Astronomen eine kurze Zeit ist, bedeutet das für andere (um nicht zu sagen „normale") Menschen eine ziemlich lange Wartezeit. Schade eigentlich – der Crash wird *richtig* spektakulär.

Planetoiden

Michael Papagiannis hat darauf hingewiesen,[71] dass wir die Anwesenheit von ETZs im Planetoidengürtel ausschließen müssen, bevor wir sicher sagen können, dass es keine Aliens in unserem Sonnensystem gibt. Der Planetoidengürtel wäre der ideale Ort für eine interstellare Kolonie: Die Kolonisten könnten auf den Planetoiden Bodenschätze abbauen[72] und es gäbe auch dort noch genügend Solarenergie. Wer weiß – vielleicht ist die Zersplitterung dieses Raumbereichs in unzählige Himmelskörper vom kleinsten Bröckchen bis knapp unter Planetengröße das *Resultat* groß angelegter außerirdischer Bergbauprojekte? Wenn im Planetoidengürtel Raumschiffe mit Alien-Kumpeln kreuzten, würden wir davon nicht unbedingt etwas mitbekommen: Raumstationen von 1 km Größe oder weniger wären auf diese Entfernung sehr schwer von natürlichen Planetoiden zu unterscheiden.

Andererseits würde ihre Existenz im Planetoidengürtel andere Fragen aufwerfen: Warum haben wir noch keine Streustrahlung von ihren elektromagnetischen Gerätschaften aufgefanen? Warum haben wir noch kein einziges Objekt beobachtet, das eine höhere Temperatur hat, als es in diesem Abstand von der Sonne haben sollte? Und warum haben sich sie ETZ, wenn sie dort sind, dazu entschieden, so lange stillzuhalten?

Das äußere Sonnensystem

Jenseits der Planetoiden gibt es zahlreiche astronomische „Anomalien" – so etwa die um 90 Grad „gekippte" Drehachse des Uranus oder die falsche Laufrichtung des Neptunmonds Triton –, die wir als Hinweise darauf werten könnten, dass ETZs an unserem Planetensystem herumgepfuscht haben (wenn wir zu einer solchen Theorie neigen würden). Und dann gibt es noch, jenseits der Neptunbahn, den Kuiper-Gürtel, dessen Mitglieder noch viel zahlreicher und oft auch seltsamer sind als die des (inneren) Planetoidengürtels. Die meisten Kuiper-Gürtel-Objekte sind klein, das derzeit größte bekannte ist Pluto, der 2006 vom neunten Planeten zum ersten Zwergplaneten und Transneptunischen Objekt (TNO) herabgestuft worden ist.[73] Etwas zuvor schlug David Stephenson vor, dass die exzentrische und überdurchschnittlich stark geneigte Plutobahn das Ergebnis eines Astroingenieurprojekts sein könnte.[74] Es lassen sich all diese „Anomalien" jedoch so prosaisch wie problemlos als Resultate von Kollisionen und Beinahezusammenstößen in der Frühzeit des Sonnensystems deuten. Es gibt hier keine Not, nach weiteren Erklärungen zu suchen. Nichtsdestotrotz könnten Kuiper-Gürtel-Objekte eine Rolle bei der Suche nach ETZs spielen. Loeb und Turner wiesen darauf hin, dass biologische Geschöpfe, die ein gewisses technologisches Niveau erreicht haben, so wie auch wir dazu neigen, die jeweils sonnenabgewandte Seite ihrer kosmischen Heimstatt zu illuminieren (sie machen, mit anderen Worten, nachts das Licht an). Unser eigene Zivilisation setzt dazu derzeit vor allem auf zwei technische Lösungen – Quantensysteme (in LED-Lampen) und Wärmestrahlung (in den noch installierten Glühbirnen). Diese beiden haben spektrale Signaturen, die gut voneinander und vor allem von natürlichen Lichtquellen wie zum Beispiel der Wärmestrahlung unbewohnter Himmelskörper zu unterscheiden sind. Wenn wir irgendwo im Kuiper-Gürtel das Streulicht von einer künstlichen Straßenbeleuchtung entdeckten, könnten wir mit ziemlich viel Fug und Recht auf eine ETZ in der Gegend schließen. Stellen Sie sich eine Stadt der Größe Tokios auf einem TNO vor, die in der Nacht ähnlich intensiv wie unser heutiges Tokio strahlen würde. Loeb und Turner haben gezeigt,[75] dass bereits unsere heutigen Teleskope das Nachtleben von Kuiper-Tokio sehen würden. Wir wären also bereits jetzt in der Lage, nach fremden Zivilisationen im Kuiper-Gürtel zu suchen. (Ein negatives Resultat würde, wie immer, nichts beweisen: Vielleicht schirmen die Aliens ihre Strahlung vor uns ab – auch wir tun ja endlich mehr gegen die Lichtverschmutzung – oder kommen mit viel weniger Licht aus. Oder sie nutzen für uns unvorstellbare Technologien, um Licht zu erzeugen oder ganz ohne auszukommen …)

Zehnmal weiter weg als selbst der äußere Rand des Kuiper-Gürtels liegt eine Zone, in der es sich ebenfalls lohnt, nach Alien-Sonden zu forschen. Die Idee beruht auf der Beobachtung, dass sich Lichtstrahlen in der Nähe von sehr großen Massen etwas um diese herumbiegen.[76] Einsteins Allgemeine Relativitätstheorie erklärt, warum: Massen krümmen Raum und Zeit und das Licht folgt dieser Krümmung. Dadurch wirkt eine große Masse genauso wie eine optische Linse, die den Lichtweg aufgrund variierender Brechungseigenschaften krümmt. Der Mechanismus ist natürlich verschieden, aber die Wirkung dieselbe, weswegen man zu Recht von einer „Gravitationslinse" spricht. Wenden wir diesen Gedanken nun auf die Sonne an. Von Eshleman[77] zeigte, dass ein Teleskop im Abstand von mindestens 548 Astronomischen Einheiten (AE) von der Sonne – fast 14-mal mehr als der mittlere Abstand zwischen Sonne und Pluto – die Vergrößerungswirkung des solaren Gravitationslineseffekts ausnutzen könnte. (In 548 AE Entfernung liegt der „Brennpunkt" der solaren Schwerkraftlinse. Dies ist der *minimale* Abstand für die technische Nutzung der Sonne als kosmisches Teleskop. In 1000 AE Entfernung würde es noch besser funktionieren, weil dort zum Beispiel die Sonnencorona weniger stören würde. Aber das sind nur Details.)

Ein Teleskop im Brennpunkt der Sonnengravitationslinse wäre der Traum aller Astronominnen und Astronomen: Sie könnten damit fremde Planeten, Sterne und Galaxien in unglaublicher Detaillierung studieren. Es wäre außerdem ein sehr mächtiges Werkzeug bei der Suche nach extraterrestrischen Intelligenzen, wie Claudio Maccone herausgestellt hat. Dieser erkannte wohl mehr als jeder andere die Bedeutung dieses kosmischen Brennpunkts für künftige astronomische Missionen.[78] Maccone hat auch gezeigt, dass der gigantische Gewinn an Sendeleistung durch stellare Gravitationslinsen die Kommunikation zwischen nahegelegenen Sternen erstaunlich stark vereinfachen könnte. Bei weiter entfernten Sternen ist dagegen weniger die Sendeleistung das Problem als die Zeit, die ein Signal hin und zurück bräuchte.

Was hat das alles mit unserer Suche nach Belegen für die Existenz von Extraterrestriern zu tun? Nun, nehmen wir an, eine ETZ macht sich daran, die Galaxis mit Sonden zu erforschen (wir werden uns mit den Details solcher Entdeckungsreisen später beschäftigen). Vermutlich würde dann eine Kommunikation zwischen der Sonde und ihrer Heimatzivilisation stattfinden. Eine vernünftige Strategie dafür wäre es, wenn die Sonde eher mit benachbarten Sternsystemen in Verbindung bliebe als direkt mit dem Ursprungssystem. (Die Struktur der Milchstraße und ihre enorme Größe im Verhältnis zur eben doch endlichen Geschwindigkeit des Lichtes machen es schwer, direkt in Verbindung zu bleiben. Und nicht nur das: Eine ETZ-weite Kommunikationsstrategie mit dem Heimatplaneten als zentraler Vermittlungsstelle bräche zusammen, wenn dieser sich in die Luft jagt, migriert oder einfach das Interesse an der Mission verliert.) Am einfachsten könnte ein kleines Objekt über interstellare Distanzen kommunizieren, wenn es Gravitationslinsen ausnutzen würde, welche die Natur netterweise ja schon bereithält. Und jetzt kommt's: *Wenn* Forschungssonden von fremden Zivilisationen wo auch immer im Sonnensystem stecken, dann würden sie ihre Kommunikation mit nahegelegenen Sternsystemen wahrscheinlich von einem Brennpunkt der Sonnenschwerkraftlinse aus abwickeln, 600 AE Sonnendistanz scheint eine sinnvolle Wahl zu sein. Dieser Vorschlag von Michaël Gillon[79] bieten ein einfaches Rezept für die Suche nach solchen ETZ-Sonden, denn wir können leicht für jeden unserer Nachbarsterne ausrechnen, wo genau in den Außenbereichen unseres Sonnensystems sich der entsprechende Brennpunkt für Gravilinsen-verstärkte interstellare Chats befindet.

Leider wäre es, wie Gillon selbst darlegt, dennoch schwierig, die Sonden zu finden, selbst wenn wir wüssten, wo wir nach ihnen zu suchen hätten. Angenommen so eine Sonde würde ein Lichtsegel nutzen, um die minimale, aber nicht zu vernachlässigende Schwereanziehung der Sonne in dieser Entfernung zu kompensieren. (Natürlich könnten einer ETZ noch ganz andere Energiequellen zur Verfügung stehen, von denen wir kaum zu träumen wagen. Aber wenn sie die Freundlichkeit besäßen, mit dem Lichtdruck und Sonnensegeln zu arbeiten, könnten wir sie am besten entdecken.) Es stellt sich heraus, dass für ein autonomes Raumschiff von der Größe unserer Voyager-Sonden ein kreisförmiges Segel mit rund 500 m nötig wäre. Die Frage ist dann: Können wir ein Lichtsegel dieser Abmessungen in einer Entfernung von 1000 AE sehen? Unglücklicherweise wäre selbst mit den größten derzeit in Bau befindlichen Teleskopen[80] solch ein Unterfangen unmöglich. Das Objekt wäre zu lichtschwach. Eine andere Option – die Bedeckungsmethode, welche die Abschwächung des Lichts von Hintergrundsternen ausnutzt, vor denen das gesuchte Objekt vorbeizieht – fällt ebenfalls aus. Die Helligkeitsänderung wäre zu klein, zu flüchtig. Müssen wir also, nachdem wir herausgefunden haben, wo wir suchen müssen, zugeben, dass wir dort nichts finden können? Nun, Gillon hat noch drei Vorschläge in petto:

- Wir senden unsere eigenen Sonden dort hinaus und lassen sie sich dort umsehen. Allerdings sind die beiden 1977, also vor über 40 Jahren gestarteten Voyager-Missionen, während ich dies schreibe, 148 AE (Voyager 1) beziehungsweise 123 AE (Voyager 2) von der Sonne entfernt. Es wird noch eine *ganze* Weile dauern, bis sie eine Entfernung von 1000 AE erreicht haben.
- Wir suchen nach Streustrahlung von den Alien-Sonden. Das ist im Prinzip möglich, aber praktisch kaum auszuführen.
- Schließlich könnten wir selbst die Initiative ergreifen und versuchen, direkten Kontakt mit den Alien-Schiffen aufzunehmen – indem wir ein kräftiges Radiosignal zu ihnen schicken und auf eine Reaktion warten.

In meinen Augen ist diese dritte Option der einzig realistische Weg, zumindest mit den technologischen Möglichkeiten, die wir in den nächsten Jahren, wenn nicht Jahrzehnten zur Verfügung haben. Schicken wir ihnen also eine Nachricht und schauen, ob sie antworten. Wenn sie es tun, wird die Welt nie mehr so sein wie vorher. Wenn der Rest Schweigen ist, wovon ich ehrlich gesagt ausgehe … sind wir wieder dort, wo wir angefangen haben.

Wenn wir über den Kuiper-Gürtel und die Brennpunkte der solaren Gravitationslinse reden, merken wir nach und nach, wie groß das Sonnensystem ist. Eine Kugeloberfläche, die auch nur die Plutobahn vollständig einschließt, enthält 400 Quadrilliarden, das sind 400 Millilarden Millilarden Millilarden Kubikkilometer an Raum. Und Pluto ist noch relativ nah: Das Sonnensystem reicht bis zur Oortschen Wolke der Kometenkerne, die sich fast ein Lichtjahr in alle Richtungen von der Sonne aus erstreckt. Ich glaube, dass die Chancen, in diesem Volumen rein zufällig auf ein kleines außerirdisches Raumschiff zu stoßen, wirklich winzig sind. (Nicht jeder sieht das so. 2017 entdeckte Robert Weryk 'Oumuamua, ein seltsames dunkles und lang gestrecktes Objekt mit 100–1000 m Länge und 35–167 m Durchmesser. Die Bahn dieses Körpers kann den Beobachtungsdaten zufolge kein geschlossener Orbit um die Sonne sein. Vielmehr handelt es sich bei ihm um den ersten zweifelsfrei identifizierten interstellaren Besucher in unserem Planetensystem, der auf einem Hyperbelast an der Sonne vorbeigezogen und ins unendliche All entschwunden ist. Trajektorie und Abmessungen von 'Oumuamua machten es praktisch unvermeidlich, dass jemand das Objekt mit dem Raumschiff in Arthur Clarkes Roman *Rendezvous mit Rama* zu verglich. Und natürlich haben tatsächlich einige Astronomen diese Assoziation ernsthaft in Erwägung gezogen.[81]

Aber wir wissen jetzt, dass ʻOumuamua ein natürlicher Himmelskörper ist. Das Gleiche gilt für Borisov, den zweiten interstellaren Besucher, der nur zwei Jahre später entdeckt wurde. Beide sind entweder Kometen oder Planetoiden. (Interessant? Auf jeden Fall. Raumschiff? Nein.) Wir werden aller Wahrscheinlichkeit nach ein extraterrestrisches Artefakt nur dann entdecken, wenn es von sich aus unsere Aufmerksamkeit auf sich lenkt. Umgekehrt lässt es sich nicht ausschließen,[82] dass klandestine außerirdische Beobachtungsmissionen irgendwann einmal das Sonnensystem besucht haben oder sogar jetzt gerade hier zugange sind. Man könnte sagen: Solange wir diese Möglichkeit nicht zu 100 % ausschließen können, gibt es gar kein Fermi-Paradox.[83]

Was wir jedoch sagen können, ist Folgendes: Noch ist nirgendwo irgendein Anhaltspunkt für extraterrestrische Besuche aufgetaucht. Es ist sicherlich nicht sinnlos, mit unaufwendigen Forschungsstrategien weiter danach zu suchen, denn trotz der geringen Erfolgsaussichten wäre der mögliche Erkenntnisgewinn enorm. Doch bis diese Erkundungen eines Tages tatsächlich etwas ergeben – warum sollten wir annehmen, dass es diese Besuche gab oder gibt?

Rücksturz zur Erde

Möglicherweise schauen wir aber auch in die ganz falsche Richtung. Haben Aliens uns besucht und *Informationen* anstelle von *Dingen* zurückgelassen?

Eine Science-Fiction-Geschichte aus den 1950er-Jahren bot eine innovative Erklärung für die merkwürdige Tatsache, dass so viele Menschen keine Spinnen mögen: Die Klasse der Spinnentiere (Arachnida) ist extraterrestrischen Ursprungs! Ihre Vorfahren entkamen einstmals von einem Alien-Raumschiff, was die Menschen instinktiv spüren – deshalb fühlen sie sich in ihrer Anwesenheit unwohl. (Unnötig zu erwähnen, dass Spinnen *keine* Aliens sind. Wie wir später noch sehen werden, ist alles Leben auf diesem Planeten direkt miteinander verwandt. Spinnen-DNA und menschliche DNA haben viel mehr gemeinsam, als sie trennt.) In den 1970er-Jahren erreichten gewisse Wissenschaftler das Kreativitätsniveau von Science-Fiction-Autoren, indem sie mutmaßten, dass in Biomolekülen möglicherweise Botschaften einer ETZ kodiert seien. Theoretisch wäre das möglich: Schließlich ist der Witz an der DNA ja ihre unglaubliche Fähigkeit, auf engstem Raum riesige Mengen an Information zu speichern. Der genetische Code könnte gleichzeitig über Milliarden von Jahren in wesentlichen

Punkten unverändert bleiben und sich dennoch recht einfach modifizieren lassen, um eine Art von Signal aufzuprägen.[84]

Eine in DNA verschlüsselte Botschaft ist allerdings ein ziemlich abwegiger Kommunikationskanal. Zum einen könnte der Absender seine Nachricht nur an einen Planeten schicken, dessen Biochemie auf gleiche Weise funktioniert. (In unserem Fall müssten seine Lebensformen auf linksdrehenden Aminosäuren beruhen, den gleichen genetischen Code und die gleichen Mechanismen der Proteinsynthese nutzen wie wir und noch vieles mehr.) Und selbst wenn der Empfänger die Möglichkeit hätte, zwischen einer natürlichen und einer künstlichen Gensequenz zu unterscheiden, würde die Botschaft mit der Zeit unlesbar werden aufgrund von Zufallsmutationen, die sich praktisch nicht vermeiden lassen. Die Unwägbarkeiten der Evolution löschen die Botschaft (oder die Arten, die sie tragen) vielleicht sogar komplett aus. Andererseits wird DNA auf unserer Erde natürlich wirklich billionenfach zum Speichern von Information genutzt, also könnten theoretisch auch andere Leute auf die Idee gekommen sein. Es gibt ein paar Untersuchungen zu dieser Idee.[85] So hat eine Analyse der Gene von bestimmten Virenstämmen keinerlei Hinweise auf künstlich aufgeprägte Muster ergeben. Mittlerweile hat die Biologie die Genome einer ständig wachsenden Zahl von Arten, nicht zuletzt von uns Menschen selbst, vollständig sequenziert. Man könnte daher eine größer angelegte Suche nach solchen ungewöhnlichen Mustern starten. Dies steht zwar ziemlich weit unten auf den Prioritätenlisten der beteiligten Forscherinnen und Forscher, aber irgendwann wird sicherlich jemand einen Fördermittelantrag schreiben, um einen entsprechenden Suchalgorithmus durch die Gendatenbanken jagen zu können. Mein Tipp ist, dass tatsächlich merkwürdige Muster zutage treten werden, diesen jedoch dasselbe Schicksal vorbestimmt ist wie den Marskanälen. Solche Muster sind echte Zeichen von Intelligenz – aber nur von denjenigen, die den Suchalgorithmus entworfen oder sich möglicherweise sogar noch selbst ans Mikroskop gesetzt haben.

Lösung 6
Sie existieren und sie sind wir – wir sind alle Aliens!

Wir haben kurz die Idee tangiert, dass ETZs möglicherweise eine Botschaft in der DNA von irdischen Organismen versteckt haben. Eine weiter greifende Version dieser Idee ist plausibler: Mit jedem Durchbruch in der Genetik wird es klarer, dass alles Leben auf diesem Planeten miteinander verwandt ist. Zwar sind wohl kaum einzelne Arten oder Gruppen (auch nicht die Spinnen) von einem anderen Stern, aber die Möglichkeit, dass *alle* Arten aus derselben extraterrestrischen Quelle stammen, ist nicht auszuschließen. Vielleicht ist das Leben selbst die außerirdische Botschaft. Vielleicht sind wir *alle* Aliens.

Der Gedanke, dass das Leben anderswo entstand und dann auf die Erde gelangte, ist sehr alt. Die Vorstellung einer *Panspermie* – wörtlich „Überall-samen" – geht wahrscheinlich auf Anaxagoras zurück.[86] Ihre moderne Form nahm die Panspermie-Hypothese aber erst im späten 19. Jahrhundert an. Wissenschaftler begannen damals verschiedene Varianten dieses Gedankens zu diskutieren. Lord Kelvin[87] etwa überlegte, ob das Leben sich auf felsigen Meteoriten durchs All ausbreitet – *Lithopanspermie*. Ein Buch von Arrhenius[88] popularisierte 1908 die Panspermie-Idee. Arrhenius mutmaßte, dass das Universum voll von Lebenskeimen ist, welche der Strahlungs-druck des Sternenlichts durch das All treibt – *Radiopanspermie*. Einige dieser Keime fielen irgendwann auf die Erde, wuchsen an und evolvierten in das Leben, wie wir es heute sehen.

Wie wir später noch im Einzelnen besprechen werden, ist eines der Mysterien des irdischen Lebens die geradezu unanständige Hast, in der es entstanden ist. Es gab eigentlich gar nicht genug Zeit, dass zufällige physikalische und chemische Prozesse aus unanimierten Materieklumpen Leben erschaffen konnten. Das Konzept der Panspermie ist so attraktiv, da es genau dieses Zeitproblem löst: Das Leben fiel sozusagen als Instantpulver auf die Erde *(just add water)*. Nichtsdestotrotz hat die Arrhenius-Hypothese viel an Unterstützung verloren; Biologinnen und Biologen finden es schwer vorstellbar, dass nackte Lebenssporen die Härten einer äonenlangen Reise durch den Kosmos überstehen sollten; insbesondere die harte kosmische Strahlung wäre auf Dauer für jeden Keim tödlich. So oder so verlagert der Panspermie-Gedanke das Problem mit dem Ursprung des Lebens letztlich nur von der Erde nach „irgendwo da draußen".

Die Vorstellung, dass es irgendwo im All zumindest mikrobielles Leben gibt, ist nicht verschwunden. Zum Beispiel haben Hoyle und Wickramasinghe die Idee propagiert, dass Mikroben in Kometen zur Erde reisen und dann gelegentlich Massenausbrüche von Krankheiten auslösen.[89] Und erst vor Kurzem haben Forscherinnen und Forscher untersucht, ob nicht sogenannte extremophile Mikroorganismen die harten Bedingungen im interplanetaren und interstellaren Raum doch überstehen könnten.[90]

In Experimenten, bei denen extremophile Mikroorganismen in kohlen-stoffhaltigen Körnchen eingeschlossen waren, überlebten die Mikroben eine stundenlange intensive Bestrahlung – sie nahmen dabei eine akkumulierte Strahlendosis von Millionen von Jahren an solarer Einstrahlung auf. Damit ist die *Mikrolithopanspermie* – der Transfer mikrobiellen Lebens in Staubkörnern anstelle von Felsbrocken – eine weitere ernst zu nehmende

Option. Selbst wenn der panspermische Transport über interstellare Distanzen zu zerstörerisch für Mikrolebewesen sein sollte (es ginge ja nicht nur um die Bedingungen im freien Weltraum, sondern genauso um die heftigen Vorgänge beim Abflug von dem einen und beim Landen auf dem anderen Planeten) – vielleicht kann genetische Information in Form von inaktivierten Viruspartikeln oder toten Bakterienfragmenten die Reise überstehen. Das wäre dann *Nekropanspermie.*[91] Obwohl die Panspermie-Hypothese heute nicht mehr ganz Mainstream ist, ist sie dennoch alles andere als abseitig oder überholt. Sollte sie sich am Ende als wahr herausstellen, dann würden die Chancen für ein vielfaches Auftreten von Leben im Universum erheblich steigen (obwohl daraus nicht notwendig folgt, dass es auch viele *intelligente* Lebensformen und kommunizierende ETZs gibt).

1973 publizierten Crick und Orgel ihre Idee einer *zielgerichteten* Panspermie: „Panspermie plus Intelligenz", wie Dyson es ausgedrückt hat.[92] Crick und Orgel hielten es für sehr unwahrscheinlich, dass Mikroorganismen nach einer Lichtjahre überbrückenden Reise zufällig gerade auf der Erde landen. Eine *planmäßige* Aussaat von Lebenskeimen wäre dagegen etwas ganz anderes. *Gerichtete Panspermie* ist die Annahme, dass eine uralte ETZ zielgerichtet Sporen zu Planeten mit geeigneten Umweltbedingungen geschickt hat. Vielleicht sind die ersten primitiven Lebensspuren nicht zufällig in einem Meteoriten auf die Erde gelangt, vielleicht wurden sie von einer Sonde hierher *gebracht*. (Warum würde eine ETZ so etwas mit einem Planeten machen? Möglicherweise hatten sie vor, den Planeten für eine nachfolgende Kolonisierung vorzubereiten, zu der es dann aber aus irgendeinem Grund nicht gekommen ist. Vielleicht war es ein sehr groß angelegtes astrobiologisches Experiment. Vielleicht standen sie vor einer globalen Katastrophe und wollten zumindest das Überleben eines kleinen Teils ihres genetischen Materials sicherstellen. Wer kann das schon wissen?)

Es ist schwierig, die Hypothese von der gerichteten Panspermie zu überprüfen. Wie sollen wir Milliarden Jahre nach dem Ereignis unterscheiden zwischen primitiven Lebensformen, die in der Ursuppe zusammenfanden, primitiven Lebensformen, die in einem Meteoriten auf die Erde gekracht sind, und primitiven Lebensformen, die von einer interstellaren Sonde hier ausgepflanzt worden sind? Crick und Orgel argumentierten, dass sich mit der gerichteten Panspermie gleich mehrere Rätsel lösen lassen, etwa dieses hier: Warum gibt es nur einen genetischen Code auf der Erde? Ein universeller Code ist eine ganz natürlich Folge, wenn alles irdische Leben aus einem einzigen Satz an extraterrestrischen Saat-Mikroorganismen geklont ist. Ein anderes Argument betrifft die Abhängigkeit vieler Enzyme von dem seltenen Metall Molybdän – es ist nur das 56.-häufigste Element in der

Erdkruste und spielt dennoch eine wichtige Rolle in der Biochemie. Auch dies wäre weniger überraschend, wenn das heutige irdische Leben auf einem anderen Planeten entstanden wäre, wo das Molybdän nur so auf der Straße herumliegt. Natürlich hat die Biochemie konventionellere Antworten für diese Fragen gefunden, weswegen die Beweislage für die gerichtete Panspermie doch eher dünn ist.

Wenn die Biologie erst einmal eine überzeugende und vollständige Theorie für die Entstehung des Lebens aus natürlich auf der Urerde vorhandenen Materialien entwickelt hat, wird die Panspermie – egal ob gerichtet oder nicht – überflüssig. Oder Crick und Orgel bekommen eines Tages Recht und wir treffen vielleicht sogar die ETZ, die unserem Teil der Galaxis das Leben gebracht hat. Die Hypothese der gerichteten Panspermie bleibt vorerst eine mögliche Auflösung des Fermi-Paradoxes.[93]

Wo sie sind? Sie sind hier und sie sind wir.

Lösung 7
Der Zoo und die Verbotsszenarien

John Ball hat das Zoo-Szenario als mögliche Lösung für das Fermi-Paradox vorgeschlagen.[94] Tatsächlich nannte Ball die Idee „Zoo-Hypothese", Varianten dieser Idee tauchen ebenfalls als „Hypothesen" in der Literatur auf. Ich ziehe es vor, von „Szenarien" zu sprechen, da eine Hypothese in der Wissenschaft normalerweise zwar vielleicht weit hergeholt, aber grundsätzlich überprüfbar ist. Wie wir gleich sehen werden, ist Balls Spekulation in ihrer ursprünglichen Form *sehr* schwierig zu überprüfen. Das heißt nicht, dass das Zoo-Szenario falsch, unlogisch oder unwahrscheinlicher als andere Ansätze wäre. Wir sind schon auf Ideen gestoßen, die wesentlich abgedrehter waren als Balls Spekulation. Das Problem ist, dass wir sie praktisch nicht falsifizieren können.

Ball meinte, dass ETZs überall zu finden sind. Viele dieser Zivilisationen mögen stagnieren oder vor der Vernichtung stehen, andere aber entwickeln ihre Technologie mit der Zeit immer weiter. In Analogie zur menschlichen Geschichte argumentiert er, dass wir uns auch im All nur mit den technisch fortgeschrittensten Zivilisationen zu beschäftigen brauchen. Diese ETZs werden nämlich über kurz oder lang die Kontrolle über das Universum erlangen,[95] da die weniger weit entwickelten zerstört, gezähmt oder assimiliert werden. Die wichtige Frage ist dann: Wie werden die hochentwickelten ETZs ihre Macht ausüben? Analog zu der Art, in der wir Menschen mit den übrigen Lebensformen unseres Planeten umgehen, nämlich (bestenfalls) Naturschutzgebiete, Reservate und Zoos einrichten, in denen sich diese weitgehend natürlich entwickeln können, spekuliert Ball, dass die Erde ein galaktisches Naturschutzsperrgebiet sei, welches die herrschenden ETZs für uns reserviert haben. Der Grund, dass es keine Interaktion zwischen ihnen und uns gibt, lautet schlicht, dass sie nicht gefunden werden wollen – und über die Technologie verfügen, dies auch garantiert nicht geschehen zu lassen. Das Zoo-Szenario sagt, dass wir beobachtete Wesen sind. (Varianten dieser Idee klingen weniger angenehm, das Labor-Szenario etwa sieht uns als Versuchstiere.) Man könnte sagen, dass Ziolkowskis Lösung für das Fermi-Paradox, also dass die ETZs die Erde links liegen lassen, bis die Menschheit sich zu einer hinreichenden Perfektion weiterentwickelt hat, ein Vorläufer des Zoo-Szenarios ist.

Fliegende-Untertassen-Gläubige neigen dem Zoo-Szenario zu, als ob dieses ihren Glauben begründen würde. Doch das Zoo-Szenario sagt explizit voraus, dass wir *keine* fliegenden Untertassen sehen werden. Wenn wir ein Alien-Raumschiff sehen würden, hätten wir sehr schlampiges Zoo-Personal, und das ist bei einer perfekten ETZ im Businessplan nicht vorgesehen. Eine Variante von Balls Idee – das Unvollständige-Kontaktsperre-Szenario – ist dagegen kompatibel mit der Sichtung von fliegenden Untertassen. Diese von James Deardorff vorgeschlagene Idee besagt, dass wohlmeinende ETZs Kontakte mit der Menschheit grundsätzlich verboten haben. Doch die Kontaktsperre ist nicht total: Aliens kontaktieren manchmal Bürger, deren Geschichten dann Wissenschaft und Regierung unglaubwürdig erscheinen, aber vielleicht auch aufhorchen lassen. Die Außerirdischen wollen uns langsam auf den Schock vorbereiten,[96] den ihre irgendwann vorgesehene „offizielle" Kontaktaufnahme uns sicherlich bereiten würde. Deardorffs Vorschlag ist so unwissenschaftlich – wiederum nicht notwendigerweise falsch –, dass man ihn wahrscheinlich nicht einmal als „Szenario" bezeichnen sollte.

Das Zoo-Szenario ist aus verschiedenen Gründen kritisiert worden. Ein großes Manko besteht in meinen Augen darin, dass es praktisch nicht überprüfbar ist. Eine gute Hypothese führt auf Ideen für Untersuchungen, welche sie bestätigen oder falsifizieren, und dabei dann wieder auf neue Hypothesen. Es fällt schwer, sich eine Beobachtung auszudenken, die das Zoo-Szenario widerlegen oder bestätigen würde. Die Vorhersage ist, dass wir keine ETZs sehen, aber wenn wir sie nicht sehen, bestätigt das schwerlich die Ausgangsthese. Ein Ansatz, demzufolge die Abwesenheit von ETZs, egal wie gründlich wir suchen, einfach daran liegt, dass sie nicht gesehen werden wollen, ist ziemlich unbefriedigend.

Andere finden das Szenario anthropozentrisch. Warum sollte sich eine ETZ eigentlich für eine Spezies wie uns interessieren? (Vorausgesetzt, es geht ihnen überhaupt um uns und nicht um Delfine, Affen, Bienen oder

Oktopoden). Da wir keinen Schimmer haben, was Aliens interessant oder putzig finden, können wir zwar meiner Meinung nach nicht ausschließen, dass die Erde das galaktische Äquivalent eines Nationalparks ist. Eine weitere Schwäche ist jedoch, dass das Zoo-Szenario nicht erklärt, warum die Aliens die Erde nicht kolonisiert haben, lange *bevor* möglicherweise interessante Lebensformen dort entstanden sind: Es behandelt vielleicht die Reaktion einer ethisch hochstehenden ETZ auf die Entdeckung von (einigermaßen) intelligentem Leben auf der Erde. Aber wie hätten diese weisen Aliens auf eine fruchtbare Erde reagiert, auf der nur primitive Einzeller ihr Dasein fristen?

Ein etwas ernsthafterer Einwand liegt darin, dass man nur *eine* ETZ braucht, die sich nicht an die Kontaktsperre hält, bloß eine unreife Zivilisation, die Finger oder Gummibärchen durch die Käfigstäbe steckt, um zu sehen, wie die Tierchen wohl darauf reagieren mögen, damit die ersten Aliens auf der Erde gesehen werden.[97] Darüber hinaus erklärt das Zoo-Szenario auch nicht, warum wir keine Spuren von ETZs anderswo in der Milchstraße sehen. Die Grundvoraussetzung war ja, dass es überall Leben und auch an vielen Stellen intelligente Formen davon gibt. Wo aber sind dann deren Ehrfurcht gebietende Astroingenieursprojekte? Ihre Kommunikationssysteme samt unvermeidlicher Streustrahlung? Ihre kosmischen Kunstwerke? Es ist eine Sache, die Erde von schädlichen äußeren Einflüssen abzuschirmen, aber eine ganz andere, überhaupt nichts mehr zu machen, nur damit wir auf keinen Fall etwas mitbekommen.

Schließlich krankt das Szenario an einem Fehler, den in ähnlicher Weise auch alle anderen Lösungen des Fermi-Paradoxes begehen, die mit den Motiven und Absichten extraterrestrischer Intelligenzen argumentieren: Es unterstellt, dass sich *alle* ETZs zu *allen* Zeiten uns gegenüber gleich verhalten.

Das Verbotsszenario von Martyn Fogg[98] versucht Balls Idee zu verallgemeinern und einige seiner Schwächen aufzufangen. Es gibt Gründe an, warum *alle* belebten Planeten, nicht bloß die Erde, tabu sind.

Fogg entwickelte ein einfaches Modell für Ursprung, Ausbreitung und Interaktionen von frühen galaktischen Zivilisationen. Wie andere Autoren auch entwarf er mit plausiblen Werten für seine Modellparameter eine Galaxis, die sich schnell mit ETZs füllte. Je nach Wahl der Parameter dominierten entweder einige wenige Zivilisationen mit großen „Imperien" oder es gab viele unterschiedliche kleinere „Fürstentümer". Aber egal wie Fogg seine Parameter wählte, die Modell-ETZs hatten die Milchstraße immer schon kolonisiert, bevor unser Sonnensystem entstand.

Fogg argumentierte dann, dass nach Ende der Kolonisierungsphase, wenn praktisch jeder Stern intelligente Lebensformen um sich hat, die Galaxis in eine neue Ära des „Steady State" eintritt. Der Drang zur Expansion erlischt, die mit Aggression, Territorialität und Bevölkerungswachstum einhergehenden Probleme sind gelöst und die Verteilung der Intelligenz wird immer homogener. Diese Ära wird zu einem Zeitalter der Kommunikation. Gemäß Foggs Modell hat diese (wundervoll klingende) Epoche bereits vor Milliarden von Jahren begonnen.

In diesem Szenario liegt die Erde innerhalb der Einflusssphäre einer (oder mehrerer) fortgeschrittener ETZs. Warum haben diese unseren Planeten noch nicht übernommen? Fogg meint, dass in einer Steady-State-Ära das Wissen die wertvollste Ressource ist. Fortgeschrittene ETZs hätten einen Grund, rückständige lebenstragende Planeten in Ruhe zu lassen: Solche Planeten stellen eine nicht erneuerbare Quelle von Information dar. Und der Verzicht auf potenziellen Lebensraum ist möglicherweise gar kein großes Opfer. Wie Asimov dargelegt hat,[99] sind ETZs möglicherweise gar nicht mehr darauf angewiesen, auf Planeten zu siedeln: Wenn sie in Weltraum-Archen zwischen den Sternen kreuzen, dann sind sonnenähnliche G-Sterne[100] mit bewohnbaren Planeten gar kein primäres Ziel mehr. *Jeder* Stern gibt nutzbare Energie ab; helle O-Riesensterne könnten am besten geeignet sein. Fogg folgert nun, dass nur 0,6 % aller Sterne Leben tragende Planeten haben (das ist natürlich diskutabel) und deshalb die ETZs nur eine kleine Zahl von Sternen meiden müssten. Diese bewusst in Ruhe zu lassen, wäre damit ein kleiner Preis für den Schatz an Informationen, den solche Planeten am Ende preisgeben könnten.

Der galaktische Club des Steady-State-Kommunikationszeitalters hat sich somit darauf geeinigt, nicht an bereits bevölkerten Planeten herumzupfuschen, die dem Club noch nicht beigetreten sind. Sagan und William I. Newman haben dies den *Codex Galacticus* genannt.[101] Darum meint Fogg, dass unser Sonnensystem vor Jahrmilliarden zur verbotenen Zone erklärt wurde, als eine ETZ die junge Erde besuchte und dort primitives Leben vorfand. Seitdem leben wir Erdorganismen in einem Zoo – und werden erforscht wegen der komplexen Informationsmuster, die wir generieren.

Mich überzeugen einige Prämissen dieses Szenarios nicht so richtig. Nehmen Sie die Idee der kulturellen Homogenität: Ist es plausibel, dass echte außerirdische Intelligenzen so effizient und konstruktiv kommunizieren, dass sie das notwendige „erweiterte Niveau von Verständigung und wechselseitiger Übereinstimmung" erreichen und dauerhaft halten? Die Schwierigkeiten bei der transgalaktischen Kommunikation gehen weit über Übersetzungsprobleme hinaus. Beispielsweise bewirkt die differenzielle Rotation der Milchstraße, dass sich die Sonne relativ zu den anderen Sternen bewegt. Vor 10 Mio. Jahren befanden wir uns womöglich in einer Region, wo die Zoowärter mustergültig pflichtbewusst waren – jetzt könnten wir in einer Gegend sein, wo man die Sache etwas lockerer angehen lässt. Was könnten die anderen Clubmitglieder dagegen unternehmen? Sehr wenig. Die Lichtgeschwindigkeit ist in unserem Universum die ultimative Geschwindigkeitsbeschränkung auch für den Informationsaustausch, was das Erlangen und Aufrechterhalten von kultureller Homogenität zumindest sehr mühsam macht.

McDonald's hat vielleicht die Welt erobert, aber das Weltall werden sie nicht erobern.

Lösung 8
Die Planetarium-Hypothese

Stephen Baxter hat eine interessante Variante des Zoo-Szenario ersonnen: die Planetarium-Hypothese.[102] Die Spekulation ist noch wilder als Balls Idee, aber sie verdient im Gegensatz zu dieser den Ehrennamen „Hypothese", weil sie überprüfbare Vorhersagen macht. Ist es möglich, fragt Baxter, dass wir in einer simulierten Welt leben – einem „Virtual-Reality-Planetarium" (Abb. 3.4), das konstruiert wurde, damit wir in der *Illusion* leben, es gebe im Universum kein intelligentes Leben?

Die Idee klingt modern, aber das dahinter stehende „Die Dinge sind nicht so, wie sie scheinen!" ist ein etablierter Science-Fiction-Topos.[103] In Robert A. Heinlins *Universe* entdecken die Bewohner eines Generationenraumschiffs eine Welt jenseits der Begrenzungen ihres Gefährts. Asimov schrieb zwei Jahre, bevor Satelliten erstmals die Rückseite des Mondes fotografierten, eine unterhaltsame Kurzgeschichte über die ersten Astronauten auf dem Mond. Diese finden dort eine riesige, von Vierkanthölzern gestützte Leinwandkulisse – der „Raumflug" war nur ein Psychotest. Der Protagonist einer düsteren Story von Andrew Weiner mit dem Titel *The News from D Street* erkennt, dass sein gesamtes vertrautes, wenn auch merkwürdig beschränktes Leben von einem Computerprogramm generiert wurde. Mehrere Episoden von *Raumschiff Enterprise: Das nächste Jahrhundert* spielen auf dem „Holodeck" – einer Technologie, die virtuelle materielle Objekte emuliert, mit denen die Nutzer interagieren können. In der *Matrix*-Filmtrilogie sind die Menschen in einer virtuellen Realität eingesperrt, welche das Jahr 1999 perfekt simuliert, während sie tatsächlich von Maschinen in riesigen unterirdischen Höhlen gehalten und als Energiequelle genutzt werden. Die Hauptfigur des Films *Die Truman-Show*, Truman Burbank,

Abb. 3.4 In einem modernen Planetarium verlieren wir uns in einer atemberaubend realistischen Simulation des Sternenhimmels. (Credit: Courtesy of Carl Zeiss)

schließlich ist unwissentlich Star einer Fernsehshow, in welcher er von frühesten Kindestagen an innerhalb einer von den Produzenten der Show für das begeisterte Publikum konstruierten und gelenkten Fake-Realität mit Fake-Nachbarn, -Freunden und -Kollegen gelebt hat.

Viele dieser Werke sind von gespenstischer Intensität, vielleicht weil sie Themen von großer philosophischer Tragweite berühren. Immerhin haben Fragen nach dem Wesen der Realität und der Wahrnehmung der Welt um uns herum Philosophinnen und Philosophen seit Jahrtausenden auf Trab gehalten. Die Planetarium-Hypothese nimmt an, dass unser allgemein akzeptiertes Verständnis des uns umgebenden Universums falsch ist. Wie falsch genau, hängt von der Bauart des Planetariums ab, das wir unwissentlich bewohnen (eher „Low-Tech" wie in der *Truman-Show* oder richtig „High-Tech" wie in *Matrix*), und ebenso davon, wie weit es sich erstreckt – also wo die Grenze zwischen der simulierten und der „echten" Realität liegt.

Treibt man die Planetarium-Hypothese auf die Spitze, landet man beim Solipsismus.[104] Der wahre Solipsist glaubt, dass alle seine Erfahrungen und Erlebnisse einzig in seinem Bewusstsein ablaufen und keinen Bezug zu einer äußeren, mit anderen geteilten Realität haben. Und das heißt nicht nur, dass sein Geist der einzige ist, den es weit und breit gibt – der einzige Überlebende einer planetaren oder galaktischen Katastrophe würde richtigerweise glauben, dass sein Geist allein ist, aber er wäre damit noch kein Solipsist. Für einen echten Solipsisten hat vielmehr die Idee von anderen Existenzen, Wesen oder überhaupt irgendwelchen Objekten gar keine Bedeutung. Es ist eine extrem egozentrische Weltsicht. Insofern wäre das absolute Planetarium eine ETZ, die ein komplettes künstliches Universum direkt in mein Bewusstsein projizieren würde. Und dieses Universum enthielte dann keine einzige ETZ, denn die ETZ möchte *mich* genau das glauben machen.

Die Position des Solipsismus wird in der Regel nicht offen vertreten. (Wem gegenüber sollte ein echter Solipsist etwas vertreten?) Aber auch weniger extreme Planetarien haben einen gewissen solipsistischen Beigeschmack. Beispielsweise könnten die Menschen um uns real sein, aber manche Objekte sind bloß simuliert – wie auf dem Holodeck der Enterprise. Oder es ist vielleicht das Sonnensystem echt, aber andere Sterne und Galaxien sind Fake – wie eine *sehr* viel größere Version der Kuppel über dem Studio der *Truman-Show*.

Ockhams Rasiermesser gibt uns eine Handhabe, um die Hypothese solcher Planetarien zurückzuweisen. Werfen Sie einen Ball in die Luft und folgen Sie seiner (annähernd) parabolischen Flugbahn. Sie können darauf schließen, dass es den Ball gibt sowie ein Newtonsches Gesetz, demzufolge er sich unter dem Einfluss der Schwerkraft auf diese Weise verhält. Die Alternative – irgendjemand zwingt Ihnen Eindrücke auf, welche die Vorstellung vermitteln, da wäre ein Ball, der sich unter dem Einfluss einer nicht existenten Schwerkraft bewege – ist eine deutlich kompliziertere Erklärung für dasselbe Phänomen. Ockham verlangt von uns, dass wir im Zweifelsfall die einfachere Erklärung wählen: Der Ball ist „real" (und rund) und die Schwerkraft sagt ihm, was er tut. Auf die gleiche Weise können und sollten wir über unsere Beobachtungen des Universums denken.

Wenn wir aber einmal zum Spaß Ockham Ockham sein lassen und die Planetarium-Hypothese ernst nehmen, zeigt uns Baxter, wie sich testen lässt, ob wir in bestimmten Typen von konstruierten Realitäten leben. Dies ist ein großer Vorteil gegenüber dem ursprünglichen Zoo-Szenario sowie der Idee mit der Kontaktsperre, die beide keine überprüfbaren Voraussagen machen.

Baxter weist nämlich auf eine fundamentale Anforderung an alle Planetarien hin: Wissenschaftliche Experimente müssen immer konsistente Resultate liefern. Wenn ein Experiment Inkonsistenzen im Gewebe der Realität aufdeckt, können wir berechtigterweise die Existenz eines „Außerhalb" postulieren. (Wir wollen an diesem Punkt nicht fragen, warum sich eine ETZ eigentlich die Mühe machen sollte, nur für uns ein komplettes Universum zu simulieren. Es genügt hier festzustellen, dass eine *perfekte* Systemsimulation – also eine, die sich mit keinem denkbaren Test von dem originalen physischen System unterscheiden ließe – theoretisch machbar wäre.)

Physikerinnen und Physiker können die Menge an Information und Energie berechnen, die für eine perfekte Simulation von beliebiger Größe benötigt würde.[105] Wir können uns deshalb fragen, ob eine ETZ genug Energiereserven hat, um ein Planetarium von vorgegebener Größe und Komplexität zu konstruieren. (Wir nehmen an, dass die ETZ-Ingenieure sich mit denselben physikalischen Gesetzen herumärgern müssen wir die unsrigen. Wenn sie davon nicht betroffen wären – also beispielsweise den Wert der Boltzmann-Konstanten verändern könnten –, dann bräuchten wir hier nicht weiter zu argumentieren.[106])

Es stellt sich heraus, dass eine KI-Zivilisation physikalisch gesehen eine *perfekte* Simulation von etwa 10 000 km² Erdoberfläche sowie etwa 1 km Atmosphäre darüber hinbekäme. In anderen Worten: Eine KI-Zivilisation könnte nicht einmal das frühgeschichtliche Reich der Sumerer perfekt simulieren, ganz zu schweigen von unserer heutigen globalisierten Welt. Eine ETZ-Ingenieurin *hätte* aber die Sumerer mit einem nicht ganz perfekten Planetarium an der Nase herumführen können. Zum Beispiel wäre es unnötig, Material 200 m unter der Erdoberfläche zu simulieren, weil die Sumerer sowieso nicht so tief hätten graben könne. Verschiedene andere Tricks und Abkürzungen wären möglich und würden vermutlich zu einem befriedigenden Ergebnis führen – aber die resultierende Simulation wäre *nicht* perfekt und im Prinzip könnte irgendwann eine Inkonsistenz ans Tageslicht kommen. Die Hauptfigur in Weiners *The News from D Street* erlebt genau diese Situation.

Eine KII-Zivilisation hätte bereits genug Ressourcen, um Kolumbus etwas vorzumachen, die Weltumsegelungen von Captain Cook jedoch würden möglicherweise die Grenzen des Planetariums aufdecken.

Eine KIII-Zivilisation dagegen wäre in der glücklichen Lage, eine perfekte Simulation einer Kugel mit rund 100 AE Radius zu erschaffen. Dies ist ein ganz schön großes Volumen. Als ich die erste Auflage dieses Buches schrieb, wäre es für uns unmöglich gewesen zu testen, ob unser Universum „real" ist oder eine von einer KIII-Überwachungsbehörde kreierte Simulation. Doch die Situation ist heute eine andere. Beide Voyager-Sonden sind jetzt weiter als 100 AE von uns entfernt und nicht (anders als Truman Burbank bei seinem finalen Segelausflug) gegen ein bemalte Wand gestoßen. Wir könnten aber immer noch in einer *nicht ganz* perfekten Simulation leben, wenn die Erbauer des Planetariums ein bisschen bei der Detailtreue gespart hätten, um eine größere Reichweite ihrer Simulation zu erreichen. Aber im Prinzip können unsere Instrumente die Grenzen der Simulation austesten.

Die Planetarium-Hypothese widerspricht Ockhams Rasiermesser wie auch unserem intuitiven Verständnis davon, wie das Universum funktioniert und was weise Leute darin anstellen mögen. Es grenzt schon an Paranoia anzunehmen, eine KIII-Zivilisation würde erhebliche Teile ihres Energiebudgets ausschließlich dafür aufwenden, uns vorzuschwindeln, dass es sie nicht gibt. Baxter selbst hat sich mit der Idee nur beschäftigt, um sie als eine weitere widerlegte Möglichkeit auszuschließen (ich bin sicher, dass er die Hypothese für falsch hält). Aber immerhin *können* wir sie widerlegen. Wenn wir in künftigen Jahrzehnten mehr und mehr des uns umgebenden Weltraums erkunden und das Gewebe der Realität auf immer größeren Skalen überprüfen können, werden wir entweder etwaige Inkonsistenzen der Simulation aufdecken oder akzeptieren, dass das Universum „real" ist. Und wenn es das ist, müssen wir nach einer anderen Lösung des Fermi-Paradoxes schauen.[107]

Lösung 9
Gott existiert

Einige Leute sagen, dass SETI ein theologisches Unterfangen ist: ETZs sind in gewisser Weise uns in so vielem so weit voraus, dass wir sie uns als Götter vorstellen könnten. SETI-Wissenschaftlerinnen und -Wissenschaftler würden dem widersprechen: Sehr fortschrittliche Technologien mögen, um es mit Clarke auszudrücken, nicht von Magie zu unterscheiden sein – aber wir werden sicherlich die Aliens bei all ihrer Ingenieurskunst von Göttern unterscheiden können, wenn wir ihnen denn einmal begegnen werden.[108] Andere glauben daran, dass Gott – als Schöpfer unseres Universums – existiert. Und da Gott überall sei, würde unsere Suche nach extraterrestrischer Intelligenz glücklich ausgehen, wenn wir Gott fänden.

Ich bin nicht befähigt, diese Gedanken zu erörtern. Es gibt jedoch eine Spekulation in der theoretischen Physik, welche – wenn als korrekt bewiesen – die Existenz von anderen Universen demonstrieren würde, was der Entwicklung von ETZs förderlich wäre. Eine noch spekulativere Idee besagt, dass Wesen aus einer dieser Zivilisationen *unser* Universum erschaffen haben. Diese Wesen wären dann, in gewisser Weise, tatsächlich Gott gewesen. Das ist wirklich *sehr* spekulativ, aber die Theorie macht eine eindeutige und überprüfbare Vorhersage. Die Argumentation lautet folgendermaßen:

Für die Physik ist eine *Theory of Everything* (TOE, „Theorie von allem") ein ultimatives Gedankengebäude, das die Gravitation mit den Kräften der Quantenwelt und damit alle wesentlichen Wechselwirkungen dieser Welt vereinheitlicht. Dass es so etwas noch nicht gibt, ist ein *fundamentales* physikalisches Problem. Die meisten Fragen in der Physik lassen sich zwar *nicht* mithilfe von ultimativen Prinzipien klären; schließlich braucht man für die Klimamodellierung keine Quantenchromodynamik, sondern ultragute Superrechner und interdisziplinäres Systemverständnis. Weiterhin würde eine *Theory of Everything* uns auch nichts über Liebe, Wahrheit und Schönheit erzählen.[109] Auf jeden Fall aber würde diese Theorie erklären, wie Schwarze Löcher, Dunkle Materie und die letzten Elementarteilchen ticken und wie das Universum entstand – und wie viele.

Physiker haben auch heute noch keine solche Theorie. Aber wie auch immer diese einmal aussehen wird, sie wird eine Reihe von Parametern beinhalten – so wie die exakten Werte der elementaren Teilchenmassen und die relativen Stärken der fundamentalen Kräfte –, welche sozusagen händisch in das Gedankensystem eingefügt werden müssen. Die Theorie würde etwa schlüssig erklären, dass die Masse des Elektrons ein bisschen größer als 0 sein muss; aber es ist nicht klar, ob sie uns auch bestätigt, dass der Zahlenwert rund 10^{-22} in einem natürlich erscheinenden Einheitensystem beträgt. Vielleicht könnte die Elektronenmasse, wie auch andere Parameter der Theorie, jeden *beliebigen* Wert annehmen.

Wenn eine *Theory of Everything* nicht aus sich heraus erklären kann, warum fundamentale Größen gerade die von uns beobachteten Werte annehmen, wenn sie unabhängig von der Wahl der freien Parameter immer selbstkonsistent ist, dann beschreibt sie eine Vielzahl von möglichen Universen – jedes mit einem anderen Satz an Werten für die fundamentalen Parameter. Es läge dann nahe, statt von einem „Uni-" von einem „Multiversum"[110] zu sprechen (was aus einer Reihe von Gründen einige Physikerinnen und Physiker sehr ernst nehmen). Wir stehen damit vor einer Reihe von völlig vernünftigen Fragen wie dieser hier: „Warum hat die kosmologische Konstante den Wert 10^{-60} in unserem natürlichen Einheitensystem, obwohl sie doch auch 1 sein könnte und vielleicht sogar sollte?" Wie kommen wir hier weiter?

Ein Ansatz wäre, dass die fundamentalen Parameter einfach zufällige Werte besitzen. Dann gibt es aber folgendes Problem: Aus der unendlichen Vielfalt möglicher Kombinationen von zufälligen Fundamentalparametern gibt es nur einen sehr kleinen Satz von Werten, bei denen Leben in der uns bekannten Form physikalisch möglich ist. Wenn Sie auch nur ein kleines bisschen an den tatsächlich Werten drehen, gibt es keine stabilen Sterne, keine stabilen chemischen Bindungen, nicht einmal Atome oder Atomkerne. Die Parameter der Welt dürfen also nicht groß anders sein als das, was wir beobachten. Aber nicht, weil die Theorie das so voraussagt, sondern weil wir die Welt sonst nicht beobachten könnten (darauf komme ich gleich zurück). Lee Smolin hat einmal die Wahrscheinlichkeit abgeschätzt, dass ein zufälliger Parametersatz zu einem Universum führt, in dem es auch nur auf einem einzigen Planeten Leben geben könnte. Er kam auf 1 zu 10^{229}. Wenn das stimmt, können wir uns nicht bloß auf unseren guten Stern berufen.

Ein zweiter Ansatz ist das sogenannte anthropische[111] Prinzip. Damit ist gemeint, dass die Parameter exakt so eingestellt sind, dass die Existenz von vernunftbegabten Wesen wie uns Menschen möglich wird. Vielleicht hat Gott das einfach richtig gut hinbekommen. Oder aber, weniger theologisch argumentiert, es gibt ein Multiversum aus unvorstellbar vielen einzelnen Universen mit je eigenen physikalischen Gesetzen und Konstanten. Und wir wohnen eben in einem von denen, wo das geht, das heißt die Parameterwerte der Entstehung von Leben förderlich sind – es wäre ja auch schwer möglich, in einem Universum zu leben, in dem das Leben nicht möglich ist. Vielen Wissenschaftlerinnen und Wissenschaftlern ist nicht ganz wohl bei solchen Gedanken; es fühlt sich an wie das Preisgeben jeglichen wissenschaftlichen Anspruchs. Darüber hinaus gilt auch für das anthropische Prinzip der berechtigte grundsätzliche Einwand, dass es (mit ein paar fragwürdigen Ausnahmen) keine überprüfbaren Voraussagen trifft.

Eine dritte Möglichkeit, wieder einmal von Smolin, überträgt die Darwinsche Evolutionslehre auf die Kosmologie.[112] Physikalische Gleichungen können nicht begründen, warum wir so perfekt abgestimmte Fundamentalparameterwerte haben wie „10^{-60}", aber *evolutionäre* Prozesse können das durchaus – vielleicht haben ja die physikalischen Konstanten und damit auch die Gesetze der Physik ihre heutige Form durch das Zusammenwirken von Mutation und natürlicher Selektion erhalten!

Wie kann das sein? Smolins Schlüsselannahme lautet, dass jedes Schwarze Loch, das sich in einem gegebenen Universum bildet, ein neues expandierendes Universum gebiert. Er nimmt weiter an, dass sich die Parameterwerte des Babyuniversums ein bisschen von denen seines Elternuniversums unterscheiden. Dies entspricht einer Mutation im biologischen Erbgut: Das Baby ähnelt den Eltern, kleine Variationen sind jedoch möglich. In diesem Bild ist also das Universum, in dem wir leben, durch die Entstehung eines Schwarzen Loches in einem Elternuniversum mit ähnlichen, aber nicht identischen physikalischen Konstanten zur „Welt" gekommen. Universen, deren Parameter die einfache Bildung von Schwarzen Löchern erlauben, haben logischerweise mehr Nachkommen als solche, bei denen das nicht oder nur schwer möglich ist. Sehr bald gibt es dann unabhängig von irgendwelchen zufälligen Anfangswerten nur noch Universen, deren Parameter fein abgestimmt sind auf die effiziente Produktion von Schwarzen Löchern: Wenn Sie aus so einem unermesslichen Multiversum zufällig ein Universum herauspicken, sind die Chancen überwältigend groß, dass sich dort viele Schwarze Löcher bilden.

Nun ist, soweit wir wissen, der bei Weitem effektivste Weg für die Produktion von Schwarzen Löchern der Gravitationskollaps eines Sternes. Dieser Vorgang müsste in unserem Universum 10^{18} Schwarze Löcher erschaffen – und damit nach Smolin auch entsprechend viele Babyuniversen. Daher erwarten wir, dass, egal wie unwahrscheinlich Parameterwerte ursprünglich sein mögen, welche die Entstehung von am Ende kollabierenden Sternen erlauben, die kosmische Evolution dafür sorgt, dass es nach einiger Zeit praktisch ausschließlich Universen mit unzählbar vielen Sternen gibt. Und in dieser Art von Universum gibt es notwendigerweise auch stabile schwere Atomkerne und chemische Reaktionen sowie Zeitskalen, die lang genug sind, um die Entwicklung von komplexen Phänomenen zu erlauben. Mit anderen Worten: In solchen Universen könnte Leben entstehen. Die Feinabstimmung der Fundamentalparameter galt zwar der Schwarze-Loch-Produktion und nicht der Erschaffung des Lebens und damit von Ihnen und mir. Diese ist einfach ein angenehmer Nebeneffekt beziehungsweise eine zufällige Konsequenz aus der Forderung, dass das Universum genug Komplexität besitzt, um die Bildung von Schwarzen Löchern zu erlauben.

Dies mag wie pure Spekulation klingen. Und genau das ist es auch. Es gibt keinerlei Beleg dafür, dass sich beim Gravitationskollaps eines großen Sternes außer einem Schwarzen Loch auch ein kleines neues Universum bildet. Und selbst wenn es so wäre, könnten wir die vielen sich dann aufdrängenden Fragen nicht beantworten. (Wie ändern sich die physikalischen Parameter bei der universellen Geburt? Entsteht pro Kollaps immer genau ein Universum oder gibt es auch Zwillinge und richtig große Würfe? Spielt die Masse des Schwarzen Loches eine Rolle? Was ist mit seiner Rotation? Was geschieht, wenn zwei Schwarze Löcher verschmelzen?[113] Und so weiter.) Bis wir eine *Theory of Everything* haben, brauchen wir auf solche Fragen keinen Gedanken zu verschwenden. Nichtsdestotrotz hat Smolins Idee einen gewissen Charme: Sie verbindet drei äußerst bedeutsame wissenschaftliche Schlüsselkonzepte – Evolution, Relativität und Quantentheorie –, um ein wesentliches und seit Langem ungelöstes Rätsel anzugehen. Und dann macht sie auch noch eine konkrete Vorhersage, anhand derer wie sie überprüfen können: Da wir in einem Universum leben, das viele Schwarze Löcher produziert, und daher annehmen können, dass die Fundamentalparameter optimale Werte für diese Produktion aufweisen, müsste jede Änderung dieser Parameterwerte zu einem Universum mit weniger Schwarzen Löchern führen.[114]

In einigen wenigen Fällen war es möglich zu berechnen, was passiert, wenn ein Fundamentalparameter von seinem beobachteten Wert abweicht. Jedes Mal führte dies wirklich zu weniger stellaren Schwarzen Löchern im untersuchten fiktiven Universum. Wir verstehen jedoch zum jetzigen Zeitpunkt nicht genug Astrophysik, um die Auswirkungen beliebiger Parametervariationen zu berechnen. Smolins Idee ist weder widerlegt noch bestätigt, sie bleibt vorerst eine faszinierende Spekulation.

Edward Harrison hat die Spekulation noch einen Schritt weitergetrieben.[115] Auch er rätselt, warum die physikalischen Konstanten so *exakt* passend sind für die Existenz von organischem Leben. Smolins Theorie geht den halben Weg zu einer Erklärung, doch Harrison sagt, dass seine Verbindung zwischen den Schwarzen Löchern und den Voraussetzungen für die Entstehung des Lebens zu schwach ist. Nehmen wir aber einmal an, dass irgendwann in der Zukunft Smolins Idee eine etablierte kosmologische Theorie geworden ist. Dann, schlägt Harrison vor, könnten wir auf die Idee kommen, so viele Schwarze Löcher wie möglich zu erzeugen, weil wir damit die Chancen erhöhen, dass Universen mit intelligentem Leben darin entstehen. Und fortgeschrittene Zivilisationen bräuchten sich nicht einmal die Mühe mit dem Kollaps überdimensionierter Sterne zu machen, sondern sie könnten zum Beispiel ihre fortgeschrittenen Teilchenbeschleuniger nutzen, um Schwarze Löcher nach Bedarf zu fabrizieren.[116] Wenn aber in Zukunft selbst *wir* lebensfreundliche Babyuniversen erschaffen könnten, dann ist *unser eigenes* Universum vielleicht auch von einer extrauniversalen Intelligenz in *ihrem* Abschnitt des Multiversums geschaffen worden. Vielleicht war es nicht Gott, der sechs Tage lang erschuf; vielleicht war es eine ETZ in einem Universum mit ähnlichen, aber nicht gleichen fundamentalen physikalischen Parametern wie bei uns, die ein Schwarzes Loch gebaut hat, aus dem irgendwie unser Universum und damit am Ende auch wir entstanden sind.

Ich bin nicht sicher, ob Harrisons Idee das Fermi-Paradox auf eine für alle zufriedenstellende Weise auflöst. Wäre es der ETZ möglich, Informationen an das frisch geschaffene Universum zu übergeben? Wenn nicht, wie sollten wir jemals erkennen, dass unser Universum in einem Very-High-Tech-Labor eines anderen gezeugt wurde? Die Vorstellung, dass doch irgendwie eine Message unserer Erzeuger zu uns gelangt sein könnte, wäre natürlich elektrisierend. Wenn wir sie fänden, wüssten wir, dass wir selbst dann, wenn es in *unserem* Universum kein weiteres intelligentes Leben gibt, dennoch nicht allein wären … im Multiversum.

4

Es gibt sie, wir haben sie bloß noch nicht gesehen (oder gehört)

Das Prinzip der Mittelmäßigkeit – die Idee, dass die Erde ein typischer Planet eines gewöhnlichen Sternes in einem unspektakulären Teil der Milchstraße ist – hat der Wissenschaft seit den Tagen von Kopernikus gute Dienste erwiesen. Viele Wissenschaftlerinnen und Wissenschaftler denken daher, dass es extraterrestrische Zivilisationen geben muss. Wenn aber da draußen ETZs existieren, warum tauchen sie hier nicht auf? Warum haben wir von ihnen noch nichts gehört?[117] Dieses Kapitel behandelt eine Auswahl an Erklärungsansätzen – technologische, praktische und soziologische – für den Umstand, dass „sie" zwar tatsächlich existieren, wir dafür jedoch keine Belege oder Beweise finden.[118]

Einige dieser Ansätze (besonders die soziologisch argumentierenden) haben die Schwäche, dass sie Fermis Frage nur beantworten können, wenn sie für *alle* ETZs in gleicher Weise gelten. Ich überlasse es Ihnen zu entscheiden, ob solche Antworten das Paradox auflösen können, entweder allein oder zumindest gemeinsam.

Lösung 10
Die Sterne sind weit weg

Ein sehr geradliniger Ansatz beruht auf der Erkenntnis, dass Sterne sehr weit voneinander entfernt sind – unter Umständen zu weit, um interstellare Reisen zu erlauben. Möglicherweise kann auch die fortschrittlichste technologische ETZ die Hürde der schieren Größe von interstellaren Distanzen nicht überwinden. (Dies würde sofort erklären, warum uns noch niemand besucht hat, aber nicht, warum wir noch nichts von ihnen gehört haben. Aber lassen wir das für den Moment beiseite.)

© Der/die Autor(en), exklusiv lizenziert durch Springer-Verlag GmbH, DE, ein Teil von Springer Nature 2021
S. Webb, *Wo sind sie alle?*, https://doi.org/10.1007/978-3-662-63290-1_4

Dass die Sterne sehr weit weg sind, schließt Reisen zwischen ihnen allein noch nicht aus. Die NASA hat bereits Sonden auf den Weg gebracht, die mithilfe der gravitativen Einflüsse unserer großen Nachbarplaneten die Schwereanziehung der Sonne überwunden und das Sonnensystem verlassen haben. Man spricht hier von einem „Swing-by-Manöver". Der interstellare Raum lässt sich daher im Prinzip bereits mit unserer heutigen, alles andere als überirdischen Technik erreichen.

Im Jahr 2012 passierte die 35 Jahre zuvor gestartete Sonde Voyager 1 die Heliopause (die Grenzregion, wo die von der Sonne ausgehenden Teilchenströme auf das interstellare Medium treffen). Etwa 2016 schaffte dies die (nicht mehr mit uns kommunizierende) Sonde Pioneer 10, im Jahre 2018 Voyager 2. In einigen Jahren wird auch die schon 1995 abgeschaltete Sonde Pioneer 11 so weit sein und die Pluto-Sonde „New Horizons" vermutlich in den 2040er-Jahren.[119]

Wenn keine Aliens eine dieser Sonden abgreifen, wie es mit der fiktiven Voyager 6 im ersten *Raumschiff Enterprise*-Kinofilm geschieht, wird Voyager 1 eines Tages in 1,6 Lichtjahren Entfernung an einem kleinen Stern der Leuchtklasse M4 namens AC + 79 3888 vorbeidriften. Das Dumme dabei ist, dass Voyager 1 Zehntausende von Jahren brauchen wird, um dorthin zu kommen. Und genau *das* ist das Problem mit dem interstellaren Tourismus: Wenn Sie nicht richtig schnell unterwegs sind, dauert es einfach sehr, sehr lange.

Der beste Weg, um die Geschwindigkeiten von Sternenschiffen zu vergleichen, ist ihr Verhältnis zur universellen Geschwindigkeitsbeschränkung c, der Lichtgeschwindigkeit.[120] Deren Wert im Vakuum (dort sind wir im Wesentlichen unterwegs, wenn es zu den Sternen geht) beträgt exakt 299 792 458 km/s. Voyager 1, eines der schnellsten Gefährte, das je von Menschenhand erschaffen wurde, entfernt sich gerade einmal mit $0,000\,058c$ von der Sonne. Der beste Weg wiederum, um Entfernungen zwischen Sternen anzugeben, ist das Lichtjahr: die Strecke, welche das Licht in einem Jahr durch das Vakuum zurücklegt.[121] Beispielsweise ist der uns nächstgelegene Stern „Proxima Centauri"[122] 4,22 Lichtjahre von uns entfernt. Die schnellstmögliche „Sonde", nämlich ein oder mehrere Lichtteilchen oder Photonen, würde somit 4,22 Jahre benötigen, um dorthin zu gelangen. Wäre Voyager 1 dorthin unterwegs, bräuchte die Sonde fast 73 000 Jahre für diese Reise. Oder anders ausgedrückt: Auf ihrer mittlerweile über 43 Jahre währenden Reise ist Voyager 1 gerade einmal einen Lichttag weit gekommen.

Interstellare Trips sind nicht unmöglich, aber könnten die erforderlichen Reisezeiten bei unterlichtschnellen Flügen die Sache praktisch undurchführbar machen? Das könnte sein. Doch vielleicht ist eine Erkundung der

Galaxis selbst im gemächlichen Voyager-Tempo möglich. So schlug John Bernal 1929 vor, ein sogenanntes *Generationenschiff*, eine „Raum-Arche" zu konstruieren: ein vergleichsweise langsames, aber dafür vollständig autarkes Gefährt, das für seine Passagiere – oder besser Bewohner – über viele Generationen die Welt ist.[123]

Nachdem sie ihren Heimatplaneten verlassen haben, würden Generationen von astronautischen Wesen in ihrer Arche leben und sterben, bevor diese schließlich ihr Ziel erreicht. Ein verwandter Ansatz hält die Passagiere in einem komatösen Ruhezustand wie in dem Filmklassiker *Alien*, aus dem sie bei der Ankunft (hoffentlich) wohlbehalten erweckt werden. Es wurde sogar vorgeschlagen, tiefgefrorene menschliche Embryonen in relativ langsam fliegende Raumschiffe zu laden und sie kurz vor Ende der Reise in automatisierten Gebärmüttern rechtzeitig ausreifen zu lassen.[124] Auch das Konzept der gerichteten Panspermie, das wir im vorigen Kapitel diskutiert haben, benötigt keine Raumschiffe mit relativistischen Geschwindigkeiten. Die galaktische Aussaat hat viele Millionen Jahre Zeit.

Wenn man allerdings die Sterne in einer „vernünftigen" Reisezeit erreichen will, muss man mit einem ordentlichen Bruchteil der Lichtgeschwindigkeit unterwegs sein. Und selbst dann würde die Reise – verglichen mit einer typischen menschlichen Lebenszeit – lange dauern. Würden wir beispielsweise Beschleunigung und Abbremsen während Start und Landung vernachlässigen, bräuchte ein Raumschiff mit 10 % der Lichtgeschwindigkeit ($0,1c$) 105 Jahre, um zu dem Stern Epsilon Eridani zu gelangen, einem der *nächsten* sonnenähnlichen Sterne. Stellen solche Zeitskalen nicht ein unüberwindliches Hindernis dar? Nicht unbedingt.

Wenn wir über Reisezeiten reden, neigen wir dazu anzunehmen, dass Menschen *nicht* jahrelang fort von zu Hause sein möchten. Aber wir denken dabei nur an die heutige menschliche Lebensdauer. Nachdem sie ihren Uniabschluss geschafft hatten, sind einige meiner Freunde ein Jahr lang – etwa 2 % ihrer erwachsenen Lebenszeit – um die Welt gereist. Würden zukünftige Generationen durch medizinische Fortschritte eine zehnmal längere Lebensspanne haben und gleichzeitig *richtig* relativistische Geschwindigkeiten hinbekommen, dann könnte eine abenteuerlich veranlagte Seele willens sein, ein Jahrzehnt ihres Leben mit einer Reise zu den Sternen zu verbringen. Es gibt Dinge, die wir nur erleben, erfahren und lernen können, wenn wir wirklich selbst dorthin gehen.[125] Allein dies mag Menschen motivieren, sich auf eine solche ultimative Reise einzulassen. Vielleicht kommen sogar eines Tages jahrhundertelange Abenteuerreisen in Mode.

Ein entscheidender Aspekt wird in der Öffentlichkeit oft übersehen, wenn es um Reisezeiten im interstellaren Tourismus geht: Die gerade erwähnte Flugzeit von 105 Jahren bis nach Epsilon Eridani mit $0,1c$ ist die Zeit, welche für einen stubenhockenden Beobachter auf der Erde vergehen würde. Die Menschen im Raumschiff erleben eine viel kürzere Zeitspanne aufgrund des Effekts der relativistischen Zeitdilatation. Dieser folgt direkt und unwiderlegbar aus der Speziellen Relativitätstheorie. So wie die Masse eines bewegten Objekts in den Augen eines relativ dazu ruhenden zunimmt, gehen bewegte Uhren in den Augen von ruhenden Uhrenbesitzern langsamer (und umgekehrt, aber dieses faszinierende Paradox ist hier nicht der Punkt). Je schneller eine Uhr (oder Person) sich relativ zu einer Beobachterin auf der Erde bewegt, desto langsamer tickt dort die Zeit in den Augen der Beobachterin. Bei einem Tempo von $0,1c$ können wir diese Effekte noch getrost vernachlässigen, sie liegen dann nur etwa in einer Größenordnung von 0,5 %. Je näher wir jedoch dem Wert von c kommen, desto größer wird die Dilatation. Ein Raumschiff, das mit $0,999c$ nach Epsilon Eridani rast, benötigt dafür im Kontrollzentrum in Houston (oder Oberpfaffenhofen, wer weiß?) 10,5 Jahre, doch die Crew muss gerade einmal 171 Tage mit „Candy Crush" oder „Doppelkopf" verbringen, bis sie ihr Ziel erreicht hat. Wenn es möglich wäre, mit einem Tempo nur infinitesimal kleiner als c zu reisen, dann würde der Trip *für die Reisenden* lediglich Sekundenbruchteile dauern. [126] Selbst die fernsten Galaxien wären innerhalb der Lebenszeit eines Menschen erreichbar. Für die Familienangehörigen daheim verginge allerdings so viel Zeit, bis die Crew am Ziel ist, dass die Sonne unterdessen erst die Erde verdorren gelassen und dann ganz zu strahlen aufgehört hätte.[127]

Wie wahrscheinlich ist es, dass eine intelligente Spezies Techniken entwickelt, welche interstellare Reisen bei vernünftigen Geschwindigkeiten erlauben? (Mit „vernünftig" meine ich jedes Tempo, mit dem sich nahegelegene Sterne in ein paar hundert und nicht erst in Zehntausenden von Jahren erreichen lassen. Hochrelativistische Geschwindigkeiten wären wünschenswert, aber schon $0,01c$ bringen diese Sterne in die Reichweite eines Generationenschiffs.) Werfen wir dazu einen Blick auf einige bisher vorgeschlagene Antriebsmethoden. [128]

Raketen

Die chemisch angetriebenen Raketen, mit denen wir unsere Satelliten ins *sehr* erdnahe All bringen, führen ihre Energiereserven und die als Antrieb ausgestoßene Masse in großen Tanks mit sich. Sehen wir uns zum Beispiel die mehrstufige Saturn-V-Rakete der Apollo-Missionen an (Abb. 4.1). Diese verbrannte eine Mischung aus Kerosin sowie flüssigem Sauerstoff in ihrer ersten Stufe und flüssigen Wasserstoff sowie flüssigen Sauerstoff in der zweiten. Die bei diesen chemischen Reaktionen umgesetzte Energie hat die Verbrennungsgase stark genug beschleunigt, um die Nutzlast auf den Mond zu schießen, aber dieser Ansatz reicht nicht für interstellare Distanzen.

Abb. 4.1 Die 110 m hohe Saturn-Trägerrakete, welche die Apollo-11-Mission zum Mond schoss, startete am 16. Juli 1969 vom Kennedy Space Center aus. An Bord waren die Astronauten Neil Armstrong, Edwin „Buzz" Aldrin und Michael Collins. Dieses Gefährt, das immerhin zum ersten Mal Menschen auf den Weg in eine andere Welt brachte, wäre nicht für eine interstellare Reise geeignet. (Credit: NASA)

Proxima Centauri ist 100-Millonen-mal weiter entfernt als der Mond: Die Treibstofftanks müssten eine unvorstellbare (und sehr unvernünftige) Größe haben.[129]

Nichtsdestotrotz ließen sich Variationen dieses Prinzips doch umsetzen. So stößt ein Ionentriebwerk (das bereits weitgehend einsatzbereit ist) anstelle von Verbrennungsprodukten elektrisch beschleunigte geladene Partikel aus, um Schub zu erzeugen; eine Rakete mit Kernfusionstriebwerk würde Teilchen ausstoßen, die von einer kontrollierten thermonuklearen Reaktion extrem beschleunigt worden wären. Der gewagteste Entwurf in diesem Bereich ist wohl die Antimaterierakete, die zuerst Sänger im Jahr 1953 vorgeschlagen hat.[130] Wenn ein Teilchen aus gewöhnlicher Materie in Kontakt mit seinem Antiteilchen kommt, annihilieren beide Teilchen, das heißt, sie vernichten sich gegenseitig und hinterlassen eine große Menge an Strahlungsenergie. Würde man Teilchen und Antiteilchen korrekt auswählen und könnte man die freigesetzte Annihilationsenergie in eine gerichtete Teilchenbewegung bündeln, hätte man *enorm* an Schwung gewonnen. Obwohl weitere Untersuchungen zeigten, dass Sängers ursprüngliche Idee nicht funktionieren konnte, haben Fortschritte in der Physik neue Überlegungen stimuliert, die eines Tages *eventuell* zu so etwas wie einer Antimaterierakete führen könnten.

Ramjets

Für die interstellare Erkundung wäre es weitaus geschickter, wenn man darauf verzichten könnte, Treibstoff mitzuführen. Im Jahr 1960 brachte Robert Bussard die Idee eines Fusionsstaustrahltriebwerks auf, das wir hier der Einfachheit halber wie im Englischen als „Ramjet" bezeichnen wollen[131] und das uns ohne planetengroße Benzintanks zu den Sternen bringen könnte.

Der Weltraum zwischen den Sternen ist nicht (völlig) leer. Ein Ramjet würde mithilfe eines elektromagnetischen Feldes den Wasserstoff des interstellaren Mediums aufsammeln und diesen einem On-Bord-Fusionsreaktor zuführen, wo er in einer thermonuklearen Reaktion (im Prinzip einer kontrollierten Wasserstoffbombenzündung) Schub erzeugt. Bussards Idee ist in dieser Form nicht umsetzbar, aber verschiedene Studien haben das Design weiterentwickelt. Enthusiasten sind immer noch begeistert vom Ramjet-Konzept, da sich ein Raumschiff damit theoretisch in wenigen Monaten auf Geschwindigkeiten nahe *c* beschleunigen ließe.

Lichtsegel

In den 1970er-Jahren brachte Robert Forward die Idee auf, dass man zu den nächsten Sternen vielleicht *segeln* könnte.[132] Stellen Sie sich einen gigantischen solargetriebenen Laser vor, der einen intensiven Strahl auf ein riesiges Segel richtet, welches mit einem Raumschiff verbunden ist (Abb. 4.2). Jedes Strahlungsquant trägt einen winzigen Impuls, sodass der Laserstrahl das Schiff langsam, aber sicher in die Richtung des angepeilten Sternes beschleunigt. Ein hinreichend lange angestrahltes Lasersegel könnte seine Nutzlast auf sehr hohe Geschwindigkeiten bringen, das Bremsen wäre deutlich problematischer, auch wenn hierfür bereits Mechanismen vorgeschlagen wurden. Enthusiasten haben Forwards Idee weiterentwickelt und sowohl Lichtsegel für eine One-Way-Kolonisierungsmission als auch für Hin-und-zurück-Sternenreisen entwickelt.[133] So ein Segel wäre natürlich teuer und sehr aufwendig zu bauen, zumindest mit heutiger Technologie, aber die Methode ist technisch realisierbar und würde Geschwindigkeiten bis vielleicht $0{,}3c$ erlauben.[134]

Eine Variante der Lichtsegel-Idee zielt auf die Leistungsfähigkeit solcher Segel ab (nur für KII-Zivilisationen und aufwärts). Ein *Schkadow-Antrieb* oder Stellar-Triebwerk ist ein gigantischer Spiegel, der einen großen Teil des von einem Stern in eine Richtung ausgehenden Strahlungsdrucks reflektiert.[135] Dies würde dazu führen, dass der Strahlungsdruck des Sternes eine minimal asymmetrische Verteilung bekäme, wodurch der Stern selbst mit allem, was ihn umläuft, einen winzigen Nettoschub erführe. Ein *Schkadow-Antrieb* wäre nichts für Beschleunigungsfetischisten: Um

Abb. 4.2 Künstlerische Darstellung eines solargetriebenen, weltraumbasierten Lasers, der seinen Strahl auf das gigantische Lichtsegel eines Raumschiffs fokussiert. (Credit: Michael Carroll, Planetary Society)

etwa einen sonnenartigen Stern von 0 auf 20 km/s hochzubeschleunigen, bräuchte er etwa 1 Mrd. Jahre. Aber wenn die Mitglieder einer Zivilisation existenziell bedroht wären oder einfach mal woanders hin möchten, dann wäre (sofern sie gewisse dynamische Instabilitäten in den Griff bekämen) dieses System vielleicht das Richtige für sie: Nach einer 1 Mrd. Jahren hätten sie immerhin 34 000 Lichtjahre zurückgelegt.

Swing-by 2.0

Im Jahr 1958 überlegte Stanislaw Ulam, ob sich ein Raumschiff mithilfe der Schwerkraft eines Systems aus zwei viel größeren, einander umkreisenden astronomischen Objekten auf interstellare Geschwindigkeiten beschleunigen ließe, ähnlich wie wir es bereits seit Längerem in unserem Sonnensystem bei Vorbeiflügen an Planeten machen. Einige Jahre später kam Freeman Dyson auf das noch etwas spekulativere Szenario, dass eine ETZ ein System aus zwei Neutronensternen nutzen könnte, um ihre Sternenflotte auf nahezu Lichtgeschwindigkeit (relativ zu diesen) zu bringen.[136]

Freak-Physik

Die bisher vorgestellten antriebstechnischen Konzepte fußen alle auf gut etablierter Physik. Obwohl es unmöglich sein könnte, sie in einem Raumschiff *praktisch* umzusetzen, und das Meiste davon unsere heutige Ingenieurskunst auf jeden Fall noch deutlich übersteigt, scheint an den Ideen *in der Theorie* nichts auszusetzen zu sein. Sie brechen keine physikalischen Gesetze. Gehen wir einen Schritt weiter.

Immer wieder haben Menschen sich gefragt, ob man jeweils *richtig* schnell reisen könnte. Wären wir schneller als *c* (etwa SOL 9, siehe unten) dann blieben Sterne nicht länger so nervtötend weit entfernt. Mit Überlichtgeschwindigkeit käme die gesamte Galaxis in Reichweite. Alle Ideen, die überlichtschnelle Raumschiffe involvieren, können wir vergessen, weil sie schlicht etablierte und vielfach bestätigte physikalische Prinzipien verletzen. Einige wenige Vorschläge sind aber so originell, dass sie ab und zu auch seriöse Leute zum Träumen bringen.

Tachyonen

Die Spezielle Relativitätstheorie verbietet nicht ganz wortwörtlich überlichtschnelle Ausflugsfahrten. Was sie besagt, ist vielmehr, dass sich Teilchen mit einer positiven reellen Masse nicht bis exakt auf Lichtgeschwindigkeit (und erst recht nicht darüber hinaus) beschleunigen lassen; masselose Teilchen wie die Photonen, also Lichtteilchen, wiederum bewegen sich *immer und ausschließlich* mit Lichtgeschwindigkeit – daher auch der Name. Teilchen mit einer *imaginären* Masse hingegen wären *immer* schneller als das Licht unterwegs und könnten niemals bis auf Lichtgeschwindigkeit abgebremst werden. Solche imaginär-massiven Teilchen heißen Tachyonen.[137] Könnten wir irgendwie einen Tachyonen-Antrieb bauen?

Imaginäre Zahlen sind grundsätzlich weder anrüchig noch unüblich. Es ist bloß schwierig, sich etwas unter einer Masse vorzustellen, deren Zahlenwert imaginär ist, also quadriert eine negative Zahl ergibt. Wir wissen, was eine positive Masse ist, ein Blick auf die Badezimmerwaage genügt. Auch mit masselosen Teilchen lässt sich auskommen; selbst unter einer negativen Masse ließe sich mit ein wenig physikalischer Fantasie etwas vorstellen (und dann bestimmt auch in ein interessantes Freak-Antriebskonzept umsetzen).[138] Aber *imaginäre* Massen? Was auch immer das bedeuten könnte, die Physik hat es nicht gefunden. Tachyonen bleiben bis auf Weiteres komplett hypothetisch.[139]

Wurmlöcher und Warp-Antriebe

Die Allgemeine Relativitätstheorie sagt uns, dass der Raum als solcher – genauer gesagt die Raumzeit als ebensolche – eine sehr aktive Rolle bei der Gravitation spielt. In den Worten von John Archibald Wheeler: „Die Massen sagen der Raumzeit, wie sie sich krümmen soll, und die gekrümmte Raumzeit sagt den Massen, wie sich bewegen sollen."

Wir können uns die Spezielle Relativitätstheorie als einen – ja, genau! – Spezialfall der Allgemeinen Relativitätstheorie vorstellen. Die Spezielle Relativitätstheorie gilt lokal in einem (Raumzeit-)Gebiet, das so klein ist, dass dessen Krümmung ohne Bedenken vernachlässigt werden kann. Das Interessante daran ist, dass die Allgemeine Relativitätstheorie überlichtschnelle Bewegungen erlaubt – solange man sich an die *lokalen* Gebote der Speziellen Relativitätstheorie hält. Die Lichtgeschwindigkeit als Tempolimit ist eine lokale Verkehrsregel, die Allgemeine Relativitätstheorie kennt Schlupflöcher, mit denen diese sich im Prinzip weiträumig beziehungsweise weitraumzeitlich umgehen ließe.

Eine Spekulation, die in diesem Zusammenhang häufig aufpoppt, sind sogenannte *Wurmlöcher* –„Brücken", die zwei Schwarze Löcher in ganz unterschiedlichen Bereichen des Alls miteinander verknüpfen. Wenn Sie in eines der beiden Löcher fallen, kommen Sie möglicherweise kurz darauf aus dem anderen heraus, Tausende von Lichtjahren vom Ausgangspunkt entfernt (Abb. 4.3). Auf dieser Brücke müssten Sie natürlich das lokale Tempolimit beachten und langsamer als *c* bleiben, Ihre effektive Geschwindigkeit

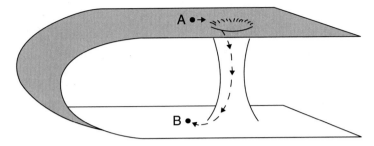

Abb. 4.3 Wenn sich der Raum beziehungsweise die Raumzeit in der hier gezeigten Form verbiegt, könnte ein Wurmloch A und B auf kurzem Wege verbinden, ohne dass der weite Weg durch die „normale" Raumzeit zurückgelegt werden müsste

wäre aber millionenfach größer als *c*. Carl Sagan verwendete diese Idee in seinem Science-Fiction-Roman *Contact*, der 1997 mit Jodie Foster in der Hauptrolle verfilmt wurde.[140]

Obwohl die Idee auf solider Physik basiert, bleiben Wurmlöcher hypothetische Wesen aus dem Bestiarium der theoretischen Physik. Es ist gut möglich, dass sie überhaupt nicht existieren. Und selbst *wenn* es sie gibt, dürfte es unmöglich sein, sie zu passieren: Berechnungen zufolge sind sie zu klein und instabil.[141] Nichtsdestotrotz wäre es natürlich ein extrem verlockender Gedanke, dass irgendwo eine ETZ in Besitz einer exotischen Materieform mit negativer (nicht imaginärer!) Masse sein mag. Dann könnten diese Leute ein mikroskopisches Wurmloch wählen, es stabilisieren, anwachsen lassen und schließlich benutzen, um kosmische Distanzen zu überbrücken. Alternativ sind die Ingenieurinnen und Ingenieure einer (gegebenenfalls anderen) ETZ eventuell in der Lage, sich eine ungewöhnliche Lösung der Einsteinschen Feldgleichungen, also der Grundgleichungen der Allgemeinen Relativitätstheorie, zunutze zu machen. Der russische Physiker Sergej Krasnikow hat als Erster gezeigt, dass eine bestimmte Klasse von Wurmlöchern die Eigenschaft besitzt,[142] dass man unabhängig von der überwundenen kosmischen Distanz bald nach dem Aufbruch wieder nach Hause kommen könnte. Vielleicht nutzt ja eine KIII-Zivilisation in den Tiefen des Weltalls Krasnikow-Röhren für ihre interstellaren Ausflüge?

Die Allgemeine Relativitätstheorie hat noch einen weiteren Trick parat, den Sie vielleicht als eingefleischter Trekkie – oder auch als veganer Gelegenheitskonsument von *Raumschiff Enterprise* – bereits kennen. Stellen Sie sich die Enterprise vor, wie sie sich majestätisch durch einen flachen Bereich der Raumzeit bewegt. Alles an Bord benimmt sich, wie es soll und wie wir es aus der flachen Raumzeit unseres heimatlichen Sonnensystems gewohnt sind. Jetzt denken Sie sich auf der Rückseite des Raumschiffs einen kleinen Bereich, in dem sich der Raum lokal ausdehnt (so wie sich im Großen ja der ganze Kosmos beständig ausdehnt; Abb. 4.4). Und auf der anderen Seite, das heißt vorne, zieht sich der Raum in gleicher Weise zusammen (wie es im kosmischen Endzeit-Szenario des „Big Crunch" geschehen würde, zu dem es aber nach heutigem astrophysikalischem Wissen nicht kommen wird). Solch eine „Aufwölbung" nennt man auf Englisch *warp*, und unter Trekkies auch auf Deutsch. Der Effekt eines solchen Warps ist bemerkenswert: Eine kleines Stück Raumzeit wird – ein bisschen wie ein geübter Surfer – beständig von hinten geschoben und von vorne gezogen mit dem Resultat, dass sich der Bereich dazwischen nach vorne bewegt. Und dies könnte mit beliebig großer Geschwindigkeit geschehen, da ja nur eine Verformung des Raums erfolgt und kein Objekt sich fortbewegt. Das Raumschiff in der Mitte des Warps selbst bleibt relativ zu seinem lokal flachen Raumzeitstück sogar in Ruhe![143]

Als Erster hat Miguel Alcubierre an der Universität Cardiff diese exotische Lösung der Einsteinschen Feldgleichungen untersucht. Ich habe eine Schwäche für Alcubierres Warp-Antrieb, weil ich damals, als er ihn sich ausdachte, meine eigene Zeit in einem Büro gegenüber von seinem vertrödelt habe. Trotzdem wird der Alcubierre-Motor in seiner ursprünglichen Version nicht funktionieren können. Erstens haben wir keine Ahnung, wie wir die erforderliche lokale Raumzeitkrümmung fabrizieren sollen. Zweitens wäre die Energiedichte innerhalb des „gewarpten" Gebiets nicht nur extrem hoch, sondern auch noch negativ. Dieser zweite Punkt bricht in den Augen von vielen Theoretikerinnen und Theoretikern der ganzen Idee das Genick.[144]

Möglicherweise hat Chris van den Broeck einen Ausweg für zumindest ein paar Probleme von Alcubierres Warp-Antrieb gefunden. Die Konstruktion

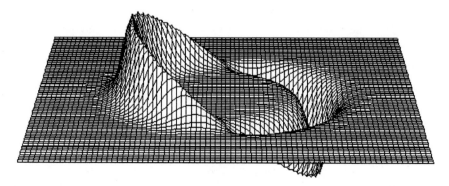

Abb. 4.4   Die Grafik zeigt, wie sich der Raum in der Umgebung von Alcubierres Warp verformt: Er expandiert auf der Rückseite und kontrahiert vorne, sodass der Bereich dazwischen vorwärtsgetrieben wird

einer mikroskopisch kleinen Warp-Blase würde eigentlich nur ein ganz kleines Stück exotische Materie erfordern. Wenn Sie dies dann mit ein bisschen topologischer Gymnastik kombinieren, die im Rahmen der Allgemeinen Relativitätstheorie völlig ok ist, dann haben Sie am Ende ein inneres Volumen der Warp-Blase, das ausreicht, um ein Raumschiff aufzunehmen. Das wäre dann ein bisschen so wie die Tardis in der britischen Kultserie *Dr. Who*: von außen knautschig klein, aber innen geräumig für den Doktor und all seine Ansprüche an einen gehobenen Reisekomfort. Sollten wir eines Tages eine vollständige Quantentheorie der Gravitation haben, könnte sich natürlich herausstellen, dass van den Broecks Idee damit unvereinbar ist. So oder so soll nicht unerwähnt bleiben, dass auch van den Broecks Warp-Blase ein paar hochgradig unrealistische Eigenschaften aufweist – es sind zum Beispiel auch hier sinnlos große Energiedichten erforderlich.[145] Vielleicht werden Wurmloch- und Warp-Reisen niemals praktisch umsetzbar sein. Aber es ist auch noch nicht bewiesen, dass sie grundsätzlich unmöglich sind. Eines Tages vielleicht ...

Nullpunktsenergie

Der Unschärferelation der Quantentheorie zufolge ist es unmöglich, gleichzeitig Ort und Impuls eines (Quanten-)Teilchens mit beliebiger Genauigkeit zu kennen. Darum muss sich ein solches Partikel selbst bei minimaler thermischer Energie, also am absoluten Temperaturnullpunkt, noch minimal bewegen, denn wenn es am Ursprung eines passenden Koordinatensystems absolut stillstünde, hätten wir ganz genaue Zahlenwert für Ort und Impuls: nämlich 0 und 0. Auch für Energie und Zeit gilt eine Unschärferelation; entsprechend muss ein leerer Raumbereich während einer noch so kleinen Zeitspanne eine Mindestmenge an Energie enthalten. (Um eine Energiemenge von exakt 0 zu bekommen, müssten wir über eine unendlich lange Zeit messen.) Der sogenannte Casimir-Effekt[146] ist ein klarer Beleg für die Existenz dieser quantenmechanischen *Nullpunktsenergie* (NPE). Wir können ihn nur mithilfe von „Unschärfefluktuationen" der elektromagnetischen Feldenergie erklären.

Einige Autoren meinen, dass es einen unendlichen Vorrat an Vakuum- beziehungsweise Nullpunktsenergie gibt und – vor allem – dass wir sie eines Tages für unsere Zwecke anzapfen können. Zum Beispiel für ein interstellares Antriebskonzept. Tatsächlich hat selbst die NASA einmal ein Meeting über innovative Antriebssysteme finanziert, in dem die NPE eine potenzielle Schlüsseltechnologie genannt wurde. Wenn das funktionieren würde, hätten wir unbegrenzten Zugriff auf billige Energie. Ich für meinen Teil bin da ziemlich skeptisch. Es wird einem im Universum nichts geschenkt. Etwas ganz anderes ist es hingegen, wenn eine technisch hochstehende ETZ die den Gesetzen der Physik innewohnenden Regeln ausreizt, um daraus Technologien zu entwickeln, die für zurückgebliebene Wesen wie uns nach Magie aussehen.

Ich habe hier nur ganz wenige der vielen kursierenden Vorschläge für interstellare Antriebssysteme vorgestellt. Im Moment können wir mit keinem dieser Konzepte Menschen zu anderen Sternen schicken, allenfalls die Idee mit den lichtsegelnden Nanosonden dürfte sich in absehbarer Zeit realisieren lassen. Mit unserer heutigen Technologie ist es schon so gut wie unmöglich, jemand sicher zum Saturn und zurück zu schicken,[147] ganz zu schweigen vom Sirius, mit 8,6 Lichtjahren Entfernung einer unserer nächsten Nachbarsterne. Ein Berg von Problemen liegt vor uns und will bezwungen werden, bevor wir uns zu den Sternen aufmachen können. Bemerkenswert ist jedoch, wie viele Methoden und Ansätze von angesehenen Wissenschaftlerinnen und Wissenschaftlern für solche Sternenreisen vorgeschlagen wurden. Die Flugzeiten reichen von wirklich laaange bis praktisch augenblicklich, von „versucht und für gut befunden" bis „echt exotisch". Wir konnten im Jahr 2020 kein Sternenschiff bauen, geschenkt – aber was ist mit 2220? Oder 3020? Andere Zivilisationen mögen Millionen, ja Milliarden Jahre älter sein als wir. Ist wirklich anzunehmen, dass *keine Einzige* von ihnen irgendwann einmal das erforderlich technologische Niveau (oder schlicht die Geduld) für interstellare Fernreisen entwickelt hat?

Die Sterne sind in der Tat sehr weit weg. Dies allein könnte erklären, warum wir bisher noch keine außerirdischen Besuche empfangen haben (jedoch nicht notwendigerweise auch das Große Schweigen). Für diejenigen von uns jedoch, die optimistisch dem wissenschaftlichen und technischen Fortschritt entgegensehen, lassen sich alle diese räumlichen Begrenzungen überwinden: Die Größe der Milchstraße allein löst das Fermi-Paradox nicht.

Lösung 11
Sie hatten einfach nicht die Zeit, zu uns zu kommen

Eine typische Reaktion, wenn jemand zum ersten Mal vom Fermi-Paradox hört, lautet: „Ach, die haben eben noch keine Zeit für die lange Reise gefunden." Michael Hart nannte dies in seiner einflussreichen Veröffentlichung über die Abwesenheit von ETZs, wie schon angedeutet, die „temporale Erklärung" des Paradoxes.[148]

Er glaubte, wie wir ebenfalls bereits gesehen haben, nicht an den Zeitfaktor als Erklärung, sofern man annimmt, dass interstellares Reisen grundsätzlich möglich ist. Kurz zur Erinnerung: Wenn eine ETZ

Kolonisierungsschiffe mit der Geschwindigkeit 0,1*c* zu nahegelegenen Sternen schickt und diese Kolonien ihrerseits eigene Schiffe aussenden, dann wird (wenn die Schiffe keine ausgedehnten Picknickpausen am Wegesrand einlegen und die Kolonien nicht vergessen, rechtzeitig weitere Schiffe auf den Weg zu bringen) eine Wellenfront der Kolonisierung durch die Milchstraße im Tempo 0,1*c* fegen. Sollten die Pausen *zwischen* zwei Sternenreisen so lange dauern wie die Trips selbst (ein bisschen Ruhe ist dann wohl doch notwendig), dann pflanzt sich die Wellenfront immer noch mit 0,05*c* fort. Auf diese Weise könnte jede ETZ von einem Ende der Milchstraße zum anderen in etwa 0,6–1,2 Mio. Jahren vordringen. Der Einfachheit halber rechnen wir mit einer galaktischen Kolonisierungszeitskala von 1 Mio. Jahre.

Eine Million Jahre ist schon ziemlich lang für ein individuelles (hyper-) intelligentes Wesen. Sogar recht lang relativ zur Lebenszeit einer Säugerspezies. Wie könnten uns ernsthaft fragen, ob eine Gesellschaft über 1000 Jahrtausende hinreichend stabil und dem Ziel der galaktischen Erkundung und Expansion verpflichtet bliebe.[149] Nichtsdestotrotz ist die für eine Kolonisierung veranschlagte Zeit kurz im Vergleich zu der Zeit, welche dafür zur Verfügung steht – denken Sie an das universelle Jahr vom Anfang des ersten Kapitels (Tab. 1.1). Die temporale Erklärung des Paradoxes verlangt von uns, dass wir akzeptieren, dass der erste Kolonisierungsversuch einer Spezies nicht eher als um 23:21 Uhr am 31. Dezember begann. Es wäre schon ein erstaunlicher Zufall, wenn wir Menschen so unmittelbar nach dem Erscheinen der ersten raumfahrenden Zivilisation auf den Plan getreten wären.

Wir können allerdings schon einige von Harts Annahmen hinterfragen.[150] Ein offensichtliches Problem ist die Geschwindigkeit der Kolonisierungswelle, von der Hart meint, sie betrage einen ansehnlichen Bruchteil der Geschwindigkeit eines individuellen Raumschiffs. Sagan formulierte es so: „Rom wurde nicht an einem Tag gebaut – aber es braucht selbst zu Fuß nur einige Stunden, um von einem Ende zum anderen zu kommen." Mit anderen Worten: Im alten Rom wäre die „Kolonisierungswelle" um ein Vielfaches langsamer gewesen als ein Gefährt, das man zum „Kolonisieren" benutzt hätte. Tatsächlich hat sich in der ganzen Menschheitsgeschichte keine Kolonisierung auch nur annähernd so schnell ausgebreitet wie ein von den Kolonisatoren benutztes Fahrzeug. Warum sollte das anders sein für eine ETZ, welche die Galaxis kolonisieren möchte? Man kann sich verschiedene andere, plausiblere Modelle überlegen, wie sich eine Zivilisation allmählich durch eine Galaxie verteilt. Schauen wir uns ein paar Beispiele an.[151]

Kolonisierung auf direktem Wege

Eric Jones[152] hat ein Modell untersucht, in dem die Kolonisierung vom Bevölkerungswachstum angetrieben wird. Er nahm einen Wachstumskoeffizienten von 0,03 pro Jahr und einen Emigrationskoeffizienten von 0,0003 pro Jahr an (dies entspricht in etwa der Emigrationsrate von Europa nach Nordamerika im 18. Jahrhundert). Unter diesen Voraussetzungen wird eine einzelne, Raumfahrt betreibende ETZ eine Galaxie in 5 Mio. Jahren kolonisieren. In nachfolgenden Analysen variierte er Emigrations- und Wachstumsrate und gelangte zu einer wahrscheinlichen Zeitspanne für die galaktische Kolonisierung im Bereich von 60 Mio. Jahren – deutlich mehr als bei Hart, aber immer noch viel zu wenig, um die temporale Auflösung des Fermi-Paradoxes zu unterstützen. Auf der menschlichen Zeitskala ist ein Prozess, der 60 Mio. Jahre braucht, von einer wirklich epischen Langsamkeit (so lange dauerte es vom Aussterben der Dinosaurier bis zur Geburt der ersten Vormenschen); auf der kosmischen Skala ist auch solch eine Kolonisierungswelle eine Sturzflut durch die Galaxis.

Kolonisierung als ein diffusiver Prozess

Newman und Sagan[153] modellierten die galaktische Kolonisierung als einen *diffusiven Prozess,* in dem das Bevölkerungswachstum nur eine kleine Rolle spielt. (Physikalisch gesehen ist Diffusion ein zufallsgetriebener molekularer Prozess. Denken Sie an einen Stab, der auf einer Seite erhitzt wird: Wärme diffundiert vom heißen zum kalten Ende, wobei die Diffusionsrate vom Stabmaterial und der Temperaturdifferenz abhängt.) Indem sie die entsprechenden Diffusionsgleichungen auf ein spezielles Kolonisierungsmodell anwandten, fanden sie, dass ohne Bevölkerungswachstum selbst die uns *am nächsten* gelegene ETZ nur dann bis zu uns vordringen könnte, wenn sie 13 Mrd. Jahre lang, also fast seit dem Urknall existiert. Dies *ist* lang genug, um das Ausbleiben der Aliens mit dem Zeitfaktor zu begründen (obwohl auch dies nicht erklärt, warum wir nichts von ihnen zu sehen oder hören bekommen haben).

Das Newman-Sagan-Modell ist erwartungsgemäß auf Kritik gestoßen. In ihrem Modell ist die Dauer der Kolonisierungsphase unabhängig von der interstellaren Reisegeschwindigkeit. Es kommt nur auf die Zeit an, die es braucht, um eine planetare Kolonie zu etablieren, was wiederum von der Rate des Bevölkerungswachstum abhängt. Newman und Sagan gingen von Wachstumsraten aus, die viele Leute zu konservativ fanden. Und selbst wenn man ihre Zahlen akzeptiert, ist auch ihre Schlussfolgerung problematisch: Die differenzielle Rotation der Galaxis verformt den Expansionsbereich mitsamt den Kolonisatoren in eine Spirale, ähnlich einem Sahnetropfen, den Sie versonnen in Ihrer Kaffeetasse verrühren. Wenn man dies berücksichtigt, schrumpft die für eine galaktische Kolonisierung benötigte Zeit. Und schließlich: Selbst wenn es eine hochentwickelte ETZ nicht nötig hätte, wegen ihres Bevölkerungswachstums zu expandieren – würde sie ihre Galaxie nicht einfach aus Neugier[154] erkunden wollen?

Kolonisierung als Entdeckungsfahrt

Ein Explorationsmodell von Bjørk unterstützte allerdings das Ergebnis von Newman und Sagan.[155] Nehmen wir an, eine ETZ erkundet die Milchstraße in der folgenden Weise: Sie sendet acht „Muttersonden" aus, welche jeweils acht kleinere Sonden mitführen, die sie nach Gutdünken aussetzen kann. Die Sonden bekommen den Auftrag, jeweils einen Raumsektor mit 40 000 Sternen zu erkunden. Also macht sich eine Muttersonde zu einem Zielstern auf den Weg und setzt ihre acht Beiboote aus, um weitere bisher unerforschte Sterne zu besuchen. Diese reisen mit $0,1c$ und führen Fly-by-Untersuchungen aus. Wenn eine Sonde intelligentes Leben entdeckt, informiert sie den Heimatplaneten; andernfalls saust sie zum nächsten unerforschten Stern. Sind alle 40 000 Sterne auf der Liste abgehakt, kehren die kleinen Sonden zur jeweiligen Muttersonde zurück, die das nächste Zielgebiet ansteuert, wo der Erkundungsprozess von vorne beginnt. Nach diesem Schema würde es Bjørk zufolge rund 300 Mio. Jahre brauchen, um gerade einmal 4 % einer Galaxie zu erforschen. Dies ist wirklich schmerzlich langsam und unterstützt die Idee, dass seit dem Urknall noch nicht genug Zeit vergangen sein könnte, um bereits mit kosmischen Besuchern auf der Erde rechnen zu können – also die temporale Erklärung von Fermis Paradox. Cotta und Morales[156] haben Bjørks Modell erweitert und sind dabei auf ein ähnliches Ergebnis gekommen.

Kolonisierung per Perkolation

Ein weiteres Kolonisierungsmodell[157], das Geoffrey Landis vorgestellt hat, basiert auf drei Grundannahmen.

1. Interstellare Reisen sind möglich, aber mühsam. Keine Dilithiumkristalle, keine Warp-Antriebe, kein Raumschiff Enterprise, das furchtlos und vor allem flott in Bereiche vordringt, die nie ein Mensch zuvor gesehen hat. Nur langwieriges Driften zu den nächstgelegenen Sternen. Landis geht von einer maximalen Distanz aus, über die eine ETZ auf direktem Wege eine Kolonie errichten kann. Beispielsweise schaffen es die Menschen vielleicht eines Tages, im System von Tau Ceti eine

Dependance zu etablieren (knapp 12 Lichtjahre von hier), aber stoßen an prinzipielle Grenzen, wenn sie dasselbe im 150 Lichtjahre entfernten Sternhaufen der Hyaden versuchen wollen. Daher steht einer gegebenen ETZ immer nur eine kleine Zahl an Sternen offen, die sowohl kolonisierbar als auch erreichbar sind. Somit wird jede ETZ nur ziemlich wenige direkte Kolonien errichten können. Weiter entfernte Außenposten ließen sich nur als sekundäre Kolonien realisieren. (Diese Voraussetzung ließe sich hinterfragen. Ist solch ein unüberwindlicher Entfernungshorizont plausibel? Wenn eine ETZ es tatsächlich schafft, 50 Lichtjahre weit zu kommen, wären dann 100 Lichtjahre wirklich so viel schwieriger? Aber sehen wir uns einmal an, wohin uns das führt.)

2. Da die interstellaren Reiseverbindungen so schlecht sind, nimmt Landis an, dass eine Elternzivilisation nur schwache oder gar keine Kontrolle über ihre Kolonien ausübt. Wenn die Zeitskala, innerhalb derer eine Kolonie sich so weit entfaltet, dass sie eigene Kolonien gründen kann, hinreichend groß ist, wird jede Kolonie grundsätzlich ihre eigene, unabhängige Kultur entwickeln.

3. Eine Zivilisation wird nicht in der Lage sein, auf einer bereits kolonisierten Welt eine eigene Kolonie zu errichten. Dies bedeutet, dass interstellare Invasionsversuche chancenlos sind, was vernünftig klingt. Wenn interstellare Kleingruppenreisen bereits schwierig und teuer sind, dann muss eine Invasion unglaublich kompliziert und aufwendig sein. Das war's dann wohl für den Plot Ihres nächsten Hollywood-Blockbusters.

Schließlich fügt Landis noch eine Regel hinzu: Eine Kultur ist entweder heiß auf Kolonisierung oder sie ist es nicht. Eine ETZ mit solch einem Drang wird zwangsläufig Kolonien um alle geeigneten und erreichbaren Sterne errichten. Eine ETZ ohne unkolonisierte Sterne innerhalb ihres Expansionsradius wird sich hingegen notgedrungen in eine nichtkolonisierende Kultur entwickeln. Demzufolge hat jede gegebene Kolonie eine Wahrscheinlichkeit p dafür, dass sie selbst zu einer kolonisierenden Zivilisation wird, und die Wahrscheinlichkeit $1 - p$, dass sie das nicht wird.

Diese drei Annahmen stellen zusammen mit der Regel ein *Perkolationsproblem* dar.[158] Die Hauptaufgabe besteht dabei darin, für ein gegebenes System die Wahrscheinlichkeit dafür zu berechnen, dass es einen durchgängigen Weg von einem Ende des Systems zum anderen gibt. Das Wort „Perkolation" kommt aus dem Lateinischen und heißt so viel wie „durchsickern". Vielleicht hatten die Väter und Mütter der Perkolationstheorie ja das Wasser im Sinn, welches sich unablässig einen Weg durch das Pulver in ihren Kaffeemaschinen bahnen musste. Die Kaffeezubereitung ist tatsächlich ein konkretes Beispiel für das generelle Problem des Transports von Flüssigkeit durch einen porösen Feststoff;[159] aber Perkolationsmodelle wurden auch auf viele andere Situationen angewandt, etwa die Ausbreitung von Waldbränden oder ansteckenden Krankheiten – beides leider sehr aktuelle Anwendungen. Das Verhalten von Quarks in Kernmaterie lässt sich ebenfalls mit diesem Modell beschreiben.

Im Wesentlichen bedeutet Perkolation, dass Sie ein hinreichend großes Stück leeren Raum mit Objekten befüllen. (Streng genommen erfordert die Perkolationstheorie unendlich große Räume.) Das Gebiet muss nicht rechteckig und auch nicht zweidimensional sein: Manche Phänomene lassen sich am besten mit einer eindimensionalen Kette modellieren, andere dreidimensional oder sogar mit abstrakten höherdimensionalen Räumen. Der Einfachheit und Anschaulichkeit halber betrachten wir hier jetzt aber ein einfaches zweidimensionales und dazu quadratisches Feld aus N Zellen, etwa ein Schachbrett wie in Abb. 4.5.

Was das alles mit dem Fermi-Paradox zu tun hat? Nun, wenn Landis recht hat, können wir mithilfe der Perkolationstheorie beschreiben, wie eine ETZ durch unsere Galaxis sickert. Denn obwohl es schwierig ist, Perkolationsprobleme analytisch zu untersuchen, lassen sie sich sehr leicht auf dem Computer simulieren. Wenn Sie ein kleines bisschen Programmiererfahrung haben, dürfte es Ihnen nicht schwerfallen, das Landis-Modell an ihrem eigenen Rechner aufzusetzen und die Verteilung von ETZs in

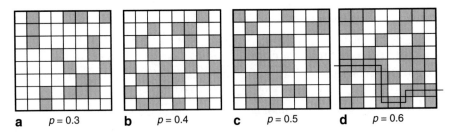

a $p = 0.3$ **b** $p = 0.4$ **c** $p = 0.5$ **d** $p = 0.6$

Abb. 4.5 Die Zellen in jedem der vier Gebiete sind zufällig entweder kolonisiert (grau) oder frei (weiß). In (a) beträgt die Chance, dass eine Zelle kolonisiert ist, 30 %. In (b) bis (d) sind es 40 %, 50 % beziehungsweise 60 %. Schon in (a) gibt es „Cluster", in denen zwei oder mehr nächste Nachbarn kolonisiert sind. (Ein nächster Nachbar einer Zelle sitzt direkt darüber, darunter, links oder rechts, nicht jedoch diagonal.) In (d) sehen wir einen Cluster, der die linke, untere und rechte Begrenzung des Gebiets verbindet.

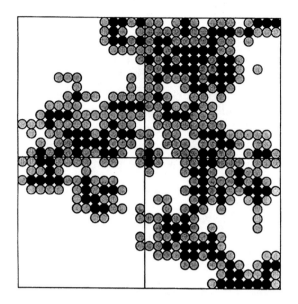

Abb. 4.6 Ein Ausschnitt aus einer typischen Perkolationssimulation auf einem einfachen dreidimensionalen kubischen Gitter. Der kritische Wert beträgt hier 0,311, die Simulation wurde mit $p=0,333$ gerechnet. Schwarze Kreise sind „kolonisierte" Plätze, graue sind „nicht kolonisiert". Wenn an einer Stelle kein Kreis ist, wurde diese Stelle noch nicht besucht. Beachten Sie die unregelmäßig geformten Grenzlinien und die großen leeren, das heißt noch nicht besuchten Bereiche. Liegt unsere Erde vielleicht in so einer großen Leere? (Credit: Geoffrey Landis)

unterschiedlichen Modellgalaxien zu studieren. Abb. 4.6 zeigt ein typisches Resultat. (Das Modell ignoriert einige wichtige Details, etwa die Eigenbewegung der Sterne. Diese ist zwar langsam, beeinflusst aber trotzdem das Modellverhalten – schließlich ist in Landis' Modell der Sternentourismus auch keine Hochgeschwindigkeitserfahrung.)

Wie in jedem Perkolationsproblem hängt das sich am Ende ausbildende Muster von der Wahrscheinlichkeit p und der Perkolationsschwelle p_c ab. Wenn wie im Landis-Modell $p < p_c$ ist, dann kommt die Kolonisierung immer nach einer endlich Zahl von Koloniegründungen zum Erliegen. Das Wachstum wird in Clustern erfolgen, an deren Rändern ausschließlich nichtkolonisierende Zivilisationen sitzen. Im Fall $p = p_c$ zeigen die Cluster eine fraktale Struktur mit leeren und besetzten Teilvolumina auf allen Größenskalen. Wenn $p > p_c$ wird, dann wachsen die Koloniecluster immer weiter zusammen, aber es bleiben trotzdem kleinere Leerräume bestehen, an deren Rändern wiederum nur nichtkolonisierende Zivilisationen siedeln. Wir erhalten eine Galaxie mit der Siedlungsstruktur eines Schweizer Käse:

Zivilisationen kolonisieren das gesamte riesige Sternsystem, doch es gibt immer wieder unbesiedelte Löcher im Käse.

In diesem Ansatz ist es nicht die fehlende Zeit als solche, die verhindert, dass die Erde von ETZs besucht beziehungsweise kolonisiert wird. Es gibt vielmehr drei mögliche Gründe für die offenkundige Abwesenheit von Aliens auf unserem Planeten. Im Fall $p < p_c$ ist die Kolonisierung generell zum Erliegen gekommen, bevor jemand uns erreicht hat. Für $p = p_c$ liegt die Erde in einer der vielen unvermeidlich auftretenden Regionen unserer Galaxie, die unkolonisiert geblieben sind. Und sollte schließlich $p > p_c$ sein, steckt unsere Erde unglücklicherweise einfach in einem der vielen kleinen Käselöcher.

Welche der drei Möglichkeiten ist am wahrscheinlichsten? Um dies zu beantworten, müssen wir wissen, wie groß die Wahrscheinlichkeit p für eine (erfolgreiche) Kolonisierung ist und wie viele Sterne es gibt, die sich kolonisieren lassen. Natürlich haben wir keine Ahnung, welchen Wert p wohl haben könnte. Landis nimmt $p = 1$, was so gut wie jeder andere Schätzwert ist. Was die Anzahl Sterne mit kolonisierbaren Planeten anbelangt, argumentiert Landis, dass als Kandidaten nur Sterne infrage kommen, die der Sonne hinreichend ähneln, also Hauptreihensterne, die nicht Teil eines Doppel- oder Mehrfachsternsystems sind und sich in ihrem Spektraltyp nicht zu sehr von der Sonne unterscheiden. [160]Landis kam auf fünf Sterne innerhalb von 30 Lichtjahren um Sonne und Erde, was ein vernünftiger Schätzwert sein dürfte. (Natürlich ließe sich auch dagegen argumentieren: Eine hinreichend fortschrittliche Zivilisation ist womöglich in der Lage, lebensfreundliche Habitate auch um ganz andere Arten von Sternen zu schaffen. Aber schauen wir auch hier wieder, wo wir mit Landis' Annahmen landen.)

Tatsächlich sitzt die Galaxis mit den von Landis gewählten Parametern gerade im kritischen Bereich: Die Verteilung der Kolonien zeigt eine fraktale Struktur mit ganz unterschiedlich großen kolonisierten beziehungsweise kolonisierenden Bereichen und anderen, wo gar nichts passiert. Gemäß dem Modell von Landis wurden wir noch nicht besucht, weil wir zufälligerweise in einem Gebiet leben, wo man sich nicht besucht.[161]

Dies ist sicher ein interessanter Ansatz, aber einige einfache Erweiterungen des Modells können zu einem ganz anderen Ergebnis führen.[162] Beispielsweise können individuelle Kolonien – im Gegensatz zu ganzen galaktischen Zivilisationen – zugrunde gehen. Wenn eine nichtkolonisierende Kolonie stirbt, eröffnet das einer andernfalls eingefangenen kolonisierungswilligen Zivilisation einen Weg zum Fortkommen. Und vielleicht machen Kolonien auch im Laufe der Zeit einen Kulturwandel durch, sodass eine bisher vollständig häusliche, nichtkolonisierende Kolonie an der Grenze zu einem unbesuchten Gebiet plötzlich den unwiderstehlichen Drang verspürt, in die Ferne zu ziehen. Bauen Sie diese beiden Punkte in das Perkolationsmodell ein – Tod und Mutation von Kolonien –, dann gibt es keine Leerräume mehr in der kolonisierten Galaxis. Am Ende ist sie vollständig besiedelt.

Und wie gesagt – selbst wenn wir das ursprüngliche Perkolationsmodell als Erklärung für unseren Mangel an kosmischen Besuchern akzeptieren: Kann das Modell uns auch sagen, warum wir noch nie etwas von einer ETZ gesehen oder gehört haben? Diese ist besonders problematisch im Fall $p \geq p_c$, wenn unsere lokale Wüstenei in alle Richtungen von fortschrittlichen Zivilisationen eingeschlossen ist.

Kolonisierung mit zellulären Automaten

Heutzutage können die meisten von uns, wenn sie wollen, sich ihr eigenes kleines Modell der galaktischen Kolonisierung basteln. Eine Möglichkeit, dies zu tun, sind *zelluläre Automaten*, mit denen sich als Erste John von Neumann und Stanislaw Ulam beschäftigt haben (Abb. 4.7).[163]

Abb. 4.7 John von Neumann (rechts) im Gespräch mit Stanislaw Ulam (links) und Richard Feynman. Alle drei spielten eine wichtige Rolle bei der Entwicklung der in Los Alamos eingesetzten Computer. (Credit: American Institute of Physics, Emilio Segrè Visual Archives)

Es ist wirklich einfach, einen zellulären Automaten zu erschaffen. Als Erstes teilen Sie ein Brett in eine gewisse Anzahl von quadratischen Zellen (daher „zellulär"!). Jede Zelle hat eine Farbe, dafür steht eine endliche Zahl von unterschiedlichen Farben zur Auswahl. Dann brauchen Sie nur noch zwei Dinge: eine Uhr und eine Regel, die bei jedem Ticken der Uhr vorschreibt, was mit einer Zelle passiert, wenn sie und ihre Nachbarn gerade jeweils eine bestimmte Farbe haben. Eine solche Regel sagt zum Beispiel: „Wenn du rot bist und zwei Nachbarn nicht grün, dann bist du ab jetzt blau, sonst wirst du grün." Alle Zellen ändern schlagartig und gleichzeitig ihre Farbe (oder nicht). Um ihren zellulären Automaten laufen zu lassen, geben Sie also irgendeine Ausgangsfarbverteilung vor und beginnen dann mit der Uhr in der Hand zu pinseln. (Computer sind großartig für solche Tätigkeiten geeignet.) Wie auch immer Sie es anstellen, Sie werden unter Umständen optisch ansprechende und dynamisch variierende Muster erhalten.

Igor Bessudnow und Andreij Snarskij[164] haben einen zellulären Automaten entworfen, der die Entwicklung einer galaktischen Zivilisation simuliert. Dazu teilten sie die Galaxie in quadratische Zellen auf (um die Sache einfach zu machen, haben sie eine zweidimensionale Galaxie gewählt) und machten dann ein paar Annahmen darüber, wie ETZs entstehen, sich ausdehnen und zugrunde gehen:

1. An jedem freien Platz kann mit einer bestimmten kleinen Wahrscheinlichkeit eine Zivilisation entstehen.
2. Alle Zivilisationen haben – dies ist wesentlich! – dieselbe natürliche Lebensdauer T_0, nach der sie zu verlöschen beginnen. (Die Autoren glauben, dass der universelle Grund für das Vergehen von Zivilisationen der Verlust von „Basis- und Wissensfunktionen" ist; das heißt, wenn sie über sich und ihre Umgebung alles gelernt haben, was es zu lernen gibt, verlieren sie den Wunsch, weiterzuexistieren. Sie welken, sie sterben.)
3. Kommt eine Zivilisation in Kontakt mit einer anderen, dann erhöht sich ihrer beider Lebensspanne um eine Bonuszeit T_B: Der Kontakt bringt Neues, das sich zu lernen lohnt, neue Gespräche, die es zu führen gilt, und generell den Ansporn zu weiterer Entwicklung. Die Autoren nennen dies das „Bonus-stimulierte" oder BS-Modell.[165]

Im BS-Modell ist eine Zivilisation eine quadratische Anordnung von Zellen mit ungeradzahliger Kantenlänge, wobei das Quadrat in der Mitte dem Heimatplaneten der Zivilisation entspricht. Wir können das Modell als zellulären Automaten definieren, indem wir unsere Annahmen als Übergangsregeln formulieren:

1. Zu jedem Zeitpunkt kann in einer leeren Zelle eine neue Zivilisation entstehen; die (geringe) Wahrscheinlichkeit dafür ist N. Jede Zivilisation startet also als eine Einzelzelle.
2. Mit jedem Zeitschritt ändert sich die Größe einer Zivilisation an allen Seiten um eine Zellenlage. Ist sie jünger als T_0, wächst sie; ist sie älter, nimmt ihre Größe wieder ab. Erreicht die Größe schließlich den Wert 0, ist die Zivilisation gestorben.
3. Wenn eine wachsende Zivilisation auf eine andere trifft – was in diesem Modell bedeutet, dass eine Zelle zu zwei Zivilisationen zugleich gehören müsste –, dann erhöhen sich die Lebensdauern beider Zivilisationen um die Bonuszeit T_B. Bilden mehr als zwei Zivilisationen einen Cluster, erhalten alle eine Bonuszeit. Die weitere Entwicklung der Zivilisationen folgt dann wieder der zweiten Regel.

Bessudnow und Snarskij simulierten eine Galaxie auf einem Gitter mit 10 000 Zellen Kantenlänge über einen Zeitraum von 320 000 „Schlägen" der virtuellen Uhr. Bei jedem Lauf ihrer Simulation nutzen sie eine etwas andere Kombination von Werten für N, T_0 und T_B.

Ohne Bonuszeit (das heißt für $T_B = 0$) war das von Zivilisationen besiedelte Volumen der Galaxie direkt proportional zur Geburtswahrscheinlichkeit N und zur dritten Potenz der natürlichen Lebensdauer T_0. In diesem Fall waren Kontakte zwischen Zivilisationen unwahrscheinlich: Selbst wenn ETZs existieren, kreuzen sich ihre Pfad kaum. Die Situation ändert sich jedoch, wenn die Bonuszeit T_B größer als 0 ist. Kleine T_B-Werte bewirken zwar erst einmal wenig, aber ab einem bestimmten Schwellenwert bekommen die Zivilisationen ausreichend Zeit, um einen großen Cluster zu bilden, welcher die Galaxie umspannt. Bessudnow und Snarskij schlossen daraus, dass wir bei der richtigen Kombination von Werten für N, T_0 und T_B einfach nur zu warten brauchen: Irgendwo da draußen geschieht etwas, was schließlich Zivilisationen durch die gesamte Milchstraße expandieren lassen wird.

Das BS-Modell hat seine Schwächen. Beispielsweise sterben in diesem Modell die jüngeren Kolonien zuerst; wäre es nicht genauso gut denkbar, dass eine ausgedehnte Zivilisation „von innen nach außen" zusammenbricht? Wenn Sie eine solche Übergangsregel in Ihr Modell einbauen, ändern sich die Ergebnisse, da nun die Kolonien mehr Zeit haben, um auf den lebensverlängernden Kontakt mit den Aliens zu warten. Darüber hinaus wirkt sich dieser Segen im Modell augenblicklich auf die gesamte vielzellige Zivilisation aus; das kann unmöglich so ablaufen. Bessudnow und Snarskij wollten allerdings mit ihrer Arbeit erst einmal bloß zeigen, wie sich der Landis-Ansatz zu einem zellulären Automaten ausbauen lässt. Vukotić und Ćirković[166] haben einen deutlich ausgereifteren zellulären Automaten entwickelt, wobei sie den astrobiologischen Forschungsstand einfließen ließen. Die „Landis-Lösung", nach der die Erde in einem abseits gelegenen Leerraum sitzt, ist nur ein Eckpunkt in einem viel größeren Lösungsraum.

Das Schöne an zellulären Automaten ist ihre Einfachheit. Wenn Sie sich einigermaßen mit Computern auskennen, haben Sie schnell ein Modell formuliert und können zusehen, wie es sich entfaltet. Wenn Sie also eine Idee haben, wie extraterrestrische Zivilisationen entstehen und wachsen könnten, warum beschreiben Sie diese nicht durch ein paar passende Übergangsregeln? So modellieren Sie das glückliche oder tragische Schicksal Ihrer ETZs und haben am Ende vielleicht eine neue Lösung für das Fermi-Paradox gefunden.

Kolonisierung à la Bracewell und von Neumann

Von den vielen wichtigen Ideen, die John von Neumann zum Fortgang der Wissenschaft beigetragen hat (einige davon haben wir in Kap. 3 kennengelernt), war wohl seine Theorie des Computers die bedeutendste. Sein Interesse daran erwachte in Los Alamos, wo er für die Berechnungen zuständig war, die man für das Design der Atombombe benötigte. Nach dem Krieg wandte er sich Rechenmaschinen zu, die vielfältiger einsetzbar sind. Seine Überlegungen führten auf viele fundamentale Prinzipien der angewandten Informatik; die meisten heutigen Computer basieren immer noch auf den allgemeinen logischen Regeln und Betriebsweisen, die er propagierte – der „Von-Neumann-Architektur" beziehungsweise dem „Von-Neumann-Rechner".

Beim Nachdenken über das Design von beliebig einsetzbaren Rechenmaschinen stieß von Neumann auf eine noch größere Frage: Was ist Leben? Genauer gesagt ersann er die Idee eines *selbstreplizierenden Automaten*, der entweder in der virtuellen Welt der zellulären Automaten oder in der „echten" Realität Kopien von sich selbst herstellen kann. Im letzteren Fall würde man von „Fortpflanzung" und damit eben von „Leben" reden. In von Neumanns Konzept braucht so ein Automat, ganz abstrakt betrachtet, lediglich die folgenden zwei Komponenten zu besitzen:

- Einerseits braucht es einen *Konstruktor*, der Materie in seiner Umgebung manipuliert, um auf diese Weise Aufgaben zu erfüllen. Ein universeller Konstruktor ist in der Lage, *alles* zu konstruieren – einschließlich maschineller Einheiten, mit denen er eine Kopie seiner selbst produzieren kann, sofern ihm eine geeignete Bauanleitung vorliegt.

- Andererseits muss im Konstruktor ein *Programm* gespeichert sein, das die vom Konstruktor benötigten Anweisungen für die Selbstreplikation enthält.

Ein solcher Automat könnte sich wie folgt selbst reproduzieren: Zunächst lässt ihn das Programm eine Kopie des Programms erzeugen und in einem Behälter ablegen. Dann leitet es ihn an, eine Kopie seiner selbst mit einem leeren Gedächtnis, das heißt Programmspeicher zu erstellen. Schließlich sagt es dem ursprünglichen Konstruktor, dass er die Programmkopie aus dem Behälter in den leeren Speicher der Konstruktorkopie laden soll. Und voilà: Sie haben eine vollständige Replik des programmierten Originalgeräts vor Ihnen, die in gleicher Weise funktioniert und sich insbesondere auch wieder selbst replizieren kann.

Natürlich konnte von Neumann keine Angaben dazu machen, wie ein selbstreplizierender Automat im Einzelnen aussehen würde. Aber als wahrer Mathematiker interessierte er sich natürlich nicht für die ingenieurmäßigen Aspekte dieses Themas. Was ihn bewegte, war die Logik hinter der Idee eines selbstreplizierenden Systems und insbesondere deren Bedeutung für die Frage nach dem Leben, welche er 1948 in einem Vortrag diskutierte[167]. Er argumentierte dabei, dass eine lebende Zelle bei ihrer Reproduktion dieselben Grundoperationen wie ein selbstreplizierender Automat ausführen muss. Lebende Zellen müssen also einen Konstruktor und ein Programm enthalten. Von Neumann hatte wieder einmal recht. Wir wissen heute,[168] dass die Abfolge der Nukleinsäuren im DNA-Molekül die Rolle des Programms spielt und katalytisch wirkende Proteine die des Konstruktors. Wir alle sind selbstreplizierende Automaten. Für uns von Belang ist hier allerdings nicht, was uns von Neumanns selbstreplizierende Automaten über das Leben erzählen. Vielmehr interessiert uns, ob ETZs mithilfe solcher Automaten unsere Galaxis kolonisieren könnten.

1980 skizzierte Freitas eine selbstreplizierende interstellare Sonde, im selben Jahr diskutierte Tipler die Relevanz von selbstreplizierenden Automaten für die galaktische Exploration.[169] Die Grundidee ist, dass sich eine ETZ über die Galaxis ausbreiten könnte, indem sie selbstreplizierende *Bracewell-von-Neumann-Sonden* aussendet.[170]

Eine solche Sonde könnte eine Zusammenstellung von unterschiedlichen Geräten sein und müsste auch gar keine riesig große Maschine ergeben. In Tiplers Szenario ist eine Bracewell-von-Neumann-Sonde nur ein kleiner selbstreplizierender Automat mit einem einfachen Antriebsaggregat für die Navigation im Zielsystem. Nach der Ankunft im Zielgebiet weist das Programm die Sonde an, nach geeignetem Baumaterial für die Selbstreproduktion zu suchen und daraus dann Kopien ihrer selbst anzufertigen. Der Konstruktor hätte eine große Menge an Rohmaterialien zur Auswahl: Planetoiden, Kometen, Planeten und interplanetarer Staub enthalten alle wertvolle und nützliche Rohstoffe. Wenn erforderlich, könnte der Heimatplanet über Radiosignale Softwareupdates übermitteln. Nicht lange nach Ankunft der Muttersonde würde ein Schwarm von Sondenkopien eine Vielzahl vorprogrammierter Aufgaben ausführen. Einige erkunden das Planetensystem, andere schaffen vielleicht eine lebensfreundliche Umgebung, in der sich später eine Kolonie ansiedeln könnte. Wieder andere tauen mitgeführte tiefgefrorene Embryonen der Spezies auf, welche die ETZ ursprünglich aufgebaut hat, und ziehen diese dann auf. Und einige würden sich natürlich auf den Weg zu einem anderen Stern machen, wo sich der gesamte Prozess wiederholt, bis am Ende jeder Stern der Galaxie erreicht ist.

Tipler erklärte, dass bei einer Reisegeschwindigkeit der Sonden von c/40 (also 0,025c) und einer halbwegs gerichteten, also nicht rein zufälligen Ausbreitung die Kolonisierung einer ganzen Galaxie gerade einmal 4 Mio. Jahre brauchen würde. Dies ist viel schneller als in den Kolonisierungsmodellen von Newman und Sagan, Fogg, Bjørk oder Cotta und Morales. Der Prozess ist so schnell, weil die Sonden nicht auf Anweisungen warten müssen – sie *haben* ihr Programm schon dabei. Das Vorgehen ist darauf ausgerichtet, effizient zu sein. Tiplers ursprüngliche Analyse war vielleicht ein bisschen sehr optimistisch, aber jüngere Untersuchungen bestätigen die Kernaussage: Selbstreplizierende Sonden, die sich mit einem gewissen Bruchteil der Lichtgeschwindigkeit fortbewegen, könnten die Galaxis in 5–10 Mio. Jahren kolonisieren.[171]

Die Kolonisierung mit einer Flotte von programmierbaren Konstruktor-Sonden ist nicht nur ... flott, sondern vor allem auch preisgünstig. Die Sonden müssten weder Nahrung noch Wasser noch sonstige Bedarfsartikel lebender Passagiere mitführen. Vielmehr bräuchte eine ETZ nur ein paar Startsonden zu konstruieren, zu programmieren und loszuschicken. Anschließend übernimmt Mutter Natur, indem sie das nötige Rohmaterial bereitstellt.

Kann eine solche Sonde jemals gebaut werden? Es scheinen keine fundamentalen Gründe dagegen zu sprechen. Und wenn Sie sich vorstellen können, dass wir Menschen in ein paar Jahrhunderten mit einer ähnlichen Technologie den Planetoidengürtel erschließen und abernten werden, dann sollten wir es auch für möglich halten, dass technisch fortgeschrittene ETZs die durchaus nicht trivialen technischen Hürden überwinden, die sich vor dem Abernten ihres galaktischen Spiralarms auftun.[172]

Kolonisierung per Sonde ist technisch machbar, schnell und kostengünstig. Selbst wenn es uns eher um Kontaktaufnahme als um Kolonisierung geht, gibt es Bracewell zufolge Umstände, unter denen Sonden effizienter sein könnten als Radiosignale. Es könnte deshalb in unserem ureigensten Interesse sein, dass wir diesen Weg ins All wählen: Wenn wir es nicht tun, wird es eine andere Spezies machen. Wer nicht kommt zur rechten Zeit, der muss sehen, was übrig bleibt, sozusagen.[173] Und wenn wir so denken, würde es eine ETZ vermutlich genauso tun.

Natürlich ist keine Technologie ohne Risiko. Interstellare Raumsonden reproduzieren sich eher wie lebende Wesen als wie Kristalle, also dürften Mutationen unvermeidlich sein. Die Sonden werden eine Evolution durchlaufen, genau wie es bei biologischen Kreaturen geschieht. Stellen Sie sich eine Galaxis vor, in der unterschiedliche „Spezies" von Raumsonden unterwegs sind, jede mit ihrer eigenen Interpretation des ursprünglichen Auftrags. Es besteht dann zum Beispiel das Risiko, dass eine Sonde zum Heimatsystem zurückkommt, dieses aber nicht als solches erkennt – keine guten Aussichten für die ursprüngliche ETZ, wenn die Sonde sich daran macht, die (verbliebenen) Ressourcen des Planeten auszuschlachten, um Kopien ihres jetzigen Selbst zu produzieren. Aber würden *alle* ETZs wegen eines solchen Risikos von dem Vorhaben absehen beziehungsweise keine Lösung dafür finden?[174] Sicherlich wäre eine Zivilisation, die fortschrittlich genug ist, um funktionierende Bracewell-von-Neumann-Sonden ins All zu bringen, auch in der Lage, ihren Heimatplaneten vor räuberischen Konstrukten schützen.

Also – um es mit Fermi auszudrücken: Wo *sind* die ganzen Sonden bloß alle?

Vielleicht hat ja Ćirković recht, dass sich Spezies in ein Stadium weiterentwickeln, in dem sie keinen Drang mehr verspüren, Sterne zu besitzen, Planeten zu besiedeln und generell die Galaxis mit Kopien ihrer selbst zu bevölkern.[175] Nichtsdestotrotz reicht wie so oft schon *eine einzige* ETZ, damit wir um unseren kosmischen Immobilienbestand fürchten müssen … Tatsächlich klingt die Sondentechnologie so naheliegend, zumindest auf dem Papier, dass wir unser Denken nicht vorschnell einschränken sollten: Irgendeine wahrhaft fortschrittliche ETZ würde ziemlich sicher die Fähigkeit und den Drang entwickeln, auf diese Weise die Galaxie zu kolonisieren, ihre Religion zu verkünden oder sich auch nur einfach deshalb auszubreiten, damit ihr keiner zuvorkommt.

Bracewell-von-Neumann-Sonden gehören zu jeder Diskussion des Fermi-Paradoxes. Aber sind sie auch eine *Lösung* des Paradoxes? Eine Reihe von Leuten sehen das tatsächlich so: Wir sehen keine Aliens, weil sie Sonden anstelle von Passagierschiffen aussenden. Aber das trifft nicht den Kern des Problems: Schließlich würden wir auch aus der Beobachtung einer unbemannten Raumsonde, die wir nicht selbst gebaut und losgeschickt haben, sehr sicher schließen können, dass es irgendwo eine Zivilisation gibt, die es getan hat. Wir sehen aber weder etwas von den Aliens selbst *noch von ihren Sonden*. Anstatt das Paradox aufzulösen, machen die Bracewell-von-Neumann-Sonden Fermis Frage nur noch rätselhafter. Eine Arbeit von Stuart Armstrong und Anders Sandberg hat in der Tat das Paradox noch erheblich in diese Richtung zugespitzt.[176] Sie haben gezeigt, dass eine ETZ, die ihre eigene Galaxie mithilfe von Bracewell-von-Neumann-Sonden kolonisieren kann, auch in der Lage ist, das gesamte relativistisch zugängliche Universum zu kolonisieren! Wenn vor 1 Mrd. Jahren eine intelligente, technologisch fortschrittliche Zivilisation entstanden ist und es geschafft hat, Sonden mit $0,8c$ loszuschicken, dann stünden heute Vertreter aus über einer Million Galaxien bei uns vor der Haustür. Wir dürfen nicht nur an unsere betuliche Milchstraße denken, wenn wir uns mit Fermis Frage beschäftigen – es gibt schließlich unzählige andere Galaxien! Mit den Bracewell-von-Neumann-Sonden bekommt das Paradox erst so richtig Biss.

Lösung 12
Berserker

In den 1950er-Jahren spielten Strategen des Kalten Krieges mit der Idee einer „Waffe des Jüngsten Gerichts", die das Potenzial hat, alles menschliche Leben zu zerstören – einschließlich der Menschen, welche die Waffe entwickelt und eingesetzt haben. Wenn Ihr Feind weiß, dass Sie fähig und willens sind, solch eine Weltuntergangswaffe zu zünden, dann würde er – in der Logik des Kalten Krieges – nicht wagen, Sie anzugreifen. Vielleicht hatte Fred Saberhagen dies im Hinterkopf, als er seine berühmten *Berserker*-Geschichten schrieb.[177]

Berserker sind bewusste, selbstreplizierende Maschinen – und äußerst feindlich gegenüber allem organischen Leben eingestellt. Denken Sie an paranoide Bracewell-von-Neumann-Sonden mit richtig miesem Charakter. Die Relevanz für das Fermi-Paradox ist klar: Die Schöpfer der Berserker sind entweder tot oder sie verstecken sich irgendwo. Alle anderen ETZs wurden entweder von Berserkern am Aufstieg gehindert, von ihnen ausgelöscht oder so weit eingeschüchtert, dass sie mucksmäuschenstill auf ihrem Planeten verharren, um nicht die Aufmerksamkeit der Berserker auf sich zu ziehen. Dies ist eine elegante Lösung des Fermi-Paradoxes. Aber könnten Berserker außerhalb der Buchdeckel (oder Hörbuch-Datenträger) von Science-Fiction-Romanen existieren?

Wenn eine ETZ dazu fähig ist, Sonden zu bauen, welche die Milchstraße kolonisieren können, würde sie vermutlich auch Berserker hinbekommen. Es ist bloß etwas schwer sich vorzustellen, *warum* sie das tun würde – sie wäre ja das erste potenzielle Opfer dieser Killermaschinen. Um die Galaxis für sich allein zu haben, muss man sie lediglich als Erster kolonisieren: Die Kolonisierungszeit einer Galaxie ist, Sie erinnern sich, viel kürzer als das Alter unserer Galaxis. Nichtsdestotrotz sollten wir nicht zu blauäugig an die Berserker-Problematik herangehen. Nehmen Sie an, die Programmierung einer wohlwollenden und „pflichtbewussten" Sonde mutiert; etwa indem ein kosmisches Strahlungsquant den Programmspeicher trifft und eine Codezeile von „suche neues Leben und neue Zivilisationen und *grüße* sie" in „suche neues Leben und neue Zivilisationen und *töte* sie" ändert. Wenn selbstreplizierende Sonden einer Evolution unterliegen, könnten solche Berserker-Typen Selektionsvorteile besitzen.

Die Berserker-Lösung wurde aus mehreren Gründen kritisiert. Beispielsweise ist es nicht ausgemacht, dass Berserker, wenn es sie denn gibt, unbesiegbare Todessterne sein müssen. Vielleicht ließen sich ETZs „immunisieren", so wie man sich gegen eine ansteckende Pandemie impfen lassen kann? Bezeichnenderweise weist das Berserker-Szenario ein eigenes, inverses Fermi-Paradox auf: Wenn es Berserker gibt, warum gibt es *uns* dann noch? Seit Milliarden von Jahren existiert Leben auf der Erde, das dürfte jedem anständigen Berserker ein massiver Dorn in seinem maschinellen Auge sein. Unser Planet hätte längst sterilisiert sein müssen. Zugegebenermaßen gab es mehrere Massenaussterben auf der Erde,[178] aber diese hatten erstens natürliche Ursachen und haben zweitens immer genug Leben für einen Neustart übrig gelassen. Warum sollten die Berserker also alle andere Zivilisationen zum Verstummen gebracht haben, uns aber nicht? Man könnte dagegenhalten, dass die Berserker nur technisch fortschrittliche Lebensformen zerstören und dazu einen „Trigger" brauchen – zum Beispiel die Detektion von Radiowellen –, bevor sie sich an ihr zerstörerisches Werk machen. Aber dieser zusätzliche Schritt in der Argumentationskette verdirbt die Eleganz dieser Lösung des Fermi-Paradoxes. Außerdem nutzen wir Radiowellen jetzt schon seit fast 100 Jahren. Wenn die Berserker so entsetzlich effizient vorgehen, wo *sind* sie dann bloß alle?

Lösung 13
Wir sind engstirnige solare Nationalisten

Modelle der galaktischen Kolonisierung gehen meist implizit davon aus, dass die begehrtesten Plätze in der kosmischen Event-Arena G2-Sterne wie unsere Sonne sind, die von felsigen Planeten wie unserer Erde umrundet werden. Aber wer weiß schon, wo sich eine fortschrittliche Zivilisation tatsächlich am wohlsten fühlt? Selbst wenn erdähnliche Bedingungen für Entstehung und frühe Evolution von Leben notwendig sein sollten – sobald eine Zivilisation in der Lage ist, sich ihr eigenes Habitat zu erschaffen, will sie möglicherweise nicht mehr auf einer Planetenoberfläche im Orbit um einen hundsgewöhnlichen Standardstern versauern. Wir denken, dass ETZs davon träumen, sich die Toplagen unseres Sonnensystems unter den Nagel (die Fühlerspitze, den Tentakelsaugnapf, was auch immer) zu reißen, und dass diese irgendwo in der Südsee oder am Isarufer zu finden sind. Aber vielleicht ist das bloß blinder planetarer Lokalpatriotismus. Eventuell sind nicht die Kolonisierungsmodelle falsch, sondern unser Blickwinkel.[179]

So hat Dyson einmal vorgeschlagen, dass eine KII-Zivilisation einen Planeten ihres Systems auseinandernehmen und daraus eine Kugelschale konstruieren könnte, die den zentralen Stern vollständig umschließt.[180]

Auf diese Weise ließe sich die gesamte, von dem Stern abgestrahlte Energie nutzen, wohingegen wir auf der Erde ohne so eine Dyson-Sphäre bloß ein Milliardstel der solaren Strahlungsenergie abbekommen. Wenn eine KII-Zivilisation dazu noch zu interstellaren Reisen fähig wäre (und was spräche dagegen?), dann könnte sie um jeden Stern, an dem sie vorbeikommt, eine Dyson-Sphäre errichten. Wieso sollte sie sich dafür aber mit mickrigen sonnenähnlichen Sternchen abgeben, wenn es bei den hell strahlenden Riesen so viel mehr Energie zu holen gäbe? Ein O5-Stern leuchtet rund 800 000-mal kräftiger als die Sonne; eine Dyson-Sphäre um solch einen Stern würde fast 10^{18}-mal mehr Energie ernten als eine um die Sonne. Am Ende wären dann fortschrittliche ETZs interstellare Nomaden, die in Generationenschiffen von O-Stern zu O-Stern fliegen. Kommen sie dort an, genießen sie ein paar Jahrmillionen lang die gigantischen Energieerträge, bis der kurzlebige Riesenstern droht, als Supernova alles um sich herum in Stücke zu reißen. In der Umgebung so eines gleißenden und kurzlebigen O-Sternes kann kein Leben entstehen, aber für KII-Zivilisationen könnte sie die ideale Wohnlage darstellen.

Würde eine KII-Zivilisation überhaupt Sterne brauchen? Vielleicht zapft sie ja auch die Quantenenergie des Vakuums an oder entzieht stellaren schwarzen Löchern Gravitationsenergie. Möglicherweise lebt sie auf ewig in Generationenschiffen, ohne je die Notwendigkeit oder den Drang zu verspüren, ihren Fuß (oder das Alien-Pendant einer Hinterextremität) auf eine planetare Oberfläche zu setzen. Die meisten Modelle für die galaktische Kolonisierung basierten bisher auf einer irdischen Analogie, etwa der europäischen Kolonisierung von Amerika oder der polynesischen Besiedlung des Südpazifiks. Vielleicht wäre aber die bessere Analogie der Übergang des Lebens vom Wasser zum Land: So wie Heringe keine Kamele treffen können, werden uns auch keine ETZs besuchen. Vielleicht kolonisieren sie tatsächlich den Weltraum, aber unser Wohngebiet ist für ihre Bedürfnisse schlicht nicht geeignet.[181]

Lösung 14
Der Lichtkäfig

Die bisher von uns betrachteten Modelle für die galaktische Kolonisierung haben Annahmen über das Verhalten von extraterrestrischen Spezies gemacht, die mindestens über Hunderttausende von Jahren gültig bleiben müssen. Colin McInnes hat dagegen ein Modell ersonnen,[182] das bloß über ein paar Jahrtausende gelten muss, um das Fehlen außerirdischer Besucher auf der Erde zu erklären. Es ist ein bisschen trostlos. Aber durchaus plausibel, wenn man an das Verhalten von Menschen denkt.

McInnes überlegt, wie wohl eine Zivilisation aussieht, die es gerade eben geschafft hat, ihren ersten Nachbarstern zu erreichen. Wenn eine Spezies den Drive hat, die dazu notwendigen Technologien zu entwickeln, dann ist sie höchstwahrscheinlich hochkompetitiv. Schließlich musste sie in ihrer Evolutionsgeschichte alle konkurrierenden Spezies ausstechen. Wenn die Art nun merkt, dass sie wirklich Raumfahrt in großem Maßstab betreibt und sich dadurch ungeahnte neue Rohstoffreserven erschließen könnte, dann wird es kein Halten mehr geben. In der Tat wird jede *Teilgruppe* dieser Spezies alles daran setzen, sich ihren Vorteil beim Rennen um Raum und Ressourcen zu sichern.[183] Wohlstand, Aktivitätsniveau und Bevölkerung werden schneller und schneller ansteigen. Für eine Weile wird es der Spezies so gut gehen wie nie zuvor. Es wird kein Ende abzusehen sein.

Der Kolonisierungsprozess wird vermutlich Stern für Stern erfolgen, aber um ihn besser modellieren zu können, denken wir uns eine nach außen laufende zivilisatorische Kugelwelle mit dem Heimatstern unserer strebsamen Wesen im Zentrum. Die Gesamtbevölkerung der Spezies wird immer mehr wachsen, aber wir können annehmen, dass es zumindest gelingen wird, die Bevölkerungsdichte innerhalb der expandierenden kolonisierten Sphäre konstant zu halten: Ein begrenzender Faktor wird dabei die beschränkte Transportkapazität sein. Nehmen wir einmal eine jährliche Wachstumsrate der Bevölkerung von 1 % an – maßvoll, aber nicht unbegründet. Doch mit solch einer Wachstumsrate haben wir bereits die Saat des Verderbens ausgebracht. Das Wachstum wird zwar maßvoll starten, aber von Anfang an exponentiell voranschreiten. Und nichts und niemand hält mit einem exponentiellen Wachstum Schritt.

McInnes zeigt, dass zum Aufrechterhalten einer konstanten Bevölkerungsdichte die Ausbreitungsgeschwindigkeit linear mit der Entfernung von der Heimatwelt ansteigen muss. Es wird dann irgendwo einen Punkt geben, an dem die erforderliche Ausbreitungsgeschwindigkeit die Lichtgeschwindigkeit erreicht. Jenseits davon ist es physikalisch unmöglich, die Bevölkerungsdichte konstant zu halten. Stephen Baxter nennt die durch diesen Radius definierte Kugel den „Lichtkäfig".[184] In diesem Modell expandiert die Sphäre der Kolonisierung rasch, bis sie an die Lichtkäfiggrenze stößt. Ab diesem Moment kann die immer noch vor Aktivität brummende Zivilisation ihre sich unablässig vermehrenden Individuen nicht mehr schnell genug verteilen, um die Bevölkerungsdichte konstant zu halten. Zuerst in den Außenbereichen der Sphäre, dann auch immer weiter innen steigen Dichte und Ressourcenverbrauch über jedes nachhaltige Limit, die Zivilisation kollabiert. Dies ist unvermeidlich – selbst bei einer jährlichen Wachstumsrate von gerade einmal 1 %.

Man könnten meinen, dass bei so einer maßvollen Ausbreitungsrate der Lichtkäfig sehr groß sein sollte. Läge er etwa in 50 000 Lichtjahren Entfernung vom Heimatsystem, hätte die Spezies zunächst einmal ziemlich viel Beinfreiheit, sie könnte die halbe Milchstraße kolonisieren. Wenn Sie so denken, hat auch die Corona-Pandemie Sie noch kein Gespür für das exponentielle Wachstum gelehrt. Sehr vielen von uns geht es so. Eine Wachstumsrate von 1 % pro Jahr führt auf einen Lichtkäfig mit einem Radius von gerade einmal 300 Lichtjahren. Und dieser würde auch schon nach wenigen Jahrtausenden erreicht – ein Wimpernschlag auf kosmischen Skalen. (Wenn das maximale Expansionstempo kleiner als die Lichtgeschwindigkeit ist, dann schrumpft der Käfig noch mehr: Bei maximal $0{,}05c$ beträgt sein Radius bloß noch 15 Lichtjahre. Nur 50 Sterne oder so liegen innerhalb der nächsten 15 Lichtjahre von der Erde, und die meisten davon sind ungeeignet für eine Kolonisierung. In diesem Szenario wäre eine interstellare Kolonisierung wohl kaum der Mühe wert.)

Dies wäre also das Szenario, das erklärt, warum uns niemand besucht: Jede Zivilisation, die versucht, ihre stellare Umgebung in großem Maßstab zu kolonisieren, kollabiert innerhalb weniger tausend Jahre, weil ihre Ausbreitungsgeschwindigkeit mit ihrem Wachstum nicht Schritt halten kann. Nach dem Crash wären so wenige Ressourcen übrig, dass die Zivilisation keinen zweiten Versuch einer Kolonisierung mehr starten wird.

Zivilisationen tauchen auf und verschwinden. Sie kommen nicht zu uns, weil sie in ihrem jeweils eigenen Lichtkäfig gefangen bleiben.

Eine düstere Vorstellung – aber ist sie wirklich unvermeidlich? Der Denkfehler ist so offensichtlich, dass sich schon hoffen lässt, dass zumindest *eine* Zivilisation ihn erkennt und die richtigen Konsequenzen zieht:[185] Eine Zivilisation müsste lediglich ihr Wachstum so kontrollieren, dass es nicht exponentiell durch die Decke geht (dies birgt natürlich ein gewisses Stagnationsrisiko). Es würde sogar reichen, das Wachstum erst dann zu beschränken, wenn die Ressourcen knapp zu werden beginnen, und dies zunächst nur im Kernbereich, während die Außenbereiche noch munter weiterexpandieren. Bestimmt gibt es irgendwo da draußen *eine* ETZ, welche die existenzielle Bedrohung durch unbeschränktes Wachstum sieht und die Weisheit besitzt, entsprechend zu handeln. Oder etwa nicht?

Lösung 15
Die kleinen grünen Männchen sind … grün

Fermis Frage zieht einen Teil ihrer Attraktivität aus unserem guten Gefühl davon, wie so eine Kolonisierung ablaufen sollte: Eine Zivilisation entsteht auf einem Planeten, dann kolonisiert sie einen zweiten, diese beiden kolonisieren dann je eine weitere Welt, diese vier dann zusammen wieder vier … und bald wimmelt es in der Galaxis nur so von intelligentem Leben. Dieses Bild passt wunderbar zu unserer eigenen Geschichte: Unsere Vorfahren machten erste vorsichtige Schritte auf dem afrikanischen Kontinent, etablierten Kolonien in Europa und Südasien und breiteten sich schließlich über den gesamten Globus aus. Würden ETZs unsere Galaxis nicht genauso kolonisieren, wie wir es mit unserem Planeten getan haben?

Die Erfolgsgeschichte des Menschen lässt sich am besten mit der Bevölkerungszunahme auf der Erde illustrieren. Wie Sie deutlich in Abb. 4.8 erkennen, folgt die Bevölkerungszahl ziemlich genau einer exponentiellen Kurve. Ich habe noch niemanden getroffen, der beim Blick auf die Kurve seine Hände in den Schoß gelegt und beruhigt „Weiter so!" gemurmelt hätte. Wenn es auch nur wenige Jahrzehnte so weiterginge, gäbe es auf der Erde nur noch Stehplätze. Dies macht im Wesentlichen klar, warum es eine Lichtkäfiggrenze gibt. Natürlich wird es nicht so weit kommen, dass die Erdoberfläche eines Tages vollständig mit dicht an dicht gedrängten Menschen bedeckt sein wird. Die Frage ist aber, welcher Faktor unser Bevölkerungswachstum wie brutal eindämmen wird.

Eine ziemlich wahrscheinliche Möglichkeit ist, dass eine globale Umweltkatastrophe das Wachstum stoppen wird. Denn es wächst nicht nur die Zahl der Menschen, sondern im Schnitt verbraucht zurzeit auch noch jeder von

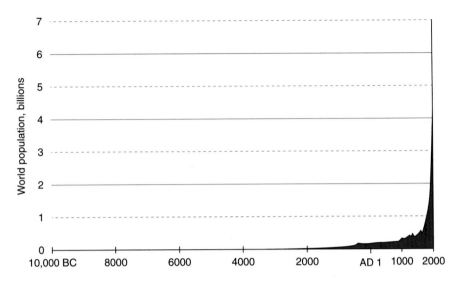

Abb. 4.8 Das Wachstum der menschlichen Bevölkerung seit Ende der letzten Eiszeit hat – auf dieser Zeitskala – einige wenige kleine Einbrüche, etwa durch den Schwarzen Tod um 1350, als die Pest etwa 100 Mio. von insgesamt weniger als 500 Mio. Menschen umbrachte. Im Wesentlichen jedoch wuchs die Zahl der Menschen exponentiell, was nicht mehr lange so weitergehen kann.

ihnen immer mehr Ressourcen. Während immer mehr Menschen erfolgreich danach streben, das Konsumverhalten westlicher und fernöstlicher Gesellschaften zu übernehmen, und dieses Verhalten gleichzeitig immer extravagantere Formen annimmt, steigt der Druck auf die begrenzten Ressourcen des Planeten rasant an. Die moderne Landwirtschaft ernährt mehr Münder, als jemals vorstellbar war – aber kann sie 10 Mrd. Personen mit Steaks, Pommes und Süßgetränken wie einen heutigen Durchschnitts-US-Bürger versorgen? Die heutige Wasserwirtschaft arbeitet effizienter als früher, aber wird sie während zunehmender Dürren noch den Durst der Menschen stillen können? Die Energietechnik stellt mehr Watt zur Verfügung als jemals zuvor – aber wird das reichen? Wir verbrauchen immer noch jedes Jahr mehr Energie, mehr Wasser, mehr Nahrung … wir sind der *Homo consumens*. Dies kann so nicht weitergehen. Wir müssen halblang machen, mindestens.

Haqq-Misra und Baum meinen, dass das Fermi-Paradox uns nicht sagt, dass da draußen keine ETZs sind – sondern vielmehr, dass es keine *schnell* expandierenden ETZs gibt.[186] Wenn eine ETZ exponentiell wächst, dann rennt sie gegen die Lichtkäfiggrenze von McInnes – *live fast, die young*. Deswegen sehen wir sie nicht. (Aber würde nicht eine raumfahrende

Zivilisation, wenn sie um ihr nahes Ende wüsste, noch eine Abschiedsbotschaft in die Weiten des Weltraums senden, um andere zu informieren und zu warnen, dass sie Großes geleistet habe … für eine viel zu kurze Zeit? Wir haben nichts dergleichen gehört.) Die Alternative ist langsames, nachhaltiges Wachstum. Dies braucht sehr, sehr viel Zeit und deswegen haben die einsichtigen ETZs uns noch nicht besuchen können: Wenn sie sich tatsächlich ganz allmählich und umweltverträglich über die Galaxis ausbreiten, dann in einem Diffusionsprozess, wie ihn Newman und Sagan beschrieben haben. Und der braucht Äonen.

Mit so einer Argumentation können sicher viele Menschen etwas anfangen, weil sie Themen anspricht, die immer wichtiger für unsere heutige Gesellschaft sind. Unser aktuelles Konsumverhalten führt uns aller Wahrscheinlichkeit nach direkt in den Kollaps unserer Zivilisation, weswegen es vermutlich keine Menschen sein werden, die unsere Galaxie eines fernen Tages kolonisieren. Nachhaltigkeit könnte uns retten. Aber kann sie auch das Fermi-Paradox auflösen? Ich bin mir nicht sicher.

Die nächsten Jahrzehnte werden uns zweifellos vor gigantische Probleme stellen, doch der Zusammenbruch der menschlichen Zivilisation ist *nicht* unvermeidlich. Vor allem ist das exponentielle Bevölkerungswachstum nicht alternativlos: Seit einer Reihe von Jahren sinken die Geburtenraten in den meisten Staaten. Zwar werden wegen gewisser demografischer Effekte die absoluten Zahlen noch eine Weile ansteigen, doch aller Voraussicht nach wird sich die Weltbevölkerung in der zweiten Hälfte dieses Jahrhunderts auf hohem Niveau stabilisieren. Eventuell wird schon vorher nicht mehr das Bevölkerungswachstum das drängendste Problem sein, sondern die abnehmende Geburtenrate. (In manchen Ländern ist das heute schon so. 2016 zum Beispiel lag die Geburtenrate in Portugal bei nur 1,31 Kindern pro Frau. Wie soll eine immer kleinere Zahl von jungen Leuten eine bis auf Weiteres sehr große Zahl an Alten versorgen?) Wenn wir eine stabile oder abnehmende Gesamtbevölkerung mit Fortschritten in Wissenschaft, Technik und Informatik kombinieren – Fortschritte, die ihrer eigenen exponentiellen Wachstumsdynamik folgen –, haben wir das Rezept für eine nachhaltige Zivilisation. Wenn es dazu kommt, wird die expansionistische westlich-fernöstliche Zivilisation den gesamten Teil des Planeten erfasst haben, ohne dabei zu implodieren oder zu stagnieren. Langsam voranschreitende menschliche Kulturen (Haqq-Misra und Baum erwähnen in diesem Zusammenhang die Kung San oder „Buschleute" aus der Kalahari-Wüste) werden in gewisser Weise verloren haben. Die Erde selbst würde dann ein Gegenbeispiel zur Öko-Lösung für das Fermi-Paradox geben. Darüber hinaus sollten wir erkennen, dass während eine Zivilisation expandiert, die für sie verfügbaren Ressourcen ebenfalls zunehmen; mit genügend Weisheit und Einfallsreichtum (Ressourcen, die unglücklicherweise immer ziemlich knapp bemessen sind) könnte die Zivilisation also lange leben und prosperieren.

Wenn die Menschheit überleben und ein Stadium erreichen sollte, in dem die interstellare Exploration in den Bereich des Möglichen rückt, werden wir unsere Chance bekommen, uns in die Galaxis aufzumachen – und dies auf „grünem" Wege, vielleicht mittels selbstreplizierender Sonden. Und wenn wir glauben, dass (selbst) *wir* es in ferner Zukunft schaffen könnten, dann müssen wir auch glauben, dass ältere Zivilisationen es in der fernen Vergangenheit schaffen konnten. Zurück auf Anfang!

Lösung 16
Sie bleiben lieber daheim ...

Eines der aufregendsten Erlebnisse meiner Kindheit hatte ich im Juli 1969. Mein Vater weckte mich auf, damit ich zusehen konnte, wie Neil Armstrong und Buzz Aldrin auf dem Mond landeten. Ich glaube, die meisten Leute meines Alters waren genauso begeistert und ergriffen, als sie die Landefähre von Apollo 11 auf dem lunaren Boden aufsetzen sahen. Viele Menschen gehen davon aus, dass *alle* intelligenten Spezies sich früher oder später auf diese Weise in den Weltraum aufmachen werden. Möglicherweise ist diese Annahme aber auch falsch. Seit mit Gene Cernan der letzte Astronaut den Mondstaub von seinen Schuhen schüttelte, hat kein Mensch mehr seine Füße auf einen anderen Himmelskörper als die Erde gesetzt.[187]

Vielleicht neigt die typische ETZ eher dem Modell der chinesischen Ming-Dynastie zu: Obwohl China im 14. Jahrhundert die fortschrittlichste Nation der Erde war, die den Entdecker Zheng Er auf sieben so bemerkenswerte wie lange Forschungsreisen schickte, änderte der Herrscher aus irgendeinem Grund seine Politik und verordnete dem Land Jahrhunderte von auf sich selbst gerichteter Abgeschiedenheit. Vielleicht spielten mehrere Faktoren eine Rolle: vielleicht einfach Desinteresse, sicherlich wirtschaftliche Gründe und möglicherweise auch eine wachsende Fähigkeit, kosmisches Wissen anzusammeln, ohne auf weite Reisen zu gehen. All dies könnte auch eine ETZ dazu bringen, lieber zu Hause zu bleiben. Nicht weil sie besonders umweltbewusst oder technisch rückständig wäre. Sie ist einfach bloß irgendwie nie dazu gekommen, sich mit der kosmischen Exploration näher zu beschäftigen. Vielleicht ist dies ja die herzlich unspektakuläre Lösung für das Fermi-Paradox.

Wenn es keine längeren pandemiebedingten Verzögerungen gibt, dürften die 2020er-Jahre jedoch ein neues Jahrzehnt der bemannten Raumfahrt

werden. Das US-amerikanische Artemis-Programm (Artemis war die mytho-
logische Zwillingsschwester von Apollo) will bis 2024 die erste Frau und
den nächsten Mann zum Mond schießen, auch China plant mittelfristig
bemannte Missionen dorthin. Dazu gibt es immer konkretere Pläne, in den
2130ern auch auf den Mars vorzudringen. Mit wachsenden technologischen
Fortschritten werden solche Reisen preiswerter, sicherer und häufiger
werden. Und auch private Unternehmen werden immer aktiver. Weltraum-
tourismus könnte das neue heiße Ding werden, die Interessen von Wissenschaft und Industrie werden ihr Übriges tun.

Auf lange Sicht gibt es noch einen weiteren Grund, tatsächlich
unabhängige und autarke Kolonien – oder mit O'Neill „Habitate" – auf
dem Mars zu errichten: Wir könnten damit das Überleben der Menschheit sichern, sollte ein planetares Desaster die Erde ereilen. Wir lernen erst
nach und nach, ein wie gefährlicher Platz so ein Planet sein kann. Der Einschlag eines großen Meteors würde uns treffen wie vor 65 Mio. Jahren die
Chicxulub-Katastrophe die Dinosaurier, die Eruption eines Supervulkans
könnte unsere technologische Zivilisation zugrunde richten wie das Leben
am Ende des Erdaltertums, und ein unkontrollierter Klimawandel würde
große Bereiche der Erdoberfläche für uns unbewohnbar machen. Auch
ein außergewöhnlicher starker „koronaler Massenauswurf" der Sonne
könnte erhebliche Schäden auf allen Kontinenten anrichten.[188] Die Erde
hat insgesamt in historischen Zeiten eine Phase lieblicher und friedlicher
kosmischer Bedingungen durchlebt. Doch die Zeit von den ersten schrift-
lichen Zeugnissen bis heute entspricht nur ein paar Sekunden des universellen Jahres aus Kap. 1. Zu glauben, es gebe keine existenziellen Risiken
für die Erde, nur weil wie so etwas noch nie gesehen haben, ist etwa so vernünftig wie jemand, der von einem Hochhaus springt und meint, dass alles
schon gut ausgehen wird, nachdem 29 von 30 Stockwerken schadlos an ihm
vorbeigeflogen sind.

Noch langfristiger gedacht sollten wir auch Kolonien um andere Sterne
einrichten – für den Fall, dass etwas mit der Sonne schiefläuft. Und das wird
es, wenn wir lange genug am Ball bleiben. In einigen Milliarden Jahren wird
die Sonne die „Hauptreihe"[189] im astrophysikalischen Übersichtsdiagramm
verlassen und sich zu einem Riesenstern aufblähen. Bereits vorher wird ihre
Leuchtkraft mit der Zeit so zugenommen haben, dass die Erdoberfläche
komplett geröstet sein wird, bevor die aufgeblähte Sonne sie fast oder ganz
verschluckt. Dies wäre dann auf jeden Fall ein guter Grund, sich nach einem
neuen Wohnumfeld umzusehen. (Zuckerman hat gezeigt, dass in einer
Galaxie mit zehn bis 100 langlebigen Zivilisationen fast sicher mindestens
eine von ihnen migrieren *muss,* weil ihr Stern das Zeitliche segnet.[190] Wenn

es 100 000 solche Zivilisationen gibt, dann sollte die Galaxie seit Langem kolonisiert sein von Leuten, deren Sterne aus der Hauptreihe gerutscht ist.)

Der Mensch ist noch nicht in den Weltraum aufgebrochen, aber es ist zu früh, um zu sagen, dass er das *niemals versuchen* wird. Wir können erst seit wenigen Jahrzehnten Satelliten auf Umlaufbahnen (und teilweise darüber hinaus) schießen; im Kontext des Fermi-Paradoxes müssen wir jedoch in Jahrmillionen denken. Und obwohl es nicht viel bringt, über die Motive mutmaßlicher Aliens zu spekulieren, scheint es doch grundsätzliche logische Gründe für das Errichten von Kolonien auf neuen Welten zu geben. Eine Spezies, die alle ihre Eier im selben Korb aufbewahrt, riskiert, gemeinsam als Omelette zu enden. Technologisch fortschrittliche ETZs werden sich doch wohl, wann auch immer, auf den Weg in den Weltraum machen, oder?

Die Idee, dass *alle* ETZs einfach zuhause bleiben, kommt zumindest mir ziemlich seltsam vor. Es sei denn, sie haben einen wirklich guten Grund dafür …

Lösung 17
… und schauen Serien oder surfen im Netz
Die Planetarium-Hypothese erlaubt noch eine weitere Auflösung von Fermis Paradox: Möglicherweise bauen sich die ETZs Planetarien, um sie selbst zu benutzen. Wir hören nichts von ihnen, weil sie bei sich zu Hause in ihren Wohnzimmern sitzen und sich in Full-Immersion-Datensuits in einer virtuellen Realität (VR) verlieren, die interessanter ist als ihre „reale" Wirklichkeit.

Es fällt nicht schwer, sich Szenarien auszumalen, in denen sich eine ETZ dafür entscheidet, aus dem realen Leben auszuscheiden und sich stattdessen einer virtuellen Welt hinzugeben. Stellen Sie sich nur Folgendes vor: Die Physikerinnen und Physiker der ETZ haben die *Theory of Everything* gefunden und ausformuliert, ihre Biologie hat das Geheimnis des Lebens entschlüsselt und in den Grundschullehrplan integriert, astronomische Beobachtungen haben alles gesehen unter der Sonne und seit dem Urknall. Und selbst die Wirtschaftswissenschaften haben etwas Nützliches herausgefunden. Die philosophische Speerspitze der Wissenschaften heftet all dies unter „finale Version des kosmischen Wissens" ab. Mit anderen Worten: Die Wissenschaft dieser ETZ hat fertig. Und wenn sie dazu noch Supercomputer entwickelt haben, die weit mehr leisten als alles, was wir uns vorstellen können, dann sind auf solchen Maschinen laufende Simulationen das Einzige, was diesen Aliens an befriedigenden und sinnreichen Erfahrungen noch offensteht. Und wenn dann der interstellare Reiseverkehr für solch eine Zivilisation zu schwierig, teuer oder langweilig wäre – dann würden sie damit vermutlich auch nicht beginnen oder aber nach kurzem Nachdenken ein für alle Mal Schluss machen. Stattdessen würden sie die unbegrenzten, ja unvorstellbaren Möglichkeiten der künstlichen Realität erkunden.

Wir haben keine Idee, wie wahrscheinlich solch ein Szenario ist. Ich persönlich neige zu der Überzeugung, dass es niemals ein Ende des wissenschaftlichen Prozesses geben wird, dass es immer neues Wissen zu entdecken und neue intellektuelle Perspektiven zu erproben gibt. Aber wenn das Universum tatsächlich nur von einer relativ überschaubaren Zahl von Naturgesetzen gelenkt wird und die sich daraus ergebenden Phänomene auch nur von einer endlichen und nicht aberwitzig großen Zahl sind, dann könnte eine sehr langlebige technologische Gesellschaft eines Tages tatsächlich „alles gesehen" haben. Warum sollte sie dann nicht lieber ihre inneren Räume erkunden anstelle des ja in großen Teilen doch sehr öden und leeren äußeren Weltraums? Man könnte hier einwenden, dass es unmöglich ist, VR-Welten zu generieren, die genauso überzeugend sind wie die echte Welt, in der wir leben. Aber wir reden hier nicht von einem Baxterschen Planetarium, das so rückständige wie aufmüpfige Zivilisationen wie uns unter Kontrolle und bei Laune halten soll. Die benötigte Rechenleistung für eine VR, deren Konsumenten *wissen,* was sie vor sich haben, ist viel geringer als die für eine VR, die ihren misstrauischen Opfern etwas *vortäuschen* soll. Die Designer könnten sich einigen Aufwand sparen, etwa wenn sie wüssten, dass die Personen in der VR schon von sich aus nicht mit aller Kraft gegen die Wand treten (und wenn doch, dann dass es ihnen nichts ausmacht, sich dabei nicht den Zeh zu brechen). Stattdessen könnten sie alle Ressourcen auf das Entwerfen von ansprechenden und inspirierenden virtuellen Sinneserfahrungen konzentrieren.

Mein Tipp ist, dass ziemlich viele von uns lieber in einer VR leben würden als draußen im mühevollen Leben, wenn unsere Technologie es nur zuließe. Bedenken Sie, wie viel Zeit wir bereits heute vor TV und Spielekonsolen verplempern und wie wenig ausgereift dieses technische Niveau im kosmischen Maßstab sein dürfte …

Das Szenario einer hochentwickelten, uns in allen Aspekten weit überlegenen Zivilisation von kosmischen Couch-Potatoes klingt für mich beunruhigend plausibel,[191] aber es löst für sich genommen noch nicht das Fermi-Paradox auf. Dies ist wieder so ein Beispiel für ein soziologisches Setting, das auf ausnahmslos *alle* technologischen Spezies zutreffen muss, damit es als Erklärung funktioniert. Wäre VR-Sucht ein universelles Charakteristikum von *jeder* intelligenten Lebensform? Und selbst wenn eine Gesellschaft alles gelernt haben sollte, was sich im physikalischen Universum lernen lässt, hätte sie immer noch die Möglichkeit, Neues zu lernen, indem sie in Kontakt mit anderen Leuten in diesem Universum tritt: Kunst, Geschichte und Philosophie von anderen Alien-Zivilisationen erfährt man nicht vom Wohnzimmersofa aus. Dafür müsste sich die ETZ entweder eben doch auf den Weg machen (direkt oder über Sonden) oder aber versuchen, eine interstellare Konversation zu starten. Würde nicht irgendeine Zivilisation das dann doch irgendwann einmal in Angriff nehmen?

Lösung 18
Sie senden Signale an uns, aber wir wissen nicht, wie wir ihnen zuhören sollen

Vielleicht sind ja interstellare Reisen wirklich nicht zu machen. Dies würde logischerweise erklären, warum wir noch keinen Besuch von Aliens bekommen haben, aber nicht, warum wir auch nichts von ihnen gehört haben. Ich bin noch nie in Australien gewesen, weil mir die Reise immer zu mühsam und zu teuer war, aber es ist wirklich leicht, mit den dortigen Aliens in Kontakt zu treten und zu bleiben. Fermi hat seine Frage „Wo *sind* die bloß alle?" im Kontext einer Diskussion über Raumfahrzeuge gestellt, aber sicherlich sollte sich seine Frage um mehr als nur um die Abwesenheit von extraterrestrischen Verhandlungsdelegationen drehen. Es geht vielmehr um die Abwesenheit von *jeglichen* Belegen für die Existenz extraterrestrischer Zivilisationen.

Vermutlich würde eine hochentwickelte ETZ relativ schnell herausfinden, ob interstellare Reisen machbar sind oder nicht. Wenn sie merken, dass es nicht geht, warum sollten sie dann ganz aufgeben und in ewiges interstellares Schweigen verfallen? Schließlich bestünde keine Gefahr einer Invasion blutrünstiger Nachbarn, da ja auch die zu weit weg für eine räuberische Expedition wären. Man könnte sich in solch einer Situation eine ganze Menge von Gründen überlegen, warum eine ETZ mit Signalen auf sich aufmerksam machen will. Deren Mitglieder könnten um Hilfe rufen – vielleicht stehen sie vor einer existenziellen Bedrohung und hoffen auf Ratschläge von noch weiter entwickelten Gesellschaften. Oder sie möchten, wenn ihr Ende unvermeidlich ist, zumindest dem übrigen Universum erzählen, dass sie existiert haben und was ihr Vermächtnis ist. Oder sie möchten mit ihren kulturellen Errungenschaften angeben, andere zu ihrer natürlich universal empfehlenswerten Religion konvertieren, Informationen verkaufen oder schlicht und einfach ihre Einsamkeit ins All hinausschreien. Eine ETZ hätte wenig zu verlieren, wenn sie Signale in den Kosmos hinausschickt (selbst für uns wäre es wirklich kein großer Kostenfaktor), und die mögliche Belohnung wäre gigantisch: beiderseits befriedigende Dialoge mit anderen hochentwickelten Zivilisationen. Aber wenn es dort draußen solche fortschrittlichen Zivilisationen gibt, die sich gelehrt und gepflegt durch den Äther austauschen, tratschen oder ein intergalaktisches Äquivalent des „Literarischen Quartetts" veranstalten – warum wollen sie uns nicht dabeihaben? Oder zumindest, warum haben wir noch nichts von ihren Unterhaltungen mitbekommen?

Eine naheliegende Antwort hierauf ist, dass wir nicht wissen, auf welche Weise eine ETZ ihr Signal aussenden würde, und deshalb keinen Schimmer haben, wie und wo wir zuhören müssten.

Es ist natürlich wahr, dass wir nicht wissen können, was für Kommunikationstechnologien einer ETZ zur Verfügung stehen mögen. Würden wir einen Rundfunktechniker aus den 1930er-Jahren ins heutige New York bringen und ihn sich einen Radioempfänger bauen lassen, müsste er denken, dass es heute praktisch keine Radiosender mehr gibt: Er wüsste nichts von UKW-Frequenzen. Genauso wenig hätte er Ahnung von Glasfaserkabeln, Laserkommunikation oder geosynchronen Satelliten. Ganz genauso haben wir keine Vorstellung von den Kommunikationskanälen, über die Wesen verfügen, die uns Millionen Jahre voraus sind. Wenn sie mit ihren Gesprächen unter sich bleiben wollten (möglicherweise möchten sie eine junge und unreife Spezies wie uns so wenig verderben wie früher unsere Eltern, als sie uns keine Filme ab 18 sehen ließen ...), dann würden sie das sicher ohne Probleme tun können. Anders sieht die Sache dagegen aus, wenn sie *wollen,* dass wir sie hören. Die physikalischen Gesetze gelten für alle gleich, und darüber hinaus weiß jede ETZ, dass sie auch für jede andere ETZ in gleicher Weise gelten. Und da wir letztlich alle irgendwie unsere Energierechnung bezahlen müssen, sind Zahl und Arten von Signal, die sich unter halbwegs vernünftigen Annahmen verschicken lassen, doch ziemlich begrenzt. Wir wollen im Folgenden das Für und Wider von drei sich anbietenden Übertragungsmethoden durchgehen: Teilchenstrahlen, Gravitationswellen und elektromagnetische Wellen.

Teilchen als Signale

Elektronen, Protonen und größere Atomkerne treffen alle als „kosmische Strahlung" auf die Erde, nachdem sie interstellare Distanzen zurückgelegt haben. Tatsächlich ist die Astronomie mit kosmischen Strahlen ein florierendes Forschungsgebiet. Allerdings sind elektrisch geladene Teilchen denkbar ungeeignet für die Übermittlung von transgalaktischen Botschaften, da die vielfältigen Magnetfelder im interstellaren Raum ihre Wege in vielfacher Weise verändern und sogar „verzwirbeln". Eine sendende ETZ wüsste nie, wo ihre Botschaft am Ende landen würde, und wir wissen in den seltensten Fällen, wo ein Partikel der kosmischen Strahlung ursprünglich herkam.

Neutrinos sind elektrisch neutral und damit immun gegen magnetische Abschweifungen, insofern wären sie eine besser Wahl bei der Suche nach einem interstellaren Kommunikationsmittel. Unglücklicherweise ist es *sehr* schwierig, Neutrinos zu untersuchen, ein Neutrino kann locker 1000 Lichtjahre zurücklegen, ohne mit irgendetwas in Wechselwirkung zu treten oder gar gestoppt zu werden. Nichtsdestotrotz haben unverzagte und findige Astronominnen und Astronomen Neutrino-Teleskope gebaut (Abb. 4.9). Manchmal können sie dann in der Tat feststellen, aus welchem Sternsystem ein bestimmtes nachgewiesenes Neutrino stammt. In den USA wiederum wird gerade das Deep Underground Neutrino Experiment (DUNE) aufgebaut, das am Forschungszentrum Fermilab in Illinois pro Sekunde Billionen von Neutrinos erzeugt und über rund 1300 km quer durch die

Abb. 4.9 Das „IceCube Lab" des gleichnamigen Neutrino-Observatoriums an der Amundsen-Scott-Südpolstation beherbergt die Hochleistungsrechner, welche die aufgenommenen Daten auswerten. Die Neutrinodetektoren selbst sind tief im Eis vergraben (genauer gesagt in tiefen und wieder verfüllten Bohrlöchern eingefroren), sie verteilen sich über ein Volumen von einem Kubikkilometer. Die Sensoren suchen nach Lichtblitzen, die entstehen, wenn ein hochenergetisches Neutrino aus dem All ausnahmsweise doch einmal mit einem Atom reagiert. Obwohl IceCube in der Antarktis „nach unten" schaut, misst es fast genauso viele Neutrinoereignisse, die auf oder in der Nordhalbkugel stattgefunden haben. (Credit: Sven Lidstrom; IceCube/NSF)

Erdkruste zu einer riesigen Detektoranlage in South Dakota schickt. Zweck der Übung ist es, mehr über die Natur der Neutrinos (es gibt mehrere Sorten davon) und insbesondere ihre Massen zu lernen. Aber der Aufbau ließe sich auch problemlos nutzen, um kostenlos (zumindest ohne Telefonkosten) Signale von Illinois nach South Dakota zu übermitteln. Würden ETZs so etwas machen, natürlich über ganz andere Abstände?

Im Februar 1987 wiesen der Kamiokande-Detektor in Japan und der US-Neutrinodetektor IMB 20 Neutrinos innerhalb von nur wenigen Sekunden nach – eine gigantische Teilchenschwemme, wenn es um Neutrinos geht. Diese Teilchen entstammten der Supernova SN1987A, die in der Großen Magellanschen Wolke (GMW) auftrat und das mit Abstand nächste und hellste Ereignis dieser Art in den letzten Jahrhunderten war. Offenkundig können also Neutrinos ungestört 170 000 Lichtjahre zurücklegen, so weit ist die GMW von uns entfernt. Und selbst eine so primitive Zivilisation wie wir kann ein paar von diesen Neutrinos nachweisen. Vielleicht kommunizieren ETZs mithilfe von modulierten Neutrinostrahlen?[192] Möglicherweise schon. Und da wir nun schon einmal die Teleskope für kosmische Neutrinos aufgestellt haben, dürfte es nicht schaden, ab und zu nach möglichen, künstlich erzeugten Neutrinos zu schauen. Man kann sich aber schon fragen, warum eine ETZ den wirklich ziemlich großen Aufwand einer Neutrinobasierten Kommunikation betreiben sollte, wenn elektromagnetische Wellen die Sache so viel unaufwendiger und mindestens genauso gut erledigen. (Kosten sind letztlich auch immer ein Argument. Das DUNE-Projekt wird am Ende irgendetwas über 2 Mrd. US-Dollar kosten: nicht viel Geld für neue Erkenntnisse über die fundamentalen Grundbausteine des Universums, ziemlich viel Geld für eine Alternative zu einem Handyvertrag.)

Gravitationswellen

Gravitationswellen reichen über astronomische Distanzen und breiten sich mit Lichtgeschwindigkeit aus, also vielleicht kommunizieren ja ETZs auf diese Weise untereinander? Die Gravitation ist allerdings eine *kläglich* schwache Naturerscheinung.

Für einen Gravitationswellensender benötigen Sie zunächst eine sehr große Masse (ab einer Sonnenmasse aufwärts). Haben Sie so etwas gefunden, brauchen Sie die Masse nur noch kräftig zu schütteln.[193] Selbst eine KII-Zivilisation hätten keinen Zugang zu so einer Technologie. Und dann wäre da natürlich auch noch das Problem des Empfangs von Gravitationswellensignalen. Es hat viele Jahrzehnte gedauert, bis 2015 die erste direkte Beobachtung einer durch die Erde laufenden Gravitationswelle gelang.[194] Angesichts der doch sehr

entmutigenden Schwierigkeiten beim Senden und Empfangen von Gravitationswellen scheint es äußerst unwahrscheinlich, dass eine ETZ ausgerechnet auf
diese Weise ihre Befindlichkeiten ins All flüstern würde. Auf der anderen Seite
haben Marek Abramowicz und seine Mitautoren darauf hingewiesen,[195] dass
es nur 83 Jahre gedauert hat – kosmisch gesehen ein Wimpernschlag –, um
von Karl Janskys Detektion der ersten Radiosignale aus der Milchstraße zu
den ersten von dem Gravitationswellen-Observatorium LIGO (Abb. 4.10)
empfangenen Gravitationswellen zu kommen. Wenn eine ETZ Radio(wellen)
hören kann, dann können wir annehmen, dass sie auch Gravitationswellen
empfängt. Abramowicz und Kollegen führen weiter aus, dass es vom Standpunkt der Gravitationsphysik aus einen speziellen Ort in unserer Galaxis gibt:
den innersten noch stabilen Orbit um das zentrale supermassive Schwarze
Loch. Jede hinreichend entwickelte Zivilisation wird die von dieser Region ausgehenden Gravitationswellen bemerken. Wenn die hochbegabten Wesen dann
ein massives Objekt (etwa einen Stern) auf solch einem Orbit platzieren und
mit Energie versorgen würden, damit es trotz Reibungseffekten dort bliebe,

Abb. 4.10 Das Laser Interferometer Gravitational-Wave Observatory (LIGO) in
Hanford im US-Staat Washington besteht aus zwei 4 km langen, zueinander recht-
winkligen Armen, in denen jeweils ein Laserstrahl durch eine Vakuumröhre hin- und
zurückläuft. Eine identische Anlage arbeitet in Louisiana.[196] Beide erkennen eine
durchlaufende Gravitationswelle daran, dass die Armlängen periodisch um knapp
ein Tausendstel eines Atomkerndurchmessers zu- und abnehmen. (Credit: LIGO
Laboratory)

dann gingen von so einem Objekt Gravitationswellen mit konstanter und charakteristischer Frequenz aus. Ein solches permanentes monochromatisches Signal aus dem galaktischen Zentrum wäre für alle Beobachter weiter draußen eine klare Signatur für eine künstliche Signalquelle. Unsere Detektoren erreichen zwar noch nicht ganz die nötige Empfindlichkeit, aber das geplante europäische Weltraum-Gravitationswellen-Teleskop LISA dürfte dies schaffen.

Kosmischer CB-Funk: elektromagnetische Wellen

Ganz offensichtlich ist es wohl doch auch im Weltraum am naheliegendsten, Informationen mithilfe von elektromagnetischer (EM-)Strahlung zu versenden. EM-Strahlungpflanzt sich nicht nur mit der schnellstmöglichen Geschwindigkeit c fort. Sie ist auch leicht zu erzeugen, überbrückt auf geradem Weg selbst intergalaktische Distanzen und ist sehr einfach zu detektieren. Wenn man so will, ist unsere irdische Astronomie fast während ihrer gesamten Geschichte die Wissenschaft vom Aufzeichnen und Interpretieren elektromagnetischer Signale gewesen. Sichtbares Licht, unser Paradebeispiel für EM-Wellen, erlaubt es uns, zu den Sternen aufzuschauen und sie mit optischen Teleskopen zu fotografieren. Mittlerweile haben die Astronominnen und Astronomen Detektoren für praktisch jede Art von EM-Strahlung konstruiert, also das komplette elektromagnetische Spektrum von den längsten Radiowellen bis hin zu den härtesten γ-Strahlen. Und wenn wir mit so viel Selbstverständlichkeit und Finesse natürliche Objekte über interstellare Distanzen anhand ihrer EM-Abstrahlungen studieren können, dann sollte das im Prinzip mit künstlichen Strahlungsquellen ganz genauso gehen. Schauen wir uns also die elektromagnetische Strahlung einmal etwas genauer an.

Mit ein bisschen Glück wird eine fortschrittliche ETZ einen hinreichend großen EM-Sender bauen, seine Antennen auf uns richten und dann den Strahl so modulieren, dass er beispielsweise den Inhalt der „Encyclopædia Galactica"[197] überträgt. (Es ist nicht zu überheblich anzunehmen, dass eine ETZ so etwas machen würde. In ein oder zwei Jahrzehnten werden wir auf der Erde in der Lage sein, atmosphärische Biosignaturen auf entfernten Exoplaneten zu erkennen. Wenn *wir* so etwas schaffen, dann werden die Aliens *unsere* Signaturen sicherlich schon längst registriert haben. Wenn sie sich also daran machten, Signale für eine Kontaktaufnahme an geeignete Planeten auszustrahlen, dann stünde die Erde in ihrem Adressbuch.) Wir werden diese Möglichkeit im nächsten Abschnitt diskutieren. Aber es könnte sogar möglich sein, EM-Strahlung von KII- oder KIII-Zivilisationen aufzuschnappen, die diese *unabsichtlich* abgestrahlt haben. Solche Signale enthielten immer noch eine riesige Menge an Informationen: dass es Leben auf anderen Planeten gibt, dass es sich dabei um technologisch hochentwickeltes Leben handelt, dass es auf einer Welt in Richtung des Einfallsstrahls des Signals lebt und so weiter. Betrachten wir diese Möglichkeit also etwas näher.

Ein früher Vorschlag war, dass wir möglicherweise Streustrahlung von TV-Sendern oder militärischen Radaranlagen (oder was immer die Aliens in dieser Richtung so entwickelt haben) aufschnappen werden. Ein paar Jahrzehnte lang war die Erde wegen solcher Aktivitäten „Radio-hell". Aufgrund der Entwicklung von kabel- beziehungsweise glasfasergebundenen sowie satellitengestützten Telekommunikationssystemen wird jedoch die von uns ins All abgegebene Streustrahlung in Zukunft bald deutlich abnehmen. Wenn das anderswo genauso abläuft und ETZs nur für wenige Jahrzehnte (kosmische Wimpernschläge) im Radiostreulicht leuchten, dann haben wir praktisch keine Chance, diese Art von Strahlung zu detektieren. Auch andere Quellen von Streustrahlung, die in Zukunft oder bei entwickelten ETZs denkbar sind – solare Satelliten, die Energie ernten und in Form von Mikrowellen zum Heimatplaneten schicken, oder auch Richtsender für die Navigation in einem überbevölkerten Planetensystem – dürften sehr schwer zu finden sein, weil sie kosmisch gesehen sehr schnell von anderen Technologien mit anderen oder ganz ohne Signaturen abgelöst würden.

Aber wir haben noch andere Optionen. Wir könnten zum Beispiel nach Dyson-Sphärensuchen. Wir haben schon untersucht, warum es für eine KII-Zivilisation sinnvoll sein könnte, eine Dyson-Sphäre zu konstruieren. Solch ein Objekt würde definitionsgemäß genauso viel Energie abstrahlen wie der eingeschlossene Stern – die Energie muss ja auch irgendwohin –, aber sie würde es komplett im Infraroten tun. Wäre dies einfach die Wärmestrahlung eines Körpers mit einer Temperatur von 200–300 K, bräuchten wir nur nach hellen Infrarotquellen mit Wellenlängen um die 10 μm suchen. Dies wäre zum Beispiel einfach die ungenutzte Abwärme von Astroingenieursprojekten. Das ist astronomisch gesehen nicht ganz einfach, da viele Sterne relativ viel Infrarotstrahlung abgeben, da sie von einer kosmischen Staubwolke umhüllt sind (die wie eine Art natürliche Dyson-Sphäre wirkt), aber machbar wäre es.

In den frühen 1990er-Jahren suchten Jun Jugaku und Shiro Nishimura nach künstlichen Infrarotquellen in einer Entfernung von bis zu 80 Lichtjahren von der Erde, ohne irgendwelche plausiblen Signaturen von Dyson-Sphären zu entdecken.[198] Wenige Jahre später zeigten in einer anderen Studie 17 Sterne, die für ungewöhnlich hohe Infrarotabstrahlungen bekannt sind, bei einer Wellenlänge von 1,48 mm (einer Frequenz von 203 GHz) keinerlei Auffälligkeiten.[199] Im Jahr 2009 durchforstete Richard Carrigan die Ergebnisse des historischen IRAS-Katalogs. („IRAS" steht für InfraRoter Astronomischer Satellit, dies war eine der wichtigsten astronomischen Weltraummissionen der 1980er-Jahre. Mit dieser gelang aus einer Erdumlaufbahn erstmals eine vollständige Himmelsdurchmusterung im Infrarotlicht.) Unter den 250 000 IRAS-Objekten fanden sich nur sehr wenige plausible Kandidaten für Dyson-Sphären. Nachfolgende Beobachtungen der 16 am wenigsten unplausiblen Kandidaten mit einem Radioteleskop ergaben nichts Interessantes.[200] Jason Wright und seine Kollegen wiederum haben sich die Datenbanken mit den Beobachtungen neuerer und empfindlicher Weltraumobservatorien angesehen. Dieser dedizierte (und erfolglose) Versuch, auch nur das winzigste bisschen Abwärme von Alien-Technologien zu erhaschen, führte immerhin zu vier wissenschaftlichen Publikationen. Kein Scherz: KIII-Zivilisationen müssen sich in unserer Nachbarschaft wirklich sehr rar machen.[201]

Es gäbe eventuell auch noch andere Wege, nach Dyson-Sphären zu suchen. Beispielsweise sind Menschen (noch) besser als Computer darin, visuelle Muster auszumachen. Dies nutzte das Citizen-Science-Projekt *Planet Hunters* aus, indem es eine große Zahl von nichtprofessionellen Interessierten vernetzt, die dann in dem riesigen Datenschatz des Kepler-Weltraumteleskops nach Sternen mit Exoplaneten fahnden, die sich durch charakteristische Helligkeitsschwankungen bemerkbar machen.[202] Die Astronomin Tabetha Boyajian aus dem an der Yale-Universität angesiedelten Leitungsteam des Projekts wurde dabei im Jahr 2015 auf den Stern KIC 8462852 aufmerksam (mittlerweile meist „Tabby's Star" genannt). Dessen Helligkeit schwankte auf eine ungewöhnliche Weise, die sich mit keinem damals bekannten Mechanismus erklären ließ. In Ermangelung einer naheliegenden natürlichen Erklärung verfielen manche Astronominnen und Astronomen auf die „Alien"-Hypothese: Eventuell verdecken ja Teile einer Dyson-Sphäre oder ähnliche Megastrukturen in unregelmäßigen Abständen den Stern und verursachen so die bizarren Lichtkurven. Nachfolgenden Beobachtungen gelang es jedoch nicht, irgendwelche belastbaren Indizien für intelligentes Handeln im Planetensystem um Tabby's Star aufzutun. Plausiblere wissenschaftliche Erklärungen für das Verhalten des Sternes werden nach wie vor diskutiert.[203]

Whitmire und Wright haben eine andere Variante vorgestellt, bei der EM-Strahlung als unbeabsichtigtes Leuchtsignal wirken könnte.[204] Und zwar haben sie überlegt, wie eine langlebige Zivilisation mit einer Energieversorgung auf der Basis von Kernspaltungsreaktoren[205] ihre radioaktiven Abfälle loswerden würde. Ein theoretisch denkbarer Entsorgungsweg bestünde darin, den Strahlenmüll nicht etwa auf ihren Mond, sondern gleich in den zentralen Stern des Systems zu schießen. Wenn eine ETZ ihren Stern dauerhaft als ultimativen Müllschlucker für radioaktive Abfälle nutzen würde, könnte man das im Spektrum des Sternes erkennen, da sich die chemische Zusammensetzung der äußeren Schichten auf charakteristische Weise verändern würde. Zum Beispiel würde ein Spektrum, das auf einen hohen Gehalt an Praseodym und Neodym hindeutet, sofort unsere Aufmerksamkeit auf sich ziehen. Darüber hinaus würde so ein Signal, ist es erst einmal dem Spektrum aufgeprägt, auch nicht schnell wieder verschwinden, sondern für Äonen sichtbar bleiben. Frank Drake hat sogar vorgeschlagen, dass eine Zivilisation *absichtlich* die Zusammensetzung ihres Sternes manipulieren könnte, um auf diese Weise den Kosmos auf sich aufmerksam zu machen.

Philip Morrison schließlich ist noch auf eine weitere Idee gekommen, wie sich der eigene Stern als Signallampe ge- beziehungsweise missbrauchen lassen könnte: Installieren Sie eine kosmische Wolke von kleinen Teilchen in nah benachbarten Orbits um den Stern, sodass das Licht des Sternes für Beobachter blockiert wird, die sich in der Bahnebene der Wolke befinden. Wenn Sie jetzt die Wolke ein bisschen hin- und herkippen, wird das Sternenlicht für ferne Beobachter an- und ausgeknipst. Es gibt viele veränderliche Sterne, deren Helligkeit auf natürliche Weise schwankt, aber wenn dies in Form von Morsezeichen oder, etwas überregionaler gedacht, Primzahlfolgen geschieht, dürften die Beobachter in der Ferne schnell darauf kommen, dass da etwas nicht mit natürlichen Dingen zugeht.[206] Das Schöne an diesem Ansatz ist für die ihre Signale sendende Zivilisation, dass minderbemittelte Empfänger wie wir ihre Botschaft bemerken können, selbst wenn sie nur ganz normale astronomische Beobachtungsprogramme durchführen. Bei der Diskussion von Tabby's Star haben wir gesehen, dass die Menschheit bereits heute nach Exoplaneten sucht, indem sie Helligkeitsschwankungen von Sternen auswertet, die von im Vordergrund vorbeiziehenden Planeten verursacht sein könnten. Wenn eine ETZ die Strahlung ihres Sternes modifizieren könnte, wäre sie in der Lage, Rauchzeichen durch die ganze Galaxie zu schicken.

Nach Außerirdischen horchen

Vielleicht unterhalten sich ja da draußen schon längst hochentwickelte Zivilisationen miteinander, ob mithilfe von Neutrinostrahlen oder Gravitationswellen oder Methoden, von denen wir noch gar keine Vorstellung haben – Techniken, die für uns so exotisch sind, wie es ein Glasfaserkabel für einen Rundfunktechniker aus den 1930er-Jahren gewesen wäre. Das würde erklären, warum wir noch nichts von ihnen gehört haben. Andererseits dürfte selbst für die denkbar fortschrittlichsten Zivilisationen die Kommunikation über elektromagnetische Wellen letztlich alternativlos sein: Die Signale lassen sich mit minimalem Aufwand erzeugen, sie breiten sich mit der größten physikalisch möglichen Geschwindigkeit aus und der Empfang ist schon mit einem Technikbaukasten für Zwölfjährige (Menschen!) möglich. Aus diesen Gründen denken die meisten Physikerinnen und Physiker – auch auf die Gefahr hin, ein paar wirklich äußerst aufschlussreiche Konversationen zu verpassen –, dass wir auf Radio- und andere elektromagnetische Wellen hören sollten, wenn wir die Aliens belauschen wollen. Insbesondere ist es sinnvoll, sich auf EM-Signale zu konzentrieren, die eine Alien-Zivilisation gezielt so ausgestrahlt hat, dass jemand wie wir sie empfangen und verstehen kann. Aber vielleicht gibt es auch bei diesem vielversprechenden Ansatz für uns trotzdem noch Luft nach oben. Betrachten wir die Sache daher etwas genauer.

Lösung 19
Sie senden, aber sie sind schwer zu verstehen
Nehmen wir also an, dass eine ETZ sich dazu entschließt, EM-Wellen in unsere Richtung auszusenden. (Oder sie möchte diese auch nur generell ins All hinausrufen und wir liegen zufällig gerade in der richtigen Richtung.) Dies wirft einige Fragen auf. Bei welcher Frequenz sollten wir lauschen? Wohin sollten wir unsere Teleskope richten? Und wie lange müssen wir lauschen, um einigermaßen Chancen auf Erfolg zu haben?

Eine Frequenz für die interstellare Kommunikation
In den späten 1950er-Jahren gehörten Morrison und Cocconi zu den Ersten, die sich darüber Gedanken gemacht haben, wie sich Signale über interstellare Distanzen übermitteln lassen.[207] Morrison interessierte sich für die Möglichkeit, das Universum mithilfe von γ-Strahlen zu beobachten. Als Teil seiner Forschungen hierzu zeigte er, wie hochfrequente EM-Wellen, anders als das sichtbare Sternenlicht, ungestört die staubige Hauptebene der Galaxis durchdringen könnten. Davon erzählte er Cocconi, der ihm berichtete, dass Physiker bereits künstliche γ-Strahlen in ihren Synchrotron-Teilchenbeschleunigern erzeugt hatten. Was hätte da näher gelegen, als einen solchen Strahl ins All zu schießen und zu schauen, ob nicht eine ETZ ihn detektieren würde? All dies brachte Morrison dazu, ganz grundsätzlich über die Aussichten auf eine interstellare Kommunikation nachzudenken. Er meinte, man solle sich nicht bloß mit γ-Strahlen, sondern mit dem gesamten elektromagnetischen Spektrum (Abb. 4.11) beschäftigen –

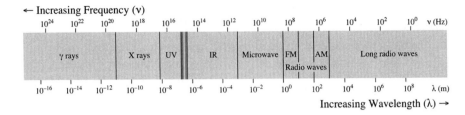

← Increasing Frequency (ν)

Increasing Wavelength (λ) →

Abb. 4.11 Wellenlängen und Frequenzen im elektromagnetischen Spektrum. Die beiden waagerechten Achsen sind logarithmisch skaliert. Man sieht sofort, dass das sichtbare Licht – der dünne Strich zwischen Ultraviolett (UV) und Infrarot (IR), der leider zu schmal für eine eigene Beschriftung war – nur einen sehr kleinen Teil des gesamten Spektrums ausmacht. Die heutige Technik nutzt alle Bereiche des Spektrums für die verschiedensten Zwecke von medizinischen Anwendungen (Röntgengeräte) über Haushaltsgeräte (TV-Bedienung, Babyphon oder Mikrowellenherd) bis natürlich zum Handyempfang und Radioapparaten. Es scheint für alles eine passende Frequenz zu geben. Aber welche Frequenz passt am besten für die interstellare Kommunikation? (Credit: Philip Ronan)

von Radio-Langwellen bis in den harten γ-Bereich – und den Wellenlängenbereich beziehungsweise das Frequenzband ermitteln, das sich am besten für eine effektive Nachrichtenübertragung eignet.

Sie waren sich schnell einig, dass das sichtbare Licht eine schlechte Wahl wäre: Die Signale müssten gegen viel zu viel sichtbares Sternenlicht ankommen. Da es zu jener Zeit noch keine Teleskope für die hochfrequenten beziehungsweise sehr kurzwelligen Röntgen- und γ-Strahlen gab, entschieden sich die beiden Wissenschaftler für Radiowellen als besten Tipp. Es gab ja bereits überall Radioempfänger und große, gezielt für astronomische Zwecke gedachte „Antennenschüsseln" waren in Planung oder sogar bereits im Bau. Wenn eine ETZ Antennen derselben Art besaß und damit charakteristische Radiosignale bei einer genau eingestellten Frequenz aussandte, dann müssten unsere Radioteleskope diese Botschaften quer durch die halbe Galaxis auffangen können.

Die Suche auf den – zugegebenermaßen ziemlich weit gefassten – Radiobereich einzuschränken, war ein Fortschritt, ließ aber immer noch sehr viele Möglichkeiten offen. Die Frequenzen von Radiowellen können überall zwischen 30 kHz und 300 GHz liegen. Das ist keine gute Nachricht, denn es gibt gute Gründe für die Annahme, dass ETZs ihre Botschaften mit einer ganz speziellen Frequenz übertragen dürften – sie also ein sehr *schmalbandiges Signal* ausstrahlen.[208] (Breitbandsignale lassen sich leicht mit Hintergrundrauschen verwechseln. Wenn Sie auf dem alten Röhrenradio Ihrer Groß- oder Urgroßeltern am Senderknopf drehen, hören Sie ein wildes

Gemisch aus breitbandigem Rauschen und Zischen und dazwischen die schmalbandigen Signale der einzelnen Radiosender.) Interstellare Maser, die im Prinzip genau wie Laser funktionieren, bloß mit Mikrowellen statt Licht, erzeugen die schmalbandigsten Frequenzen in diesem Bereich, die in der Natur möglich sind, die spektrale Breite kann bei unter 300 Hz liegen. Daher müssen die Sendungen von ETZs eine Bandweite von deutlich unter 300 Hz haben, um sich selbst von solchen natürlichen Rauschquellen abzuheben. Gehen wir einmal von einer Bandweite der ETZ-Radioshow um 0,1 Hz aus. (Weniger macht wenig Sinn, da dann Elektronen im interstellaren Raum die Signale dispergieren, also spektral „verschmieren" würden.) Wir haben damit leider eine *richtig* große Zahl an Frequenzen zu durchkämmen: alle 0,1 Hz breiten Kanäle zwischen 1 MHz und 300 GHz. Wenn wir die Sache nicht weiter eingrenzen können oder kein unverschämtes Glück haben, wird uns die Suche sehr viel Zeit kosten.

Cocconi und Morrison hoben hervor, dass es wegen des galaktischen Hintergrundrauschens wenig sinnvoll ist, bei Frequenzen unterhalb von etwa 1 GHz zu senden. Andererseits ist unsere eigene Erdatmosphäre oberhalb von rund 30 GHz auch ziemlich verrauscht. Es ist davon auszugehen, dass auch eine hinreichend weit entwickelte ETZ weiß, wie schwierig es für Wesen unter einer wasserreichen Atmosphäre wäre, Signale auf Frequenzen über 30 GHz zu entziffern. In der Tat liegt der ruhigste Frequenzbereich so zwischen 1 und 10 GHz. Cocconi und Morrison schlugen also vor, die Suche nach künstlichen Radiosignalen erst einmal auf diese Region zu beschränken, da dort die Botschaften einer ETZ am meisten auffallen würden.

Sie konnten den Frequenzbereich sogar noch weiter eingrenzen. Interstellare Wolken aus neutralem Wasserstoff – das einfachste und bei Weitem häufigste Element im Universum – senden eine intensive Strahlung bei 1,42 GHz aus. Das dürfte jeder wissenschaftlich halbwegs bewanderten Beobachterin im Kosmos bewusst sein. Es ist also durchaus sinnvoll, in diesem Bereich besonders gründlich hinzuhören. Und es geht noch weiter: Das Hydroxyl-Radikal, OH, hat eine starke Emissionslinie bei 1,64 GHz. Atomarer Wasserstoff, H, bildet zusammen mit Hydrommel das Wasser-Molekül: $H + OH \rightarrow H_2O$. Und Wasser ist nach allem, was wir wissen, die Grundvoraussetzung für Leben schlechthin. Und da die Region zwischen 1,42 und 1,64 GHz außer den beiden angesprochenen Emissionslinien mit der ruhigste Bereich im ganzen Radiospektrum ist, erscheint es mehr als logisch, dass eine ferne Zivilisation in diesem spektralen Fenster sendet, wenn sie die galaktische Aufmerksamkeit auf sich ziehen möchte. Dieses Frequenzband hat sogar einen eigenen Namen erhalten, man nennt es das

„Wasserloch". Eine wunderschöne Wortwahl, die an vielfältige Spezies aus den unterschiedlichsten Sternsystemen denken lässt, die zur gemeinsamen Aufnahme der lebensspendenden Flüssigkeit zusammenkommen.[209]

Bald nachdem Cocconi und Morrison theoretisch begründet hatten, warum man in der Nähe der Wasserstofflinie suchen sollte, tat der Astronom Frank Drakegenau das. Er beobachtete sowieso gerade in diesem Teil des Spektrums, aber vor allem interessierte er sich riesig für die Möglichkeit von Leben im All. Er richtete dazu das Radioteleskop in Green Bank (US-Staat West Virginia) auf unsere beiden Nachbarsterne Tau Cetiund Epsilon Eridani. Sein Projekt „Ozma" markiert das erste Mal, dass Menschen gezielt nach Signalen von ETZs gesucht haben. Die Resultate waren negativ, aber Drakes Beobachtungen wurden – in Verbindung mit dem Cocconi-Morrison-Paper – ein Wendepunkt für die sich bildende SETI-Gemeinde.

Heute sieht die Situation komplizierter aus als in den Tagen der SETI-Pioniere Mitte des 20. Jahrhunderts. Damals kamen nur wenige Spektrallinien infrage, sodass es ziemlich klar war, wo man suchen sollte und wo erst einmal nicht. Die moderne Astronomie kennt dagegen Zehntausende von Spektrallinien, die über hundert verschiedene Moleküle des interstellaren Raums aussenden und absorbieren. Es ließen sich viele Gründe finden, warum andere Frequenzen als das Wasserloch vielleicht auch oder sogar besser für SETI-Studien geeignet wären.[210] Da wäre zum Beispiel ein wichtiger Quantenübergang im Wasser-Molekül bei 22,2 GHz zu nennen oder auch einfache Vielfache der oben diskutierten Wasserstoff-Frequenz – etwa das Doppelte oder π-Fache davon. Dann gibt es noch eine ganz besonders attraktive „natürliche" Frequenz für die intergalaktische Kommunikation, auf die ich später zurückkommen werde. Obwohl auch heute noch viele Autoren dabei bleiben, dass man am Wasserloch sitzen sollte, um intelligente Zeichen und Signale aus unserer Galaxis aufzuschnappen, könnten wir am Ende doch gezwungen sein, das gesamte Fenster von 1 bis 30 GHz zu durchforsten.

In jetzt mehr als sechs Jahrzehnten des extraterrestrischen Horchens[211] hat noch kein Projekt ein extraterrestrisches Signal entdeckt, das zweifelsfrei künstlichen Ursprungs ist (Abb. 4.12). Das bedeutet aber nicht, dass man gar nichts gefunden hätte. Drake selbst zeichnete bereits wenige Stunden nach dem Start seines Ozma-Projekts interessante Ausstrahlungen aus der Richtung von Epsilon Eridani auf. Weitere Untersuchungen zeigten jedoch, dass dieses „Signal" einen terrestrischen Ursprung hatte. Manche Fälle sind wirklich verblüffend. Das berühmte „Wow!"-Signal (Abb. 4.13) zum Beispiel war eine heftige schmalbandige Intensitätsspitze, deren Gestalt ganz danach aussah, als hätte sie jemand bewusst aus dem All zu uns geschickt.

Abb. 4.12 Eine Projektstudie über den 5 km durchmessenden zentralen Bereich des australischen Antennenfelds des Square Kilometre Array. Dieses unglaubliche, auf zwei Kontinente verteilte Teleskop wird die gleichzeitig gemessenen Signale aller Standorte zu einem virtuellen Teleskop mit Tausenden von Kilometern Durchmesser kombinieren. Es hat das Potenzial, die gesamte Astronomie zu revolutionieren. Wird es auch SETI einen zweiten Frühling bescheren? (Credit: SKA Project Development Office/Swinburne Astronomy Productions)

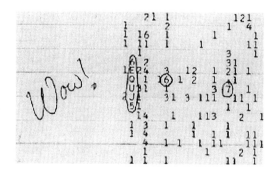

Abb. 4.13 Das berühmte „Wow!"-Signal. Das Big Ear Observatory der Ohio State University überwachte 50 einschlägige Frequenzkanäle und notierte die Beobachtungen auf einem Computerausdruck. Für jeden Kanal stand eine Reihe von Buchstaben und Zahlen, wobei die Ziffern 1 bis 9 Signalstärken oberhalb des Untergrundrauschens repräsentierten. Für starke Signale nutzte man Buchstaben (Z am stärksten, A relativ am schwächsten). In den Nachtstunden des 15. August 1977 entdeckte dann Jerry Ehman die Zeichenfolge „6EQUJ5" auf Kanal 2. Das Signal startete von ungefähr Untergrundlevel bis zur hohen Signalstärke „U" und fiel dann innerhalb von 37 s wieder auf Untergrundniveau zurück. Dies war exakt das, was man bei einem extraterrestrischen Weckruf erwarten würde; Ehman kreiste die Zeichenfolge ein und schrieb daneben: „Wow!". (Credit: Ohio State University Radio Observatory)

Aber wann immer das Teleskop später bei derselben Frequenz nachsah, blieb der entsprechende Himmelsausschnitt stumm. Alle Versuche, den Ursprung des „Wow!"-Signals zu ermitteln, scheiterten. Studien mit dem Very Large Array (VLA), einem Netzwerk aus 28 Teleskopen in New Mexico, untersuchten speziell zwei Hypothesen:

1. Vielleicht kam das „Wow!"-Signal von einer beständig sendenden, aber sehr schwachen extraterrestrischen Zivilisation, wurde aber durch den atmosphärischen Effekt der sogenannten Szintillation zufällig für einen Moment erheblich verstärkt (die Szintillation lässt auch helle Sterne funkeln).
2. Oder das Signal war ein absichtlich extrem verstärkter Puls, der unsere Aufmerksamkeit auf ein begleitendes oder sich anschließendes kontinuierliches Signal lenken sollte, das jedoch leider zu schwach ist, als dass wir es empfangen könnten.

Beide Möglichkeiten wurden eliminiert. Das VLA hat nichts Interessantes gefunden, selbst bei einem 1000-mal schwächeren Signalpegel als beim Original-„Wow!".

Ein weiterer spannender Kandidat ist GCRT J1745-3009, eine Radioquelle, die im Oktober 2002 fünf Ausbrüche („Bursts") niederfrequenter Strahlung hatte. Jedes Ereignis war gleich hell und dauerte etwa zehn Minuten, zwischen den Ausbrüchen vergingen jeweils 77 min. Ein weiterer ähnlicher Ausbruch geschah ein Jahr später. Sechs Monate nach diesem Burst wurde noch einmal ein schwächeres Ereignis beobachtet. Seitdem nichts mehr. Könnten GCRT J1745-3009 und „Wow!" Beispiele für intelligente extraterrestrische Aktivitäten gewesen sein, eine Kommunikation, die nicht spezifisch an uns gerichtet war, die wir aber zufällig mitgehört haben? Wenn dem so war, legt dies eine neue Suchstrategie nahe: Wir bauen einen Katalog von „interessanten" Radioausbrüchen und setzen dann statistische Verfahren ein, um die Existenz von extraterrestrischen Intelligenzen probabilistisch zu belegen.[212]

Es ist allerdings wirklich nicht einfach, zwischen Nadeln und Heuhalmen zu unterscheiden. Obwohl wir nicht wissen, um was für ein natürliches Objekt es sich bei GCRT J1745-3009 handeln könnte, haben wir ein paar recht plausibel klingende „Heuhalme": einen präzedierenden Pulsar, einander umlaufende Neutronensterne, einen im Radiowellenbereich aktiven Weißen Zwerg … Und auch wenn das „Wow!"-Signal von einer entfernten Zivilisation stammen *könnte*, etwa der Leitstrahl einer interstellaren Richtfunkverbindung, der aus Versehen in einer lauen Augustnacht die

Erdbahn gestreift hat und dann weitergezogen ist, scheint es letztlich doch wahrscheinlicher zu sein, dass das Signal von einer so unbekannten wie profanen irdischen Quelle erzeugt wurde.[213]

Allen beeindruckenden Fortschritten der Radiowellen-SETI zum Trotz bleibt es eine sehr mühsame Aufgabe, Milliarden von Frequenzkanälen auf der Suche nach dem einen ganz anderen Signal zu durchstöbern. Gibt es wirklich keine Alternative zu dem enorm breiten Radio- und Mikrowellenbereich des elektromagnetischen Spektrums? Was ist mit Lasern?

Wir wissen heute, dass eine ETZ auf jeden Fall ihre Anwesenheit mithilfe von optischen Laserpulsen kommunizieren könnte. Charles Townes, einer der Väter der Lasertechnik, meinte, dass eine ETZ diese Methode Radioimpulsen vorziehen könnte: Ein kurzer Laserpuls würde selbst über interstellare Distanzen beisammen bleiben und er wäre sofort als künstliches Konstrukt zu erkennen. Darüber hinaus wäre eine ETZ in der Lage, täglich Ortungssignale an Millionen von Sternen auszusenden. Sollten wir also nicht auch nach etwas anderem als Radiobotschaften suchen – und doch in den schmalen sichtbaren Bereich des Spektrums schauen?

Optische SETI-Projekte (OSETI) sind noch nicht so weit gediehen wie Radio-SETI, aber dies ändert sich derzeit.[214] Stuart Kingsley hat viele Jahre lang mit seinem Columbus Optical SETI Observatory nach schmalbandigen Lasersignalen von einer Liste ausgewählter Sterne gesucht; er zeigte, dass dafür die Ausrüstung von engagierten Amateurastronomen ausreicht. Professionelle SETI-Forscherinnen und -Forscher haben sich ihm schließlich angeschlossen und großskalige Projekte gestartet. So war das Projekt SEVENDIP *(Search für Extraterrestrial Visible Emissions von Nearby Developed Intelligent Populations)* im Wesentlichen das optische Analogon zum Radio-SETI-Projekt SERENDIP.[215]

Selbst γ-Strahlung wurde als Kommunikationsmittel vorgeschlagen. (John Ball spekulierte einmal,[216] dass die sogenannten Gammastrahlungsausbrüche oder *Gamma Ray Bursts* (GRB) Nachrichten von fernen ETZs sind. Auch heute wissen wir immer noch nicht alles über diese Ereignisse, es könnte aber sein, dass es sich dabei um natürliche Phänomene handelt. Wieder einmal müssen wir Ockhams Rasierer schwingen: Balls Hypothese ist unnötig kompliziert.) Der Vorteil an der maximal hochfrequenten γ-Strahlung ist, dass uns damit die größte Bandbreite im gesamten elektromagnetischen Spektrum zur Verfügung stünde: Wenn Sie die „Encyclopædia Galactica" über intergalaktische Distanzen streamen wollen, dann wären γ-Strahlen die Methode der Wahl. Und selbst wenn wir nicht an γ-kodierte Botschaften glauben, könnten GRBs dennoch eine Rolle in der SETI-Welt spielen: Sie könnten als interstellares „Zeitsignal" fungieren.[217] Die

Idee dahinter ist, dass ETZs sich darauf verlegen könnten, ihre Signale nur beim Auftreten spezieller Ereignisse zu versenden, beispielsweise von GRBs. Letztere wären wegen ihrer gigantischen Reichweite und leichten Detektierbarkeit eine gute Wahl für so ein Auslöse-Event. Auf weitere Möglichkeiten, Gamma-Teleskope für die Zwecke der SETI-Gemeinde einzuspannen, können wir an dieser Stelle leider nicht näher eingehen.[218]

In mehr als 60 Jahren der Suche – meisten im Radiobereich, gelegentlich auch im Infrarot- oder sichtbaren Licht – haben die SETI-Astronominnen und -Astronomen keine Spur einer Botschaft gefunden. Um mit Fermi zu sprechen: Wo *sind* die Signale bloß alle? Ihre Abwesenheit bedeutet, dass wir mittlerweile recht handfeste Grenzen für Anzahl und Art von ETZs in unserer kosmischen Nachbarschaft benennen können. Manche Autoren meinen, dass dieses Nullresultat nicht nur die Existenz von KII- und KIII-Zivilisationen in unser Galaxie ausschließt, sondern darüber hinaus sogar in der Lokalen Gruppe unserer Nachbargalaxien.[219] Diese Aussage ist vielleicht ein bisschen übertrieben, da sie auf Annahmen beruht, die selbst auch wieder wacklig sind. Aber mit einem konservativen Ansatz lässt sich wohl schon ausschließen, dass irgendwo in der Milchstraße eine KIII-Zivilisation existiert, ebenso wenig eine KII-Zivilisation in unserem Teil der Galaxis oder eine KI-Zivilisation innerhalb der nächsten 100 Lichtjahre oder so. Wenn sie da wären, hätten wir von ihnen gehört.

Milliarden von Kanälen und – bis jetzt – nicht einmal Werbung oder ein Testbild.

Lösung 20
Beobachtungsstrategien

Wenn wir unsere Teleskope auf den richtigen Frequenzkanal eingestellt haben sollten, wissen wir immer noch nicht, auf welche Stelle am Himmel wir sie zu richten haben. Der Himmel ist groß und unsere Ressourcen sind knapp bemessen. Es wäre schon tragisch, wenn wir uns mit aller Macht auf den Stern Canopus im Sternbild Eridanus stürzen und die ganze Zeit die freundliche Zivilisation um Capella im Fuhrmann versucht, unsere Aufmerksamkeit zu erregen.

Wir können grundsätzlich zwei Arten von Suchstrategien am Himmelszelt unterscheiden: Eine *gerichtete Suche* fokussiert sich auf einzelne nahe gelegene Sterne. Sie nutzt dazu spezielle Instrumente mit großer Empfindlichkeit in der Hoffnung, entweder bewusst an uns gesendete Botschaften oder aber zufällige Streusignale etwaiger ETZs um diese Sterne zu erhaschen. Eine *Himmelsdurchmusterung* scannt dagegen die gesamte

Himmelskugel oder große Teile davon ab, wobei sie Myriaden von Sternen erfasst, aber natürlich mit deutlich geringerer Empfindlichkeit.

Die erste moderne SETI-Aktion – Drakes Ozma-Projekt – war eine gerichtete Suche bei bloß zwei Sternen: Tau Ceti und Epsilon Eridani. Seitdem haben die Astronominnen und Astronomen viel gelernt über sogenannte *Habstars* – Sterne mit dem Potenzial, habitable Planeten zu haben. Stand der Forschung ist, dass

- ein Habstar eine über lange Zeiträume konstante Leuchtkraft haben muss,
- eine chemische Zusammensetzung braucht, die es erlaubt, erdähnliche Planeten zu bilden (da Stern und Planeten aus derselben Urwolke entstanden sind, sind ihre chemischen Zusammensetzungen miteinander verknüpft),
- und eine Zone besitzt, in der mindestens einer dieser erdähnlichen Planeten so umlaufen kann, dass dauerhaft flüssiges Wasser auf seiner Oberfläche möglich ist.

Also können wir anhand dieser Kriterien die verschiedenen bekannten Sternenkataloge durchgehen und im SETI-Sinne vielversprechende Ziele herauspicken. Margaret Turnbull und Jill Tarter haben diesen Ansatz gewählt:[220] Sie analysierten die 118 218 Sterne des mit dem Hipparcos-Satelliten zusammengestellten Katalogs und extrahierten daraus eine Liste von „nur noch" 17 129 Habstars (drei Viertel davon innerhalb von rund 450 Lichtjahren um die Sonne). Wenn Sie vorhaben, eine gerichtete Suche nach ETZs durchzuführen, könnten Sie erheblich Dümmeres machen, als mit dieser Liste anzufangen.

Während die eigentliche Aufgabe der Hipparcos-Mission in der stellaren Astrometrie lag, wurde der NASA-Satellit Kepler speziell für die Suche nach (nicht unbedingt belebten) Planeten konstruiert. Dabei entstand eine Liste von „Kepler Objects of Interest" (KOI[221]) – das sind all jene Sterne, von denen wir dank Kepler wissen, dass sie Planeten besitzen, welche grundsätzlich Leben wie auf der Erde beherbergen könnten. Gerichtete SETI-Aktionen unter den KOIs gab es bereits, weitere werden folgen.[222]

Wir könnten die Suche noch weiter einschränken, wenn wir uns ein bisschen in die Aliens hineinversetzen. Vermutlich werden sie ihre möglicherweise doch auch begrenzten Energiereserven nicht dazu verschwenden, blind in alle Richtungen gleichermaßen draufloszufunken. Stattdessen werden auch sie zielgerichtet vorgehen und sich Gebiete überlegen, wo lohnende Adressaten wahrscheinlicher sind als anderswo. Daraus folgt, dass wir uns auf Habstars beschränken können, von denen aus eine vernünftige Chance besteht, die Erde zu entdecken. Mit anderen Worten nehmen wir an, dass die fortschrittlichen ETZs ihre eigenen Kepler-Satelliten haben und wir für sie auch ein KOI sind, bei dem es sich lohnt, eine kosmische Kontaktanfrage zu stellen. Da die Planeten unseres Sonnensystems alle mehr oder weniger in derselben Ebene um ihren Zentralstern ziehen (etwa um 60° gegen die galaktische Ebene geneigt), gibt es bestimmte Gegenden am Himmel, von denen aus eine ETZ uns besonders gut entdecken könnte (weil die Planeten von dort aus vor der Sonne vorbeiziehen und mithilfe der auch von Kepler benutzten Transienten-, das heißt Bedeckungsmethode zu erkennen wären). Es würde sich sehr anbieten, in diesen Richtungen unsererseits nach ETZs zu suchen.[223]

Eine weitere gute Idee wäre ein Habstar, der sich mit der Erde und einem Pulsar auf einer geraden Linie befindet. Eine ETZ wird wissen, dass unsere Sonne auch ein Habstar ist, und sie wird auch über umfangreiche Pulsar-Kataloge verfügen, sodass sie ihre eigenen Listen mit auf geraden Linien aufgereihten Habstar-Pulsar-Planet-Tripletts aufstellen wird. Die Idee ist dabei, dass die ETZ sich eine der naheliegenden Kommunikationsfrequenzen aussuchen und darauf einen gepulsten Funkspruch absetzen wird, dessen Periode auf die des Pulsars abgestimmt ist.[224]

Könnte es jedoch sein, dass eine gerichtete Suche insgesamt der falsche Ansatz für die Suche nach intelligenten ETZs ist? Wenn wir unsere Fahndung nur auf unser eigenes Verständnis von Bewohnbarkeit und unsere vagen Vermutungen über die Motive gänzlich fremder Wesen stützen, dann übersehen wir vielleicht eine riesige Menge an Möglichkeiten. Anstatt gebannt in Teleskope zu starren, die auf bekannte, vermeintlich lebensfreundliche Planetensysteme fixiert sind, wäre es unter Umständen besser, die Teleskope ganz vorurteilsfrei über den Himmel schweifen zu lassen.

Eine Untersuchung von Nathan Cohen und Robert Hohlfeld plädierte für große Zahlen, das heißt, sie empfiehlt unsere Blicke auf so viele Sterne wie nur irgend möglich zu richten.[225] In der Natur ist es oft so, dass Objekte mit einer großen Menge irgendeines nützlichen Stoffes selten sind, während Objekte, die davon nur ein bisschen besitzen, viel häufiger vorkommen. Beispielsweise sind die sehr hellen Sterne der Spektralklasse O selten, die matten M-Klasse-Sterne dagegen fast überall zu finden; starke Radioquellen sind dünn gesät, schwache Radioquellen allgegenwärtig. Was finden wir wohl wahrscheinlicher: die seltenen „hellen" Objekte oder die häufigen „Funzeln"? Dies hängt vom Verhältnis der Leuchtstärken von seltenen und häufigen Quellen ab. Quasare zum Beispiel sind *unglaublich* starke Radiostrahler; auch wenn sie noch so fern sind, überstrahlen sie praktisch alle näheren, aber schwächeren stellaren Quellen. Deswegen haben die frühen Radioteleskope mehr weit entfernte, insgesamt sehr seltene Quasare entdeckt als schwach leuchtende und in Wirklichkeit allgegenwärtige Objekte in unserer Nachbarschaft. In ähnlicher Weise zeigten Cohen und Hohlfeld, dass, selbst wenn sehr fortschrittliche ETZs selten sind, wir ihre Signale trotzdem mit größerer Wahrscheinlichkeit auffangen werden als die schwachen Funksprüche von Zivilisationen, die uns gar nicht so viel voraus sind. An dieser Schlussfolgerung kommen wir nur vorbei, wenn die Galaxis vor intelligentem Leben *brummt*: In diesem Fall können wir erwarten, dass eine gerichtete Suche etwa mit der KOI-Liste erfolgreich sein wird. Weiträumige Durchmusterungen haben demnach so viel größere Erfolgsaussichten, dass wir zumindest bei der Auswahl von kleineren Zielen für gründlichere Untersuchungen darauf achten sollten, dass sich in diesen Himmelsregionen genügend Hintergrundgalaxien oder große Sternhaufen im Vordergrund befinden.

Ist das jetzt die Erklärung für das Große Schweigen: Wir haben noch nichts von ETZs gehört, weil unser Blickwinkel zu eng war? Nicht unbedingt. Es gab durchaus schon einige weiträumige Durchmusterungen des Himmels, weitere sind in Planung. Denken Sie zum Beispiel an das SETI@home-Projekt, das von seinen Anfängen im Jahr 1999 bis zum vorläufigen Ende im Frühjahr 2020 viel Enthusiasmus in einer großen Gemeinde von „Citizen Scientists" ausgelöst hat. Freiwillige konnten dabei ein Client-Programm herunterladen, das immer dann aktiv wurde, wenn der jeweilige Rechner nichts „Richtiges" zu tun hatte. Das Programm hat dann Berechnungen zur Auswertung von Datenpaketen durchgeführt, die zunächst vom Arecibo-Radioteleskop kamen, später von den Teleskopen in Green Bank und im australischen Parkes. Diese Daten entstammten der normalen wissenschaftlichen Arbeit der Observatorien und nicht aus speziellen SETI-Programmen – die SETI-Forscherinnen und -Forscher hinter dem Projekt ließen die unzähligen verteilten Clients einfach alles analysieren, was hereinkam. War ein Paket abgearbeitet, schickte der Client es zurück zur SETI@ home-Zentrale, wo es mit den anderen Ergebnissen zusammengeführte wurde, und holte sich das nächste ab. Die kombinierte Rechenleistung der vielen, vielen Freiwilligen machte SETI@home zu einem der leistungsfähigsten Computernetze der Welt. Wir können also tatsächlich nicht nur SETI über das ganze Himmelszelt betreiben – wir haben auch eine Rechenpower für die Auswertung zur Verfügung, die sich Frank Drake nicht hätte träumen lassen, als er anfing, Tau Ceti zu belauschen.

Einen leisen Zweifel habe ich allerdings doch, wenn es um die aktuellen Himmelsdurchmusterungen geht. Dies hängt zusammen mit dem

Problem der sinnvollsten Suchfrequenz. Die genannten Studien überwachen ihre fernen Galaxien meistens im Wasserloch. Aber es gibt eine Frequenz, die für die intergalaktische (und nicht nur interstellare) Kommunikation noch besser geeignet sein dürfte: 56,8 GHz. Diese „universelle" Frequenzverbindet Kosmologie und Quantenphysik anhand von drei fundamental wichtigen Zahlen – der Temperatur der kosmischen Hintergrundstrahlung, des Planckschen Wirkungsquantums und der Boltzmann-Konstante.[226] Wenn eine ETZ in einer fernen Galaxie irgendwann einmal ein Signal bei dieser Frequenz ausgeschickt hätte, dann hätte sie sicher sein können, dass dieses Signal zu jedem beliebigen zukünftigen Zeitpunkt empfangen werden kann. Das Signal könnte eine große Zahlen von Galaxien erreichen. (Wir müssen hier noch einen weiteren Faktor berücksichtigen. Auf der Erde hat es etwa 4,5 Mrd. Jahre gedauert, bis eine einigermaßen kompetente technologische Zivilisation entstanden ist. Wenn dies die typische Zeit dafür ist, dann lohnt es nicht, nach Galaxien zu schauen, die wesentlich weiter als 4,5 Mrd. Lichtjahre entfernt sind, also solche mit Rotverschiebungen deutlich über 1. Das Licht, das wir heute von diesen entfernten Galaxien empfangen, wurde ausgesandt, als das Universum rund 4,5 Mrd. Jahre alt war, bis dahin hätte sich wohl keine KIII-Zivilisation entfalten können.) Ungeschickterweise hat die Erdatmosphäre allerdings eine breite Sauerstoff-Absorptionsbande bei 60 GHz, was bedeutet, dass unsere bodengebundenen Radioteleskope bei 56,8 GHz keine Scans ausführen können. Durchmusterungen bei dieser Frequenz muss man mit Weltraumteleskopen machen. Bis es die gibt, könnte es sein, dass eine mitteilungsfreudige extragalaktische KIII-Zivilisation uns zu kontaktieren versucht, und nicht einmal der Anrufbeantworter rangeht.

Wir haben noch lange nicht genug gelauscht

1991 schrieb Drake über seine Hoffnungen, Signale einer ETZ aufzufangen: „Diese Entdeckung, mit der ich fest noch vor dem Jahr 2000 rechne, wird die Welt zutiefst verändern."[227] Zwei Jahrzehnte nach dem Jahr 2000 sind die SETI-Methoden zwar viel ausgefeilter als damals – aber die Entdeckung steht weiter aus. War Drake zu ungeduldig? Gibt es ETZs, die beständig mit uns zu kommunizieren versuchen, und wir haben bloß noch nicht lange und geduldig genug zugehört?

Diese Meinung vertreten viele SETI-Enthusiasten, und sie haben guten Grund dazu. Bedenken Sie zum Beispiel einige der Schwierigkeiten, vor denen wir bei der Suche nach extraterrestrischen, ja extragalaktischen Botschaften stehen: Zunächst einmal deckt der Suchstrahl immer nur ein winziges Stückchen der Himmelskugel ab, es gibt Millionen von etwas abweichenden Richtungen, in die wir unser Teleskop genauso gut halten könnten. Zweitens gilt es bei jeder räumlichen Arretierung des Teleskops Milliarden von Frequenzen zu überwachen. Drittens dauert das Signal vielleicht nur einen kurzen Augenblick, das Teleskop muss also letztlich immer vollständig betriebsbereit sein, um den entscheidenden Moment nicht zu verpassen. Kurz gefasst muss das Teleskop im exakt richtigen Moment die exakt richtige Frequenz vom exakt richtigen Punkt am Himmel empfangen. Es gibt Billionen von Billionen an möglichen und sinnvollen Kombinationen allein dieser drei Parameter. Man kann sich also gut vorstellen, dass es bisher eben einfach noch nicht gepasst hat und wir zu ungeduldig sind, wenn wir jetzt schon aufgeben.[228] Andererseits wäre dies irgendwie eine ziemlich unbefriedigende Auflösung von Fermis Paradox. In gewisser Weise besteht dieses Paradox ja gerade darin, dass wir schon seit Jahrmilliarden auf die Außerirdischen „gewartet" haben: Sie selbst oder ihre Sonden beziehungsweise Botschaften *sollten längst da sein.* Belege für ihre Existenz, in welcher Form auch immer, hätte es hier schon geben müssen, lange bevor die Menschheit anfing, darüber nachzudenken, warum es sie nicht zu geben scheint. Ein paar Jahrzehnte mehr oder weniger und mit zugegebenermaßen deutlich besserer Technik Ausschau zu halten, ist da nicht wirklich der Punkt.

Betrachten wir es noch auf eine etwas andere Weise. Nehmen wir an, es leben in der Galaxis 1 Mio. Zivilisationen, die sich alle auf unserem technischen Niveau oder (weit) darüber befinden: Dann dürfte es etwa alle 300 Lichtjahre eine ETZ geben, also die nächste in ebendieser Entfernung. Bei einer konservativeren Schätzung von nur 1000 fortschrittlichen Zivilisationen in der gesamten Galaxis wäre die nächste ETZ auch bloß 1000 Lichtjahre von uns entfernt.[229] Wenn jene Zivilisationen einigermaßen langlebig wären, dann dürfte es ihnen keine Schwierigkeiten bereiten, uns auf sich aufmerksam zu machen. Warum tun sie es dann nicht? Sind diese Zivilisationen vielleicht zwar häufig, aber kurzlebig? Poppen sie geschwind auf und verschwinden dann ganz schnell wieder? Wenn es aber im Moment tatsächlich 1000 Zivilisationen in der Galaxis gibt und die ETZ-Bildungsrate halbwegs konstant über die galaktische Geschichte geblieben ist, dann sind womöglich allein in unserer Galaxie Milliarden von ihnen entstanden und vergangen. Ist es wahrscheinlich, dass keine Einzige davon lange genug durchgehalten hat, um irgendein sichtbares Zeugnis ihrer Hoffnungen, Errungenschaften, Existenz zu hinterlassen und in unsere Richtung auf den Weg zu bringen? (Das wäre ein Gedanke von kaum auszuhaltender Traurigkeit.) Wir stehen weiter vor der Frage: Wo *sind* sie bloß – ihre Raumschiffe, ihre Sonden, ihre Signale, ihre Sorgen, ihre Träume? Warum sollten wir auf Lebenszeichen von ihnen überhaupt warten müssen?

Die Signale erreichen uns nicht

Nehmen wir an, Zivilisationen seien in unserer Galaxis häufig und darüber hinaus räumlich halbwegs gleichmäßig verteilt. (Wie wir noch sehen werden, ist eine gleichmäßige räumliche Verteilung eher unwahrscheinlich – sie ist aber immer eine vernünftige erste Näherung.) Schließlich wollen wir noch annehmen, dass eine galaktische Kolonisierung unmöglich ist, ETZs aber eine gewisse Zeit in einer Kommunikationsphase zubringen, während der Zeit Botschaften zu den Sternen schicken. Dann hören sie, warum auch immer, wieder damit auf. All das klingt plausibel, und eine simple Analyse ergibt, dass wir in einem derartigen Szenario am Ende auch ein Signal detektieren sollten. Reginald Smith hat allerdings noch eine weitere Annahme hinzugefügt: Es gibt demzufolge nur eine gewisse Maximaldistanz, innerhalb derer ein Signal noch als solches erkannt werden kann.[230] Hinter diesem Horizont geht es *nicht* weiter, sondern das Signal wird schlicht zu schwach, um noch nachweisbar zu sein. Dies ändert die Sache erheblich.

Smith betrachtet ein einfaches Modell, in dem eine ETZ während einer Zeitspanne T isotrop Botschaften in den umgebenden Raum funkt. Danach stoppt die Ausstrahlung, doch die Signale wandern natürlich weiter durch den Raum. In einer Distanz D vom Planeten der ETZ werden sie schließlich unmessbar schwach. Die Signale erreichen diese maximale Distanz nach einer Zeit D/c. (Es gibt dann zwei Möglichkeiten: Für $T > D/c$ erreichen die Signale den maximalen Abstand, während die Zivilisation noch am Senden ist. Ist dagegen $T < D/c$, dann verstummt die Zivilisation, bevor ihre Signale so weit gekommen sind. Dies beeinflusst die Wahrscheinlichkeit einer erfolgreichen Zwei-Wege-Kommunikation mit diesen Leuten.) Man kann nun das Volumen berechnen, das während der Sendedauer von Signalen erfüllt ist, und daraus dann – für unterschiedliche Dichten von ETZs – die Wahrscheinlichkeit, dass sich eine andere Zivilisation in diesem Bereich befindet. Ist diese Wahrscheinlichkeit groß, dann ist ein Kontakt wahrscheinlich, andernfalls nicht.

Natürlich kennen wir die Zahlenwerte der relevanten Parameter in diesem Modell nicht. Wir können raten, wie groß D sein mag, aber wir haben keinen vernünftigen Anhaltspunkt für T. Haben wir uns aber dennoch auf Zahlenwerte für D und T eingelassen, können wir die Mindestzahl von ETZs ausrechnen, die es braucht, damit ein interzivilisatorischer Kontakt hinreichend wahrscheinlich wird. Die Extremfälle verhalten sich wie erwartet: Wenn Lebensdauern und Signalreichweiten kurz sind, müsste die Galaxis sehr viele Zivilisationen enthalten, damit Kontakte zustande kommen. Sind Lebensdauern und Signalreichweiten lang, dann erwarten wir Kontakt, auch wenn es nur sehr wenige Zivilisationen gäbe. Die Fälle in der Mitte sind natürlich interessanter. Wenn eine durchschnittliche ETZ 1000 Jahre lang sendet und die Signale über 1000 Lichtjahre wahrnehmbar bleiben, dann bräuchten wir mindestens 1000 ETZs in unserer Region der Galaxis, damit ein Kontakt wahrscheinlich wird. Gäbe es in diesem Szenario 500 technisch hochstehende Zivilisationen in unser Nachbarschaft, stünden die Chancen ziemlich schlecht, dass wir je etwas von ihnen erfahren.

Könnte ein Signalhorizont das Paradox erklären? Aliens senden, aber die Signale erreichen uns nicht? Es ist eine Überlegung wert. Es gibt allerdings leider zu viele Wege, die an der Schlussfolgerung vorbeiführen, als dass dies die Lösung sein könnte, nach der wir suchen.

Lösung 21
Alle lauschen, keiner sendet

Wäre es möglich, dass es dort draußen durchaus viele Zivilisationen gibt, aber alle nur darauf warten, etwas von den anderen zu hören, bevor sie selbst einen Ton von sich geben?[231] Man kann sich eine Reihe von Gründen vorstellen, warum die Aliens so übervorsichtig und/oder unkommunikativ sein könnten.

Sie finden das Senden zu mühsam

Während ich diese Sätze schreibe, empfängt der Stern Gamma Leporis samt seinen möglichen Planeten informative Liveberichte über den Fall der Berliner Mauer. Wenn allerdings ein Gammaleporianischer SETI-Freak gerade an seiner interstellaren Empfangseinrichtung sitzt und sogar durch Zauberhand die richtige Frequenz erwischt hat, wird er diese wichtigen Informationen vermutlich trotzdem nicht erhalten. Die große Bandbreite und geringe Sendeleistung irdischer Rundfunksender des Jahres 1989 führen dazu, dass selbst ein Teleskop von der Größe des Riesenteleskops in Arecibo/Puerto Rico[232] schon jenseits der Pluto-Umlaufbahn Mühe hätte, etwas davon aufzuschnappen. Wenn also die ETZs weder ganz in der Nähe wohnen noch große Glückspilze oder technisch wirklich sehr weit fortgeschritten sind, werden sie von unseren unabsichtlichen Transmissionen nichts mitbekommen.[233] Umgekehrt wird schließlich auch hieraus ein Moonboot: Wir sind höchstwahrscheinlich ebenfalls nicht in der Lage, eine ETZ an der Streustrahlung ihrer internen Kommunikation zu erkennen. Wenn eine Zivilisation bemerkt werden *will*, muss sie also gezielt Signale aussenden. Ist das zu schwierig für sie? Vielleicht – aber wenn eine ETZ auch nur ein bisschen weiter ist als wir, wird sie doch sicherlich einen anwenderfreundlichen Weg gefunden haben, interstellare Kontaktanfragen erfolgreich auf den Weg zu bringen, oder?

Es ist ihnen zu teuer

Eine Message an extraterrestrische Intelligenzen zu schicken, kurz METI, ist das Gegenstück zur SETI. Wie würden wir das anstellen? Nun, probieren wir es erst einmal in der Wasserloch-Frequenzregion. Da wir nicht wissen, in welcher Richtung die nächste ETZ wohnt, ist die sicherste Option, räumlich isotrop zu funken, das heißt in alle Richtungen mit gleicher Intensität. Das ist allerdings ziemlich teuer. Die benötigte Sendeleistung für ein schmalbandiges Signal, das noch mit einer kleinen Antenne in 100 Lichtjahren Entfernung zu empfangen sein soll, übersteigt die derzeitige installierte Gesamtleistung der irdischen Elektrizitätsversorgung. Leider ist eine isotrope Rundumbeschallung zu kostspielig für unseren globalen Geldbeutel. Und selbst wenn wir den Aufwand stemmen *könnten* – wer würde einen solchen gigantischen Ressourceneinsatz für ein Projekt ohne jede Erfolgsgarantie bewilligen?

Eine gerichtete Transmission ist wesentlich preiswerter und erlaubt das Senden über sehr große Distanzen. Wenn wir wüssten, wo genau auf der anderen Seite der Milchstraße eine fremde ETZ ihr Teleskop vom Arecibo-Typ aufgestellt hat, dann könnte unser eigenes Arecibo-Teleskop[234] solch ein Signal dorthin senden. Das Problem ist bloß, dass wir genau das *nicht* wissen. Arecibo konnte, wenn es auf den Wasserloch-Frequenzbereich eingestellt war, einen scharf gebündelten Strahl von Radiowellen aussenden. Die alte Nadel-Heuhaufen-Metapher beschreibt nicht ansatzweise, wie unwahrscheinlich es ist, mit solch einem nanonadeldünnen Strahl zufällig einen Empfänger irgendwo auf der anderen Seite unserer Galaxis zu erwischen. Noch schlimmer sieht es bei optischem METI aus: Ein Laserstrahl ist *extrem* scharf fokussiert, sodass die sendende Zivilisation *extrem* genau wissen muss, wo der Laser hinzeigen soll.

Isotrope Transmissionen garantieren, dass jeder, der Ohren hat zu hören, auch hören kann, aber es ist sauteuer. Richtstrahlen sind billig, aber sie verfehlen den allergrößten Teil der potenziellen Hörerschaft. Dies wären die zwei Extreme für eine Radiobotschaftsstrategie. Wir könnten uns natürlich eine Vielzahl von Kompromissen irgendwo dazwischen überlegen, aber interstellarer Rundfunk ist und bleibt kompliziert. Interstellare Laserpointer haben ihre eigenen Probleme. Könnte da nicht eine ETZ auf die Idee kommen, dieses Problem dem potenziellen Gesprächspartner am anderen Ende der Leitung zu überlassen? Ist die Galaxis vielleicht voll von Zivilisationen, die darauf warten, jemanden zu finden, der für sie die Telefonrechnung zahlt?

Das betriebswirtschaftliche Argument überzeugt mich nicht so ganz. In unserer aktuellen technologischen Entwicklungsphase ist es sicherlich wesentlich kosteneffizienter, zu lauschen als zu senden.[235] Was allerdings für uns den finanziellen Ruin bedeuten würde, wäre Peanuts für eine KIII-Zivilisation. Und auch die Frage, in welche Richtung ein gebündelter Sendestrahl weisen sollte, lässt sich rational angehen: Die Astrometrie-Satelliten Hipparcos, Kepler und Gaia haben Positionen und Geschwindigkeiten von Millionen von Sternen gemessen und dabei unter anderem Tausende von Planeten gefunden.[236] Wenn *wir* solche Missionen nach wenigen Jahrzehnten Raumfahrt hinbekommen haben, sollte eine richtig hochentwickelte ETZ sicherlich in der Lage sein, die Positionen von erfolgversprechenden Planetensystemen im weiten Umkreis mit höchster Präzision zu ermitteln – und dann ihre Radioantennen oder Hochleistungslaser exakt dorthin auszurichten.

Das Senden ist ihnen zu gefährlich

Selbst wenn eine Zivilisation eine kosmische Flatrate hat, also über quasi unbegrenzte Ressourcen für interstellare oder gar intergalaktische Ausstrahlungen verfügt – würde sie das auch *wollen*? Schließlich ist es durchaus mit Risiken verbunden, die eigene Existenz in den Weltraum hinauszuposaunen: Warum sollten wir einer potenziell feindlichen anderen Zivilisation mitteilen, wo wir wohnen und was es bei uns zu holen gibt?[237] Möglicherweise macht sich jede Zivilisation dieselben Sorgen über das Fermi-Paradox und denkt sich, dass die anderen schon ihre guten Gründe haben werden, sich in Schweigen zu hüllen. Warum sollten gerade wir als Erste aus der Reihe tanzen?[238]

Cixin Liu, der erste chinesische Science-Fiction-Autor, der weltweit übersetzt worden ist, hat in seiner erfolgreichen *Trisolaris*-Trilogie und insbesondere im zweiten Band *Der dunkle Wald* eine Variante dieser Idee aufgegriffen: Wenn alles Leben unter allen Umständen das eigene Überleben sichern will und es keinen Weg gibt herauszufinden, ob andere Lebensformen uns vernichten würden, wenn sie die Gelegenheit dazu hätten, dann ist die sicherste Optionen, alle anderen Lebensformen umzubringen, bevor sie uns umbringen. Dies führt zu einer Galaxis, in der jeder entweder schweigend in seiner eigenen Ecke kauert und darauf wartet, dass böswillige Zivilisationen kommen, um ihn zu vernichten, oder aber selbst eine solche Killer-Zivilisation ist.[239]

Diese Situation erinnert an das Gefangenendilemma. (Die Polizei setzt zwei Verdächtige fest. Wenn beide den Mund halten, kann die Staatsanwältin aufgrund der Beweislage nur auf ein Jahr Gefängnis für beide plädieren. Wenn aber der eine gesteht und der andere nicht, kommt ersterer als Kronzeuge frei und der andere geht für zehn Jahre in den Bau.

Wenn beide gestehen, bekommen sie beide fünf Jahre. Ein rein rational und ausschließlich im eigenen Interesse handelnder Verdächtiger sollte in jedem Fall seinen Partner betrügen. Aber wenn sie beide so denken, landen sie bei einer deutlich längeren Strafe, als wenn sie beide kooperieren, das heißt hier schweigen würden.) In unserem Fall hat jede Zivilisation die Optionen „passiv suchen" (betrügen) und „aktiv suchen und senden" (kooperieren). Wenn wir wirklich glauben, dass die Kosten einer Kontaktaufnahme per Radiosendung zu hoch sind, werden wir auch niemals etwas von den anderen hören – wir können dann unser SETI-Programm ebenso gut einstampfen. Aber eine mögliche interstellare Kommunikation birgt eben nicht nur große Gefahren, sondern auch große potenzielle Vorteile. Eine solche Situation lässt sich mathematisch mithilfe der Spieltheorie analysieren. Damit kommt man dann zum Beispiel darauf, dass eine gemischte Strategie am erfolgversprechendsten sein könnte: Horche normalerweise stumm und passiv, setze aber gelegentlich auch selbst ein Signal ab.[240] Wenn wir solch einer Strategie folgen, können wir erwarten, dass es die anderen Zivilisationen ebenso tun. Und es bräuchte nur eine Zivilisation, um das Eis zu brechen.

In Cixin Lius Romanen gibt es Millionen von Zivilisationen, von denen jede weiß, dass es da draußen andere Wesen gibt. Ich bin nicht überzeugt davon, dass die Galaxis unter allen Umständen so enden würde wie dort dargestellt. Wenn Kommunikation möglich ist, dann können sich die „Guten" zusammentun und gemeinsam wachsen – und eine faire Chance bekommen, sich der „Bösen" zu erwehren oder sogar zu entledigen.

Sie wollen einfach nicht reden

Wenn Aliens existieren, sind sie das Ergebnis einer Äonen währenden Evolution in un- oder gar überirdischen Umgebungen und werden vermutlich Sinne, Motive und Emotionen haben, die sich von den unseren ziemlich deutlich unterscheiden. Wie können wir intelligente Wesen verstehen, die so anders sind als wir? Wir können es natürlich nicht – aber es macht trotzdem Spaß, ein bisschen zu spekulieren. Viele Leute haben Gründe dafür vorgeschlagen, warum ETZs eine Konversation mit uns beginnen möchten – Neugier, Stolz („Schau mal, was ich kann!"), Einsamkeit, … Aber vielleicht stimmt das gar nicht und die Auflösung des Fermi-Paradoxes ist einfach, dass sie nicht reden wollen?

Einen Grund für eine ETZ, sich schweigsam zu geben, haben wir schon besprochen: Angst. Ein anderes Motiv wäre, dass die den meisten Menschen eigene kindliche Neugier eben nur für uns typisch ist, extraterrestrische Intelligenzen so etwas dagegen gar nicht kennen – und wenn diese Wesen nicht wissen möchten, wie es im Universum aussieht, bauen sie sicher auch keine Teleskope und Sendeanlagen, mit denen sie sich dort umsehen oder mit uns darüber kommunizieren könnten. Man hört auch des Öfteren, dass die ETZs uns so meilenweit überlegen seien, dass unsere Existenz für sie schlicht irrelevant sei. Ein Astronom hat mir einmal gesagt, dass fortgeschrittene Zivilisationen „mit uns nicht kommunizieren wollen, weil wir ihnen nichts beibringen können; wir würden ja auch nicht mit Insekten kommunizieren wollen". Stimmt das?

Wir könnten unseren hochentwickelten galaktischen Nachbarn wohl wirklich nicht viel über „harte" Wissenschaften wie die Physik erzählen. Aber Physik ist letztlich einfach. Die ETZs werden im Wesentlichen alle dieselben physikalischen Theorien haben, weil sie alle im selben Universum wohnen; sie brauchen ihre Zeit nicht mit interstellarer physikalischer Fachsimpelei zu vertun. Die *richtig* schweren Themen sind harte Brocken wie Ethik, Religion oder Kunst. ETZs würden von uns nichts über das Relativitätsprinzip lernen können, aber sie wären vermutlich fasziniert davon, wie wir das Universum sehen und zu verstehen suchen – das wäre eine würdige Herausforderung. Außerdem stimmt es ja gar nicht, dass „wir nicht mit Insekten kommunizieren wollen". Ganz bestimmt interessiert es uns, wie Insekten untereinander kommunizieren: Seit Jahrzehnten beschäftigen sich Biologinnen und Biologen mit den sprechenden Tänzen der Honigbiene, den komplexen chemischen Pheromon-Botschaften der Schmetterlinge oder den Leuchtsignalen von Glühwürmchen – faszinierend! Solche Untersuchungen reihen sich ein in das übergeordnete Forschungsgebiet von Kommunikation und Erkenntnisvermögen bei Tieren (und sogar Pflanzen oder Mikroben). Tatsächlich hat die Möglichkeit einer Kommunikation mit „niederen" Spezies die Menschen seit Jahrtausenden begeistert. Nur weil also *Homo sapiens* im galaktischen Maßstab eine „niedere" Spezies sein mag, heißt das nicht, dass wir kein spannendes Forschungsthema wären. (Und außerdem: Selbst wenn wir wirklich uninteressant für ETZs wären, erklärt das nicht, warum wir keine Anzeichen von Gesprächen zwischen zwei gleich hoch entwickelten stellaren Kulturen sehen.)

Ein weiteres gängiges Argument besagt, dass ETZs von einer Kommunikation mit uns absehen, um uns davor zu bewahren, einen Minderwertigkeitskomplex ihnen gegenüber zu entwickeln. Sie warten demnach, bis wir groß genug sind, um den Katzentisch zu verlassen und bei den Erwachsenen mitreden zu dürfen.[241] Frank Drake hat dagegen darauf hingewiesen,[242] dass wir alle als Individuen immer wieder mit Leuten zu tun haben, die uns geistig mehr oder weniger überlegen sind. Als Kinder lernen wir von unseren älteren Geschwistern, Eltern und Lehrerinnen, als Erwachsene von heutigen und früheren Kapazitäten in Literatur,

Naturwissenschaft oder Philosophie. Keine große Sache. Schlimmstenfalls müssen wir uns eingestehen, dass wir niemals schreiben werden wie Shakespeare oder rechnen wie Carl Friedrich Gauß. Für manche eine Enttäuschung ... aber was soll's? Krönchen richten und weitermachen. Im besten Fall inspirieren uns die großartigen Leistungen unserer Vorbilder zu ungeahnten Höhenflügen. Warum sollte es im All anders zugehen?

Es lassen sich noch viele weitere Gründe zusammenfantasieren, wieso intelligente Extraterrestrier uns mit Zurückhaltung begegnen könnten. Vielleicht haben sie das Nirwana bereits auf ihren Heimatplaneten erreicht und brauchen danach nicht mehr anderswo zu streben. Vielleicht denken sie, dass nur ethisch höchstentwickelte Kulturen sich ins Weltall aufmachen sollten, und fühlen sich selbst noch nicht reif für diesen Schritt. Vielleicht sind sie flinkzüngig und zu ungeduldig für eine interstellare Kommunikation, die aufgrund der langen Lichtlaufwege ziemlich zeitaufwendig wäre beziehungsweise im Wesentlichen nur in einer Richtung abliefe. (Wir allerdings erfreuen uns ständig äußerst interessanter Einbahn-Gespräche: Mit Homer oder Goethe sind Zwiegespräche unmöglich, aber wir lesen ihre Botschaften trotzdem mit Ergötzen und Gewinn.) Und vielleicht – was dann doch ein bisschen deprimierend wäre – haben sie einfach keine Lust.

Das Problem mit diesen und ähnlichen Lösungen des Paradoxes ist nach wie vor, dass sie voraussetzen, dass alle ETZs entweder gleiche oder verschiedene, aber gleich starke Motive für ihre Schweigsamkeit haben. Ziemlich unwahrscheinlich. Wenn die Galaxis 1 Mio. Zivilisationen beherbergt, wie optimistische Schätzungen nahelegen, dann werden sicherlich *ein paar* oder auch ziemlich viele von ihnen keine Lust auf Smalltalk haben. Aber um das Paradox aufzuklären, müssen sich *alle* Zivilisationen so verhalten. Und das ist wirklich schwer vorstellbar. Tatsächlich stellt sich dieses Problem noch viel schärfer: In jeder ETZ wird es Milliarden oder gar Billionen von im Zweifelsfall hyperintelligenten und kommunikationsbegabten Individuen geben, die Zugang zu schlicht unvorstellbaren technischen Möglichkeiten haben. Die „Keine-Lust-Lösung" müsste nicht nur Uniformität zwischen den unzähligen ETZs verlangen, sondern darüber hinaus auch innerhalb der noch viel zahlreicheren Wesen und Einflussgruppen innerhalb jeder einzelnen ETZ.

Lösung 22
Sie rufen uns, aber wir erkennen die Zeichen nicht
Wenn ETZs möchten, dass wir eine Botschaft von ihnen empfangen, dann können sie das leicht auf eine Art machen, die wir auf den ersten Blick als

künstlich erzeugt erkennen. Ein Signal etwa, in dem Pulse in Abständen aufeinanderfolgen, die ein klares mathematisches Muster ergeben, etwa die ersten Primzahlen oder die Fibonacci-Folge, würde uns sofort klarmachen, dass da jemand dahintersteckt.[243] (Vorausgesetzt natürlich, dass die ETZs dieselbe Mathematik entwickelt beziehungsweise entdeckt haben wie wir. Wir gehen hier aber vom Highlander-Prinzip aus: Es kann nur eine geben.) Die Frage ist allerdings: Auch wenn wir eine Botschaft empfangen und als solche erkennen, schaffen wir es auch, sie zu entschlüsseln?

Denken Sie an das Voynich-Manuskript (Abb. 4.14).[244] Im Jahr 1912 behauptete der polnische Intellektuelle und Antiquar Wilfrid Voynich,

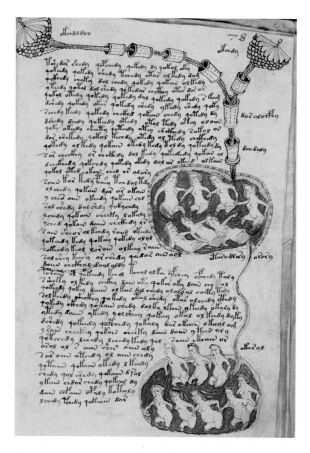

Abb. 4.14 „Folio 78r" aus dem Voynich-Manuskript. Beachten Sie die merkwürdigen Buchstaben im Text. Auf den ersten Blick sehen sie aus wie eine fremde Sprache, die Ihnen irgendwie bekannt vorkommt, sich aber nicht richtig einordnen lässt. Die Forschung zeigt aber, dass sie zu keiner bekannten Sprache gehören können. Sind diese Zeichen irgendeine private Geheimschrift? Ist das Ganze einfach ein „Hoax" – ein Streich, den jemand wem auch immer gespielt hat? Keiner weiß es

er habe dem Jesuitenkolleg an der Villa Mondragone in Frascati ein 234-seitiges historisches Buch abgekauft. Es wird heute im „Rare Book Room" der Bibliothek der Yale University aufbewahrt, und zwar unter der eher unspektakulären Katalognummer MS 408. Das Buch, vom Format nicht größer als ein heutiges Taschenbuch, ist in weiches, elfenbeinfarbenes Pergament gebunden. Viele Voynich-Forscher glauben, dass es irgendwann zwischen dem 13. Jahrhundert und dem Jahr 1608 entstanden ist. Eine Radiokohlenstoffdatierung legt nahe, dass das Tier, aus dessen Haut das Pergament hergestellt wurde, im frühen 15. Jahrhundert gelebt hat.[245]

Und das ist so ziemlich alles, was wir darüber wissen: Noch niemand hat diese „Schrift" entziffern können. Es scheint irgendetwas mit Kräutern und Astrologie zu tun zu haben, aber ganz sicher ist man sich auch da nicht. Es könnte ein spätmittelalterlicher Hoax[246] sein. (Oder ein aktuellerer Scherz, den jemand auf spätmittelalterlichem Pergament verfertigt hat – beispielsweise Voynich selbst, der nicht der erste Antiquar gewesen wäre, der ein historisches Manuskript gefakt hätte. Und dadurch zumindest mal weltbekannt geworden ist.)

Welche Information auch immer das Manuskript verbirgt, wir wissen zumindest, dass es in der – kosmisch gesehen – jüngeren Vergangenheit von einem menschlichen Wesen verfasst worden ist. Sein Autor oder seine Autorin besaß im Wesentlichen dieselben Sinnesorgane wie wir, der kulturelle Hintergrund lässt sich mindestens eingrenzen (bei Voynich selbst wäre er bestens bekannt), und die Emotionen, die sie oder ihn antrieben, werden nicht viel anders als die unseren gewesen sein. Und doch ist dabei ein Buch entstanden, das kein lebender Mensch entziffern konnte. Wenn solch eine unschöne Situation bereits jemand aus unserer eigenen Spezies auslösen kann – welche Chancen hätten wir, die Botschaften von Aliens zu entschlüsseln?

Wenn Aliens existieren, haben sie andere Sinnesorgane als wir, andere Emotionen, andere Philosophien – und vielleicht sogar eine grundsätzlich anders formulierte Mathematik. Wenn wir jemals eine Botschaft aus dem All empfangen, wird möglicherweise die Hauptempfindung der dann lebenden Menschheit … eine große Enttäuschung sein.[247] Wir bräuchten womöglich Jahrtausende, um herauszufinden, worum es in der Nachricht geht. Wie nervtötend wäre das denn? Eine Welt, die beständig Zugang zu sekündlich aktualisierten Informationen hat, kann nichts tun, als eine Ewigkeit zu warten und zu spekulieren, was wohl die wichtigste Nachricht der Menschheitsgeschichte bedeuten mag!

Allerdings: Auch wenn wir sie nicht dekodieren können, würde so eine Nachricht mindestens eine sehr wertvolle Information liefern: Wir wüssten endlich sicher, dass wir nicht allein im All sind. Ob wir also die Aliens verstehen oder nicht, ist eine andere Frage als die, ob es sie gibt, und nur darum geht es ja im Fermi-Paradox. Es gäbe allerdings noch eine weitere Frage in diesem Zusammenhang: Können wir denn sicher sein, dass wir ein solches Signal als künstlich erzeugt erkennen? Alle SETI-Projekte wären zum Scheitern verurteilt, wenn wir künstliche Funksprüche nicht von natürlichen Radioemissionen unterscheiden könnten.

Ein Problem bei der Signalerkennung ist das folgende: Würde ein EM-Signal so verschlüsselt, dass es optimal übertragen wird, könnte ein nichts ahnender Beobachter, der das Kodierschema nicht kennt, die Botschaft nicht von Schwarzkörperstrahlung unterscheiden – der allgegenwärtigen Wärmestrahlung, die jedes Objekt emittiert und deren Frequenz von seiner Temperatur bestimmt wird.[248] Astronominnen und Astronomen messen ständig irgendwelche Schwarzkörperstrahlungen und finden dafür ganz nach Ockham die einfachste Erklärung, nämlich dass sie natürliche Objekte beobachten, die eine bestimmte Wärme haben.[249] Aber es *könnten* auch Botschaften sein, die auf optimale Signalübertragung hin optimiert wurden! Wenn es den fortgeschrittenen ETZs an ihren außerirdischen Körperenden vorbeigeht, ob eine primitive Spezies wie wir ihnen zuhört oder nicht, und sie sich einfach mit ihren ebenso fortgeschrittenen Gesprächspartnern möglichst effizient austauschen möchten, dann empfangen wir zwar vielleicht eine Message nach der anderen von ihnen, aber merken trotzdem nichts von ihrer Existenz.

Und was bedeutet das dann für das Fermi-Paradox? Nun, ein Szenario wäre, dass die ETZs schon vor langer Zeit akzeptiert haben, dass interstellare Reisen nicht machbar sind, und sie sich daher auf die lichtschnelle Kommunikation via EM-Signal verlegt haben. Über die Äonen haben sie diese perfektioniert und nutzen nur noch optimal effizient chiffrierte Botschaften, die wir nicht als solche erkennen können. Und außerdem haben sie kein Interesse (mehr), junge und/oder zurückgebliebene Zivilisationen in ihre Gespräche miteinzubeziehen. Wir sehen daher eine Galaxis voller Schwarzkörperstrahlung, egal was „in Wirklichkeit" da draußen geredet wird. So *könnte* es sein – nur leider ist das wieder so eine Geschichte, die keinerlei überprüfbare Vorhersagen macht, was auch nicht wirklich weiterhilft.

Lösung 23
Flaschenpost
Die Kommunikation über EM-Strahlung ist schnell und geradlinig, aber wir haben gesehen, dass es dabei doch auch das eine oder andere Problem gibt.

Wenn eine ETZ dem Kosmos ihre Ausgabe der *Encyclopædia Galactica* mitteilen will und wirklich der gesamte Inhalt durchkommen soll, wird sie dann wirklich einen Radiosender benutzen?

Fragen zu den preiswertesten, zuverlässigsten und effizientesten Wegen der Informationsübertragung fallen in das Gebiet der Kommunikationstheorie. Christopher Rose und Gregory Wright haben die Methoden dieser Disziplin auf die interstellare Kommunikation losgelassen. Sie untersuchten unter anderem, wie viel Energie es braucht, eine Botschaft zu versenden, wenn man darauf verzichtet, dass die Übertragung so schnell wie möglich erfolgen muss. Ihr Resultat war eindeutig,[250] aber kontraintuitiv (jedenfalls für mich). Energetisch gesehen ist es *wesentlich* sinnvoller, die Botschaft in irgendeiner Form aufzuschreiben und ins All zu schießen, als sie elektromagnetisch zu übertragen. Einen realen Informationsträger zu versenden hat dazu noch den Vorteil, dass er, einmal aufgefangen, auch gleich die gesamte Botschaft enthält und keine Wiederholungen oder Nachfragen nötig sind, weil der Empfang zwischendurch mal wieder gestört war.

Rose und Wright sind daher überzeugt davon, dass ETZs viel wahrscheinlicher eine Flaschenpost als einen Funkspruch abschicken werden (oder schon längst abgeschickt haben). Der Ausgangspunkt ihrer Argumentation ist die folgende Alltagsweisheit: Man kann sehr zuverlässig große Mengen an Daten von A nach B bringen, indem man einen Laster mit Blue-Ray-Discs belädt und damit von A nach B fährt. (Ausladen nicht vergessen. Es muss übrigens nicht unbedingt ein LKW sein, siehe Abb. 4.15.) Darüber hinaus ist auch die Übertragungsrate meist deutlich besser als etwa bei einem Glasfaserkabel. Dies schafft zwar stolze 100 TB pro Sekunde, doch das können

Abb. 4.15 Eine afrikanische Echte Achatschnecke (die größte Landlungenschnecke der Erde) könnte als Schneckenpost-Datenüberträgerin alle bekannten Kommunikationstechnologien für die „letzte Meile" übertrumpfen, was die pro Sekunde überbrachten Bits betrifft. Befestigen Sie dazu zwei vollgeschriebene DVDs am Schneckenhaus, legen Sie ein Salatblatt als „Antrieb" aus und ab geht die Post: Sie erreichen eine mörderische Datentransferrate. Siehe [121]. (Credit: Herbert Bishko)

Sie genauso, indem sie eine Kiste mit zwanzig 5-TB-Festplatten über ihren Schreibtisch schieben.

Wir neigen nicht dazu, in modernen Kommunikationsnetzen „physikalische" Methoden einzusetzen. Wir wollen die Information normalerweise schnell übermitteln, und nach Alltagsmaßstäben geschieht die elektromagnetische Übertragung augenblicklich, egal ob per Kabel oder über EM-Strahlung. Aber wenn wir eine Radiobotschaft zu den Sternen senden, brauchen selbst EM-Wellen Hunderte oder Tausende von Jahren. In diesem Fall ist Dringlichkeit sowieso nicht das zentrale Anliegen und wir können vernünftigerweise auch noch größere Verzögerungen tolerieren. Rose und Wright haben daher diesen Gedanken auf die interstellare Kommunikation übertragen und sich gefragt, wann man besser schreiben und wann doch lieber funken sollte.

Eine Schlüsselrolle spielt hier, dass wir generell immer größere Datenmengen auf immer kleineren Speichermedien unterbringen. Denken Sie an Musik: Eine Sammlung, die früher aus Tausenden von tellergroßen schwarzen Scheiben mit spiraligen Rillen auf beiden Seiten bestand, passt heute auf einen daumengroßen USB-Stick. Der Trend dürfte anhalten, sodass wir bald den Inhalt aller gedruckten und elektronisch gespeicherten Texte dieser Welt – sagen wir einmal 10^{20} bit an Information – in einem Körnchen speichern können, das nicht mehr als 1 g wiegt. Wie viel Energie brauchen wir, um diese Information auf ein Substrat der Masse 1 g zu übertragen und dieses dann mit zum Beispiel einem Tausendstel der Lichtgeschwindigkeit ins All zu schießen? Wie viel Energie bräuchten wir im Vergleich dazu, um diese Informationsmenge mittels Radiowellen zu versenden? Rose und Wright haben es ausgerechnet. Es zeigte sich, dass es immer eine Grenzentfernung gibt, jenseits derer es besser ist zu schreiben. Wie weit weg das ist, hängt von mehreren Faktoren ab, doch astronomisch gesehen ist es immer ziemlich in unserer Nähe. Dies ist darum die allgemeine Schlussfolgerung der beiden Autoren: Wenn man in Energie pro übertragenem Bit rechnet, ist es in *überwältigender* Weise effizienter zu schreiben als zu senden. Je nach der konkreten Situation, etwa der zu überbrückenden Distanz oder erreichbaren Übermittlungsgeschwindigkeit, können sich die Energieeffizienzen von Schreiben und Funken um einen Faktor von bis zu 10^{24} unterscheiden!

Man könnte jetzt einwenden, dass ein Staubkorn von einem Gramm wohl kaum eine interstellare Reise unbeschadet überstehen würde: Kosmische Strahlen und andere Widrigkeiten werden die eingeschriebenen Daten unleserlich machen. Außerdem wird sich der Zielstern während der jahrtausendelangen Reise signifikant von seiner jetzigen Position entfernt haben, man bräuchte also irgendeine Form von Steuerdüsen für Kurs-korrekturen und ein bisschen Elektronik ebenso. Und dann wäre auch noch ein „Flaschenöffner" nötig, damit die „Flaschenpost" am Zielort ihren Inhalt auch freigibt. Okay. Wir nehmen also zu dem einen Gramm Speicher-medien noch 10 Tonnen Treibstoff, Abschirmung, Navigationssystem und Flaschenöffner dazu – und würden die Daten *immer noch* deutlich effizienter übertragen als per Funkspruch. Vom Standpunkt der Energieeffizienz und Datensicherheit wäre es weitaus sinnvoller, die Daten mit einer Flotte von aufgepimpten Infokörnchen zu versenden als über ein elektromagnetisches Signal.

Zugegebenermaßen haben wir nur eine recht schemenhafte Vorstellung davon, wie die Weltwirtschaft auf unserem Planeten wirklich funktioniert. Und noch viel weniger davon, wie das bei einer ETZ aussehen würde. Vielleicht ist Energie pro Bit kein relevantes Kriterium für diese Leute. Vielleicht können sie bei der interstellaren Kommunikation nach dem Prinzip „Geld spielt keine Rolle, was kostet die Galaxis?" arbeiten. Vielleicht denken sie auch, dass kleine Flaschen in einem großen Universum gar nicht so leicht vom Empfänger zu finden sind. Warum eine Flaschenpost schreiben, die niemand finden und öffnen wird? Vielleicht. Aber an diesen Zahlen kommt man nicht so leicht vorbei. Rose und Wright haben ihre Berechnung in einem Brief an das Journal *Nature* veröffentlicht und damit eine Alternative präsentiert zu einem Ansatz, der über vier Jahrzehnte vor-her ebenfalls in einem Brief an *Nature* publiziert worden war: dem Aufsatz von Cocconi und Morrison, der die verschiedenen SETI-Projekte im Radio-wellenbereich ins Rollen gebracht hat.

Hier hätten wir also eine schlüssige Antwort auf das Fermi-Paradox: Wir sehen nichts, weil wir nach Radiobotschaften geschaut haben, obwohl wir nach einer Flaschenpost hätten suchen müssen.

Das wirft interessante Fragen auf. Sollten wir den Fokus unserer SETI-Bemühungen auf die direkte Suche nach wie auch immer „beschriftetem" Material verlegen? Wenn eine solche „Flasche" mit irgendeiner Form von Signallampe unser Sonnensystem erreicht, wo sollten wir danach Ausschau halten? (Dies führt dann auf eine Diskussion ähnlich der, die wir bereits geführt haben.) Und da ja DNA- oder RNA-Moleküle große Mengen an Information auf kleinstem Raum speichern können – ist das Leben selbst die Botschaft? (Dies bringt uns zurück zu Cricks Konzept der gerichteten Panspermie, das wir in Lösung 6 besprochen haben.)

In den letzten Jahren haben diese Fragen an Bedeutung gewonnen, nach-dem 2017 beziehungsweise 2019 zwei nachweislich interstellare Objekte im Sonnensystem beobachtet worden sind: ʻOumuamua und Borisov(wir haben uns bei Lösung 5 damit beschäftigt). Einige wenige Monate nach der Entdeckung von 'Oumuamua fragten sich einige Astronominnen und Astronomen, ob das Objekt wohl ein Alien-Raumschiff gewesen sein könnte.[251] Eine kurze Zeit lang konnten wir davon träumen, dass 'Oumuamua eine „Rose-Wright-Flasche" ist, das Vehikel eines mit unbezahlbaren Informationen übervollen Körnchens aus einer fernen Zivilisation. Aber nein. 'Oumuamua war stattdessen der erste Komet, der uns aus einem anderen Sonnensystem besucht hat. Borisov war der zweite, mehr werden kommen. Die gute Nachricht ist, dass das Vera Rubin Observatory nach seiner Inbetriebnahme 2021/22 in der Lage sein wird, eine große Zahl solcher interstellarer Kometen zu entdecken – und, wenn es sie gibt, auch Flaschenpostschiffe à la Rose und Wright.[252]

Lösung 24
Ups ... Weltuntergang!

Eine ziemlich düstere Auflösung des Fermi-Paradoxes wäre es, wenn der Parameter L in der Drake-Gleichung einen sehr kleinen Wert hätte. Dieser gibt ja an, wie lange eine ETZ während ihrer Lebenszeit interstellar kommunizieren kann beziehungsweise es auch wirklich tut. Wie wir später noch sehen werden, hat die Natur eine ganze Menge Möglichkeiten, Leben und Kultur vorzeitig auszulöschen. Es könnte aber auch sein, dass Intelligenz plus opponierbare Daumen in Wirklichkeit gar keine evolutionäre Gewinnstrategie ist – eventuell ist Intelligenz ein sich selbst begrenzendes Phänomen. Schauen wir uns daher ein paar Wege an, wie sich selbst zerstörende Zivilisationen den Faktor L klein halten können.

Ist Teilchenphysik gefährlich?

Physikerinnen und Physiker erforschen die fundamentale Natur von Materie und Feldern, indem sie Elementarteilchen aufeinanderschießen und sich dann die Trümmer anschauen. Etwas martialisch, aber sehr effektiv. Manche Leute glauben allerdings, dass diese Experimente ein globales Desaster heraufbeschwören können. Jagen sich also ETZs mit tödlichen Physikexperimenten in die Luft, bevor sie zum interstellaren Kommunizieren kommen? Ist dies eine Lösung des Paradoxes?

Schon im Jahr 1942 fragte sich Edward Teller, ob eine nukleare Explosion ein sich selbst erhaltendes Feuer in der Erdatmosphäre auslösen würde, das deren gesamten Sauerstoff verzehren würde. Berechnungen seiner Kollegen, darunter auch Fermi, konnten ihn (und uns) beruhigen: Der Feuerball der Explosion kühlt zu schnell ab, um größere Bereiche der Atmosphäre zu entzünden. Eine andere Angstvision setzte 1995 Paul Dixon in die Welt, ein

Psychologe mit nur schemenhaften physikalischen Vorstellungen. Er stellte vor dem Fermilab ein selbst gebasteltes Schild auf, welches davor warnte, dass die am Tevatron beschleunigten Teilchen die „Wiege der nächsten Supernova" sein würden.[253]

Dixon befürchtete, dass die Teilchenkollisionen im Tevatron einen Kollaps des kosmischen Quantenvakuums auslösen könnten – das sich momentan in einem metastabilen Zustand befinde, von dem es dann in den kosmischen Grundzustand überginge, der leider keine Galaxien oder sonstige Spielereien wie Sie und mich enthielte. Diese Idee geht auf Martin Rees und Piet Hut zurück, die 1983 tatsächlich vorgeschlagen hatten, dass unser Universum sich nicht im niedrigstmöglichen Energiezustand befinde, sondern es diesen erst durch einen Phasenübergang erreichen könne.[254] Ein „Ruck" im richtigen Moment lasse unser Universum dann in ein neues Vakuum tunneln, wobei eine Welle aus ultimativer Zerstörung mit Lichtgeschwindigkeit durch den Kosmos laufen würde. Aber Rees und Hut haben auch darauf hingewiesen, dass wir uns trotzdem keine Sorge wegen unserer teilchenphysikalischen Experimente zu machen brauchen: Die Natur hat mit ihren noch millionenfach höherenergetischen kosmischen Strahlen solche „Experimente" seit Jahrmilliarden durchgeführt, ohne dass das Weltall außer Tritt gekommen wäre. Wenn unsere Teilchenbeschleuniger das Universum ins „wahre" Vakuum schicken könnten, dann hätte die kosmische Strahlung das schon vor Äonen gemacht.

Der nächste Aufreger dieser Art kam dann 1999[255]. Jemand hatte berechnet, dass Teilchenexperimente am Relativistic Heavy Ion Collider (RHIC) des Brookhaven National Laboratory in der Nähe von New York ein Schwarzes Loch erzeugen könnten – welches anschließend zum Erdmittelpunkt fallen und dann unseren Planeten verschlingen würde … Glücklicherweise haben etwas gründlichere Rechnungen ergeben, dass die Chancen dafür verschwindend klein sind. Um selbst das kleinstmögliche Schwarze Loch zu produzieren, bräuchte man rund 10 Mio. Mrd. Mal mehr Energie, als am RHIC zur Verfügung steht. Und selbst wenn das am RHIC geschähe, entstünde bloß ein mikroskopisch winziges Objekt, das nach kürzester Zeit wieder verschwände. Solch ein Schwarzes Nanoloch würde sich schon an einem Proton verschlucken, ganz zu schweigen von unserer guten alten Erde.

Eine weitere Befürchtung war, dass am RHIC (hypothetische) Partikel namens *Strangelets* entstehen könnten, die unsere vertrauten Atome und Moleküle in *strange matter,* zu Deutsch „seltsame Materie", konvertieren würden. Nach einer solchen Kettenreaktion bliebe von der Erde nichts als ein Ball aus seltsamer Materie mit rund 100 m Durchmesser übrig. Auch als dieses Schreckensbild die Runde machte, mussten Physikerinnen und Physiker die Öffentlichkeit wieder einfangen. Strangelets sind praktisch mit Sicherheit instabil; selbst wenn sie stabil wären, würde der RHIC nicht bei den Energien betrieben, bei denen sie entstehen könnten; und wenn sie doch entstünden, würde sich unmittelbar darauf eine Wolke aus Elektronen bilden, die ihre eventuell bedrohliche positive elektrische Ladung abschirmen würde.[256] Ist ein Gerücht aber erstmal in der Welt, entwickelt es leicht ein Eigenleben: 2014 argumentierten zwei Rechtsanwälte, dass ein für den RHIC geplantes Upgrade die Produktion von Strangelets wahrscheinlicher machen würde.[257] Allen Ängsten und Sorgen zum Trotz laufen am RHIC seit über zwei Jahrzehnten bahnbrechende physikalische Experimente, ohne dass unser Planet dadurch in Gefahr geraten wäre.

Und damit kommen wir auch schon zum Large Hadron Collider (LHC) am europäischen Forschungszentrum CERN in Genf (Abb. 4.16). Am LHC kollidieren Teilchen mit höheren Energien als am Tevatron, RHIC oder irgendeinem anderen jemals gebauten Beschleuniger. Es überrascht

Abb. 4.16 Der LHC ist die komplexeste Maschine, die je gebaut wurde. In einem 27 km langen Tunnel verläuft ein Ring von supraleitenden Magneten, die Teilchen auf höchste Energien beschleunigen und sie dann kollidieren lassen. Der hier abgebildete Detektor ATLAS ist eine von mehreren hausgroßen Anlagen, mit denen die Produkte der Kollisionen erfasst werden. Der LHC ist eine unglaubliche Maschine. Aber er wird das Universum nicht zerstören. Er wird nicht einmal die Erde kaputt bekommen. (Credit: CERN)

daher kaum, dass kurz vor der Inbetriebnahme im Jahr 2008 auch dort Gerichtsprozesse angestrengt wurden, die (dafür nicht wirklich zuständige) Europäische Kommission mit Protesten überzogen wurde und sogar Todesdrohungen gegen Mitglieder des LHC-Teams bekannt wurden. Alles, was schon bei früheren Beschleunigern befürchtet wurde, kam auch hier aufs Tablett, ergänzt um eine neue Bedrohung: Vielleicht könnten bei den Kollisionen mit bisher ungekannten Energien auch sogenannte magnetische Monopole entstehen. Die Physik beantwortete geduldig alle Fragen,[258] aber letztlich war die Aufregung auch hier unnötig. Wie Rees und Hut schon beim Tevatron erklärt hatten, liegen die Energien auch beim LHC weit unter dem, was die Natur tagtäglich macht, wenn höchstenergetische Partikel der kosmischen Strahlung auf Atomkerne in der Erdatmosphäre treffen. Glücklicherweise führten Panikmache und alle Prozesse zu nichts und der LHC konnte 2012 mit dem lang ersehnten experimentellen Nachweis des Higgs-Bosons eine der großen wissenschaftlichen Entdeckungen des bisherigen 21. Jahrhunderts vermelden.[259]

Die Idee, dass ein Beschleunigerunfall die Zerstörung der Welt durch Schwarze Löcher oder Strangelets herbeiführt (oder auch gleich das ganze Universum mitnimmt, wenn das Quantenvakuum kollabiert), ist ein Gigaflop. Die Physik dieser Ereignisse ist zwar noch nicht vollständig bekannt – darum will man sie ja auch erforschen –, aber bei Weitem gut genug, um alle apokalyptischen Szenarien in diesem Bereich auszuschließen. Wir müssen woanders schauen.

Das Grauer-Schmodder-Problem

Das hochaktuelle Gebiet der Nanotechnologie – Ingenieurskunst auf molekularer Ebene – scheint sich auf sehr natürliche Weise aus einer Reihe von Fortschritten auf verschiedenen Forschungsfeldern ergeben zu haben.[260] Es hat wirklich großes Potenzial: Zukünftige Nanotechnologie-Experten werden maßgeschneiderte Moleküle auf geradezu magische Weise zu komplexen und multifunktionalen Mustern zusammenfügen beziehungsweise sich selbstständig zusammenfinden lassen.

Ein Highlight werden dabei *Nanoroboter* sein, kurz Nanobots. Nanobots bieten viele Vorteile: Sie können unsere Gesundheit sichern, indem sie medizinische Probleme frühzeitig und vor Ort diagnostizieren, generell alle Körperfunktionen überwachen und für die passgenaue Abgabe von Medikamenten im Zielgewebe sorgen.[261] Andere Applikationen dürften in der Energiebereitstellung, im Ökomonitoring oder in der Wasserwirtschaft liegen. Studien von „Zukunftsforschern" halten in einigen Jahrzehnten Nanobots aus verschiedensten Materialien für denkbar, mit kohlenstoffreichen

Diamantoiden als Methode der Wahl. Andere Studien vermuten sogar, dass die Killer-App der Nanorobotik die selbstreplizierende Nanomaschine sein wird.[262]

Doch vielleicht ist der Begriff „Killer-App" hier anders als im Marketingsprech aufzufassen … Wann immer selbstreplizierende Sachen erwähnt werden, sollten bei Ihnen die Alarmglocken läuten. Überlegen Sie einmal, was passiert, wenn ein unternehmungslustiger selbstreplizierender Nanobot aus kohlenstoffreichen Diamantoiden aus dem Labor entkommt: Um sich zu replizieren, was er genauso gerne tut wie wir Menschen, braucht er im Wesentlichen nur eine Kohlenstoffquelle. Die findet er leicht in der Biosphäre der Erde: Mikroben, Pflanzen, Pilze und Tiere einschließlich uns Menschen. Exponentiell anwachsende Schwärme von Nanobots recyceln die Moleküle aller lebenden Wesen, um aus deren Kohlenstoff weitere Kopien ihrer selbst zu bauen. Die Erdoberfläche wandelt sich in Windeseile von einer reichhaltigen und vielfältigen Auswahl an Biotopen in einen Ozean aus gefräßigen Nanobots und ihren Verdauungsabfällen. Dies ist das Grauer-Schmodder-Problem.[263]

Mit exponentiellem Wachstum ist, wie gesagt, nicht zu spaßen. Freitas hat gezeigt, dass eine sich exponentiell vermehrende Nanobot-Population unter idealen Wachstumsbedingungen die komplette bis dato belebte Erdoberfläche in weniger als drei Stunden mit grauem Schmodder überdecken kann.[264]

Wir haben also einen weiteren Eintrag in unserer deprimierenden Liste von Möglichkeiten, wie eine ETZ ihren Wert von J – die Zahl der Jahre, die ihr für interstellare Kommunikation gegeben sind – selbst minimieren kann: ein Laborunfall, der Nanobots freisetzt, die dann die Biosphäre in Kopien ihrer selbst und grauen Schmodder verwandeln.

Diese Auflösung des Paradoxes krankt an derselben Schwäche wie viele andere: Auch wenn es plausibel klingt, dass so etwas einer oder mehreren ETZs unterläuft, ist es äußerst unwahrscheinlich, dass es *allen* ETZs passiert. Auch dieses Szenario bietet keine „universelle" Lösung. Nicht jede ETZ wird in grauem Schmodder enden, kaum dass ihr Hightech-Zeitalter begonnen hat.

Asimov wies gerne darauf hin, dass der Mensch zusammen[265] mit dem Schwert auch die quer zur Klinge sitzende Parierstange erfand, welche verhindert, dass die eigenen Finger nicht beim Zustoßen vom Heft auf die Klinge rutschen. Auch die Ingenieurinnen und Ingenieure des nanotechnologischen Zeitalters werden Parierstangen entwickeln. Selbst wenn selbstreplizierende Nanobots es aus dem Labor heraus schaffen oder böswillig freigesetzt werden, könnte man noch Maßnahmen gegen deren fatale unkontrollierte Vermehrung treffen. Eine sich exponentiell vermehrende Nanobot-Population ließe sich an ihrer ebenfalls exponentiell anwachsenden Abwärme erkennen und daher rechtzeitig neutralisieren. Wenn die Nanobots sich stattdessen nur langsam und im Stillen vermehren würden, bräuchten sie entsprechend lange, um die Erde zu erobern, und wir hätten ausreichend Zeit, um gegen sie vorzugehen. Der graue Schmodder ist möglicherweise doch eine weniger dramatische Bedrohung als gedacht. Einfach ein weiteres Risiko, mit dem eine technologische Spezies klarkommen muss.

Aliengemachte Klimakatastrophen

Leben in der uns bekannten Form ist auf flüssiges Wasser angewiesen. Wir können hier sein, weil die Temperaturen auf unserer Erde es erlauben, dass das Wasser auf seiner Oberfläche herumschwappt, anstatt als feste Eisblöcke oder Heißdampf vorzuliegen. Und diese vergleichsweise milden Temperaturen verdanken wir ihrer Atmosphäre.

Die Sonne versorgt die Erde mit Energie vor allem in Form von ultravioletter, sichtbarer und nahinfraroter EM-Strahlung. Diese Energie dringt fast vollständig in die Erdatmosphäre ein, etwa die Hälfte davon wird absorbiert und erwärmt dadurch Atmosphäre und Erdoberfläche. Bekanntlich strahlt jeder Körper mit einer Temperatur oberhalb des absoluten Nullpunkts[266] eine elektromagnetische Strahlung ab. Diese heißt unabhängig davon, ob der Körper warm oder kalt ist, „Wärmestrahlung". Wellenlänge und Frequenz dieser Strahlung hängen direkt von seiner Temperatur ab. Im Fall der Erde liegt das Maximum der Wärmestrahlung im fernen Infrarot. Jetzt kommt der – äußerst hilfreiche – Trick an der Sache: Die Erdatmosphäre ist fast transparent für die einfallende, kurzwellige Wärmestrahlung der Sonne und fast undurchsichtig für die auslaufende langwellige Wärmestrahlung der Erde. Die von der Erdoberfläche abgegebene Strahlung wird also weitgehend von der Atmosphäre absorbiert, welche die Energie bald wieder abstrahlt – zum Teil in den Weltraum und zum Teil Richtung Erdboden und Atmosphäre, wo sie erneut absorbiert wird und so weiter. Dieses Phänomen hält unsere Atmosphäre und uns warm. Und nicht nur das, die Atmosphäre schwächt auch starke großräumige Temperaturdifferenzen ab: Global zirkulierende Winde transportieren Wärme vom Äquator zu den Polen und von der Tag- zur Nachtseite. Ohne diese thermischen Atmosphäreneffekte gäbe es kein Leben auf der Erde. (Erde und Mond sind gleich weit von der Sonne entfernt, doch da der Mond keine Atmosphäre hat, wird es dort in der Sonne über 100 °C heiß und im Schatten bis unter −150 °C kalt.)

Der Effekt ähnelt dem, was im Kleinen in einem gläsernen Treibhaus geschieht, und wird deshalb, das wissen Sie vermutlich, meist als „Treibhauseffekt" bezeichnet. Zahlenmäßig hat ihn zuerst Svante Arrhenius erfasst (der mit der Panspermie), und zwar im Jahr 1896. Das Prinzip war aber schon 70 Jahre vorher bekannt. Die Erkenntnis, dass Gase, die zum Treibhauseffekt beitragen, eine wichtige Bedeutung für unser Klima haben, ist also alles andere als neu. Und wenn man bedenkt, *wie* wichtig das Klima für die Möglichkeit von Leben auf der Erde ist, würde man nicht auf die Idee kommen, dass jemand blöd genug ist, im großen Maßstab an der chemischen Zusammensetzung unserer Atmosphäre zu drehen. Aber genau das machen wir seit mehr als 200 Jahren.

Seit Beginn der industriellen Revolution ist unser Bedarf an Energie dramatisch angestiegen und wir haben ihn fast die ganze Zeit fast ausschließlich mit dem Verbrennen von fossilen Treibstoffen befriedigt. Unser derzeitiger westlich-fernöstlicher Lebensstil, der es uns zum Beispiel erlaubt, über die Exploration des Weltalls zu räsonieren, beruht auf dem klimaschädlichen Verbrauch von begrenzten fossilen Treibstoffvorräten. Mindestens zwei Aspekte sind dabei auch für das Fermi-Paradox relevant (unter der Annahme, dass *alle* ETZs irgendwann eine Fossile-Energien-Phase durchmachen):

- Erstens sind fossile Brennstoffe, wie gesagt, eine endliche Ressource. Bei ansteigendem Verbrauch erschöpfen sich die Vorräte schneller. Damit haben wir eine ganz einfache Lösung für das Fermi-Paradox. Die Zivilisationen schaffen es nicht ins All, weil ihnen vorher der Treibstoff ausgeht. Möglicherweise kollabieren sie sogar komplett, bevor sie eine andere Welt kolonisieren können, die ihnen neue begrenzte Energieressourcen erschließen würde. (In diesem Punkt bleibe ich Optimist. Wir haben noch ein bisschen Zeit bis zum endgültigen Kollaps, und wenn wir endlich etwas unternehmen, können wir das Energieproblem vorher in den Griff bekommen.)
- Und zweitens verändern wir, wie ebenfalls bereits erwähnt, die Zusammensetzung der Erdatmosphäre und damit das so lebensnotwendige wie empfindliche Strahlungs- und Temperaturgleichgewicht – das Klima läuft aus dem Ruder. Das gilt in gleicher Weise für jede ETZ, die auf fossile Brennstoffe setzt.

Die einzigen harten Zahlen hierzu kommen aus dem Experiment, das wir seit etwa 1800 mit unserer Atmosphäre anstellen. Wir haben in den letzten 200 Jahren Kohlenstoff in Form des Treibhausgases CO_2 in die

Atmosphäre eingebracht, der vorher zig bis mehrere 100 Mio. Jahre in der Erdkruste gespeichert war. Wir wissen, dass die CO_2-Konzentration ansteigt und um wie viel (Abb. 4.17). Immerhin schon 1958 begann Charles Keeling, die atmosphärische CO_2-Konzentration am Observatorium auf dem Mauna Loa in Hawaii zu messen.[267] Seine Beobachtungen waren von hoher Qualität und sie werden bis heute fortgesetzt, auch an vielen anderen Orten auf der Welt sowie mithilfe von Erdbeobachtungssatelliten. Die „Keeling-Kurve" ist weltberühmt und ein großartige messtechnische Leistung – allerdings auch ziemlich erschreckend. Sie zeigt zwar einerseits sehr schön den „Atem" der Erde: Wenn auf der Nordhalbkugel mit ihren großen Landmassen der Frühling beginnt, springt die CO_2-Produktion durch die Vegetation an, im Herbst geht sie in Winterruhe. Dieser schön zu erkennenden jahreszeitlichen Schwankung ist jedoch der mehr als beunruhigende langfristige Anstieg überlagert: Jedes Jahr pusten wir weitere rund 11 Mrd. Tonnen CO_2 in die Erdatmosphäre.

Es liegt nahe zu vermuten, dass das Hinzufügen von Milliarden Tonnen eines Treibhausgases zu einer Atmosphäre dazu führt, dass sich deren Treibhauswirkung verstärkt und der zugehörige Planet wärmer wird. Und das tut er: Im März 2020 lag die mittlere globale Oberflächentemperatur um

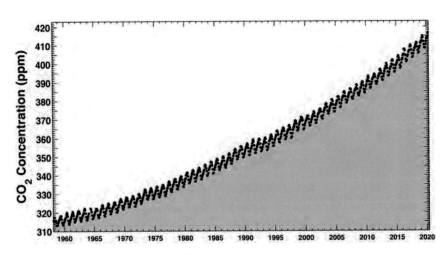

Abb. 4.17 Die mittlere monatliche CO_2-Konzentration auf dem Mauna Loa in Hawaii von 1958 bis 2020. Die Daten kommen aus einer von Charles Keeling initiierten Langzeitmessreihe der Scripps Institution of Oceanography. Am 9. Mai 2013 überschritten die Werte die Marke von 400 ppm (Tausendstel Promille). Der Vergleich mit Luftproben aus antarktischen Eisbohrkernen zeigt, dass wir heute die höchsten CO_2-Werte seit mindestens 800 000 Jahren in der Luft haben – Tendenz steigend. (Credit: NOAA)

1,16 °C über dem Durchschnitt des 20. Jahrhunderts.[268] Die Wissenschaft spricht hier mit einer unmissverständlichen Klarheit: Menschliche Aktivitäten erwärmen die Erde. Nur zwei Fragen sind noch offen: Wie stark werden die Temperaturen in Zukunft ansteigen? Und wie wird dies das Leben der Menschen (und überhaupt) beeinflussen?

Ein unkontrollierter, sich selbst verstärkender Treibhauseffekt würde die Ozeane zum Kochen bringen. Die Situation würde sich erst stabilisieren, wenn die Oberflächentemperaturen etwa 1400 K erreichen und die Wärmestrahlung der Erde ins Nahinfrarot rutscht, für das Wasserdampf kein Treibhausgas ist. Jegliches komplexe, wahrscheinlich überhaupt jedes Leben wäre da längst ausgelöscht. Glücklicherweise legen wissenschaftliche Studien nahe, dass das Verbrennen von fossilen Treibstoffen keinen sich ungebremst selbst verstärkenden Treibhauseffekt auslösen dürfte.[269] Puh. Aber ein Temperaturanstieg von nur wenigen Grad mehr über dem vorindustriellen Niveau, was von Jahr zu Jahr wahrscheinlicher wird, könnte auch schon das Ende der menschlichen Zivilisation bedeuten.

Sitzen wir, bildlich gesprochen, zwischen Hammer und Amboss? Unsere Zivilisation, wie wir sie kennen, braucht die billigen fossilen Energien und könnte ohne sie kollabieren. Mit ihnen kollabiert sie mit Sicherheit.

Ist dies dann eine tragfähige Auflösung des Fermi-Paradoxes? Dass eine Zivilisation zwangsläufig energiereiche Fossilien verbrennen muss und sich damit selbst zerstört, bevor sie es schafft, ins All aufzubrechen oder zumindest zu rufen? Ist eine Zivilisation nichts als ein Frosch in einer Bratpfanne mit warmem Wasser, der nicht daran denkt hinauszuspringen, bevor das Wasser kocht?

Think big ... hilft auch nicht immer

Wegen der desaströsen Folgen des Klimawandels gibt es Vorschläge, wie sich das Problem ingenieursmäßig angehen ließe – und zwar auf der ganz großen Skala des Geoengineerings. Eine Methode bestünde darin, das Rückstrahlvermögen der Erde, ihre Albedo, zu manipulieren, sodass sie mehr Licht reflektiert und sich weniger aufheizt. Dies ließe sich mit gigantischen Reflektoren in Erdumlaufbahnen realisieren oder durch das Einbringen von geeigneten Aerosolen in höhere Atmosphärenschichten, etwa die Stratosphäre. Ein weiterer Ansatz setzt darauf, CO_2 aus der Atmosphäre zu entfernen, etwa indem man große Bereiche der Meeresoberfläche düngt, damit die dort lebenden Algen mehr CO_2 in Biomasse umwandeln, welche nach dem Absterben auf den Meeresgrund absinkt und aus dem Kreislauf ausscheidet. Das Problem mit solchen verheißungsvoll klingenden Projekten ist, dass sie definitionsgemäß nur funktionieren können, wenn sie im globalen

Maßstab umgesetzt werden. Der Einwand, dass wir nicht wissen, welche Nebenwirkungen solche Gigaingenieursprojekte haben könnten, ist alles andere als kleinkariert. Solche Rettungsmaßnahmen könnten durchaus selbst eine Bedrohung für unsere Zivilisation werden. Wird die Lage irgendwann so dramatisch, dass wir es trotzdem probieren müssen?

Auch andere globale technisch-wissenschaftliche Projekte können existenziell schieflaufen. 2003 zum Beispiel machte David Stevenson den nicht wirklich ernst gemeinten Vorschlag, den Erdkern vor Ort zu erforschen.[270] Die Idee war, mit ein paar Kernwaffenexplosionen einen Riss in der Erdkruste zu öffnen und diesen dann mit flüssigem Eisen zu füllen, in dem eine Sonde (nicht aus Eisen!) schwimmt. Das Eisen würde unter dem Einfluss der Schwerkraft bis zum ebenfalls aus Eisen bestehenden Erdkern fallen und dabei die Sonde mit hinunterreißen. Für den Fall, dass irgendjemand auf die Idee kommt, so etwas tatsächlich machen zu wollen, haben Ćirković und Cathcart auf das tödliche Risiko dieses Vorhabens hingewiesen:[271] Es dürfte gigantische Mengen an in Erdkruste und Erdmantel gespeichertem CO_2 freisetzen, welche die vom Menschen bisher schon in die Luft gepusteten Mengen bei Weitem überstiegen. Die Erde würde am Ende doch wie die Venus aussehen, wo die Oberflächentemperatur bei gut 460 °C liegt. Ćirković und Cathcart haben zwar nicht explizit gesagt, dass solche Schnapsideen *die* Lösung für das Fermi-Paradox darstellen, aber zumindest ein Teil der Lösung könnten sie schon sein. Sind größenwahnsinnige Ingenieure das Problem?

Lösung 25
Weltuntergang, autsch …

Während des Kalten Krieges waren manche Wissenschaftlerinnen und Wissenschaftler sicher, dass gewisse ETZs die Eigenschaften von Element 92 – Uran – entdecken und umgehend dazu nutzen würden, sich mit Kernwaffen einzudecken. Dies wäre dann eine offensichtliche Erklärung für einen kleinen Wert von *J* in der Drake-Gleichung: Zivilisationen sprengen sich vorzeitig ins Aus des nuklearen Winters,[272] so wie die Menschheit zu jener Zeit kurz davor stand, es vorzumachen.[273]

Man muss kaum extra erwähnen, dass ein Atomkrieg eine intelligente Spezies vollständig auslöschen würde. (Ich zögere etwas, in diesem Kontext die Vokabel „intelligent" zu verwenden, aber Sie wissen, was gemeint ist.) Das globale Kernwaffenarsenal enthält auch noch 30 Jahre nach dem offiziellen Ende des Kalten Krieges weit über 10 000 nukleare Sprengköpfen (Abb. 4.18). Kommt ein nennenswerter Anteil davon zum Einsatz, ist es definitiv vorbei mit *Homo sapiens*.

Abb. 4.18 Der Kernwaffentest „Castle Romeo" auf dem Bikini-Atoll im Jahr 1954 hatte eine Sprengkraft von 11 Megatonnen. Die USA und die Sowjetunion entwickelten sogar einige noch stärkere nukleare Bomben. (Credit: US Department of Energy)

Nichtsdestotrotz haben viele Science-Fiction-Autoren plausible Szenarien beschrieben, in denen einige Mitglieder einer Spezies einen begrenzten Atomkrieg überleben und über die Jahrtausende ihre Zivilisation wieder zum Laufen bringen (Abb. 4.19). Einer der ersten und bis heute berühmtesten postapokalyptischen Romane dieser Art ist Millers *Lobgesang auf Leibowitz*.[274] Miller beschreibt, wie Mönche nach einem verheerenden Atomkrieg über viele Jahrhunderte Bruchstücke des früheren Wissens aufbewahren. Am Ende entdecken die Menschen für sich die Macht der Wissenschaft neu und erreichen nach Jahrtausenden schließlich wieder ein so „hohes" Niveau, dass sie erneut vor dem Zünden der Bombe stehen.

Aber ist die Kriegslust in allen Zivilisationen so stark, dass niemand jemals etwas dazulernen würde? Muss eine Zivilisation am Ende *zwangsläufig* Atombomben bauen und zünden, sobald sie dazu technisch in der Lage ist? Nur dann kann ein begrenzter Atomkrieg das Paradox auflösen.

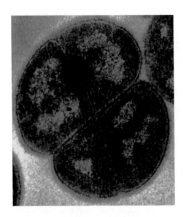

Abb. 4.19 Ein Atomkrieg würde nicht notwendigerweise alles Leben auf der Erde vernichten. Diese mit einem Transmissionselektronenmikroskop angefertigte Aufnahme zeigt das bemerkenswerte Bakterium *Deinococcus radiodurans* – „strahlenharte Schreckenskokke" oder auch „Conan, das Bakterium" –, wie es auf einer Nährlösung gedeiht. Dieser „polyextremophile" Organismus kann sehr hohe Strahlendosen wie auch ein vollständiges Austrocknen überleben. (Credit: Michael Daly, Uniformed Services University, Bethesda)

Jahrzehntelang haben die Regierungen der Erde Verhandlungen über die nukleare Bedrohung geführt. Wenn dieser zugegebenermaßen sehr zähe Prozess erfolgreich abgeschlossen wird, wie wir alle hoffen, dann hätten wir bewiesen, dass es auch anders geht, dass eine nukleare Apokalypse vermieden werden kann. Wenn wir das können, können es die ETZs auch. Natürlich können nicht nur Atom- und Wasserstoffbomben[275] alles intelligente Leben vernichten. Eine Zivilisation muss nicht nur an der Scylla des Atomkriegs vorbei, sondern genauso die Charybdis der biologischen und chemischen Kriegführung umschiffen. Mit chemischen Waffen kann man Ökosysteme destabilisieren, biologische Waffen können die Nahrungsmittelversorgung zerstören oder die Bevölkerung in einer künstlich erzeugten Pandemie ausrotten, immerhin ohne andere Arten übermäßig zu gefährden. Noch besorgniserregender ist die Tatsache, dass biologische Waffen auch von kleinen Gruppen oder gar Individuen benutzt werden könnten. Könnte eine übergeschnappte Biologiedoktorandin oder eine Gruppe religiöser (oder antireligiöser) Fanatiker die Menschheit dahinraffen? Joshua Cooper hat tatsächlich den Bioterrorismus als eine mögliche Ursache für das Große Schweigen genannt.[276]

Cooper argumentiert, wir könnten vernünftigerweise zwei Dinge bei jeder raumfahrenden Zivilisation annehmen:

• Erstens wird sie aus vielen Individuen bestehen. (Warum? Es ist nun mal teuer, das Schwerefeld eines Planeten zu verlassen, der groß genug ist, um eine anständige Atmosphäre zu haben. In unserem Fall hat das erst geklappt, als Milliarden von Steuerzahlern zusammengelegt hatten, das wird anderswo nicht anders sein. Der weitere wissenschaftlich-technische Fortschritt könnte schließlich dazu führen, dass auch kleine Gruppen von intelligenten Wesen „in Raum stechen" können, aber in der Morgenröte des Raumfahrtzeitalters braucht es Tausende von Expertinnen und Experten, die von Milliarden mit Milliarden versorgt werden.)

• Zweitens dürfte ihre Wissenschaft die chemischen Grundlagen des Lebens verstanden haben. (Warum? Nehmen wir wiederum die menschliche Zivilisation als naheliegendes Beispiel. Es braucht ungefähr dieselben informatischen und technologischen Fähigkeiten, um die Grundlagen der Raumfahrt wie die des Lebens zu entschlüsseln. Bei uns sind Luft- und Raumfahrttechnik und Biotechnologie wohl nicht zufällig ungefähr zur gleichen Zeit entstanden. Auf der kosmischen Zeitskala lernt eine Alien-Zivilisation im selben Moment, ihre eigene Biologie wie den sie umgebenden Weltraum zu beherrschen.)

Wenn man diese zwei gut nachvollziehbaren Punkte akzeptiert, folgt daraus eine verstörende Schlussfolgerung. Schauen wir uns den Gedanken an.

Mit jedem Jahr, das vergeht, kann die Biochemie mehr Fortschritte mit weniger Geld erreichen. Watson und Crickpublizierten die räumliche Struktur der DNA im Jahr 1953; 50 Jahre später steht für eine typische Biologiestudentin das Sequenzieren einer DNA-Probe auf dem Studienplan. In 20 Jahren wird für einen Bachelorabschluss (wenn der dann noch so heißt) mindestens ein selbst gebastelter synthetischer Organismus verlangt. Das Humangenom-Projekt, das offiziell 1990 gestartet wurde, veröffentlichte im Jahr 2000 eine grobe Skizze des menschlichen Erbguts, was einige Milliarden Euro gekostet hat. Als ich etwas später die erste Version dieses Buches publizierte, war der Preis für die Sequenzierung eines Genoms von der Größe des menschlichen Erbguts schon auf 90 Mio. Euro gefallen, heute kostet so etwas nur noch schlappe 1000 Euro, bald wird das Genomsequenzierungspaket im Discounterregal neben den Corona-Schnelltests stehen … Solch ein Fortschritt lässt selbst das Mooresche Gesetz der Mikroprozessorfertigung reichlich lahm und uninspiriert erscheinen. In wenigen Jahrzehnten werden vermutlich Milliarden Menschen die Möglichkeit haben, Gene für künstliche Lebensformen zusammenzustellen, wenn sie das denn möchten. Doch in jeder milliardenstarken Population von intelligenten Wesen wird es verrückte, hasserfüllte oder rachsüchtige Individuen geben. Meistens findet man die auch schon in viel kleineren Gruppen (oder Büros). Der Unterschied wird aber sein, dass diese Real-Life-Trolle dann maßgeschneiderte Krankheitserreger entwerfen und in Umlauf bringen können, die gezielt Leute mit der „falschen" Zahl von X-Chromosomen, zu viel oder zu wenig Pigmenten in der Haut oder sonstigen „unerwünschten" genetischen Zügen umbringen. Nichtdiskriminierende Misanthropen könnten eine perfide konstruierte Biowaffe entfesseln, die uns gleich alle umbringt.[277] Damit hat Cooper eine mögliche Erklärung des Fermi-Paradoxes: Jede raumfahrende Zivilisation wird auch die biologischen Grundlagen ihrer Lebensformen beherrschen – und zwar so gut, dass es nur einen oder ein paar Verrückte braucht, um mit diesem Wissen alle Mitglieder der Zivilisation auszulöschen. Die Wahrscheinlichkeit dafür, dass es die gibt, geht gegen 1.

Unabhängig davon, ob Sie dies für eine sinnvolle Auflösung des Paradoxes halten, birgt Coopers Idee eine dringende Warnung: Wenn wir nicht *jetzt* beginnen, uns mit der Bedrohung durch staatlich oder privat entworfene gentechnische Biowaffen zu beschäftigen, und robuste Gegenmaßnahmen treffen, ist unser weiteres Überleben alles andere als sicher. Im Moment können die Fanatiker der Welt um sich schießen, Flugzeuge entführen oder Anthrax-Briefe versenden. Vielleicht werden sie niemals Kernspaltungs- und Fusionsbomben in die Finger bekommen (die Technologie dahinter wird noch sehr lange nur von größeren Staaten zu beherrschen sein). Aber sie werden sehr wahrscheinlich genetische Biowaffen bekommen oder sogar selbst herstellen können, wenn wir uns nicht bald etwas dagegen einfallen lassen.

Lösung 26
Apokalypse ... wann jetzt?

Es gibt offenbar so viele Wege, wie unsere Zivilisation sich selbst ein abruptes vorzeitiges Ende bereiten kann – lohnt es sich da überhaupt noch, sich morgens aus dem Bett zu quälen? Andererseits: Eine intelligente Spezies wie der *Homo sapiens* könnte doch wohl lernen, mit ihren Problemen proaktiv und zielorientiert umzugehen, oder? Bemerkenswerterweise hat eine Denkschule das sogenannte Δt- beziehungsweise Doomsday-Argument ersonnen, demzufolge genau dies nicht der Fall ist.

1969 besuchte Gott die Berliner Mauer, als er in den Semesterferien eine Europa-Rundreise machte.[278] Natürlich besuchte er auch andere Sehenswürdigkeiten, insbesondere hatte er sich vorher die 4000 Jahre alte Kultstätte Stonehenge in Südengland angesehen und war davon nachhaltig beeindruckt. Beim Blick auf die Mauer fragte er sich deshalb, ob dieses menschenfeindliche Produkt des Kalten Krieges wohl so lange Bestand haben würde wie die Steine von Stonehenge. Gott hatte Physik studiert und nicht Politik oder Geschichte, also legte er sich die nun folgenden Gedanken zurecht.

- Zunächst einmal fand sein Besuch an der Mauer zu einem zufälligen Zeitpunkt zwischen ihrer Errichtung 1961 und ihrem Fall im Jahr 1989 statt. Weder Bau noch Abriss der Mauer hat er vor Ort miterlebt. Er hatte einfach mal in den Ferien vorbeigeschaut. Die Wahrscheinlichkeit, dass dieser Besuch während der mittleren beiden Viertel der Standzeit des Bauwerks geschah, beträgt ohne weitere Informationen 50 %. Wenn der Besuch exakt am *Beginn* dieser Zeitspanne stattfand, dann hatte die Mauer $^1/_4$ ihrer Existenz hinter sich und $^3/_4$ noch vor sich – die Mauer hätte zu diesem Zeitpunkt noch dreimal so lange gestanden, wie sie bereits dastand. Wäre Gott exakt am *Ende* dieser Zeitspanne dort gewesen, dann hätte die Mauer schon $^3/_4$ ihrer Existenz hinter sich und nur noch $^1/_4$ vor sich gehabt – sie hätte nur noch ein Drittel so lange gestanden, wie sie schon dastand.
- Als Gott 1969 Berlin besuchte, war der Mauerbau $\Delta t = 8$ Jahre her. Daraus schloss er, dass zu diesem Zeitpunkt die Mauer mit einer Wahrscheinlichkeit von 50 % noch zwischen $8 \cdot ^1/_3 = 2^2/_3$ und $8 \cdot 3 = 24$ Jahre stehen würde (Abb. 4.20). Wie sicherlich alle wissen, die 1989 die

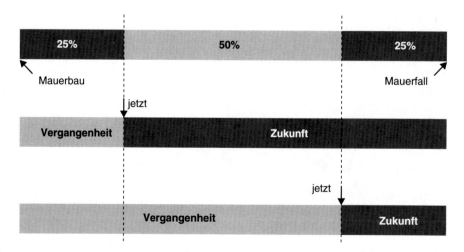

Abb. 4.20 So hat Gott vorhergesagt, dass die Berliner Mauer vermutlich zwischen 2 Jahren und 8 Monaten und 24 Jahren nach seinem Besuch in Berlin fallen würde.

dramatischen Fernsehbilder gesehen oder später in der Schule davon erfahren haben, kam das Ende der Berliner Mauer 20 Jahre nach Gotts Besuch und damit tatsächlich innerhalb des von ihm abgeschätzten Zeitraums (Abb. 4.21).

Gott zufolge kann man dieses Argument auf praktisch alles anwenden. Wenn man über eine Sache, die man zu einem bestimmten Zeitpunkt einmal gesehen hat, sonst nichts weiß, dann hat das Ding eine Chance von 50 %, noch zwischen $^1/_3$- und 3-mal so lange weiterzuwurschteln, wie es bereits in der Welt ist.

In der Wissenschaft sind an sich Vorhersagen üblich, die mit Wahrscheinlichkeiten von 95 % oder noch mehr eintreten. Das ändert nichts an der Argumentation, nur an den Zahlen: Wenn Sie nichts weiter über etwas wissen, wird es mit 95% Wahrscheinlichkeit noch für das $^1/_{39}$- bis 39-Fache seines aktuellen Alters fortexistieren. Wichtig ist, dass keinerlei Anforderungen an die Beobachtung gestellt werden. Stellen Sie sich vor, Sie sind bei einer Hochzeit eingeladen und machen ein bisschen Smalltalk mit einem jungen Paar, das Sie noch nie zuvor gesehen haben. Wenn die beiden vor $\Delta t = 10$ Monaten geheiratet haben, dann wird ihre Ehe mit 95 %

Abb. 4.21 Ein Riss in der Berliner Mauer. Es gibt eine bemerkenswerte gedankliche Verbindung zwischen der Haltbarkeit der Mauer und der Zeit, die unserer Spezies auf diesem Planeten noch beschieden ist! (Credit: Frederik Ramm)

Wahrscheinlichkeit zwischen etwas mehr als einer Woche und $32^1/_2$ Jahre halten. Sie können dagegen nichts darüber sagen, wie lange Braut und Bräutigam zusammenbleiben werden – die Zeit seit ihrer Hochzeit beträgt $\Delta t = 0$. (Dass sich diese Berechnung nicht mit Beerdigungen durchführen lässt, sollte offensichtlich sein.)

Mit dem Δt-Argument die Haltbarkeitsdauer von antifaschistischen Schutzwällen oder Liebesbeziehungen abzuschätzen, ist amüsant, aber wir können damit auch wesentlich ernsthaftere Dinge untersuchen: zum Beispiel das zukünftige Schicksal des *Homo sapiens*. Unser Spezies ist ungefähr 175 000 Jahre alt. Nach Gotts Regel haben wir als Art eine 95-prozentige Chance, noch weitere etwa 4500 bis 6 800 000 Jahre zu bestehen. Dann betrüge die gesamte Lebensdauer unserer Spezies irgendetwas zwischen 0,18 und 7 Mio. Jahren. Die Rechnung gibt natürlich keinerlei Auskunft darüber, wie die Menschheit ihr Ende findet, es ist bloß sehr wahrscheinlich, dass unser Schicksal uns irgendwann zwischen 4500 und 6,8 Mio. Jahren nach dem heutigen Tag ereilen wird.

Wenn Sie jetzt gerade zum ersten Mal von Gotts Überlegung gehört haben, halten Sie das möglicherweise (genau wie ich) für ziemlich abstrus. Allerdings ist es gar nicht einfach festzumachen, wo die Logik nicht stimmt. Alle „offensichtlichen" Einwände sind entkräftet worden. Es lohnt sich daher zu schauen, was die Doomsday-Argumentation für das Fermi-Paradox heißen könnte. Dafür betrachten wir jetzt eine leicht modifizierte Version von Gotts Idee.

Stellen Sie sich vor, sie stehen in einer Gameshow im Nachmittagsprogramm ihres Lieblingsprivatsenders. Die Regeln sind simpel: Der Moderator stellt zwei identische Urnen vor Ihnen auf und sagt: „Eine Urne enthält 10 Bälle, die andere 10 Millionen." (Die Bälle sind sehr klein.) Weiterhin sind die Bälle in jeder Urne durchgängig nummeriert (1, 2, 3, …, 10 in der einen Urne; 1, 2, 3, …, 10 000 000 in der anderen). Sie ziehen zufällig einen Ball aus der rechten Urne und sehen, dass er die Nummer 7 hat. Ihre Aufgabe ist es nun zu raten, ob in der rechten Urne 10 oder 10 Mio. Billionen Bälle sind. Die Chancen stehen *nicht* 50 : 50 – es ist sicherlich deutlich wahrscheinlicher, dass ein Ball mit einer einstelligen Nummer aus der 10-Bälle-Urne kommt. Also setzen Sie alles auf diese.

Nun ersetzen wir die zwei Urnen voller (sehr kleiner) Bälle durch zwei Gruppen von Menschen, wobei jede Person nach ihrem Geburtsdatum durchnummeriert wird. (Adam ist 1, Eva 2, Kain 3, Abel 4 und so weiter). Würde eine dieser Gruppen der kompletten Menschheit seit Adam und Eva (beziehungsweise Lucy & Co.) entsprechen, dann läge meine persönliche Nummer irgendwo bei 70 Mrd. – so wie auch bei allen anderen lebenden potenziellen Leserinnen und Lesern dieses Buches –, denn es gab bisher ganz grob geschätzt 70 Mrd. Menschen, seit unsere Spezies über die Erde wandelt. Jetzt argumentieren wir genauso wie bei den beiden Bällchen-Urnen: Es ist wahrscheinlicher, dass Ihre persönliche Nummer bei 70 Mrd. liegt, wenn die Gesamtzahl aller Menschen, die jemals auf der Erde oder anderswo lebten oder leben werden, zum Beispiel 100 Mrd. beträgt, als wenn diese Zahl bei 100 Billionen läge. Wenn Sie raten müssten (und der attraktive Hauptgewinn der Spielshow daran hängt), würden Sie darauf setzen, dass nur noch ein paar Zehnmilliarden Menschen dazukommen werden. (Das klingt nach viel, aber bedenken Sie, dass wir momentan netto alle zehn Jahre 1 Mrd. Leute mehr werden.)

Das Δt-Argument ist letztlich eine Erweiterung des kopernikanischen Prinzips. Das klassische kopernikanische Prinzip besagt, dass wir an keinem in irgendeiner Weise besonderen Ort im Weltraum leben; Gott sagt, dass wir zu keinem in irgendeiner Weise besonderen Zeitpunkt leben. Ein intelligenter Beobachter wie zum Beispiel Sie, werte Leserin, werter Leser, sollte sich selbst als zufällig aus einer sehr, sehr langen Liste mit möglichen ebenso intelligenten Beobachtern ausgewählt begreifen (vergangene, heutige und zukünftige). Wenn Sie glauben, dass unsere Spezies eines Tages die Galaxis kolonisiert und 100 Bio. menschliche Wesen hervorgebracht haben wird, müssen Sie sich schon Folgendes fragen: „Warum bin gerade ich auserkoren, rein zufällig unter den ersten 0,07 % der Menschen sein, die jemals gelebt haben werden?"

Gott hat dann dieselbe Argumentation verwendet, um eine Reihe von Eigenschaften galaktischer Intelligenzen abzuleiten, von denen einige relevant für das Fermi-Paradox sind. Alles hängt dabei von der Idee ab, dass Sie ein zufällig ausgewähltes intelligentes Wesen sind, dessen Position in Raum und Zeit sich durch nichts vor anderen Raumzeitpunkten auszeichnet.

1. Es kann keine großmaßstäbliche Kolonisierung der Galaxis durch ETZs gegeben haben (denn wenn es sie gegeben hätte, wären Sie – ja, *SIE* – aller Wahrscheinlichkeit nach ein Mitglied einer dieser Zivilisationen).
2. Wendet man die Δt-Regel auf die irdische Rundfunktechnik an und kombiniert das dann mit der Drake-Gleichung, folgt auf einem Konfidenzniveau von 95 %, dass die Zahl der über Radiowellen kommunizierenden Zivilisationen kleiner als 121 ist – möglicherweise viel kleiner, je nach den in die Drake-Gleichung eingesetzten Parameterwerten.
3. Wenn es (deutlich) unterschiedlich große extraterrestrische Populationen gibt, dann kommen Sie wahrscheinlich aus einer ETZ, deren

Populationsgröße über dem Median liegt. Daher gibt es mit hoher Wahrscheinlichkeit nur wenige ETZs, die größer als unsere eigene sind – so wenige, dass die Zahl ihrer Individuen nicht die Gesamtzahl aller intelligenten Wesen in der Galaxis beziehungsweise im All dominiert. Denn sonst wäre anzunehmen, dass Sie auch dazugehören. Und daraus können wir dann folgern, dass es vermutlich keine KII-Zivilisation in der Galaxis gibt und keine KIII-Zivilisation im gesamten beobachtbaren Universum.

Wie ich bereits angedeutet habe, fühlt sich dieser Gedankengang irgendwie falsch an – aber wo genau liegt der Fehler? Philosophisch lässt sich sowohl für als auch gegen Gotts Folgerungen argumentieren. Vielleicht ist es am besten, wenn wir die Philosophinnen und Philosophen das unter sich ausmachen lassen. Ich persönlich habe Schwierigkeiten mit der Annahme, dass eine intelligente Spezies notwendigerweise eine endliche Lebensdauer hat. Beobachtungen legen nahe, dass sich das Universum für immer ausdehnen wird. Es wäre also *möglich*, dass die Menschheit ewig fortexistiert (in diesem Fall wird es problematisch mit dem Doomsday-Argument, denn Unendlichkeiten machen alle einfachen Berechnungen schwierig, wenn nicht unmöglich). Und dann: Mit welcher Definition von „menschlich" arbeiten wir hier eigentlich? Wann genau, meint Gott, hat die Menschheit „begonnen"? Und wenn die Evolution unsere Spezies eines Tages zu etwas anderem werden lässt, zählt das dann als „Ende" der Menschheit? Nichtsdestotrotz sind die Δt- und Doomsday-Gedanken nach wie vor relevant, egal ob wir ein komisches Gefühl dabei haben oder nicht.[279]

Lösung 27
Die Dinge ändern sich
Karl Schroeders Science-Fiction-Roman *Permanence* enthält Dutzende von interessanten naturwissenschaftlichen und philosophischen Spekulationen,[280] darunter auch eine mögliche Lösung für das Fermi-Paradox, wie Milan Ćirković meint. Er nennt sie die „adaptationistische" Lösung.[281]

In der Biologie versteht man unter Adaptation oder Anpassung den evolutionären Prozess, durch den Organismen mit der Zeit immer besser in ihrem Habitat zurechtkommen (Abb. 4.22). Ein adaptives Merkmal beziehungsweise eine evolutionäre Anpassung ist eine physiologische Eigenschaft oder ein Verhalten bei Teilen einer Population, wodurch die Merkmalsträger mit höherer Wahrscheinlichkeit überleben und/oder sich reproduzieren können. Man könnte viele Beispiele nennen: Fledermäuse orientieren sich mit Echoortung; Laubheuschrecken sehen aus wie

Abb. 4.22 Zwei männliche Fichtenkreuzschnäbel. Diese Vögel haben ein ziemlich ungewöhnliches Merkmal: Ober- und Unterschnabel stehen über Kreuz (daher der Name). Sie ernähren sich von den Samen in den Zapfen von Nadelbäumen (zum Beispiel Fichten), wobei diese Schnabelform hilfreich ist – eine adaptives evolutionäres Merkmal. Könnten die menschliche Intelligenz und unser Bewusstsein auch bloß ein adaptives Merkmal sein, mit genauso viel oder wenig Bedeutung wie die charakteristischen Mundwerkzeuge des Fichtenkreuzschnabels? Ist die menschliche Intelligenz nur insofern wichtig, als und solange sie uns einen evolutionären Vorteil in einer beständig sich wandelnden Umwelt bietet? (Credit: Elaine R. Wilson)

Blätter, um Fressfeinden zu entkommen; Katzen nutzen ihre Klauen, um ihre Beute zu fangen oder mit ihr herumzuspielen. Es ist allerdings nicht alles ein Resultat von Adaptationen. Manche Strukturen, wie die zurückgebildeten Augen von Höhlenlebewesen, sind Relikte, die rote Farbe des Blutes ist ein Nebenprodukt von bestimmten molekularen Eigenschaften des Hämoglobins. Andere Merkmale nennt man „exaptiv" – ein Beispiel sind Vogelfedern, die sich als Wärmeschutz bei bestimmten Dinosaurierlinien entwickelt haben und sich dann zufällig beim Fliegenlernen als ziemlich praktisch erwiesen: In Bezug auf die kuschelige Wärme von Eiderdaunen sind sie adaptiv, bezüglich der Flugfähigkeit von Vögeln sind sie exaptiv. Nichtsdestotrotz ist Adaption in der belebten Natur allgegenwärtig.

Schroeders Roman *Permanence* basiert nun auf der Idee, dass Intelligenz und Bewusstsein für uns die gleiche Bedeutung haben wie die Echoortung für die Fledermäuse oder das blättrige Aussehen für die Laubheuschrecken.

Und so wie ursprünglich gut sehende Höhlenfische oder Grottenolme mit der Zeit ihre Augen verlieren können, wenn sie ihnen in einer veränderten – nämlich stockdunklen – Umwelt keinen Nutzen mehr bringen, dürften auch Intelligenz und Bewusstsein sich bei uns verflüchtigen, wenn sich unsere Umwelt entsprechend verändert. Für Schroeder ist Intelligenz nicht die Vorbedingung für Werkzeuggebrauch oder Zivilisation. Er lässt einen seiner Protagonisten sagen: „Bewusstsein scheint eine Phase zu sein. Keine von uns untersuchte Spezies hat über ihre gesamte Geschichte das sogenannte Selbstbewusstsein behalten. Und gewiss hat sich keine in einen Zustand weiterentwickelt, der höher als Bewusstsein wäre." Und später: „Ursprünglich mussten wir sehr viel über das Werfen von Dingen wie Steine oder Speere nachdenken. Schließlich haben wir uns aber weiterentwickelt, sodass wir werfen konnten, ohne auch nur einen Gedanken daran zu verschwenden – und das ist ein Zeichen für das, was uns bevorsteht. Eines Tages werden wir … in der Lage sein, eine technologische Infrastruktur zu unterhalten, ohne darüber nachzudenken. Ohne überhaupt noch denken zu müssen …"

In dem Roman *Permanence* ist Intelligenz also *nicht* permanent. Die Dauer *J* des kommunizierenden Zeitalters einer ETZ ist demnach nicht etwa durch einen möglichen Weltuntergang begrenzt, sondern durch evolutionären Selektionsdruck. Es ist nicht so, dass sich die intelligenten Spezies zugrunde richten, bevor sie kommunizieren, sie passen sich lediglich nach relativ kurzer Zeit an sich ändernde Umweltbedingungen an und verlieren dadurch die Fähigkeiten, die sie bräuchten, um lange genug über interstellare Distanzen zu kommunizieren. Wir hören deshalb nichts von transgalaktischen Zivilisationen, weil intelligente Wesen sich unvermeidlich in andere Richtungen als transgalaktischen Aktivismus weiterentwickeln. Das Leben geht weiter und hat Besseres zu tun, als zu den Sternen hinauszurufen.

Obwohl ich Schroeders Sicht auf die *Bedeutung* der Intelligenz sympathisch finde, bin ich nicht sehr überzeugt davon, dass sein Gedanke das Fermi-Paradox löst. Ein Szenario, in dem biologische Prozesse keine Rolle mehr spielen, ist sicherlich nicht weniger unwahrscheinlich als die Zukunft, die Schroeder in *Permanence* entwirft.

Laut Steven Dick[282] müssen wir „Stapledonisch"[283] denken, wenn es um die Natur der Intelligenz im Universum geht – das heißt, wir müssen die biologische und kulturelle Evolution einer Spezies auf astronomischen Zeitskalen betrachten.

Es ist unmöglich vorherzusagen, was nach 1 Mrd. Jahren biologischer Evolution herauskommen wird. Man könnte aber schon vertreten, dass die biologische Evolution zunehmend irrelevant wird, wenn eine Zivilisation erst einmal ein gewisses technisches Niveau erreicht hat: Die *kulturelle* Evolutionist einfach so viel schneller als die biologische. Natürlich wissen wir genauso wenig, wie es mit der kulturellen Evolution weitergeht; uns fehlt leider die „psychohistorische Theorie", die sich Asimov für seinen *Foundation*-Zyklusausgedacht hat. Aber wir können zumindest die Trends extrapolieren, die sich schon heute und hier auf der Erde erkennen lassen. Dick nennt die folgenden Felder als in dieser Hinsicht besonders relevant: künstliche Intelligenz, Biotechnologie, Gentechnik, Nanotechnologie und Raumfahrt. Ganz oben auf der Liste steht für ihn die künstliche Intelligenz, da die übrigen Errungenschaften alle der Intelligenz „dienen": Mit Bio- und Nanotechnologie könnten wir echte künstliche Intelligenz erschaffen; die Raumfahrt wird die Intelligenz in unserer kosmischen Umgebung verteilen; die Gentechnik erweitert die biologische Basis der Intelligenz.

Hier bei uns auf Erde nehmen diese Trends an Fahrt auf, was Dick dazu veranlasst, das von ihm so benannte „Intelligenz-Prinzip" aufzustellen: „Das Aufrechterhalten, Verbessern und Verstetigen von Wissen und Intelligenz ist die zentrale treibende Kraft der kulturellen Evolution. Und alles, was sich an der Intelligenz vervollkommnen lässt, wird auch vervollkommnet werden." Das Intelligenz-Prinzip impliziert, dass mit ausreichend Zeit (und ETZs werden genug Zeit gehabt haben) jede biologisch basierte Intelligenz eine künstliche Intelligenz erschaffen wird. Die Produkte der biologischen Evolution werden durch ihre maschinelle Nachkommenschaft entweder ersetzt oder mit ihnen verschmelzen. Stapledonisches Denken legt dann nahe, dass wir schon längst in einem postbiologischen Universum leben.

Solche Aussichten haben einige Konsequenzen für das Fermi-Paradox. Um nur eine zu nennen: Die großen Differenzen zwischen postbiologischen und biologischen Wesen – etwa in Alter, Fähigkeiten, Körperlichkeit und vielem anderen – dürften zu qualitativen Unterschieden zwischen ihrem und unserem Verstand führen: Eine Kommunikation könnte dadurch unmöglich werden. Vielleicht erscheint uns das Universum deshalb so schweigsam.

Doch auch die Idee eines postbiologischen Universums ist nicht ganz unproblematisch. Angenommen es gebe zum Beispiel auch in der postbiologischen Welt eine kulturelle Evolution – wohin würde die führen? Und das Intelligenz-Prinzip selbst, auf das Dick seine ganze Argumentation stützt, hat kaum den Status eines physikalischen Naturgesetzes. Es klingt überzeugend, weil das große Wissen und die Intelligenz unserer Kultur uns hier und derzeit in der Tat einen ordentlichen Selektionsvorteil verschaffen, aber es könnte nur eine vorübergehende lokale Gesetzmäßigkeit sein – möglicherweise wird die kulturelle Evolution einer extraterrestrischen Zivilisation von Hass, Eroberungsstreben oder einer Emotion angetrieben, die wir nicht einmal in Worte fassen können.[284] Nichtsdestotrotz übt die Vorstellung, dass wir bereits in einem postbiologischen Universum leben, einen großen Reiz aus. Man kann Dicks Gedanken auf verschiedenen Wegen weitertreiben, die jeweils zu unterschiedlichen Sichtweisen auf das Fermi-Paradox führen. Die nächsten Lösungen diskutieren unterschiedliche Aspekte eines postbiologischen Universums.

Lösung 28
Sie hängen an Schwarzen Löchern ab

Die Kardaschow-Skala klassifiziert, wie wir gesehen haben, ETZs anhand ihres Geschicks darin, energetische Ressourcen anzuzapfen. John Barrow hat eine andere Skala eingeführt, die auf die Fähigkeit abzielt, kleine Dinge zu manipulieren, und sie lässt sich im Prinzip genauso gut anwenden wie die Kardaschow-Skala.[285] Eine BI-Zivilisation kann demnach Objekte derselben Größenordnung wie ihre Individuen manipulieren, also ganz grob von 1 m Länge (unter der Annahme, dass intelligente Wesen auf dieser Größenskala existieren, wovon wir schon ausgehen wollen). Eine BII-Zivilisation kann mit Objekten auf der 100-nm-Skala (10^{-7} m) umgehen, das heißt, solche Leute könnten insbesondere Dinge wie das menschliche oder wohl auch ihr eigenes Genom bearbeiten. Eine BIII-Zivilisation werkelt bereits mit Objekten im Bereich um 1 nm herum, also einzelnen Molekülen. Unsere menschliche Zivilisation wäre dann schon auf dem BIV-Level unterwegs, denn mithilfe verschiedener technischer Fortschritte können wir einzelne Atome auf einer Skala von $0{,}01\,\mathrm{nm} = 10\,\mathrm{pm} = 10^{-11}$ m manipulieren. Aber wie Feynman bekanntlich angemerkt hat: *„there's plenty of room at the"* – es gibt noch viel Luft nach unten, auf den kleinsten Skalen ist sogar noch mehr zu entdecken als auf den größten.[286]

Tatsächlich trennen uns, das heißt die typische menschliche Längenskala von 1 m, „nur" 26 Größenordnungen („Zehnerpotenzen") von der Größe des beobachtbaren Universums, jedoch 35 Größenordnungen von der quantenphysikalisch kleinstmöglichen Distanz – dem Planck-Abstand, dieser ist sozusagen das ultimative Längenquant. Wenn also fortschrittliche ETZs noch weiter auf dem Weg des Wissens fortschreiten möchten, wenden sie sich möglicherweise nicht den unendlichen Weiten des Weltraums zu, sondern den faszinierenden Abgründen des Mikrokosmos. Eine BV-Zivilisation würde Atomkerne auseinandernehmen und daraus Fermibots bauen (1 fm = 10^{-15} m), eine BVI-Zivilisation einzelne Elementarteilchen (1 am = 10^{-18} m) und eine BΩ-Zivilisation wäre in der Lage, die

Quantenstruktur der Raumzeit selbst zu manipulieren (10^{-35} m, also Planck-Länge, weniger geht nicht).

Clément Vidalkam dann auf die Idee, die Entwicklung von ETZs in einem zweidimensionalen Diagramm darzustellen, mit der Kardaschow- und der Barrow-Skala als Koordinatenachsen.[287] In diesem System sind insbesondere KII-BΩ-Zivilisationen interessant, die mit der Energie von Sternen die Raumzeit manipulieren.

Eine KII-BΩ-Zivilisation könnte mit Schwarzen Löchernarbeiten, Gebieten der Raumzeit, aus denen absolut nichts entkommen kann.[288] Vidal nennt Schwarze Löcher „Attraktoren für Intelligenz": Für KII-BΩ-Zivilisationen wäre es sehr verlockend, sich diese extremen Objekte zunutze zu machen. Lassen Sie uns spekulieren, wieso das so sein mag: Eine hochentwickelte Zivilisation könnte zum Beispiel Schwarze Löcher verwenden, um Energie zu speichern oder abzurufen.[289] Oder sie nutzt sie als Teleobjektiv: Mit einem Schwarzen Loch als Gravitationslinse ließe sich ein gigantisches und unvorstellbar leistungsfähiges Teleskop aufbauen. Einzelne Wissenschaftler haben vorgeschlagen, mithilfe der stark verbogenen Raumzeit um ein rotierendes Schwarzes Loch einen „Hypercomputer" zu konstruieren – ein Gerät, mit dem sich Probleme lösen lassen, an denen herkömmliche Rechner oder einfache Quantencomputer kläglich scheitern. Auch KII-BΩ-Fahrzeugkonstrukteurinnen und -konstrukteure dürften aufhorchen: Vielleicht bieten Schwarze Löcher ungeahnte Möglichkeiten für das Reisen durch die Raumzeit. Und dann gibt es da noch die Spekulation, dass *richtig* fortschrittliche Zivilisationen den Effekt der gravitativen Zeitdilatation in der Umgebung eines Schwarzen Loches nutzen, um ihr Überleben bis in unendliche Zeiträume zu sichern. Dies dürften genügend Gründe für hinreichend intelligente Intelligenzen sein, sich ausgiebig mit Schwarzen Löchern zu beschäftigen … Wenn nicht – man kann sich noch viele andere ausdenken. Und sei es auch nur, dass Schwarze Löcher wirklich den allerletzten Schrei in der Entsorgungstechnik darstellen würden.

Wären wir in der Lage, irgendetwas von solchen Aktivitäten mitzubekommen?

Die Astronomie kennt Dutzende von sogenannten Röntgendoppelsternen (*X-ray binaries, XRB, Abb. 4.23). Ein XRB ist nach heutiger Vorstellung ein System aus zwei Objekten, von denen das eine ein normaler Stern ist und das andere ein extrem kompakter und massiver Begleiter, etwa ein Neutronenstern oder eben ein stellares Schwarzes Loch, der oder das vom ersten Objekt Materie absaugt. Die übertragenen Gase und Partikel bilden aufgrund der Drehimpulserhaltung eine sogenannte Akkretionsscheibe um das dichte Objekt, in der sie diesem auf Spiralbahnen immer näher

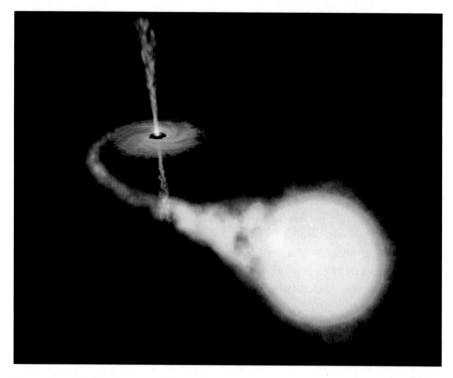

Abb. 4.23 Eine bekannte künstlerische Darstellung eines XRB beziehungsweise Mikroquasars, bei dem aufgrund der schnellen Rotation des kompakten Partners die hochenergetische Strahlung stark gebündelt parallel zur Drehachse ins All schießt. Ein Mikroquasar ist wie ein Quasar, bloß viel kleiner: Während Quasare hochaktive supermassive Schwarze Löcher im Zentrum von Galaxien oder Galaxienhaufen mit millionen- oder milliardenfacher Sonnenmasse sind, hat das stellare Schwarze Loch eines Mikroquasars nicht viel mehr Masse als unsere Sonne. (Credit: NASA/STScI)

kommen. Dabei verliert diese Materie potenzielle Gravitationsenergie, die unter anderem als hochenergetische EM- und Teilchenstrahlung das System verlässt. Dies ist der effizienteste Weg, Gravitationsenergie in Strahlung zu verwandeln, und entsprechend intensiv leuchten diese Systeme im Röntgenlicht. *Könnte* also ein XRB auf eine ETZ hindeuten, die an einem Schwarzen Loch Hyperberechnungen durchführt, Deep-Space-Reisen vorbereitet oder auch nur ihren Müll entsorgt?

Wenn man akzeptiert, dass Zivilisationen sich schnell und unausweichlich auf das KII-BΩ-Niveau hocharbeiten, dann könnte dieser Ansatz erklären, warum SETI bisher erfolglos geblieben ist. Wir haben die ganze Zeit nach niederenergetischen Kommunikationssignalen im Radio- oder optischen Bereich gesucht anstelle von hochenergetischer Strahlung etwa von XRBs.

Vidal hat jedoch selbst auf eine Schwachstelle in seiner Argumentation aufmerksam gemacht: Alles, was wir bisher an XRBs beobachtet haben, lässt sich einfacher durch natürliche Prozesse als mit hyperintelligenten Aktivitäten erklären. Röntgendoppelsterne sind einfach ehemalige gewöhnliche Doppelsterne, bei denen einer von beiden Partnern das Ende seiner Lebensdauer erreicht hat und aufgrund seiner relativ großen Masse zu einem kompakten Objekt geworden ist. Es gibt zwar noch da und dort Details zu klären, aber es scheint außer Zweifel zu stehen, dass wir hier ganz einfach der Gravitation bei der Arbeit zusehen.

Künftige Beobachtungen könnten uns aber natürlich zwingen, die Sache neu zu überdenken. Wenn der kollabierende Partner im Doppelsternsystem eine Masse unter 1,44 Sonnenmassen hat, wird er kein Schwarzes Loch, sondern lediglich ein Weißer Zwerg. Liegt seine Masse zwischen etwa 1,5 und 3 Sonnenmassen, endet er als Neutronenstern. Dann ist er zwar auch schon sehr kompakt und kann ebenfalls eine intensiv strahlende Akkretionsscheibe haben, es sähe aber trotzdem anders aus als bei einem Schwarzen Loch. Wenn wir also einen XRB finden, bei dem der kompakte Partner eine so geringe Masse hat, dass er kein Schwarzes Loch sein dürfte, sich aber trotzdem wie eines benimmt, dann sollten wir stutzig werden und prüfen, ob da nicht jemand der Gravitation ins Werk gepfuscht hat.

Der Verdienst von Vidals zweidimensionalem Klassifikationsschema für Zivilisationen und seinem Fokus auf den Typ KII-BΩ besteht weniger in dem speziellen Vorschlag, dass XRBs das Werk von Außerirdischen sein könnten. Vielmehr hat er damit dazu beigetragen, den Suchraum des SETI-Projekts auszuweiten und neue Wege auszuprobieren. Bis heute lag der Schwerpunkt der meisten SETI-Projekte auf möglichen Kommunikationssignalen in niederenergetischer Strahlung. Wir können nun mit gleicher Berechtigung nach hochenergetischer Strahlung suchen, die als Nebenprodukt von Hightech-Aktivitäten auf KII-BΩ-Niveau entsteht. Und überlegen Sie einmal: Selbst wenn das Schwarze Loch in einem XRB auf natürliche Weise *entstanden* ist, könnte eine benachbarte KII-BΩ-Spezies es sich trotzdem auf die eine oder andere Weise zunutze machen.[290] Wie Vidal ausführt, ist auch ein Wasserfall meistens ein natürliches Phänomen – aber Sie können dort ein Wasserkraftwerk bauen und damit das Naturphänomen für Ihre Zwecke einspannen, was dann wiederum ein aufmerksamer Beobachter als Beleg für Ihre Existenz und technologische Finesse werten würde. Wir könnten daher zum Beispiel nach ungewöhnlichen Energieflüssen bei einem XRB schauen, die sich als bewusste Regulierung der Energieflüsse deuten lassen. Astrophysikerinnen und Astrophysiker untersuchen den Röntgen- und Gammastrahlungshimmel sowieso schon intensiv, um mehr über Supernovae, Mikroquasare und aktive Galaxienkerne zu lernen. SETI-Experten könnten sich dort mit wenig Aufwand einklinken: Es kostet nicht viel und wer weiß, was sie vielleicht am Ende finden ... Nichtsdestotrotz, nach heutigem Wissensstand haben wir weder bei niedrigen noch bei hohen Energien irgendetwas gefunden, das sich ausschließlich durch Aktivitäten oder wenigstens die Existenz von ETZs erklären ließe. Bisher reichen in allen Fällen ein bisschen Zeit und die Gesetze der Physik, die auf geistlose Materie und Energie einwirken, um eine schlüssige Deutung zu finden.

Lösung 29
Sie haben die Singularität erreicht – wie kurzweilig ist das denn?

Vor computerhistorisch sehr langer Zeit, nämlich 1965, bemerkte der Chemiker und Ingenieur Gordon Moore, dass sich damals die Zahl der Transistoren auf einem ein Quadratzoll großen Mikrochip etwa alle 18 Monate verdoppelte.[291] Dies wurde bald unter dem Namen *Moore's law*, also Mooresches Gesetz, bekannt, auch wenn es eher eine Beobachtung beziehungsweise eine unternehmerische Zielvorgabe als ein Naturgesetz ist. In verschiedenen Varianten hat das Gesetz bis heute Bestand gehabt, und dies nicht nur für die Transistorenzahl, sondern auch für die Speicherdichte und andere Hardwareparameter. Das Ergebnis: Immer preiswertere und immer schnellere Rechner haben unsere Welt gründlich verändert. Hielte der Trend an, würden wir auf Dauer exponentiell billigere und leistungsfähige Geräte bekommen, virtuelle Realität, denkende Kleidung, was auch immer.[292]

Vernor Vinge hat genau dies angenommen und vorhergesagt, dass wir uns noch vor dem Jahr 2030 mit einer superhumanen Intelligenz konfrontiert sehen werden. Ray Kurzweil hat diesem Gedanken zu einiger Popularität auch über die Nerd-Kultur hinaus verholfen.[293] Vinge untersuchte vier verschiedene Wege, auf denen es dazu kommen kann:

- Leistungsfähige Superrechner kommen zu „Bewusstsein",
- Netzwerke „wachen auf",
- Mensch-Computer-Hybride entwickeln eine übermenschliche Intelligenz oder
- die Biologie findet Wege, den menschlichen Intellekt auf eine qualitativ höhere Stufe zu bringen.

Solch eine brillante Erfindung, sollte sie gelingen, wäre dann aber leider auch unsere letzte. Denn die Superintelligenz, wie auch immer entstanden, wäre dann eben besser als wir in der Lage, ihre Nachfolgemodelle Superintelligenz 2.0, 3.0, … zu entwerfen. Die Verdopplungszeit des Mooreschen Gesetzes würde auf Sekundenbruchteile zusammenschnurren und die Ära des Menschen in einer superexponentiellen Kettenreaktion enden. Genau das nennen Vinge und Kurzweil die *Singularität*.[294]

Dieser Begriff fängt die Essenz dessen ein, was einen kritischen Punkt in der Menschheitsgeschichte ausmacht: Die Dinge ändern sich immer schneller, je mehr wir uns der Singularität nähern. Und wie bei der Singularität im Zentrum eines Schwarzen Loches ist auch hier sehr schwer vorherzusagen, was geschieht, nachdem der Punkt erreicht wurde. Die superintelligenten Rechner (oder superintelligenten Menschen oder superintelligenten Cyborgs) werden zu … was? Ihre Fähigkeiten lassen sich kaum erahnen, ganz zu schweigen von ihren Motiven und Wünschen nach diesem transzendentalen Ereignis.[295]

Vinge vertritt den Standpunkt, dass, *wenn* die Singularität möglich ist, sie auch unweigerlich kommen *wird*. Wenn also eine ETZ ihren ersten Computer zusammengelötet hat – was sie sicherlich machen wird, wie sollten sie sonst ihre Radioteleskope bauen und betreiben? –, dann ist die Singularität ihr unabänderliches Schicksal. Dies ist dann eine neue Auflösung des Fermi-Paradoxes: Alien-Zivilisationen erreichen und passieren die Singularität und werden superintelligente, transzendente und vor allem unerkundbare Wesen.

Vinges Spekulation ist faszinierend und hat als Erklärung des Paradoxes den Vorteil, dass sie keine „soziologischen" Aussagen über die Motive und individuellen Züge von ETZs zu machen braucht. Nicht *jede* ETZ wird sich in die Luft (beziehungsweise den luftleeren Raum) jagen, aber sicherlich werden sie alle Computer haben, wenn sie überhaupt ein nennenswertes technologisches Niveau erreichen. Und wenn bereits der erste Computer den entscheidenden Schritt in Richtung Singularität bedeutet, dann werden alle ETZs dort enden beziehungsweise haben es längst getan. Es gibt da draußen ETZs, aber sie haben eine Form, die für uns noch-(lange-)nicht-superintelligenten Sterblichen unergründlich ist. Trotzdem glaube ich, dass es ein paar Schwierigkeiten mit dieser Erklärung für das Paradox gibt:

1. Selbst wenn Superintelligenzen ohne biologisches Substrat existieren können,[296] kann man sich viele naheliegende Gründe vorstellen, warum es trotzdem nie zu einer Singularität kommen wird.

2. Und wenn die Singularität unvermeidlich ist, müssten wir wieder einmal fragen: Wo *sind* die bloß alle, die Superintelligenzen? Die Motive und Ziele von postsingularen Daseinsformen mögen unergründlich sein – aber das

gilt genauso für „konventionelle" KIII-Zivilisationen, über deren möglichen Nachweis wir mit Freude und Gewinn diskutieren. Vielleicht können wir mit ihnen nicht kommunizieren, aber das heißt nicht, dass sie ganz aus dem Universum verschwinden (solange sie sich nicht in Schwarze Löcher verkriechen, siehe oben beziehungsweise Lösung 30). Auch für sie gelten die Gesetze der Physik und vermutlich sogar auch die der Volkswirtschaftslehre. So führt uns dieselbe Logik, der zufolge eine ETZ dazu neigt, die Galaxis zu kolonisieren, zu der Annahme, dass eine Superintelligenz das genauso sieht. Sie würde die Kolonisation nur schneller und effizienter – eben superintelligent – hinbekommen.

3. Und sollten sich die postsingularen Intelligenzen tatsächlich komplett hinter unseren Horizont verabschieden, blieben dann nicht noch genug normal hochintelligente Wesen zurück? Auch auf einer postsingularen Erde müsste der Mensch nicht ausgestorben sein. Wenn unsere Superintelligenz uns nicht planmäßig ausrottet (warum sollte sie sich diese Mühe machen?), könnten wir einfach weitermachen wie bisher. Wir verhalten uns zwar vielleicht zu ihr, wie sich die Bakterien zu uns verhalten – ja, und? Vor 2 Mrd. Jahren waren Bakterien die dominierende Lebensform auf der Erde, und in vielerlei Hinsicht (Langlebigkeit als Spezies, Gesamtbiomasse, Widerstandsfähigkeit gegen globale Katastrophen, Individuenzahl sowieso) sind sie es immer noch. Die Existenz oder Nichtexistenz von Menschen stört die Bakterien ziemlich wenig. In derselben Weise bräuchte die Existenz von einer oder mehreren Superintelligenzen uns Menschen nicht wesentlich zu beeinträchtigen; sie würden ihr seltsames Ding durchziehen und wir das unsere – zum Beispiel Kontakt zu anderen Nichtsuper-Intelligenzen im All aufzunehmen.

Meiner Meinung nach löst die Singularität das Paradox nicht. Sie verschärft es.

Lösung 30
Die Transzensionshypothese

John Smart hält es für möglich vorherzusagen, wohin eine technologische Singularität die ETZs führt: Sie verschwinden in Schwarzen Löchern. Dies ist die Transzensionshypothese.[297]

Smarts Argumentation besteht in einer Abfolge von einzelnen Schritten, aber im Wesentlichen geht es um Folgendes: Unsere Rechenleistung wächst immer schneller und die physikalischen Inputs für unsere Berechnungen tun es auch. Dies sind *m*aterielle, *e*nergetische, *r*äumliche und *z*eitliche Faktoren und Smart spricht dementsprechend von der „MERZ-Kompression".[298] Damit meint er, dass Dichte und Effizienz dieser Faktoren mit der Zeit zunehmen. Nehmen wir den räumlichen Aspekt: Die Menschen waren erst Jäger und Sammler und dann dörfliche Bauern, jetzt sind wir Megacity-Bewohner. Dies ist noch gar nicht lange her: Erst seit 2010 lebt mehr als die Hälfte der Menschen in städtischen Gebieten.[299] Städte generieren mehr Einkommen pro Kopf und sind innovativer als ländliche Räume, was weitere Personen anzieht. Doch wir sind schon einen Schritt weiter: Große Konzerne, die räumlich noch stärker konzentriert sind, verarbeiten und generieren Informationen wiederum deutlich effizienter als städtische Gesellschaften. Smart meint dann, dass die räumliche Konzentration immer schneller erfolgt und wir ähnliche Trends beim zeitlichen, energetischen und materiellen Aspekt sehen werden. Die Zivilisation wird dichter, schneller, energie- und materialeffizienter werden – und schließlich ihr physikalisches Substrat wechseln, wenn sich der Prozess der MERZ-Kompression nicht anders aufrechterhalten lässt. Wir brauchen uns keine Gedanken über die Kardaschow-Skala zu machen, wenn wir über Zivilisationen reden: Die MERZ-Kompression wird sie immer lokalisierter, konzentrierter und effizienter machen. Und wo wird die MERZ-Kompression aufhören? Auf der Planck-Skala, der ultimativen und universellen Untergrenze für alle Prozesse. Zivilisationen, welche die Singularität erreichen, verschwinden unweigerlich hinter einem Ereignishorizont. Transzension.

Wir haben bereits über die Verlockungen gesprochen, die laut Smarts Evo-Devo-Partner Vidal Schwarze Löcherfür fortschrittliche Zivilisationen bereithalten. Smart liefert weitere Gründe dafür, dass ein Schwarzes Loch ein natürlicher Attraktor für kosmische Intelligenzen ist. Insbesondere bietet das Phänomen der gravitativen ZeitdilatationRaum für einige interessante Spekulationen: Je näher man einem Ereignishorizont kommt, desto langsamer vergeht die Zeit in den Augen eines fernen Beobachters. Für eine Beobachterin nahe am Ereignishorizont vergeht die Zeit draußen im Universum schneller, sie könnte Jahrmilliarden an kosmischer Dynamik innerhalb von Sekunden ihrer Zeit bestaunen. Smart behauptet, dass Zivilisationen, die ihre örtlichen MERZ-Ressourcen bereits maximiert haben und ihre kosmische Umgebung zunehmend uninteressant finden, die dort vergehende Zeit so schnell wie möglich hinter sich bringen möchten. Auf diese Weise kommen sie schnellstmöglich an die seltenen, auch für sie noch spannenden nichtlokalen Informationen heran. Auf extrem langen Zeitskalen werden die Schwarzen Löcher innerhalb der Galaxis kollidieren und verschmelzen. Eine weitere Konsequenz der gravitativen Zeitdilatation am Ereignishorizont ist, dass diese extrem seltenen Verschmelzungen aus Sicht der dortigen Beobachterin wegen der dort derart langsam vor sich hintickenden Zeit in rascher Folge geschehen. Dieser Mechanismus führt daher dazu, dass fortschrittliche Zivilisationen in ihren Schwarzen Löchern endlich und sogar häufig zusammenkommen können. (Wenn Smart also recht hat und die Menschheit bald selbst die Singularität erreicht, dann brauchen wir nur noch ein paar hundert Jahre zu warten, bis wir die ersten ETZs treffen. Natürlich würden während dieser überschaubaren Wartezeit draußen in den unendlichen Weiten Hunderte von Milliarden Jahren vergehen.)

Ein offensichtliche Frage zu dieser Hypothese ist: Warum sehen wir keine Zivilisationen auf ihrem Weg zur Transzension? Wenn Zivilisationen häufig sind – und Smart schätzt, dass es 2,25 Mrd. ETZs allein in unserer Galaxis gibt, eine erstaunlich hohe Anzahl –, warum sehen wir nicht irgendein Anzeichen dafür, dass sich jemand kurz vor seiner Transzension befindet? Smart sagt dazu, dass wir unsere eigene Transzension möglicherweise schon in 600 Jahren erleben: mal wieder ein Wimpernschlag auf der kosmischen Zeitskala. Es ist unwahrscheinlich, dass wir bis dahin räumlich und zeitlich nah genug an eine andere Prä-Transzension-Zivilisationen herankommen. Er geht sogar noch weiter: Eine Zivilisation würde auf ihrem Weg in die Transzension sogar gezielt darauf verzichten, auf sich aufmerksam zu machen, da diese Informationsübertragung den Transzensionspfad anderer Zivilisationen verändern könnte, wodurch die bei der finalen Fusion der Zivilisationen zu gewinnende Information vermindert würde.

Die Transzensionshypothese ist schon ziemlich spekulativ, aber wir könnten sie möglicherweise überprüfen. Smart meint, dass eine Zivilisation während ihrer MERZ-Kompression ihre planetare Biosignatur verlieren wird. Wir würden daher weniger exoplanetare Biosignaturenim inneren Zirkel der galaktischen habitablen Zone beobachten, wo Smart zufolge schon mehr Transzensionen erfolgt sind. Das wäre dann ein messbares Signal. Andere Vorhersagen sind zum Beispiel eine gut sichtbare und sich nach außen fortpflanzende Grenzregion am Rand der Transzensionszone. In diesem Bereich würden Zivilisationen, die das notwendige Alter erreicht haben, ihren Zustand „kippen" und MERZ-dicht werden. Schließlich behauptet Smart noch, dass die Erde sich nahe am Rand der Transzensionszone befinden müsse, da wir ja seiner Meinung nach kurz vor unserer eigenen Transzension stehen.

Keine weiteren Fragen, Euer Ehren.

Lösung 31
Die Migrationshypothese: Sie sind unbekannt verzogen
Milan Ćirković hat sich mehr Gedanken über das Fermi-Paradox gemacht als fast jede und jeder andere. Es ist daher interessant, dass er mit seiner eigenen Analyse am selben Punkt wie Vidal startet, aber zu einer deutlich anderen

Schlussfolgerung kommt – und damit auch zu einer anderen Auflösung für das Fermi-Paradox.

Ćirković und sein Koautor Robert Bradbury argumentieren, dass intelligentes Leben an unterschiedlichen Stellen in der Galaxis entsteht und dann einem Weg folgt, der es eines Tages in die postbiologische Evolution münden lässt, sofern es lange genug durchhält.[300] Die beiden stimmen mit Dick, Smart, Vidal und anderen darin überein, dass künstliche Intelligenz und Nanotechnologie zu räumlich kompakten Zivilisationen führen. Sie sind jedoch anderer Meinung, was den wahrscheinlichen physikalischen Aufenthaltsort dieser Zivilisationen anbelangt.

Wenn man akzeptiert, dass technologisch hochstehende Wesen im Wesentlichen mit dem Prozessieren von Informationen beschäftigt sind und dies auch die wesentliche Motivation für sie ist, überhaupt leben zu wollen – dies ist im Wesentlichen eine Variante von Dicks Intelligenz-Prinzip; ob diese Lebensformen nun Computer „haben" oder „sind", spielt keine Rolle –, dann kann man sich fragen, wo sich wohl so eine Informationsverarbeitung am effizientesten durchführen lässt.

Ćirković und Bradbury weisen zu Recht darauf hin, dass Wärme der Feind jeder Berechnung ist. Wir können unsere heutigen PCs mit unterschiedlichen Designs oder modernsten Technologien aufrüsten, das Problem der unvermeidlichen Abwärme bleibt bestehen und verschärft sich sogar mit zunehmender Rechenleistung, das folgt direkt aus den fundamentalen Regeln der Thermodynamik. Diese Regeln werden selbst die allerfortschrittlichsten Zivilisationen in ihren Rechenkapazitäten beschränken – solange sie sich an die physikalischen Gesetzte halten –, und da ja die Informationsverarbeitung der Hauptantrieb all ihres Strebens ist, wird diese Beschränkung Ćirković und Bradbury zufolge ihr Vorgehen maßgeblich mitbestimmen. (Was für Berechnungen solche Zivilisationen dann eigentlich unbedingt durchführen wollen, aber wegen der Abwärme vielleicht nicht können, ist unbekannt, aber man kann vermuten, dass sie weniger mit der physischen Kolonisierung der Galaxis als mit Computergefrickel zu tun haben dürften.)

Die maximale Zahl an Bits, die sich mit einer gegebenen Menge an Energie prozessieren lässt, ist umgekehrt proportional zur Temperatur des Prozessors. Es folgt sofort, dass mit jedem Grad, um das die Temperatur des mit dem Prozessor verbundenen Wärmereservoirs abgesenkt wird, die Effizienz der Berechnung ansteigt. Für diese Temperatur gibt es eine kosmische Untergrenze, nämlich die Temperatur des Universums selbst, das heißt die 2,7 K der kosmischen Hintergrundstrahlung. (Man könnte zwar relativ einfach noch weiter herunterkühlen, aber der Effizienzgewinn beim

Prozessor wird aufgebraucht durch den für diese aktive Kühlung benötigten Energiebetrag.) Licht und andere stellare Strahlung heizen jedoch die inneren Bereiche einer Galaxie auf, also erreicht man die Grenztemperatur von 2,7 K nur, wenn man sich vom galaktischen Zentrum aus nach außen bewegt. Geschickterweise gibt es dort draußen auch viel weniger Supernovae und andere lebensfeindliche astrophysikalische Vorgänge. All dies hat Ćirković und Bradbury auf ihre Migrationshypothese gebracht: Um die Effizienz ihre höchstentwickelten Supercomputer zu optimieren, wandern (migrieren) ETZs von ihren Entstehungsgebieten nach außen in die kalten Randgebiete der Galaxis. Sie ziehen mithin aus der „galaktischen habitablen Zone" in die „galaktische technologische Zone" – auf diese Weise wird der äußere Rand der Galaxis zum Heim einer Ansammlung von isolierten, höchst fortschrittlichen kosmischen „Stadtstaaten". Der Grund, dass wir nichts von ihnen sehen, ist schlicht und einfach, dass sie weggezogen sind, weil ihnen hier der Boden zu heiß geworden ist.

Wären die gigantischen Kosten eines solchen transgalaktischen Umzugs nicht viel größer als das bisschen Gewinn an Recheneffizienz? Nicht unbedingt. Diese Zivilisationen dürften auf der Barrow-Skala ziemlich weit oben stehen – sie wären also ziemlich kompakt. Für ihre Reise bräuchten sie nur das Äquivalent eines interstellaren Wohnmobils, vielleicht würde sogar ein kosmisches Lastenrad reichen. Aus der Annahme, dass alle Zivilisationen sich auf eine postbiologische Zukunft hin entwickeln, in welcher sie sich hauptsächlich mit Berechnungen beschäftigen, können wir demnach schließen, dass ETZs ... so nah wie möglich an Schwarze Löcher mit ihren hochenergetischen Umgebungen rücken werden (Vidal) ... oder so weit weg davon wie nur irgend möglich (Ćirković und Bradbury).

Lösung 32
Es gibt unendlich viele Zivilisationen, aber leider nur eine diesseits vom Horizont: uns

Michael Hart hatte einen interessanten Zugang zum Paradox, den er mit viel Herzblut beworben hat.[301] Um seinen Gedanken ganz würdigen zu können, müssen wir zunächst verstehen, was ein Beobachtungshorizont ist.

Ein Beobachtungshorizont lässt sich am einfachsten in einem statischen Universum vorstellen. (Unser Universum expandiert, aber das macht die Diskussion eines Beobachtungshorizonts nur unnötig kompliziert. Wir vergeben uns nichts, wenn wir erst einmal bei einem statischen Universum bleiben.) Stellen Sie sich also ein unendlich ausgedehntes Universum vor, das gleichmäßig mit Galaxien bestückt ist. Weiterhin habe dieses Modelluniversum vor 14 Mrd. Jahren unvermittelt zu existieren begonnen;[302]

vielleicht gab es die Galaxien schon vorher und es hat bloß irgendeine sehr hochstehende Intelligenz „den Schalter umgelegt", sodass alle Sterne mit einem Mal zu leuchten begannen. Wie würde so ein Universum für aufmerksame Wesen auf einem erdähnlichen Planeten aussehen, wenn nach diesem bemerkenswerten Schöpfungsakt gut 14 Mrd. Jahre ins Land beziehungsweise All gegangen wären? Nun, dieses unendliche statische Universum würde dem tatsächlich von uns bewohnten ziemlich ähnlich sehen. Nichts bewegt sich schneller als das Licht, also kann die aufmerksamen Wesen nichts erreicht haben, was weiter als 14 Mrd. Lichtjahre von ihnen entfernt ist. Diese Distanz – der maximale Abstand, aus dem seit Anbeginn der Zeiten etwas diese Wesen erreicht haben kann – ist der Beobachtungshorizont, das heißt die Größe des beobachtbaren Universums. Nichts konnte von jenseits dieses Horizonts bis zu unseren Wesen vordringen.

Hart argumentiert nun so: Nehmen Sie zunächst an, unser Universum sei *un*endlich. Die Größe des *beobachtbaren* Universums jedoch ist auch dann die Distanz zum Beobachtungshorizont – und dieser Abstand ist endlich, weil das Universum erst vor knapp 14 Mrd. Jahren angefangen hat. Nun nehmen wir weiter an, dass Abiogenese – die Entstehung von Leben aus unbelebten Stoffen – ein ausgesprochen seltenes Ereignis ist. Dann folgt, dass es in einem unendlichen Universum zwar notwendigerweise unendlich viele belebte Planeten gibt (in einem unendlichen Universum gibt es *alles* unendlich oft!), aber innerhalb jedes gegebenen *endlich* großen Beobachtungshorizonts liegt leider aller Wahrscheinlichkeit nach nur höchstens ein Planet von dieser Sorte. In diesem Denken gilt weiter das kopernikanische Prinzip: Wir sind überhaupt nichts Besonderes, denn es gibt unendlich viele weitere belebte – und sogar höchst intelligent belebte! – Erden im unendlichen Universum. Aber diesseits von unserem beschränkten Beobachtungshorizont – in unserem beobachtbaren Universum – bietet nur die Erde lebenden (und darunter auch einigen halbwegs intelligenten) Wesen eine Heimstatt.

Diese Ansicht lässt sich auf verschiedenen Wegen falsifizieren. Etwa wenn wir Besuch von Außerirdischen bekommen, wenn SETI auf einmal doch Erfolg hat und eine kosmische Kontaktanzeige auffängt oder wenn Astrobiologen zeigen, dass auf dem Mars Leben unabhängig von den Geschehnissen auf der Erde entstanden – und dann leider vertrocknet und erfroren – ist.[303] Dies alles würde widerlegen, dass die Abiogenese ein seltener Vorgang ist. In Ermangelung dieser aufregenden Entdeckungen zieht Hart wohl mit einiger Berechtigung die folgende ernüchternde Konsequenz, was das Fermi-Paradox anbelangt: Wir sind die einzige Zivilisation diesseits von unserem (Beobachtungs-)Horizont. Das Universum mag unendlich viele wundervolle Zivilisationen beherbergen, aber praktisch gesehen sind wir so allein, wie man nur sein kann.

5

Es gibt sie nicht

Die dritte und letzte Gruppe von Lösungen (bis auf die allerletzte, da verrate ich es noch nicht) basiert auf der Vorstellung, dass „sie" – außerirdische Wesen, mit denen wir zumindest kommunizieren können – aus irgendeinem Grund leider nicht existieren.

Innerhalb dieser Klasse lassen sich unterschiedliche Ansätze ausmachen, aber letztlich geht es immer darum, einen oder mehrere Faktoren in der Drake-Gleichung hinreichend klein zu diskutieren. Wenn auch nur ein Faktor gegen null geht, geht zwangsläufig das ganze Produkt gegen null.[304] Das Ergebnis ist dann immer, dass die einzige technologisch einigermaßen fortschrittliche Zivilisation in der Galaxis, wenn nicht im ganzen Universum, unser eigene ist.

Mehrere Faktoren in der Drake-Gleichung beziehen sich auf lebensfreundliche Bedingungen auf Himmelskörpern. Könnte es sein, dass die Erde zumindest in dieser Hinsicht doch etwas sehr Besonderes ist? In ihrem nachdenklich machenden Buch *Unsere einsame Erde* stellen Peter Ward und Don Brownlee eine schlüssige Argumentation vor, warum komplexes Leben ein wirklich ungewöhnliches Phänomen sein könnte.[305] (Seltsamerweise erwähnen sie nirgendwo das Fermi-Paradox.) In diesem Kapitel hier diskutiere ich mehrere Ideen aus *Unsere einsame Erde*. Da jede davon auch schon unabhängig von den anderen als Auflösung des Fermi-Paradoxes vorgeschlagen worden ist, behandele ich sie jeweils einzeln. Ich hätte sie aber genauso gut zu einem, dann aber ziemlich langen Abschnitt „Unsere einsame Erde" zusammenfassen können.

Oder gibt es ETZs vielleicht deshalb nicht, weil das Leben selbst schon ein an ein Wunder grenzender Glücksstreffer ist? Oder primitive Organismen zwar im All einigermaßen üblich, ihre Evolution zu intelligenten Wesen jedoch extrem unwahrscheinlich ist? Ich werde einige hierauf basierende Lösungen diskutieren, aber beachten Sie die folgende gewichtige Einschränkung: Ich werde dabei durchgängig davon ausgehen, dass natürliches Leben kohlenstoffbasiert ist und Wasser als Lösungsmittel verwendet. Manche haben vorgebracht, dass andere Elemente wie zum Beispiel Silicium den Kohlenstoff ersetzen könnten; einige sehen sogar andere Lösungsmittel wie zum Beispiel flüssiges Methan als gangbare Alternativen. Ich persönlich – und das dürfen Sie gerne als mangelnde Vorstellungskraft von meiner Seite kritisieren – find es schon schwer, mir eine Biochemie ohne Wasser und/oder Kohlenstoff vorzustellen. Wasser ist meiner Meinung nach ganz sicher unverzichtbar: Finden Sie Wasser auf Ihrem Planeten und Sie haben eine faire Chance, dort Leben zu entdecken. Wenn Sie hingegen glauben, dass Leben auch ganz andere Formen annehmen könnte – stabile Muster in Plasmawolken oder informationstragende Wirbel in viskosen Fluiden oder was auch immer –, dann dürften Ihnen meine nun folgenden Diskussionen reichlich „in the Box" vorkommen.[306]

Möglicherweise finden Sie, dass es einigen der von mir diskutierten Lösungen an wissenschaftlicher Vorstellungskraft mangelt. Aber wir sind nun einmal in der schwierigen Lage, dass wir aus einem einzigen Fall (uns) auf das gesamte Universum verallgemeinern müssen – wir kennen eben nur einen einzigen belebten Planeten: die Erde. Es ist gefährlich, von einer Stichprobe mit dem Umfang eins auf eine kosmische Grundgesamtheit zu schließen, aber was sollen wir in diesem Fall sonst schon groß machen? Wir werden unvermeidlich beeinflusst – oder besser voreingenommen – sein durch all das, was uns für unsere eigene fortdauernde Existenz notwendig erscheint. Wir müssen uns alle zumindest an das schwache anthropische Prinzip (SAP) halten, demzufolge alles, was wir beobachten, mit den Voraussetzungen unserer Existenz als Beobachterinnen und Beobachter verträglich sein muss. Da man bei einer Diskussion des Fermi-Paradoxes schwerlich um das SAP herumkommt, ist es sinnvoll, diesen Teil unseres Buches mit einem anthropischen Argument zu beginnen.

Lösung 33
Das Universum ist wie für uns gemacht
Ein bemerkenswerter Gedanke, der noch älter als Harts Analyse des Fermi-Paradoxes ist, legt uns schlüssig dar, dass die Menschheit allein im Kosmos ist. Er fußt auf der Idee, dass es eine Reihe von „unwegsamen Stellen" auf der Straße zu einer erfolgreichen, technologisch fortgeschrittenen

Zivilisation gibt. Ich komme auf einige dieser schwierigen Passagen später zurück, hier sind die Details aber erst einmal unwichtig. Das Argument setzt nur voraus, dass es eine Anzahl n von kritischen, aber kaum zu überwindenden Hürden auf dem Weg zur Intelligenz gibt, wobei jeder dieser Schritte nur möglich wird, nachdem alle vorherigen gemacht worden sind. Der berühmte Biologe Ernst Mayr hat einmal mehr als ein Dutzend solcher Stolpersteine aufgelistet;[307] andere gehen von einer noch größeren Zahl aus, vor allem wenn man auch noch einige hilfreiche, aber physikalisch und astronomisch unwahrscheinliche Koinzidenzen miteinbezieht. Natürlich lässt sich über einzelne dieser Punkte streiten. Einige steile evolutionäre Stufen sind womöglich in Wirklichkeit gar keine großen Hürden. Wir betrachten vielleicht eine bestimmte evolutionäre Entwicklung als „schwierig", weil sie nur ein einziges Mal in der Erdgeschichte aufgetreten ist. Aber vielleicht *konnten* manche dieser Schritte nur einmal passieren – der Wettbewerbsdruck, den sie für die Konkurrenz bedeuteten, hätte ein zweites Auftreten überflüssig gemacht. Andererseits werden andere solche Schritte wirklich fundamentale Glücksfälle gewesen sein. Wenn für eine biologische „Erfindung" beispielsweise mehrere für sich allein wirkungslose Mutationen gleichzeitig auftreten mussten, dann kann man schon mit Recht behaupten, dass das Leben da einen Hauptgewinn gezogen hat.

Schauen wir uns mal so einen Zufallstreffer an.

Einerseits beträgt die zu erwartende Gesamtlebenszeit unserer Sonne rund 10 Mrd. Jahre. Nur während eines Teils dieses Zeitraums können belebte Planeten in ihrer Umgebung existieren. Astronominnen und Astronomen glauben, dass die zukünftige Entwicklung unseres Sternes die Erde in spätestens 1 Mrd. Jahren unbewohnbar machen wird, also beträgt die „Nutzungsdauer" unserer Sonne insgesamt gerade einmal 6 Mrd. Jahre[308] – die irdische Biosphäre ist bereits in ihren Lebensherbst eingetreten.

Andererseits sind *wir* auf der Bildfläche erschienen, als die Sonne etwa 4,5 Mrd. Jahre alt war. Diese beiden Zeitskalen – die Lebensdauer der Sonne und die für das Aufkommen von intelligentem Leben in ihrer Umgebung benötigte Zeit – unterscheiden sich höchstens um einen Faktor 2, vielleicht auch nur 1,3. Dass diese beiden Zeiträume so ähnlich lang sind, ist bemerkenswert. Sie scheinen nichts miteinander zu tun zu haben: Die Lebensdauer der Sonne hängt von einer Kombination aus gravitativen und kernphysikalischen Parameterwerten ab, das Entstehen von intelligentem Leben von biochemischen und evolutionären Faktoren. Die in unserem Universum relevanten Zeitskalen überspannen einen beeindruckend weiten Bereich: Viele subatomare Prozesse geschehen auf Skalen von 10^{-20} bis 10^{-10} s, astronomische Vorgänge brauchen bis zu 10^{15} s. Die Chance, dass zwei voneinander unabhängige Zeitskalen dieser Art fast gleich groß sind, ist ziemlich klein.

Wir bräuchten diese merkwürdige Ähnlichkeit nicht zu erklären, wenn die evolutionäre Zeitskala viel *kleiner* als 4,5 Mrd. Jahre wäre. Angenommen die typische Zeit für die Evolution von intelligentem Leben betrüge auf einem erdähnlichen Planeten 1 Mio. Jahre. Dann wäre die Koinzidenz lange nicht so unwahrscheinlich – aber dafür wäre es sehr unwahrscheinlich, dass wir Menschen erst jetzt auf den Plan getreten wären. Wenn wir genauso gut schon ein paar Millionen Jahre nach dem Entstehen und ersten Abkühlen der Erde hätten erscheinen können, warum haben wir es dann erst jetzt getan? Dies wäre eher keine gute Erklärung.

Eine andere Lösung bestünde darin, dass die evolutionäre Zeitskala wesentlich *länger* als 4,5 Mrd. Jahre wäre. Dies passt zu Mayrs Einwand, dass sehr viele Schwierigkeiten auf dem Weg zur Intelligenz zu meistern sind – „Schwierigkeiten" in dem Sinne, dass auf einem geeigneten Planeten die typische Zeit für ihre Überwindung viele Milliarden Jahre beträgt. Wenn mehrere Hürden von dieser Art zu meistern sind, dann sollte es uns eigentlich gar nicht geben.

Die meisten Leuten würden diesen Gedanken aus demselben Grund verwerfen wie den vorigen: Es wäre dann sehr unwahrscheinlich, dass wir in der letzten Jahrmillion entstanden wären. Aber die beiden Situationen sind nicht äquivalent.

Stellen Sie sich ein Ensemble von allen möglichen Universen vor. (Ob Sie das als „reales" Viele-Welten-Szenario oder rein mathematische Idealisierung ansehen, überlasse ich ganz Ihnen.) In einigen Universen passieren unwahrscheinliche Dinge, oder es wird sich sogar eine höchst verblüffende Kette von unwahrscheinlichen Ereignissen abspielen. In irgendwelchen Universen wird es, den blinden Gesetzen des Zufalls folgend, zu der überaus delikaten Abfolge von glücklichen Fügungen kommen, die zur Intelligenz führt. *Und es ist exakt solch ein Universum, das eine intelligente Spezies beobachten wird – natürlich mit sich selbst darin.* In anderen Worten können wir, per definitionem, alle denkbaren Universen ignorieren, in denen wir *nicht* existieren. Wir können nur diejenigen Universen beobachten, in denen alle Schwierigkeiten auf dem Weg zu uns gemeistert sind. Jetzt stellen wir uns einmal die folgende Frage: Von allen Universen, in denen wir *irgendwann* nach Entstehung der Erde entstanden sind – welches Universum beziehungsweise welche Entstehungszeit wäre am wahrscheinlichsten? Eine einfache Berechnung zeigt, dass im Fall, dass es genau zwölf von Harts schwierigen Schritten zur Intelligenz gibt, wir am wahrscheinlichsten entstanden sind, als bereits 94 % der Lebens- beziehungsweise Nutzungsdauer unseres Sternes verstrichen waren.

Unsere Beobachtungen sind mit dem Resultat dieser Berechnung konsistent. Wenn die Sonne das Leben auf der Erde 10 Mrd. Jahre erhalten könnte, dann wären die Menschen etwa nach 50 % der verfügbaren Zeit erschienen. Wenn sie es nur noch für eine weitere Milliarde Jahre schafft, dann wären wir nach rund 83 % der möglichen Zeitspanne aufgetaucht. Dies ist nahe an der erwarteten Ankunftszeit.

Jetzt kommt der Trick: Nur weil wir ein Universum ausgewählt haben, in dem *wir* existieren, können wir daraus nicht einfach ableiten, dass auch eine *andere* intelligente Spezies existiert. Wir *müssen* hier sein, denn wir beobachten zweifellos, dass wir hier sind. Aber die Existenz von Aliens, also das zweite Eintreffen eines schon beim ersten Mal sehr seltenen Geschehens, wäre *„against all odds"*, um es ausnahmsweise auf Englisch (und mit Phil Collins) zu sagen. Und die Odds, also die Chancen, stehen überhaupt nicht gut. Eine weitere Berechnung macht dies klar. Wenn immer noch zwölf Stufen auf dem Pfad zur Intelligenz zu erklimmen sind, dann gibt es – unter sehr großzügigen Annahmen – nur eine Chance von eins zu einer Billiarde (1 Mio. Mrd.), dass im gesamten Universum noch eine zweite intelligente Spezies existiert. Kein Wunder, dass wir sie nicht sehen!

Diese Art Beweis für die Nichtexistenz von ETZs hat als Erster Brandon Carter vorgestellt, der ursprünglich daraus schloss, dass nur wenige solche „hohe Hürden" die Straße zur Intelligenz blockieren können. (Eine jüngere Untersuchung von Andrew Watson kam auf vier Stück.)[309]

Carter nannte seinen Gedankengang „anthropisches Argument". Das ist etwas unglücklich formuliert, denn *anthropos* heißt auf Griechisch „Mensch", und der Mensch als solcher ist für diese Idee überhaupt nicht notwendig. Alles, was es braucht, sind intelligente Beobachter – *irgendwelche* intelligente Beobachter –, die ihr eigenes Universum auswählen. In *diesem* Universum sind halt zufällig wir diejenigen, welche die Beobachtungen machen.

Ich sollte hier auch erwähnen, dass das anthropische Prinzip in der Wissenschaft nicht unumstritten ist. Manche halten es für den Abgesang der Wissenschaft an die Verpflichtung, die Dinge erklären zu wollen. Smolins Idee von einer im gesamten Universum wirksamen natürlichen Selektion zum Beispiel, die wir bereits diskutiert haben, ist ein Versuch, das anthropische Argumentieren zu umgehen. Nichtsdestotrotz haben viele Wissenschaftlerinnen und Wissenschaftler anthropische Ideen benutzt, um Eigenheiten des Universums zu erklären, die verblüffenderweise „gerade richtig" für die Evolution von Leben sind. Wiesen etwa die fundamentalen physikalischen Konstanten nur leicht andere Werte auf, dann wäre niemand von uns hier: Die Sterne würden nicht leuchten oder zumindest keine schwereren Elemente als Lithium bilden, das Universum wäre schon längst in sich selbst zusammengefallen und verschwunden und so weiter. Die (für Naturwissenschaftlerinnen und Naturwissenschaftler) nicht zu bestreitende Tatsache unserer Existenz gibt zumindest in gewisser Weise diesen Beobachtungen einen Sinn.[310] Zumindest kann das anthropische Denken im Hinterkopf uns helfen, schwere Fälle von „Beobachter-Bias" zu vermeiden.[311] Man hört zum Beispiel oft aus der Astrobiologie, dass das Leben, einmal entstanden, „resilient", also robust und widerstandsfähig sei – womit belegt werden soll, dass es auf der Erde schon so viele und unterschiedliche Bedrohungen überstanden hat. Natürlich *scheint* das Leben robust zu sein. Aber wie hätten wir es auch anders beobachten können? Jede intelligente Beobachterin *muss* auf eine mehr oder weniger lange evolutionäre Geschichte von misslungen Versuchen zurückblicken, alles Leben auszurotten. Wären sie *nicht* misslungen, gäbe es die Beobachterin nicht. Wir können nur wenig über Resilienz von Leben im Allgemeinen aus unserem einen Datenpunkt schließen. Tatsächlich – jetzt, da ich das hier schreibe, merke ich, dass ich den Eindruck erwecke, als stelle Carter mit seinen „hohen Hürden" die Intelligenz über andere Attribute des Lebens. Aber die Wahl von Intelligenz als Fokus ist willkürlich und hier nur deshalb geschehen, weil sie für uns Menschen und das Fermi-Paradox wichtig ist. Carters Modell ist in Wirklichkeit sehr allgemein konstruiert und könnte auf jede beliebige Reihe von für ein bestimmtes „Feature" zu überwindenden „hohen Hürden" angewendet werden – das so schöne wie hinderliche Pfauenrad zum Beispiel, wenn wir dieses für das wichtigste Attribut eines männlichen Organismus hielten.[312] Wenn die Zahl der Schritte zum Pfauenrad so groß ist wie die zur technologisch fortgeschrittenen Intelligenz, dann haben die beiden adaptiven Merkmale auch den gleichen wahrscheinlichsten Zeitpunkt des Auftretens in der evolutionären Geschichte. Pfauen machen sich darüber aber wohl keinen Kopf, weder männliche noch weibliche.

Lösung 34
Das Leben ist noch nicht so weit

Wenn die Zeitskala für die Evolution von Intelligenz ursächlich mit der Aufenthaltsdauer eines Sternes im Hertzsprung-Russel-Diagramm[313] zusammenhängt, dann kommen wir um Carters düstere Schlussfolgerung der Nichtexistenz von ETZs herum. Aber wie könnte die Lebensdauer eines Sternes die Zeitskala der biologischen Evolution beeinflussen? Mario Livio hat ein einfaches Modell dafür entworfen, wie eine planetare Atmosphäre so

wie die unsrige sich bis zu dem Stadium entwickelt, dass sie Leben unterstützt. Dies ist nicht als seriöses physikalisch-chemisches Modell gedacht, sondern eher als Demonstration, wie die stellare die biologische Zeitskala beeinflussen könnte.[314]
Livio nennt zwei Schlüsselphasen für die Bildung einer lebensunterhaltenden Atmosphäre:

- Erstens die Freisetzung von Sauerstoff durch die Photodissoziation von Wasserdampf. Die Dauer dieser Phase hängt von der Intensität der UV-Strahlung ab, welche der Stern bei etwa 100–200 nm emittiert.
- Und zweitens der Anstieg des Gehalts an normalem Sauerstoff und Ozon bis zu einem Niveau, bei dem sich eine Ozonschicht bildet, die darunter zum Leben erwachende Organismen vor tödlicher Strahlung von der Sonne und weiter draußen im All schützt. Sterne mit großer Masse emittieren mehr UV-Strahlung als massearme Sterne, haben dafür aber eine viel kürzere Lebensdauer.

Damit hängt für eine gegebene Planetengröße und Umlaufbahn die Zeitskala für die Bildung einer schützenden Ozonschicht von der Art der stellaren Abstrahlung und damit von der Lebensdauer des Sternes ab. Mit einer detaillierten Berechnung zeigt Livio dann, dass die Zeit, in der intelligentes Leben entstehen kann, fast quadratisch mit der stellaren Lebensdauer anwächst. Wenn dem so wäre, dann würde der Planet wahrscheinlich tatsächlich ähnlich lange dafür brauchen, eine intelligente Spezies hervorzubringen, wie er sich innerhalb der Hertzsprung-Russel-Hauptreihe aufhält.
Livios Modell untersucht eine *notwendige* Bedingung für die Evolution von Landlebewesen (nämlich die Bildung einer Ozonschicht), aber diese ist natürlich keine *hinreichende* Bedingung dafür. Viele andere Schritte sind auf der Straße der Evolution erforderlich, bis der Heilige Gral des intelligenten Lebens gefunden ist. Daher könnte diese Beziehung, selbst wenn sie tatsächlich stellare und biologische Zeitskalen verknüpft, trotzdem nur eine untergeordnete Rolle spielen. Nichtsdestotrotz fühlte sich Livio ausreichend ermutigt, um die folgende Frage zu stellen: Zu welchem Zeitpunkt in der kosmischen Geschichte wird am wahrscheinlichsten eine Form von Leben entstehen?
Wenn das Leben auf der Erde ein typischer Vertreter für solche Phänomene ist, dann müssten zumindest die meisten Lebensformen kohlenstoffbasiert sein. Livio schlägt daher vor, dass Geburt und Heranreifen von

ETZs vor allem in der Epoche geschahen, als die kosmische Kohlenstoffproduktion ihr Maximum erreichte. Und wann *das* war, können wir ganz gut berechnen.

Die Hauptquellen von kosmischem Kohlenstoff sind planetare Nebel, die durchschnittlich massereiche Sterne am Ende der Roter-Riese-Phase von sich stoßen, welche sich an die Hauptreihenzeit solch eines Sternes anschließt (Abb. 5.1). Die äußeren Schichten dieser Objekte verabschieden sich dabei ins interstellare Medium und werden in nachfolgenden Generationen von Sternen und Planeten recycelt. Da die Astronomie den Verlauf der Sternbildungsrate durch die kosmische Geschichte recht gut kennt und ebenso die relevante Details der Entwicklung typischer Sterne,[315] lässt sich ausrechnen, mit welcher Rate in früheren kosmischen Zeitaltern planetare Nebel entstanden sind – und daraus dann die Rate der kosmischen Kohlenstoffproduktion. Livio zufolge formten sich die meisten planetaren Nebel und damit auch die meisten Kohlenstoffkerne vor etwas weniger als 7 Mrd. Jahren. Von daher können wir annehmen, dass

Abb. 5.1 Der planetare Nebel NGC 7027 liegt etwa 3000 Lichtjahre entfernt. Er ist ein sehr junges Objekt, das erst vor 600 Jahren zu expandieren begonnen hat. Planetare Nebel wie dieser liefern viel von dem Kohlenstoff, den wir im Weltraum beobachten. (Credit: NASA)

kohlenstoffbasiertes Leben am wahrscheinlichsten etwas danach begonnen hat, also als das Universum rund 6 Mrd. Jahre alt war. Da die Zeit für die Entstehung von fortgeschrittenen ETZs ein signifikanter Bruchteil einer typischen stellaren Lebenszeit ist, würden wir erwarten, dass es erst seit einem Weltalter von um die 10 Mrd. Jahren fortgeschrittene ETZs gibt. Wenn dies der Fall ist, dann können relevante ETZs nicht viel mehr als 3 Mrd. Jahre älter als wir sein.

Livios Schlussfolgerung wurde von einigen Autoren als Lösung für das Fermi-Paradox vorgeschlagen: Das Leben ist noch nicht so weit. Es gibt derzeit noch keine ETZ, die schon zu überregionalem interstellarem Reiseverkehr oder transgalaktischer Kommunikation fähig wäre, weil sie alle erst vor zu kurzer Zeit entstanden sind.

Aktuellere Messungen von Sternbildungsraten in der kosmischen Frühzeit legen allerdings nahe, dass das Maximalalter von 3 Mrd. Jahren deutlich zu niedrig gegriffen ist. Und selbst wenn nicht – in meinen Augen löst dies nicht das Paradox: Auch 3 Mrd. Jahre sind schon eine *ganze* Menge Zeit für eine aufgeweckte ETZ, um ihre Galaxie zu kolonisieren oder zumindest das Universum lauthals auf sich aufmerksam zu machen. Sofern die Intelligenz nicht wirklich erst jetzt die Bühne des Lebens betritt und das Leben auf der Erde aktuell zu den fortschrittlichsten Zivilisationen in der ganzen Galaxis zählt, gehen diese Gedankengänge am Kern des Paradoxes vorbei.

Lösung 35
Planetensysteme sind selten

Als ich noch ein Student war, konnte man in älteren Lehrbüchern zwei rivalisierende Szenarien für die Entstehung der Planeten finden.[316] In der einen Theorie bildete sich das Planetensystem zusammen mit der Sonne aus einem „Urnebel", in der anderen durch ein katastrophales Ereignis. Wenn Sie an das zweite Szenario glauben würden (was heute eigentlich niemand mehr tut), könnten Sie folgern, dass Planetensysteme so selten sein müssen wie die Katastrophen, die sie zeugen. Dann wäre der Parameter B_p in der Drake-Gleichung klein genug, um das Fermi-Paradox lösen zu können.

In den 1920er-Jahren postulierte der Mathematiker und Astrophysiker James Jeans, dass die Planeten in unserem Sonnensystem entstanden, als ein Stern fast mit der Sonne kollidierte – auf jeden Fall ein sehr ungewöhnliches Ereignis. Wörtlich sagte er: „Die Astronomie … beginnt uns zuzuflüstern, dass Leben notwendigerweise etwas Seltenes sein muss." Jeans löste auf diese Weise das Paradox, lange bevor Fermi es formuliert hatte.[317] Heute wissen wir, dass Planetensysteme etwas ganz Alltägliches sind: Sie entstehen, wenn

Sterne entstehen. Während ich diese Zeilen schreibe, sind 4241 Exoplaneten bekannt, und wenn Sie sie lesen, werden es bereits mehr sein.[318]

Astronominnen und Astronomen detektieren einen Exoplaneten meist dadurch, dass dieser das Verhalten seines Sternes in minimaler, aber messbarer Weise beeinflusst. Wenn wir auf die Bahnebene des Planeten schauen, dann messen wir eine Doppler-Verschiebung in den Spektrallinien des Sternes (die Schwereanziehung des Planeten lässt den Stern minimal hin- und herschwingen, wodurch die Linien abwechselnd blau- und rotverschoben sind). Und wenn der Planet von uns aus gesehen vor dem Stern vorbeizieht, nimmt dessen Helligkeit messbar und in charakteristischer Weise ab. Auch stellare Urnebel wurden bereits fotografiert, das heißt, es gibt astronomische Aufnahmen von sogenannten protoplanetaren Scheiben (siehe zum Beispiel Abb. 5.2) – und sogar direkte Bilder von Planeten, die um nahe gelegene Sterne kreisen oder besser „ellipsen" (siehe Abb. 5.3).

Ganz offensichtlich können wir das Fermi-Paradox nicht auflösen, indem wir behaupten, dass Planetensysteme selten sind. Wir wissen heute, dass es Hunderte von Milliarden Planeten allein in unserer Galaxis geben muss. Der Wohnungsmarkt des Lebens ist sehr groß (vermutlich mit sehr viel Leerstand, aber egal). Dies ist eine Nicht-Lösung![319]

Abb. 5.2 Im Jahr 2020 haben Astronominnen und Astronomen mithilfe des Very Large Telescope der ESO die Staubscheibe um den jungen Stern AB Aurigae untersucht (also im Sternbild Fuhrmann). Im inneren Bereich der Scheibe fanden sie einen kleinen „Wirbel", hier als hellgelber Fleck zu erkennen, bei dem es sich um einen Planeten in seinen Geburtswehen handelt. Dieser Planet wird ein Riesenexemplar werden, zwischen 4- und 13-mal so massiv wie Jupiter, unser „Größter", und seinen Stern in etwa derselben Distanz umlaufen, wie Neptun von unserer Sonne entfernt ist. Die sich immer weiter verbessernde Beobachtungstechnik wird uns bald die Erforschung einer Vielzahl von gerade entstehenden wie auch bereits ausgereiften Planetensystemen erlauben. (Credit: ESO/Boccaletti et al.)

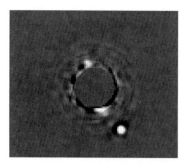

Abb. 5.3 Einige Exoplaneten lassen sich bereits heute direkt abbilden. Dies ist eine Infrarotaufnahme von Beta Pictoris b im südlichen Sternbild Maler beziehungsweise Staffelei. Eine Maske blendet die Strahlung des Zentralgestirns Beta Pictoris aus, das sonst das schwache Lichtpünktchen des vom Planeten reflektierten Sternenlichts weit überstrahlen würde. Beta Pictoris und Beta Pictoris b sind etwa 63,4 Lichtjahre von der Erde entfernt. Der Planet ist eher größer als kleiner im Vergleich zu Jupiter und noch sehr jung: Er dürfte vor etwa 10 Mio. Jahren entstanden sein. (Credit: Processing by Christian Marois, NRC Canada)

Lösung 36
Es ist schwer, den Richtigen zu finden

Planetensysteme sind alles andere als ungewöhnlich. Und obwohl die meisten bisher bestätigten Exoplaneten unbewohnbare Gasriesen sind, scheint es auch erdgroße Planeten in Hülle und Fülle zu geben – rein statistisch gibt es immer viel mehr kleine Exemplare von etwas als große. Wir detektieren nur deshalb mehr große Exoplaneten, weil die beiden wichtigsten Messverfahren – Radialgeschwindigkeit (das mit der Doppler-Verschiebung) und Transientenmethode (Abschattung des Sternes durch den Planeten) – viel empfindlicher für große Objekte sind. Aber auch wenn es viele Planeten gibt, die so *groß* sind wie die Erde, sind sie deshalb noch lange nicht bewohnbar, also der Erde wirklich *ähnlich*. Vielleicht erklärt ein eklatanter Mangel an *erdähnlichen* Planeten das Fermi-Paradox? Betrachten wir drei Aspekte, in denen die Erde etwas beispiellos Besonderes sein könnte – ihr ungewöhnliches Gestein, ihr Wasser und ihren Phosphor.

Besondere Steine

Der Bau von Raumschiffen oder Großteleskopen ist vermutlich nicht möglich ohne ausreichende Vorräte von abbaubaren Erzen. Könnte die Erde außergewöhnlich viel Metall in ihren Felsen und Steinen bergen?

Chondriten, ein Klasse von metallreichen Meteoriten, haben interessante Eigenschaften. Manche Subtypen dieser Chondriten enthalten Calcium-Aluminium-reiche Einschlüsse, auf Englisch *calcium-aluminum-rich inclusions* (CAIs). Dies sind kleine Bröckchen mit Mineralen von unter 1 mm bis zu 1 cm Größe. Benannt sind die Chondriten dagegen nach den sogenannten Chondren – kleinen sphärischen Einschlüssen mit 1–2 mm Durchmesser, die vor allem aus den silicatischen Mineralen Olivin und Pyroxen bestehen (Abb. 5.4). Mit den bekannten radioaktiven Datierungsmethoden lässt sich aus den verschiedenen Radioisotopen der enthaltenen Elemente das Bildungsalter von CAIs und Chondren messen. Der beste Schätzwert für die Entstehungszeit der ältesten CAIs und Chondren liegt bei 4,567 Mrd. Jahren vor heute – kurz bevor die Erde selbst entstanden ist.[320] Wenn Chondriten nicht vollständig in der Atmosphäre verglühen, sondern zumindest in Teilen auf die Erde fallen und dann auch noch gefunden werden, sind sie ein gefundenes Fressen für die Forschung: Sie sind gewissermaßen Augenzeugen der Geburt unseres Sonnensystems.

Abb. 5.4 Die Herkunft von Chondren (sphärische Einschlüsse von eisenhaltigen Silicaten in Chondriten) ist immer noch umstritten. Auf der aufgeschnittenen und polierten Oberfläche des etwa 8 cm breiten chondritischen Meteoriten AH 77.278 kann man die Chondren gut erkennen. Dieses Exemplar wurde an den Allan Hills gefunden, einer weitgehend eisfreien Hügelgruppe auf dem antarktischen Kontinent, wo schon viele interessante Meteoriten zutage getreten sind. (Credit: NASA)

Was genau Chondren sind, wird übrigens nach wie vor debattiert.[321] Eine Idee ist, dass sie sich formten, als ein kurzer Hitzestoß durch den turbulenten Urnebel raste und Staubteilchen auf- und zusammenschmolz. Aber woher könnte diese Hitze gekommen sein? McBreen und Hanlon verdächtigen einen Gammastrahlungsausbruch (englisch *gamma-ray burst*, GRB) in unserer kosmischen Nachbarschaft als Täter.[322] Ein GRB in nicht mehr als 300 Lichtjahren Entfernung vom gerade entstehenden Sonnensystem hätte genug Energie in den protoplanetaren Staub- und Gasring gepumpt, um mehr als die hundertfache Erdmasse an Staub und Gas in eisenreiche Tröpfchen zu verwandeln, die anschließend schnell abkühlten und Chondren bildeten.

In dem Szenario von McBreen und Hanlon wäre ein Planetensystem mit Chondren eine Rarität: Wenn Chondren einen GRB brauchen, der nah genug ist, um im exakt richtigen Moment die protoplanetare Scheibe mit Chondren zu impfen, aber nicht so nah, dass der gesamte Urnebel fortgeblasen wird, dann wäre das schon etwas Besonderes. Und gleichzeitig auch besonders wichtig: Die hohe Dichte der eisenhaltigen Chondren hätte die Bildung von Gesteinsplaneten befördert, vielleicht sogar verursacht. Mit anderen Worten, Planetensysteme mit erdähnlichen Gesteinsplaneten sind deshalb selten, weil GRBs im exakt richtigen Moment und Abstand selten sind. Und wenn es nur wenige erdähnliche Gesteinsplaneten gibt, gibt es womöglich auch nur weniger ETZs, die sich dort entwickelt haben.

Man sollte betonen, dass das McBreen-Hanlon-Szenario nur eine aus einer Reihe von Erklärungen für die Entstehung von Chondren ist. Andere Vorschläge involvieren intrinsische Prozesse, die sich in jeder x-beliebigen protoplanetaren Scheibe abspielen[323] – dann wären Chondren und damit letztlich auch unsere gute alte Erde doch nichts wirklich Besonderes.

Eine wässrige Lösung

Wasser ist ein ganz besonderer Saft und gleichzeitig Grundvoraussetzung für das Leben (zumindest so, wie wir es kennen). Sehr viele Stoffe sind in Wasser löslich und können mit diesem Fluid transportiert oder in ihm gespeichert werden – insbesondere in und um Zellen, Organismen und Ökosysteme. Wasser hat die einzigartige Eigenschaft, sich beim Gefrieren auszudehnen, sodass Eis auf Wasser schwimmt. Wäre dies anders (wie bei praktisch allen übrigen Stoffen), dann würden Seen im Winter von unten nach oben komplett zufrieren, anstatt auch bei großer Kälte am Boden flüssig zu bleiben, was für die dortigen Organismen überlebenswichtig ist. Der weite und im Vergleich zu anderen einfachen Molekülen sehr hoch liegende Temperaturbereich, in dem Wasser flüssig ist, ermöglicht es zusammen mit der sehr hohen Wärmekapazität des Wassers unserer Ozeane, das Erdklima global auszugleichen und lebensfreundlich moderat zu halten. Enzyme – Proteine, die praktisch alle wichtigen biochemischen Reaktionen katalysieren und ohne die biologische Prozesse nicht in Millisekunden, sondern in Jahrtausenden ablaufen würden – müssen Wasser in ihre Strukturen einlagern. Man könnte diese Liste gefühlt endlos fortsetzen. Es ist wirklich nicht übertrieben zu sagen, dass Wasser *die* Voraussetzung für das Leben schlechthin ist. Könnte es sein, dass das Besondere an der Erde ihre grenzenlosen Ozeane aus flüssigem Wasser sind? Sind wir eine Premiumlage, weil wir fließend warm und kalt Wasser haben?

Zunächst einmal ist die Frage, wie die Erde zu dem ganzen Wasser gekommen ist, wissenschaftlich nach wie vor nicht geklärt.

Die Zone der protoplanetaren Scheibe, in der die Erde jetzt ihre Bahnen zieht, war vermutlich zu heiß, als dass dort Wasserdampf zu einer Flüssigkeit hätte kondensieren können. Und da die sehr frühe Erde auch noch keine Atmosphäre hatte, wäre alles flüssige Wasser, das es dort vielleicht gegeben hätte, sehr schnell ins All verschwunden.

Also muss unser Wasser – das wir Tag für Tag trinken, aus dem wir zu mehr als der Hälfte bestehen – irgendwie später aus dem interplanetaren Raum auf die Erde gelangt sein. Dafür gibt es zwei sehr naheliegende Möglichkeiten: Entweder haben mit der Erde kollidierende Planetoiden uns das Wasser gebracht oder es waren eishaltige Kometenkerne aus der Oortschen Wolke – ebenfalls auf Crashkurs mit der frühen Erde. Dies wiederum könnte durch eine interstellare gravitative Störung eines der beiden Reservoire ausgelöst worden sein. Ohne solch einen „Trigger" hätte die biologische Evolution womöglich ganz anders ausgesehen. Vielleicht sähe es hier jetzt so trocken und (dem äußeren Anschein nach) unbewohnt aus wie auf dem Mars.

Aber wie können wir herausfinden, wo unser Wasser hergekommen ist? Nun, die Wasserstoff-Atome im H_2O-Molekül bestehen normalerweise nur aus einem einzigen Proton. Etwas mehr als ein Hundertstelprozent aller Wasserstoffkerne besitzt jedoch zusätzlich zu dem einen Proton auch noch ein Neutron, ist also etwa doppelt so schwer. Da diese Kerne somit zwei Nukleonen statt nur einem haben, nennt man das schwere Wasserstoff-Isotop auch Deuterium (D).[324] Wie viel „normaler" Wasserstoff (H) in einer Wasserprobe auf einen Deuteriumkern kommt, hängt von den Umweltbedingungen ab. Darum ist das D-zu-H-Verhältnis ein beliebter „Umwelt-Tracer", das heißt eine Art Fingerabdruck, aus dem sich viel über eine wasser- beziehungsweise wasserstoffhaltige Probe ablesen lässt. In unserem Fall müssen wir dieses Verhältnis nur bei uns auf der Erde, auf einem

Planetoiden und im Kern eines Kometen messen und die Werte vergleichen, dann sehen wir, was besser zusammenpasst.

Vesta, der zweitgrößte Planetoid, hat eine kraterübersäte Oberfläche, die von einer gewaltsamen Historie kündet. Ab und zu brechen dort bei einem Einschlag Brocken heraus und werden zu eigenen Miniplanetoiden, das heißt Meteoroiden. Und manchmal kreuzt solch ein Brocken die Erdbahn und dringt in unsere Atmosphäre ein. Und ganz manchmal gelangt mindestens ein Teil davon als Meteorit bis zum Erdboden. Tatsächlich hat man Meteorite gefunden, die definitiv von Vesta stammen – und in ihnen eingeschlossene Wasserpröbchen haben praktisch dieselbe isotopische Zusammensetzung wie das Wasser auf der Erde. Das heißt nicht, dass all unser Wasser von Vesta stammt, aber es kann durchaus mit anderen Planetoiden zu uns gelangt sein kann.[325]

Dagegen gibt es in gut erforschten Kometenkernen wie Hale-Bopp, Halley oder Hyakutake etwa doppelt so viel Deuterium wie in unseren Ozeanen. Wenn diese drei Himmelskörper typische Vertreter der Oortschen Wolke sind, dann fällt es schwer zu glauben, dass unser Wasser von dort stammen sollte. 2014 ist die ESA-Sonde Philae sogar auf dem Kometen 67P/Tschurjumow-Gerassimenko („Tschuri") gelandet. Dieser kommt, anders als die drei eben genannten Vertreter, aus dem Kuiper-Gürtel – und er hatte sogar einen noch höheren Deuteriumgehalt als die „Oortschen" Kometen.

Damit scheint der Fall abgeschlossen: Die Planetoiden haben der Erde ihr Wasser geschenkt. Oder doch nicht? Es hat sich gezeigt, dass wir die Kometen als Wasserquelle doch noch nicht ganz ad acta legen können. Von den beiden aus dem Kuiper-Gürtel stammenden Kometen Hartley 2 und 45P/Honda-Mrkos-Pajdušáková weiß man seit Langem, dass sie etwa den gleichen Deuteriumgehalt haben wie die Erde. Und 2018 fand der US-amerikanische Astronom Carl Wirtanen einen dritten Kometen von dieser Sorte: 46P/Wirtanen.[326] Alle drei sind sogenannte „hyperaktive" Kometen, in denen Wasser aus dem Inneren des Kerns nach außen sprudelt. Kam unser Wasser vielleicht von hyperaktiven Kometen?[327]

Wir wissen also immer noch nicht wie und nicht einmal wann die Erde zu ihrem Wasser kam. Kometen sind als Quelle noch nicht aus dem Rennen. Auch ein seltener interplanetarer oder interstellarer Glücksmoment ist noch nicht ganz ausgeschlossen. Aber es ist schon deutlich plausibler, dass das Wasser von Kollisionen mit Planetesimalen stammt, das heißt den unzähligen Kleinstplaneten des frühen Sonnensystems, von denen Vesta einer der Überlebenden ist. Und das wäre dann wirklich nichts Außergewöhnliches, unser Wasser ist wohl kein Alleinstellungsmerkmal.

Phosphor?

Leben (zumindest so, wie wir es kennen) braucht vor allem sechs chemische Elemente: Kohlenstoff, Wasserstoff, Stickstoff, Sauerstoff, Schwefel ... und Phosphor. Letzterer ist ein wichtiges Strukturelement in DNA und RNA und zudem entscheidend dafür, wie eine Zelle Energie speichert und weiterleitet. Doch trotz seiner großen biologischen Bedeutung – und anders als etwa Wasserstoff, Sauerstoff und Kohlenstoff – ist Phosphor kosmisch gesehen ziemlich selten. Wo hat die Erde bloß den ganzen Phosphor her?

Letztlich kommen praktisch alle Elemente und damit auch unser Phosphor von vor langer Zeit vergangenen Sternen, die ihr Ende in einer Supernova-Explosion gefunden haben. Ein Erklärungsversuch zielt darauf ab, dass nicht alle Supernovae gleich viel Phosphor produzieren. Wenn das stimmt, ist dann das Leben auf zufällig phosphorreiche Gegenden in der Galaxis beschränkt? Hatten wir einfach Glück, dass wir in der Nähe des richtigen Supernova-Überrests zur Welt gekommen sind?[328]

Lösung 37
Dauerhaft habitable Zonen sind schmal

Es gibt eine weitere, eigentlich ziemlich naheliegende Bedingung dafür, dass sich eine technologische Zivilisation auf einem Planeten entwickelt.[329] Der ungefähr erdgroße Gesteinsplanet, für den wir uns so interessieren, der mit dem vielen H_2O, muss sich in der habitablen Zone (HZ) seines Planetensystems befinden – der Region um den zentralen Stern, in welcher die Temperaturen auf der Planetenoberfläche *flüssiges* Wasser zulassen (Abb. 5.5). Sie heißt, aus offensichtlichen Gründen, oft auch Goldlöckchen-Zone.[330] Die innere Grenze der HZ ist der Abstand zum Stern, an dem die Temperaturen so hoch werden, dass ein Planet sein Wasser verliert, an der Außengrenze friert der Planet ein. Diese Definition schließt einige Objekte aus, die durchaus von astrobiologischem Interesse sind. Beispielsweise könnte eine planetare innere Wärmequelle unterhalb der Planetenoberfläche flüssiges Wasser auch außerhalb der HZ möglich machen (diskutiert wird zum Beispiel der Jupitermond Europa). Nichtsdestotrotz ist es sinnvoll, sich bei der Suche nach fortschrittlichen Zivilisationen erst einmal auf konventionelle habitable Zonen zu beschränken.

Es ist nicht trivial, die Breite der HZ zu berechnen, insbesondere den äußeren Rand – dies erfordert unter anderem ausgefeilte Klimamodelle. Es sind verschiedene Schätzungen für unser eigenes Planetensystem veröffentlicht worden. Eine Studie nennt einen Bereich von 0,77–0,87 AE für die innere und 1,02–1,18 AE für die äußere Grenze.[331] In diesem Modell sitzt unsere Nachbarin Venus mit einem mittleren Sonnenabstand von 0,72 AE

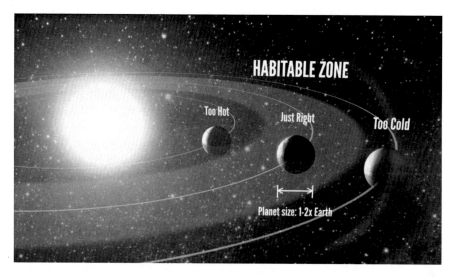

Abb. 5.5 Wenn ein Planet zu nah um seinen Stern kreist (beziehungsweise ellipst), dann wird es dort für flüssiges Wasser zu heiß, auf Dauer wird er sein Wasser durch Photodissoziation sogar komplett verlieren. Wenn ein Planet zu weit weg vom Stern seine Bahnen zieht, gefriert das Wasser und wird im Endeffekt zu Gestein. Ein Planet (der außerdem weder zu groß noch zu klein sein darf) muss sich genau in der „goldenen Mitte", sprich der Goldlöckchen-Zone aufhalten, damit er flüssig bleibt und Leben, wie wir es kennen, beheimaten kann. (Credit: Petigura/UC Berkeley; Howard/UH-Manoa; Marcy/UC Berkeley)

ein bisschen zu weit innen, Mars, der Nachbar auf der anderen Straßenseite, wohnt mit einer Distanz von im Schnitt 1,52 AE bis zur Sonne schon recht weit außerhalb. Nur die Goldlöckchen-Erde sitzt auf dem richtigen Stühlchen in der Mitte.[332]

Die Geschichte geht aber noch weiter (die mit der HZ, nicht die von Goldlöckchen und den Bären). Hauptreihensterne werden, wenn sie in die Jahrmilliarden kommen, langsam, aber sicher immer heißer, sodass die HZ allmählich nach außen wandert. Worauf es wirklich ankommt, ist daher die *kontinuierlich* habitable Zone (KHZ). Typischerweise definiert man die KHZ als diejenige Region, in der ein erdähnlicher Planet mindestens eine Milliarde Jahre lang flüssiges Wasser zu bieten hat – auf dieser Zeitskala dürften sich komplexe Lebensformen entwickeln können. Im Fall unseres Sonnensystems hat die Erde das Glück und die Ehre gehabt, sich seit 4,5 Mrd. Jahren in der KHZ aufzuhalten, sogar ziemlich genau in der Mitte dieses Bereichs. Logischerweise ist die KHZ merklich schmaler als die HZ.

Hart hat Computermodelle durchgerechnet, die zeigen sollten, wie viel enger es in der KHZ zugeht.[333] In diesen Modellen war die KHZ am breitesten um G0-Hauptreihensterne (die Sonne ist ein G2-Stern) und ging gegen null sowohl bei den kühlen und kleinen K1-Sternen als auch um die heißen und größeren F7-Sterne. Also besitzt nach Hart nur eine sehr begrenzte Anzahl an Sternen überhaupt eine KHZ. Weiterhin war keine KHZ breiter als 0,1 AE. Für unser Sonnensystem zum Beispiel ermittelte er für den inneren Rand der KHZ eine Sonnendistanz von 0,95 AE und für den äußeren Rand 1,01 AE. Mit einem derart eingeschränkten Angebot an „Bauplätzen" dürften wirklich erdähnliche Planeten, auf denen eine ETZ ihr Einzivilisationenhäuschen errichten und dies dann über Jahrmilliarden glücklich und zufrieden bewohnen kann, viel seltener sein als gemeinhin angenommen.

Harts Ergebnisse *beweisen* nicht, dass es keine ETZs gibt, aber sie wirken sich sicherlich auf das Fermi-Paradox aus. Wenn es nur wenige hinreichend langfristig bewohnbare Planeten gibt, dann muss die Zahl der ETZs da draußen noch kleiner sein. Abhängig von den Werten der übrigen Parameter in der Drake-Gleichung reduziert sich die Anzahl der wenigstens potenziell interstellar kommunizierenden Zivilisationen möglicherweise auf eins: wir.

Ganz so düster ist die Situation jedoch vielleicht auch wieder nicht. Moderne Computer sind ungleich leistungsfähiger als die zu Harts Zeiten. Neuere Modelle der frühen Erdatmosphäre sind wesentlich komplexer und berücksichtigen viele Phänomene, die Hart nicht kannte oder nicht modellieren konnte, etwas das Recycling von CO_2 über die Plattentektonik. Die mit diesen Modellen erzielten Ergebnisse dürften diejenigen ermutigen, die an die Existenz von ETZs glauben (oder zumindest an Planeten, auf denen sich ETZs wohlfühlen würden). So ergeben zum Beispiel Modelle von James Kasting und Kollegen,[334] dass unser Sonnensystem immerhin eine über 4,5 Mrd. Jahre stabile KHZ zwischen 0,95 und 1,15 AE von der Sonne besitzt – rund viermal breiter als noch von Hart berechnet. Andere Forschende glauben, dass unsere lokale KHZ noch weiter reichen könnte. Auch andere Sterne hätten breitere KHZs als von Hart geschätzt.[335]

Also: Wie wahrscheinlich ist es, dass ein stellares System einen Planeten in seiner KHZ hat?

Große, heiße Sterne können wir sicherlich ignorieren: Planeten bleiben dort auf keinen Fall lang genug in irgendeiner habitablen Zone, weil die Entwicklung dieser Sterne so schnell voranschreitet, dass die Zone viel zu schnell nach außen wandert (oder die Sterne als Supernova das System gleich ganz sprengen). Sehr kleine und kühle Sterne machen ebenfalls Probleme: Da hier die KHZ sehr nah am Stern liegt, dürfte dort jeder Planet in gebundener Rotation umlaufen: Pro Umlauf um den Stern rotiert er (wie der Mond um die Erde) genau einmal um seine eigene Achse, sodass er dem Stern immer die gleiche verschmorte Seite zuwendet, während die tiefgefrorene Rückseite immer Richtung Weltall weist. Darüber hinaus gibt es bei kleinen Sternen oft heftige Strahlungsausbrüche. Es fällt schwer sich vorzustellen, wie sich Leben unter solchen Bedingungen entwickeln soll – der habitable Bereich ist dort ja viel näher an der Sternoberfläche als bei uns. (Wenn es das Leben in der Nähe von kühlen Sternen aushalten *sollte,* dann müsste es unüberschaubar viele KHZ-Bauplätze in der Galaxis geben, einfach weil es so viele kühle Sterne gibt.) Mithin dürfen die Sterne weder zu groß und heiß noch zu klein und kühl sein. Was ist mit sonnenähnlichen Sternen wie unserer Goldlöckchen-Sonne – wie wahrscheinlich ist es, dass diese einen Planeten in ihrer KHZ aufweisen?

Bis vor Kurzem war das eine rein theoretische Frage, die sich nur mit Computermodellen angehen ließ. Mittlerweile finden wir aber immer mehr Exoplaneten und können uns mit harten Beobachtungsdaten beschäftigen. Die sich abzeichnende Antwort ist, dass es gar nicht so ungewöhnlich ist, einen Planeten in der KHZ eines sonnenähnlichen Sternes zu finden. Tatsächlich hat eine Analyse von Daten der *Kepler*-Mission sowie des Keck Observatory ergeben, dass etwa jeder fünfte sonnenähnliche Stern einen erdgroßen Planeten in seiner habitablen Zone haben dürfte.[336]

Die Milchstraße könnte *Milliarden* von erdgroßen Planeten in einer habitablen Zone eines sonnenähnlichen Sternes beherbergen! Dass sich ein Planet in einer habitablen Zone befindet, heißt dann zwar noch nicht, dass er auch wirklich bewohnbar ist: Es gibt viele Gründe, warum Leben auf einem Planeten mitten in der Goldlöckchen-Zone komplett unmöglich sein kann. Aber die Analyse legt auf jeden Fall nahe, dass es im Universum mehr als nur einen sonnenähnlichen Stern gibt, um den ein Planet läuft, auf welchem Wasser für Jahrmillionen flüssig bleibt.

Vielleicht müssen wir allerdings noch weiter gehen und auch eine *galaktische* habitable Zone (GHZ) definieren und analysieren: einen ringförmigen Bereich im interstellaren Raum, der einerseits der wilden und hektischen Region um das zentrale supermassive Schwarze Loch nicht zu nahe kommt und andererseits auch nicht zu weit weg von dem Bereich liegt, in dem Supernovae genügend von den benötigten schweren Elementen erzeugen.[337] Damit komplexes Leben evolviert, brauchen wir eine KHZ innerhalb der GHZ – und das verschlechtert unsere Chancen. Die GHZ der Milchstraße enthält womöglich nur 20 % aller Sterne der Galaxie. Das vermindert aber wohl trotzdem die Parameterwerte nicht genug, um das Fermi-Paradox offensichtlich aufzulösen. Wir müssen bis auf Weiteres mit der Arbeitshypothese fortfahren, dass unsere Galaxie genug Planeten besitzt, die sich grundsätzlich als Wohnstatt für kluge und technisch hochstehende Aliens eignen.

Lösung 38
Die Erde wird evolutionär aufgepumpt

Unter den Exoplanetensystemen, die wir bisher kennen, gibt es einige ziemlich absonderliche Welten. Das Trappist-1-System zum Beispiel hat sieben erdgroße Gesteinsplaneten, die auf sehr engen Bahnen um einen kühlen Zwergstern sausen. (Mindestens einer dieser Planeten sitzt in der habitablen Zone, doch wie im vorigen Abschnitt diskutiert ist es unwahrscheinlich, dass sich dort Leben entwickeln könnte.) Viele Planetensysteme haben „Supererden", das heißt Planeten, die größer als die Erde, aber kleiner als Neptun sind. Und viele Systeme enthalten einen „heißen Jupiter" – einen Gasriesen, welcher den Stern in nur wenigen Tagen und dabei so nahe umläuft, dass ihn die stellare Strahlung erheblich aufheizt. Diese „seltsamen" Systeme könnten ziemlich häufig sein, vielleicht sogar der Normalfall. Dies liegt natürlich möglicherweise an unseren Methoden der Exoplanetensuche, die genau diese Arten von Planeten am besten finden können. Aber da wir jetzt schon so viele „ungewöhnliche" Exoplaneten entdeckt haben, sollten wir uns eventuell dazu durchringen, dass vielleicht das einzige wirklich ungewöhnliche Planetensystem *unser eigenes Sonnensystem* ist.

Merkur zum Beispiel, unser sonnennächster Himmelskörper, ist eigentlich ziemlich weit weg von seinem Zentralgestirn: Alle sieben Trappist-1-Gesteinsplaneten würden sich innerhalb seiner Umlaufbahn bewegen. Und alle sieben sind fast gleich groß, während wir unter unseren vier Gesteinsplaneten einen winzigen Merkur, die großen Zwillinge Venus und Erde und dann den kleineren Mars haben. Auf der anderen Seiten haben wir keine Supererde und zwar einen Jupiter, aber gewiss keinen „heißen".

Ist die Besetzungsliste unseres Sonnensystems nur etwas für Arthouse-Fans? Skurrile Planetendarsteller weit ab vom Mainstream? Und wenn das so ist, was mag das für das Leben als solches bedeuten? Lassen Sie uns die folgende (spekulative) Idee verfolgen. Sie betrifft die Rolle des größten Darstellers, also Jupiter.

Seit Langem ist bekannt, dass Jupiter für die sogenannten Kirkwood-Lücken verantwortlich ist, Regionen im Planetoidengürtel mit relativ wenigen Himmelskörpern. Eine große Lücke befindet sich in rund 2,5 AE Abstand zur Sonne, denn jeder Planetoid, der dort seiner Wege um die Sonne zieht, würde für einen Umlauf exakt ein Drittel so lange brauchen wie der Gasriese Jupiter. Bei jedem dritten Mal, wenn so ein 2,5-AE-Planetoid eine bestimmte Position erreicht, befindet sich Jupiter an derselben Stelle relativ dazu. Ist der Planetoid dort dem Jupiter maximal nah, gibt dieser dem Planetoiden ein leichten gravitativen Schubs, und zwar jedes Mal in dieselbe Richtung. Der Effekt schaukelt sich auf, als ob der Planetoid

auf einer Kinderschaukel säße und Sie ihn als Mama oder Papa Jupiter
mit exakt der Schaukelfrequenz anschieben würden. Mit der Zeit wird
so ein Orbit instabil und der kleine Planetoid fliegt in hohem Bogen von
der Schaukel beziehungsweise aus seinem Orbit. Schließlich gibt es keine
Planetoiden mehr in solch einem sogenannten Resonanzorbit. Sollte ein
Planetoid aufgrund anderer gravitativer Effekte von außer- oder innerhalb
dieses Bereichs dorthin driften, katapultiert ihn der Mechanismus (kosmisch
gesehen) sehr bald wieder heraus. Außer der Lücke bei 2,5 AE aufgrund der
3:1-Resonanz gibt es auch noch weitere solche Resonanzen beziehungsweise
Lücken.[338]

Was passiert mit Planetoiden, die von Jupiter aus der Kirkwood-Lücke
oder einem anderen Resonanzbereich verscheucht worden sind? Die Wahrscheinlichkeit ist groß, dass ihre Bahnen dann so verdreht sind, dass ihr
sonnennaher Teil die Erdbahn kreuzt. Mit anderen Worten: Es gibt eine
nicht vernachlässigbare Chance, dass diese Planetoiden irgendwann mit uns
kollidieren werden – mit katastrophalen Konsequenzen (Abb. 5.6).

Andererseits … so ein Planetoiden-Crash ist zwar zweifellos desaströs für
die Kreaturen, die unglücklicherweise gerade zu diesem Zeitpunkt die Erde
bevölkern. Aber auf lange Sicht kann so etwas für manche Spezies auch
durchaus von Vorteil sein. Schließlich gäbe es uns Menschen vermutlich gar
nicht, wenn nicht vor 65 Mio. Jahren ein planetoidengroßes Objekt den Golf
von Mexiko getroffen und die Dinosaurier (mit Ausnahme der Vögel) aus der
Welt gefegt hätte (Abb. 5.7). John Cramer vertritt den Standpunkt, dass die

Abb. 5.6 Eine Montage von Bildern des Planetoiden Eros. Die Aufnahmen entstanden während dreier Wochen, in denn sich die Raumsonde NEAR dem Planetoiden
annäherte. Die meisten Planetoiden befinden sich im „Hauptgürtel" zwischen Mars
und Jupiter. Erdnahe Planetoiden wie Eros sind relativ selten und wurden meist durch
den gravitativen Einfluss von Jupiter zu uns abgelenkt – mit potenziell verheerenden
Folgen. (Credit: NASA)

Abb. 5.7 Künstlerische Darstellung eines Planetoideneinschlags auf der Erde, von außen betrachtet. Wenn ein Objekt wie dieses heute unseren Planeten treffen würde – so etwas ist in der Erdgeschichte bereits mehrfach passiert –, dann würde alles menschliche Leben fast sicher ausgelöscht. Laut Cramer ermöglicht dies einen neuen Versuch auf dem Weg zur kosmischen Intelligenz. (Credit: NASA/Don Davis)

Evolution ohne solche globalen Katastrophen über geologische Zeiträume eine zu laxe Haltung einnimmt nach dem Motto: „Was nicht kaputt ist, muss man nicht besser machen." Wesentliche Schritte gab es in der Evolution des Lebens oft nach globalen Krisen, als neue Spezies erschienen, die von erheblich veränderten Umweltbedingungen profitierten – vor 65 Mio. Jahren die Säugetiere und insbesondere auch unsere Vorfahren aus der Gruppe der Primaten. Die Evolution wird, in Cramers Worten, in wechselnden Zyklen von Krisen und stabilen Phasen „angetrieben" beziehungsweise „gepumpt". Genauer gesagt behauptet er, dass eine evolutionäre Pumpe dem Leben idealerweise alle 20 bis 30 Mio. Jahre einen katastrophalen Tritt versetzt. Planetoiden aus der Kirkwood-Lücke kämen da gerade recht, da sie genau den richtigen Pumptakt haben könnten, um die Evolution in Trab zu halten.[339]

Wenn Cramer recht hat, dann wären wir doch etwas ziemlich Besonderes. Intelligentes Leben braucht nicht nur eine erdähnliche Umwelt, sondern auch ein Planetensystem mit Planetoidengürtel, in dem die Massen und Orbits gerade so verteilt sind, dass die richtigen Resonanzen im Gürtel herrschen, welche im passenden Takt der Evolution Beine machen. Wenn die „Pumpe der Evolution" mit ihren Planetoideneinschlägen zu häufig zutritt, dann hat das Leben keine Chance, Intelligenz hervorzubringen, sondern wird vermutlich ganz ausgelöscht. Wenn die Pumpe dagegen zu langsam arbeitet, dann geben sich Leben und Evolution mit halbherzigen Lösungen zufrieden und es wird nie etwas mit der intelligenten, kosmisch kommunizierenden Hochkultur.

Die 3:1-Resonanz im Planetoidengürtel verdanken wir dem Jupiter. Aber nicht nur das, der ganze Gürtel verdankt seine Existenz in dieser Form dem riesigen Nachbarn: Planetoiden sind die Überbleibsel von Planetesimals beziehungsweise Protoplaneten aus der Entstehungszeit des Sonnensystems. Die Geburt und vor allem das schnelle Wachstum des Jupiters verhinderten dann, dass sich in der Nachbarschaft noch ein weiterer Planet zusammen-finden konnte, sodass die „Originalbausteine" einfach liegen blieben (außer natürlich in den Resonanz-Lücken). Wenn es bei uns so etwas wie eine „Pumpe der Evolution" gibt und diese auch noch auf die richtige Frequenz eingestellt ist, dann haben wir das dem Jupiter zu verdanken. Andere Planetensysteme haben so einen wohltätigen Giganten möglicherweise nicht.

Cramers Spekulationen haben, nebenbei bemerkt, Graham Jones dazu animiert, einen Vorschlag unseren Mond betreffend zu machen.[340] (Wie wir bald sehen werden, haben sich ziemlich viele Leute Gedanken darüber gemacht, welche Rolle der Mond bei der Auflösung des Fermi-Paradoxes spielen könnte.) Jones meinte, es gebe eine „Pumpe der Neugier". Und zwar wies er auf den bemerkenswerten Umstand hin, dass Sonne und Mond für uns zufälligerweise genau die gleiche scheinbare Größe am Himmels-gewölbe haben, was eine sehr frappierende Konsequenz hat: Sonnen-finsternisse, die selten und kurz genug sind, um beeindruckend oder gar furchteinflößend zu wirken, aber häufig und lang genug, um Wissbegier und Nachdenken so weit zu stimulieren, dass die Menschen sie bereits im Altertum nicht nur verstehen, sondern sogar vorhersagen konnten. Hier spielt insbesondere auch die Neigung der Mondbahnebene gegen die Erd-bahnebene eine Rolle, die dafür sorgt, dass solche Finsternisse nicht bei jedem Neumond auftreten. An einem gegebenen Punkt auf der Erdober-fläche kommt es *im Schnitt* nur alle 375 Jahre zu einer totalen Sonnen-finsternis. Doch es gibt auch extreme Ausnahmen von dieser Regel: Die Stadt Carbondale im US-Staat Illinois erlebte am 21. August 2017 ein solches Himmelsschauspiel und ist schon am 8. April 2024 wieder dran – die Glückspilze, zwei in weniger als sieben Jahren! Jerusalem dagegen hatte seine letzte totale Sonnenfinsternis 1133, also zur Zeit der Kreuzritter, und muss sich noch bis 2241 bis zur nächsten Eklipse gedulden, eine Wartezeit von 1108 Jahren. Aber wieso erzähle ich (beziehungsweise Graham Jones) Ihnen das alles? Wenn Sie einmal eine totale Sonnenfinsternis erlebt haben, werden Sie wissen, was für eine eindrucksvolle Erfahrung dies ist, eines der interessantesten Naturschauspiele überhaupt. Jones hat sich gefragt, ob solche Finsternisse – so selten, irregulär und ehrfurchtgebietend – vielleicht das Feuer der menschlichen Neugier erst entzündet haben, den Drang, nach dem „Warum" zu fragen, den Wunsch, Erklärungen für das Wunderbare zu finden. Eine Finsternis als Startschuss für den Weg zu den Sternen!

Lösung 39
Das Weltall ist eine gefährliche Gegend

Der Einschlag eines Planetoiden kann die Evolution des Lebens auf einem Planeten nachhaltig beeinflussen, aber unsere Galaxie hat noch größere Bedrohungen in petto. Beispielsweise könnte ein Strahlungsausbruch eines nahegelegenen Magnetars[341] die Erde mit einem Schlag sterilisieren. Und wenn uns ein wanderndes Schwarzes Loch zu nahe käme, würde es die Erde einfach mit Frau, Mann und Maus verschlingen. Kann die blindwütige Gewalt eines erbarmungslosen Universums das Große Schweigen erklären? Werden alle Zivilisationen zerstört, bevor sie Kontakt mit uns aufnehmen?

Streuende Schwarze Löcher und inkontinente Magnetare dürften, über den Verlauf der galaktischen Geschichte betrachtet, tatsächlich eine Bedrohung für individuelle Zivilisationen darstellen. Aber sie sind zu selten und zu eng lokalisiert, um eine pangalaktische Sterilisation zu bewirken.[342] Um dem Fermi-Paradox beizukommen, brauchen wir ein unglaublich mächtiges zerstörerisches Phänomen, das in großen Raumbereichen alles Leben vernichtet oder etwas Schwächeres, das dafür richtig häufig auftritt. Oder aber eine allgemeine Eigenschaft von lebenstragenden Planeten, welche dieses Leben nach einer gewissen Zeit wieder auslöscht. Leider gibt es solche Phänomene möglicherweise tatsächlich. Schauen wir uns ein paar davon an.

Supernovae

Supernovae – explodierende Riesensterne – setzen unglaubliche Energiemengen frei. Und auf astronomischen Zeitskalen sind sie ziemlich häufig: Im Schnitt hat jede Galaxie eine oder zwei Supernovae pro Jahrhundert. Und eine einigermaßen nahe Supernova dürfte für alles Leben mehr als verhängnisvoll sein.

Einer Abschätzung zufolge kann eine Supernova in einem Umkreis von 30 Lichtjahren das Leben auf der Erdoberfläche vernichten.[343] Dies geschieht auf eine relativ subtile Weise. Die Supernova würde die Erdatmosphäre mit Gammastrahlung fluten. Das wäre zunächst nicht unbedingt bedrohlich, weil die oberen Atmosphärenschichten eine wirksame Abschirmung gegen diese Art Strahlen darstellen. Allerdings beruht die Schutzwirkung darauf, dass die

Gammastrahlung unter anderem von Stickstoff-Molekülen absorbiert wird, die daraufhin dissoziieren und anschließend mit atmosphärischem Sauerstoff zu Stickoxiden reagieren. Diese wiederum greifen dann Ozon-Moleküle an und zerstören dadurch für viele Jahre die Ozonschicht, welche die Erde vor tödlicher energiereicher UV-Strahlung von der Sonne schützt (Abb. 5.8). Es wäre eine letale Links-rechts-Kombination: Erst schwächt der linke Gamma-Haken unsere Deckung, dann bringt die Rechte den ultravioletten Knock-out für alles vielzellige Leben.

Wie wir später noch sehen werden, gab es in der Erdgeschichte mehrmals Massenaussterben, bei denen fast alles vielzellige Leben zugrunde ging. Könnte für eines dieser Ereignisse eine Supernova verantwortlich gewesen sein? Schwer zu sagen. Das letzte globale Massenaussterben – das, bei dem die Dinosaurier untergingen – hat im Wesentlichen ein Planetoiden-

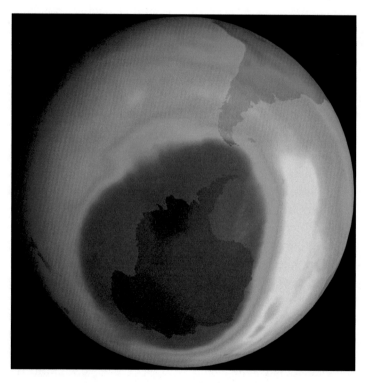

Abb. 5.8 Der dunkle Fleck über der Antarktis zeigt die Größe des „Ozonlochs" im Jahr 2000, das bekanntlich durch Chemikalien wie Fluorchlorkohlenwasserstoffe (FCKW) hervorgerufen wurde. Die Verwendung dieser Stoffe ist mittlerweile weltweit verboten. Eine Supernova in unserer kosmischen Nachbarschaft würde das Ozon in der gesamten Erdatmosphäre zerstören – und ließe sich leider nicht verbieten. (Credit: NASA)

einschlag ausgelöst. Möglicherweise war dies auch in anderen Fällen so. (Weitere mögliche Ursachen sind Klimaveränderungen, insbesondere aufgrund extremer vulkanischer Aktivität, sowie das chaotische Zusammenspiel von einander verstärkenden Prozessen, wie es in großen komplexen Systemen geschehen kann. Wir kommen darauf zurück.) Es gibt keine klaren Beweise dafür, dass Supernovae involviert waren. Und selbst wenn eine Supernova ein Massenaussterben verursachen *kann,* ist nicht bekannt, ob diese Ereignisse langfristig das Erscheinen von Intelligenz infrage stellen. Vielleicht sind ja Supernovae sogar *notwendig* für den Aufstieg von intelligentem Leben – eine oder sogar *die* „Pumpe der Evolution", um es mit Cramer zu sagen. Für den Moment wollen wir aber mal annehmen, dass eine nahe Supernova ein Massenaussterben bewirkt und dadurch die Entwicklung von intelligentem Leben zumindest verlangsamt.

Über Äonen gesehen ist es wahrscheinlich, dass die in vielen Aspekten zufällige Eigenbewegung der Sterne unser Sonnensystem einmal in die Nähe einer Supernova spülen wird. Irgendwann *wird* es eine Supernova in der Nachbarschaft geben. („Keine Panik": Kein Stern innerhalb der nächsten 60 Lichtjahre kann in den kommenden Millionen Jahren die Supernova machen.) Die kritische Frage ist: Wie oft passieren solche Ereignisse? Die Schätzungen schwanken, ein mehrheitsfähiger Zahlenwert könnte sein, dass innerhalb von 30 Lichtjahren um die Erde alle 200 Mio. Jahre eine Supernova explodiert. Was dann zu einem inversen Fermi-Paradox führt: Warum sind *wir* bloß hier?

Es wäre natürlich möglich, dass wir die Auswirkungen einer nahen Supernova auf die irdische Biosphäre nicht gut genug verstehen. Aber wenn unsere Schätzwerte für Häufigkeit und Konsequenzen von Supernovae halbwegs richtig sind, dann sind wir nur deshalb noch hier auf der Erde, weil wir sehr großes Glück gehabt haben. Vielleicht hat die Erde durch puren Zufall und wider alles Erwarten seit der Entstehung des Lebens oder seit den ersten Vielzellern noch keine tödliche Supernova abbekommen. Wenn dies so wäre, dann hätten wir das Fermi-Paradox geklärt: Es gibt außer uns niemanden, weil die anderen alle leider kein so großes Glück hatten wie wir.

Es gibt allerdings keinerlei Belege dafür, dass die Erde bei Supernovae in der Nachbarschaft besonders viel Glück gehabt hat. Und außerdem: Wenn wir glauben, dass intelligentes Leben häufig vorkommt, dann sind Supernovae nicht effektiv genug als Weltenzerstörer, um das Fermi-Paradox auf kosmischer Skala aufzulösen. Hat nämlich eine ETZ erst einmal einen gewissen Teil ihrer stellaren Nachbarschaft kolonisiert, kann keine einzelne Supernova sie mehr stoppen. (Umgekehrt wird ein galaktischer Schuh daraus: Gerade die Bedrohung durch Supernovae dürfte eine ETZ

motivieren, sich nach einer Zweitwohnung in sicherer Entfernung umzusehen, und so die interstellare Kolonisierung erst richtig in Gang bringen.)

Um das Fermi-Paradox erklären zu können, brauchen wir einen
Mechanismus, der das Leben auf *jedem* Planeten betrifft, eine pangalaktische
Katastrophe, welche die evolutionäre Uhr jedes Mal auf null zurückstellt,
wenn sie eintritt. Kein natürliches Phänomen sollte eine so unvorstellbar
universale Zerstörung bewirken können. Die Astronomie kennt jedoch tatsächlich einen Mechanismus, der potenziell eine ganze Galaxie sterilisieren
würde: Gammastrahlungsausbrüche.

GRBs

Ein Gammastrahlungsausbruch (*gamma-ray burst,* GRB) ist das energie-
reichste Phänomen im ganzen bekannten Universum, er setzt innerhalb von
Sekunden mehr Energie frei als die Sonne während ihrer gesamten 10-Mrd-
jährigen Lebenszeit.[344]

Alle bisher beobachteten GRBs fanden in weit entfernten Galaxien statt.
Ein GRB in der Milchstraße wäre eine ganz schlechte Nachricht. Wir
müssen nun zwei Fragen beantworten: Wie oft gibt es GRBs? Und wenn
ein GRB auftritt, wie schlimm wäre das für lebende Organismen in der
betroffenen Galaxie?

Die Häufigkeit von GRBs zu „berechnen", ist eine typische Fermi-Frage.
Ganz grob geschätzt, könnte eine Galaxie pro 100 Mio. Jahre einen GRB
erleben. Da dies größenordnungsmäßig mit der Zeitskala von Massenaus-
sterben-Ereignissen auf der Erde zusammenpasst, sind einige Leute auf die
Idee gekommen, dass möglicherweise GRBs dafür verantwortlich sind.[345]

Wenn GRBs wirklich „höhere" Lebensformen über gigantische kosmische
Entfernungen hinweg auslöschen können und wenn Sie dann noch
akzeptieren, dass, wie von manchen Theorien vorgeschlagen, solche GRBs
in der galaktischen Geschichte häufiger waren als heute, dann haben Sie die
folgende Auflösung des Fermi-Paradoxes, die James Annis vorgebracht hat:[346]
GRBs haben in der kosmischen Vergangenheit so viele Planeten sterilisiert,
dass die dortigen Lebensformen keine Chance hatten, technische (und
emotionale) Intelligenz zu entwickeln. Erst heute, da GRBs selten geworden
sind, besitzen aktuelle Zivilisationen eine reelle Aufstiegschance. Mit Annis'
Vorschlag ist die Erde nichts Besonderes. Es war kein außergewöhnlicher
Glücksfall, dass wir Menschen wurden, was wir sind, sondern in der heutigen
(kosmischen) Zeit eine Alltäglichkeit (beziehungsweise Alljahrmillionlich-
keit). Es könnte Tausende von ETZs in unserer Galaxie geben, die ungefähr
so weit sind wie wir. All hatten etwa gleich viel Zeit, erst Leben und dann
Intelligenz zu entwickeln wie wir auf der Erde: nämlich die Zeitspanne seit
dem letzten GRB in unserer Galaxie.

GRBs sind zweifellos gewaltige Ereignisse, jeder Planet in der näheren Umgebung wäre pulverisiert. Unter dieser Voraussetzung müssen SETI-Optimisten – für die ETZs weit verbreitet sind – eine schwer zu verdauende Kröte schlucken: Unzählige Wesen, viele von ihnen höchst intelligent, sind den unentrinnbaren GRBs zum Opfer gefallen.[347]

Aber kann *ein* GRB wirklich eine ganze Galaxie entvölkern?

GRBs setzen viel mehr Energie um als Supernovae, die auch schon für eine gewisse Zeit ihre gesamte Heimatgalaxie überstrahlen können. Aber GRBs sind andererseits viel schneller vorbei als Supernovae. Und wenn der Ausbruch nicht einigermaßen nah an einem Planeten passiert, wäre nur die dem Ereignis zugewandte Planetenseite direkt betroffen, die Rückseite bliebe zunächst einmal durch die Masse des Planeten selbst mindestens teilweise abgeschirmt. Es ist alles andere als klar, dass GRBs genug Zerstörungspotenzial haben, um das Fermi-Paradox aufzulösen.

Die Erde war ein Schneeball

Zerstörung kann uns durch eine beunruhigend lange Liste von galaktischen Katastrophen ereilen, aber einige Bedrohungen sind deutlich näherliegend. Wir haben bereits die offensichtlichste Gefahr erwähnt, den Einschlag von Planetoiden oder anderen Körpern unseres Planetensystems. Damit muss jede ETZ zurechtkommen. Aber bewohnbare Planeten können auch aus sich selbst heraus gefährlich werden.[348]

Die vielfach bestätigte Entdeckung von glazialen Schuttablagerungen auf Meereshöhe in tropischen Regionen der Erde legt nahe, dass die Erde in der ferneren geologischen Vergangenheit mindestens einmal weitgehend von einem gigantischen Eispanzer umhüllt war. Ein solches Ereignis dürfte vor 2,5 Mrd. Jahren stattgefunden haben, in den letzten 800 Mio. Jahren könnte es bis zu vier solcher Ereignisse gegeben haben, die man sehr anschaulich als „Schneeball-Erde" bezeichnet. Jede Episode könnte 10 Mio. Jahre oder länger gedauert haben.[349] Die „Eiszeiten", von denen wir in der Schule oder auf YouTube gehört haben mögen, sind im Vergleich zu diesen Szenarien Saunabesuche. Auf einer Schneeball-Erde bedeckt eine kilometerdicke Eisschicht alle Ozeane, selbst der Äquator wäre vereist, wenn auch vielleicht etwas weniger stark (Abb. 5.9). Die Durchschnittstemperaturen fallen auf −50 °C. Nur an aktiven Vulkanen und heißen Quellen am Meeresboden kann das Leben überdauern, vielleicht auch in äquatorialen Flachmeeren mit nur dünner Eisbedeckung.

Der Weg, der unseren Planeten in eine Schneeball-Phase führt, ist gut verstanden. Polare Vergletscherungen treten bei normalen Klimaschwankungen immer wieder auf (zum Beispiel – noch – jetzt). Ebenso können sich diese

Vergletscherungen ausweiten. Je mehr sie dies tun, desto mehr Sonnenlicht reflektiert die Erde direkt ins All zurück und desto weniger Wärme nimmt

Abb. 5.9 Tauende Eisschollen treiben in offenem Wasser in den Außenbereichen der Antarktis. Auf einer Schneeball-Erde wären dies, mit etwas Glück, die global mildesten Klimabedingungen, sie ließen sich beispielsweise in geschützten Lagen in Äquatornähe finden. Der Rest des Globus wäre kilometerdick mit Eis bedeckt. Komplexes Leben hätten einen sehr schweren Stand. (Credit: NOAA/Michael van Woert)

sie auf, was zu noch mehr Vergletscherung führt. Wenn die Eisbedeckung einen kritischen Wert erreicht, läuft dieser sich selbst verstärkende Prozess aus dem Ruder, bis alles vereist ist. Schwieriger zu erklären ist, wie so eine Phase zum Ende kommen soll, also die Erde das ganze Eis wieder loswird – aus diesem Grunde hatte die Fachwelt lange gezögert, die Idee wirklich ernst zu nehmen.

Die Lösung kam mit der Erkenntnis, dass die vulkanische Aktivität auf der Erde weitgehend unabhängig von den klimatischen Bedingungen ist und deshalb auch nicht während einer globalen Vereisung aussetzt. Vulkane rülpsen CO_2 und andere Treibhausgase in die Atmosphäre. Das tun sie natürlich auch jetzt, doch wird ein größerer Teil dieser Gase mit dem Regen ausgewaschen, landet im Ozean, sedimentiert auf den Meeresboden und gelangt von dort über tektonische Prozesse zurück ins Erdinnere. Auf der Schneeball-Erde gibt es kein flüssiges Wasser, keine Wolken, keinen Regen. Daher sammelt sich im Laufe von 10 Mio. Jahren eine ganze Menge CO_2 und anderes Treibhausgas in der Atmosphäre an. Schließlich erreichen die Konzentrationen Werte weit über dem heutigen Niveau – genug, um selbst eine Schneeball-Erde aufzutauen. Vom Kühlhaus zum Treibhaus in einem geologischen Wimpernschlag.

Bevor wir die Bedeutung der Schneeball-Erde-Hypothese für das Fermi-Paradox besprechen, werfen wir noch einen Blick auf eine weitere planetare Gefahr.

Supervulkane

Vulkane mögen das Leben während der Schneeball-Erde-Phasen gerettet haben, aber in der jüngeren Vergangenheit hätten sie zumindest die Art *Homo sapiens* fast ausgerottet.

Alle Menschen sind einander genetisch bemerkenswert ähnlich. Dies lässt sich dadurch erklären, dass wir uns vor etwas weniger als 75 000 Jahren durch einen „genetischen Flaschenhals" zwängen mussten. Unter diesem Ausdruck versteht man den fast vollständigen Zusammenbruch einer Population, wonach logischerweise alle weiteren Exemplare der Art von den wenigen Überlebenden abstammen und deren Gene teilen. Die Zahl der Menschen muss damals auf wenige Tausend zurückgegangen sein. Wir waren – in der Sprache des Artenschutzes – akut vom Aussterben bedroht.

Was könnte solch eine Katastrophe heraufbeschworen haben? Wir brauchen nicht lange nach dem Täter zu suchen, der Colt raucht sozusagen noch: Der Vulkan Toba im Nordwesten der indonesischen Insel Sumatra explodierte vor knapp 74 000 Jahren. Die Eruption war so heftig, dass sie den Titel „Supervulkan" verdient. Sie war *viel* heftiger als die des philippinischen Pinatubo oder von Mount St. Helens im US-Bundesstaat Washington Ende des letzten Jahrhunderts. Klimatologen glauben, dass eine Supervulkan-Eruption einen vulkanischen Winter, also das natürliche Pendant eines nuklearen Winters, auslösen kann. Es dürften viele Jahre von Dunkelheit, Dürre und Hunger auf den Ausbruch des Toba gefolgt sein, was eine vortechnologische Spezies sicherlich existenziell bedroht hat.

Sind Massenaussterben ein Fall für das Fermi-Paradox?

Seit sich das heutige Tierleben in der kambrischen Artenexplosion vor 540 Mio. Jahren entfaltete, war unser Planet fünfmal von einem Massenaussterben betroffen.[350] In chronologischer Folge ereignete sich dies jeweils am Ende der Erdzeitalter Ordovizium, Devon, Perm, Trias und Kreide. Das schlimmste Ereignis war das Massenaussterben an der Perm-Trias-Grenze vor 252 Mio. Jahren, als über 90 % der marinen Spezies und rund 75 % der Landtierarten verschwanden. Auch acht von 27 Insektenordnungen gingen verloren. Das Leben hing am seidenen Faden.

Diese Ereignisse unterschieden sich jeweils in Art, Ursache und Schwere. Bedenkt man, wie viele kosmische und irdische Gefahren das Leben bedrohen – einige haben wir gerade kennengelernt –, ist das nicht wirklich überraschend. Jedes Phänomen, welches das Klima massiv verändert, egal ob zum Warmen oder zum Kalten hin, hat das Potenzial, eine große Zahl von Lebewesen zu vernichten. Lebensformen auf anderen Planeten sind vermutlich ähnlichen Risiken ausgesetzt, vielleicht sogar noch größeren. Könnte sich das Fermi-Paradox durch die Erkenntnis auflösen lassen, dass jede sich entwickelnde Intelligenz über kurz oder lang von einem Massenaussterben vernichtet ist?

In dieser Angelegenheit haben Wissenschaftlerinnen und Wissenschaftler zwei durchaus gegensätzliche Ansätze vorgestellt.

Es liegt ziemlich nahe, ein Massenaussterben für eine *schlechte Sache* zu halten: Es behindert auf einem Planeten die Entwicklung des Lebens – und erst recht die von intelligentem. Es ist leicht einzusehen, warum das so ist. Leben (wie wir es kennen) hat nur zwei Arten, sich gegen ein massenhaftes Aussterben von Spezies zu wappnen. Die erste ist Einfachheit, dieser Strategie folgen Lebensformen wie unsere Bakterien. Bakterien haben seit Milliarden von Jahren im Wesentlichen denselben einzelligen Bauplan. Sie finden jedoch sehr schnell biochemische Antworten auf ökologische Herausforderungen in ihrer Umwelt, was es ihnen erlaubt, mit praktisch allen Knüppeln klarzukommen, die ihnen die Natur zwischen ihre Flagellen wirft. Nur eine wirklich massive globale Katastrophe würde alles bakterielle Leben von der Erde tilgen. Andererseits können wir mit Bakterien nicht kommunizieren. Wenn wir uns mit Fermis Frage beschäftigen, denken wir an *komplexe,* vielzellige Lebensformen. Wie könnten diese Pfeilen und Schleudern des wütenden Geschicks über die Jahrmilliarden trotzen? Sein oder Nichtsein, das ist hier in der Tat die Frage.

Die zweite Verteidigungslinie gegen das Schicksal des Massenaussterbens ist Diversität – diesen Weg gehen Tiere und Pflanzen. Wenn eine Organismengruppe, etwa eine Gattung oder eine Ordnung, viele unterschiedliche Spezies enthält, die auf jeweils unterschiedliche Weise ihrem Glück entgegenstreben, dann gibt es immer die Chance, dass wenigstens eine oder zwei von ihnen eine Katastrophe überstehen werden. In ruhigeren Zeiten differenzieren sich deren Nachkommen und bauen wieder neue Diversität auf. Obwohl also tierisches und pflanzliches Leben auf Art- oder Gattungsebene weniger robust ist als bakterielles und daher viel mehr vom Aussterben bedroht ist, kann auch auf lange Sicht immer ein Zweig einer größeren Gruppe überleben und neue Vielfalt hervorbringen.

Wir haben keine Ahnung, wie die Evolution auf anderen Planeten vor sich geht (und ob überhaupt), aber vielleicht ist es ja eine Spezialität der Erde, dass sie so komplexe Stammbäume mit so zahlreichen und vielfältigen Spezies hervorgebracht hat. (Im nächsten Abschnitt werden wir überlegen, warum das so sein könnte.) Wenn das so wäre, hätte komplexes Leben auf anderen Planeten den unausweichlichen Katastrophen und dem Massenaussterben nicht genug entgegenzusetzen gehabt. Es ließen sich Welten vorstellen, die viele unterschiedliche, in unseren Augen wirklich sehr ungewöhnlich aussehende Kreaturen beherbergen – mit einer durchaus beachtlichen Vielfalt an genetischen Bauplänen. Es könnte sogar viele verschiedene Stämme, Ordnungen und Gattungen geben. Aber wenn jede dieser Einheiten nur wenige Arten enthielte … wäre die erste Supernova, die erste Supereruption, die erste globale Vereisung auch die letzte für das dortige Leben.

Der zweite, etwas weniger naheliegende Ansatz zum Thema hält ein Massenaussterben (die richtige Sorte zumindest) für eine *gute Sache,* die auf anderen Planeten leider zu *selten* passiert!

Wir sind auf diese Idee schon einmal gestoßen, als es um Cramers „Pumpe der Evolution" ging. Natürlich wäre es kein Spaß, wenn in Ihrer Nähe eine Supernova explodiert und Ihren Planeten, zum Beispiel die Erde, thermomixt. Aber auf lange Sicht könnte das Leben von solchen Katastrophen profitieren. Nach der Sintflut, wenn das Wasser abläuft und die ersten Gräser sprießen, haben neue und ganz andersartige Formen die Chance, sich zu entwickeln und es besser zu machen als ihre Vorgänger. Sich immer wieder radikal ändernde Umweltbedingungen zwingen die Natur, mit immer wieder neuen Konzepten und Bauplänen zu experimentieren. Der fossile Befund zeigt ganz klar, dass nach einem Massenaussterben die Artenvielfalt sich oft nicht nur erholt, sondern sogar recht bald das Vorkatastrophenniveau übertrifft.

Eine nicht unumstrittene, aber auf jeden Fall interessante These besagt, dass die zwei wesentlichen Wendepunkte in der irdischen Evolution – der Zusammenschluss einfacherer Organismen zu den ersten eukaryotischen Zellen und die kambrische Artenexplosion (mehr dazu später) – eine direkt Folge des globalen Mega-Frühlings nach einer Schneeball-Episode waren. Die Episode selbst vernichtete eine riesige Zahl von Individuen und Arten. Aber dann … veränderte das Auftauen die chemische Zusammensetzung der Ozeane, waren Restpopulationen genetisch isoliert, bewirkten Temperaturanstieg und Eisschmelze hochvariable Umweltbedingungen und sorgten zugleich für ständig wachsende Ressourcen – all diese Faktoren dürften zusammen eine Phase extrem schneller evolutionärer Entwicklungen eingeläutet haben. Diesem Gedanken zufolge gäbe es heute weder höhere Tiere noch höhere Pflanzen, wenn die Erde nie ein Schneeball gewesen wäre.

Man kann sich leicht vorstellen, dass genau das richtige Ausmaß an fast kompletter globaler Vereisung sehr schwer zu „treffen" ist: Es braucht dafür einen Planeten in der KHZ mit ausreichend großen Ozeanen, der sich zum Kühlhaus entwickelt, aber dabei seinen Vulkanismus nicht verliert, welcher seinerseits die Treibhausgaskonzentration ganz vorsichtig ansteigen lässt, ohne des Guten zu viel zu tun. Vielleicht ist es der kosmische Normalfall, dass ein Wasserplanet irgendwann zum Schneeball wird und es bis ans Ende aller Zeiten bleibt. Keine ETZ nirgends.

Das holozäne Massenaussterben

Man darf Massenaussterben in der geologischen Vergangenheit nicht diskutieren, ohne das Holozän zu betrachten. Dies ist die geologische Jetztzeit seit Ende der letzten Eiszeit vor ganz grob 10 000 Jahren. Diese Phase ist zunehmend geprägt von einem Massenaussterben, dessen Tempo in der Erdgeschichte fast beispiellos ist. Manche Expertinnen und Experten schätzen, dass die aktuelle Aussterberate von Arten 120 000-mal höher liegt als „normal". Es fühlt sich für uns nicht wie ein Massenaussterben an, weil die meisten Menschen sowieso nur sehr wenige Arten kennen und außerdem 10 000 Jahre nach einer ziemlich langen Zeit klingen. Geologisch gesehen ist das jedoch ein Wimpernschlag.[351] In diesem Fall ist die Ursache übrigens unstrittig, zumindest in der Wissenschaft: menschliche Aktivität, die auf großer Skala Lebensräume zerstört und das Klima aus dem Ruder laufen lässt. Und wenn wir ungebremst so weitermachen, wird es uns am Ende ebenso erwischen. Ratten und Kakerlaken wären dann die sprichwörtlichen Letzten, die das Licht ausmachen. Vielleicht sind opponierbare Daumen in Verbindung mit Intelligenz keine gute Idee, wenn man auf evolutionärem Wege zu einer kosmisch wahrnehmbaren technologischen Zivilisation gelangen will?

Lösung 40
Macht die Plattentektonik den Unterschied?

Aus der Geologie kommt die Idee, dass die Plattentektonik – die Prozesse im Inneren und an der Oberfläche der Erde, welche so imposante Erscheinungen wie Erdbeben, Vulkanausbrüche und Kontinentalverschiebung hervorrufen – eine Schlüsselrolle für die Existenz von komplexem Leben auf unserem Planeten spielen. Und dass die Verbindung der drei Elemente Leben, Wasserozeane und Plattentektonik die Erde zu etwas wahrhaft Einzigartigem machen könnte. Bevor wir diskutieren, warum das so sein könnte, wiederholen wir ein bisschen Erdkunde.

Die verschiedenen Planeten im Sonnensystem haben unterschiedliche Wege, wie sie die in ihrem Inneren erzeugte beziehungsweise gespeicherte Wärme nach außen abgeben. Im Fall der Erde erzeugen vor allem radioaktive Zerfälle und Kristallisationsprozesse im Erdinneren Wärme, die konvektive Strömungen im Erdmantel antreibt, welche ihrerseits die Erdplatten langsam über die Erdoberfläche wandern lassen.[352] Schauen wir uns dazu an, was an den mittelozeanischen Rücken geschieht, unterseeischen Bergzügen, an denen sich beständig neue Kruste bildet. Heißes Material aus der Tiefe des Erdmantels dringt, von den großräumigen Konvektionszellen angetrieben, an die Oberfläche (das heißt den Meeresboden), fließt seitlich ab und erstarrt zu ozeanischem Krustengestein. Über geologische Zeitskalen hinweg wird das neue Material von seinem Ursprungsort fortgetrieben, wobei es weiteres Material aufnimmt und allmählich schwerer wird. Schließlich gleitet es nach einigen zig Millionen Jahren in sogenannten Subduktionszonen zurück in den Erdmantel, wo es von der Konvektion umgewälzt wird und am Ende wieder an einem mittelozeanischen Rücken nach oben gelangt. Wenn man lange genug zuschaut, erweisen sich Mantel und Kruste der Erde als planetare Lavalampe.

Aber warum sollte dieser Vorgang wichtig für die Entwicklung von komplexem Leben sein? Wir betrachten zunächst drei mögliche Antworten. (In einem späteren Abschnitt folgt noch eine vierte.)

1. Zunächst scheinen die Strömungen, welche die Plattentektonik antreiben, auch eine wichtige Rolle in der Entstehung des Erdmagnetfelds zu spielen. Die Theorie des Geomagnetismus ist ziemlich kompliziert, aber

im Wesentlichen erzeugt ein gigantischer „Geodynamo" im Erdinneren dieses Magnetfeld. Damit das funktioniert, braucht es drei Dinge: Der Planet muss rotieren (das tut er ganz offensichtlich); er muss eine elektrische leitfähige Flüssigkeit enthalten (der äußere Erdkern besteht vor allem aus flüssigem Eisen und Nickel) und es muss eine kontinuierliche Konvektionsströmung in dieser Flüssigkeit geben (das scheint auch der Fall zu sein). Es ist nicht abschließend geklärt, aber es spricht viel dafür, dass es ohne Plattentektonik auch keine Strömungen im Erdinneren gäbe, wodurch der Dynamo zum Erliegen käme. Das Erdmagnetfeld hätte nur noch einen Bruchteil seiner heutigen Stärke. Und das Erdmagnetfeld wiederum ist ein wesentlicher Teil des Strahlenschutzkonzepts der Erde: Alle geladenen hochenergetischen Partikel von der Sonne und aus den Tiefen des Alls werden entlang der Magnetfeldlinien zu den Polen gelenkt, wo sie nicht nur imposante Polarlichter erzeugen, sondern vor allem keine weiteren Schäden anrichten. Ohne diesen Schutzschild würde die gesamte Atmosphäre ständig von diesen Teilchen bombardiert, wodurch letztlich die Erdatmosphäre dissipieren würde – und kein Leben an der Erdoberfläche mehr denkbar wäre.

2. Die Plattentektonik hat die Kontinente beziehungsweise kontinentalen Platten entstehen lassen und erneuert sie beständig. Kontinente sind wichtig. Eine Welt mit der richtigen Mischung aus Ozeanen, Inseln und Kontinenten bietet wesentlich vielfältigere evolutionäre Herausforderungen als etwa eine reine Wasserwelt.[353] Darüber hinaus sorgt die Plattentektonik dafür, dass sich die Umweltbedingungen immer wieder ändern, was die Artenbildung fördert (einmal mehr die Evolutionspumpe, diesmal aber sehr sachte). Nehmen wir zum Beispiel an, dass sich ein Stück Land von einem Kontinent löst und fortan als Insel auf seinem Plattenfragment dahinreitet. Wenn eine Vogelart vorher auf dem ganzen Kontinent verbreitet war, werden diejenigen Vögel, die auf dem Kontinent verblieben sind, mit der Zeit in einer anderen Umwelt leben als die Verwandten auf der Insel. Letztere werden schließlich zu einer neuen, eigenständigen Art evolvieren. Plattentektonik fördert Artenvielfalt, und die ist, wie wir gesehen haben, gut gegen Massenaussterben.

3. Am wichtigsten aber ist wohl, dass seit mindestens 1 Mrd. Jahren die Plattentektonik geholfen hat, die Oberflächentemperatur der Erde zu regulieren. Das Klima unseres Planeten steht seit Langem auf Messers Schneide: Wenn die Temperatur ernsthaft zu sinken beginnt und die Polkappen wachsen, droht ein ungebremster Kühlhauseffekt: Die Erde „verschneeballt". Und wenn die Temperatur zu stark ansteigt, beginnen die Ozeane zu köcheln und immer mehr Wasserdampf an die Atmosphäre

abzugeben – und weil Wasserdampf selbst ein sehr stark wirksames Treibhausgas ist, führt dies dann zu einem sich massiv selbst verstärkenden Treibhauseffekt und im Extremfall zu Verhältnissen wie auf der Venus, wo kein Leben (mehr) möglich ist.

Wie genau die Plattentektonik die Erdtemperatur reguliert, ist ziemlich kompliziert, es sind darin verschiedene Mechanismen involviert.[354] Die Schlüsselrolle spielt jedoch das Recycling von im Ozeanboden gebundenem Kohlenstoff.

Kohlenstoffdioxid-Moleküle bleiben nicht unbegrenzt in der Atmosphäre: Sie reagieren mit Wasser zu Kohlensäure, die mit dem Regen „ausgewaschen" wird, oder sie werden von Pflanzen aufgenommen und in organische Substanz eingebaut. Auf vielerlei Wegen gelangt der so „fixierte" Kohlenstoff schließlich in die Ozeane (in denen sich das atmosphärische CO_2 auch direkt lösen kann). Der Kohlenstoff sinkt entweder direkt auf den Meeresboden oder er wird von Meeresorganismen aufgenommen, die nach dem Absterben ebenfalls sedimentieren. Am Ende aber taucht aller Kohlenstoff mit der ozeanischen Kruste in den Subduktionszonen in den Erdmantel und verschwindet so aus dem Wettergeschehen. Auf diese Weise entzieht die Plattentektonik der Atmosphäre CO_2. Aber das ist noch nicht das Ende vom Lied! Hohe Temperaturen und Drücke tief unten in der Erde überführen die verschiedenen Formen gebundenen Kohlenstoffs wieder in CO_2, das an den ozeanischen Rücken und vor allem durch Vulkane (Abb. 5.10) wieder in die Atmosphäre gelangt. (Die berüchtigte Eruption des Eyjafjallajökull auf Island im Jahr 2010 war kein großer Ausbruch, aber

Abb. 5.10 Die Insel Whakaari/White Island ist ein Schichtvulkan etwa 300 km östlich der neuseeländischen Millionenstadt Auckland. Als dieses Foto 2013 entstand, gab es kaum vulkanische Aktivität. Sechs Jahre später, im Dezember 2019, tötete eine Explosion 21 Tagestouristen und verletzte 26 weitere. (Credit: Gérard)

sie schleuderte um die 250 Mio. Kubikmeter Asche und Schlacke und etwa 1 Mio. t CO_2 in die Luft.)

Würde das ins Erdinnere subduzierte atmosphärische CO_2 nicht durch Vulkanismus ersetzt, wäre die Erde längst global tiefgefroren. Aber was ist, wenn zu viel CO_2 in die Atmosphäre zurückgelangt? Startet dann nicht das ungebremste Treibhaus-Inferno? Es zeigt sich, dass mit zunehmender Erwärmung des Planeten die Gesteinsverwitterung zunimmt – wodurch die Atmosphäre netto wieder CO_2 verliert und das Klima sich abkühlt (sodass das im Erdinneren verschwindende CO_2 abnimmt, woraufhin das Klima wieder wärmer wird … und so weiter, ein sehr nützliches Feedback). Der komplette CO_2-Silicat-Kreislauf ist eine sehr komplizierte Angelegenheit, deren Details noch nicht vollständig verstanden sind, aber er spielt auf jeden Fall eine wesentliche Rolle bei der Stabilisierung des Erdklimas über geologische Zeiträume. (Beachten Sie das Wörtchen „geologisch“: Der menschengemachte Klimawandel, insbesondere die Turboversion der letzten Jahre und Jahrzehnte, lässt sich davon nicht beeinflussen, er läuft viel zu schnell ab. „Geologische“ Zeitskalen zählen in Jahrmillionen.)

Man kann durchaus die Meinung vertreten, dass höheres Leben auf der Erde auf die Plattentektonik angewiesen ist – wegen des vom Erdmagnetfeld garantierten Strahlenschutzes, der langfristigen Klimakontrolle, der Stärkung der Artenvielfalt und so fort. Doch Plattentektonik gehört in der planetaren Standardausführung nicht zum Lieferumfang. Soweit wir bisher wissen, gibt es diesen Mechanismus zum Ausleiten der Wärme aus dem Inneren des Planeten nur auf der Erde. Vielleicht ist der Prozess sogar ein galaktischer Sonderfall – tragen andere Planeten kein Leben, weil sie keine Plattentektonik kennen?

Es ist sehr schwer abzuschätzen, auf wie vielen Planeten eine Plattentektonik in Gang kommen und bleiben mag, denn uns fehlt nach wie vor eine gute allgemeine Theorie dieser Vorgänge. Die heutigen Modelle können die meisten Fragen hierzu nicht beantworten. (Wie hängt das Zustandekommen von Plattentektonik von der Masse des Planeten ab? Oder von der chemischen Zusammensetzung des planetaren Mantels?) Manche Wissenschaftlerinnen und Wissenschaftler glauben, dass die gigantische Kollision, bei der nach gängiger Meinung der Mond entstand (und auf die wir gleich zu sprechen kommen), auch die Plattentektonik in Gang gebracht hat. Und da diese Kollision ein ziemlicher Glücksfall gewesen sein dürfte, wäre dann auch Plattentektonik ein kosmisches Kuriosum. Andererseits sind die Grundvoraussetzungen für plattentektonische Bewegungen ziemlich simpel: Der Planet braucht eine dünne Kruste, die auf einer heißen, einigermaßen fluiden Masse treibt, innerhalb der Konvektionsströme Wärme aus dem planetaren Kern nach oben transportieren. Vielleicht sind dazu auch Wasserozeane erforderlich, damit die Kruste „aufweicht" und Subduktionszonen entstehen. Solche Bedingungen sind nicht selbstverständlich, sollten aber auch nicht allzu ungewöhnlich sein. Letztlich wissen wir einfach nicht, ob die Plattentektonik ein häufiges oder ein seltenes Phänomen ist.

Aber selbst wenn die Plattentektonik selten *ist*, heißt das dann notwendigerweise, dass das Leben es auch ist? Der Prozess hat bei uns eine wichtige und segensreiche Rolle gespielt, aber hätte es nicht auch anders zur Entwicklung von komplexem Leben kommen können? Die Plattentektonik ist, wie gesagt, eine komplizierte Angelegenheit, von der Existenz des CO_2-Silicat-Kreislaufs wissen wir erst seit ein paar Jahrzehnten. In Fällen wie diesem, wenn das wissenschaftliche Verständnis noch in seinen LED-blinkenden Grundschülerschuhen steckt, stellt sich oft mit der Zeit heraus, dass ziemlich viele Wege nach Rom führen. Vielleicht sitzt gerade irgendein akademischer Alien vor seinem Schreibtisch auf einem Planeten, der einen kleinen M-Stern auf einer halsbrecherisch engen Bahn umläuft, und bewundert den segensreichen Kühlmechanismus, der das Leben auf seiner Welt und damit auch seine eigene Existenz ermöglicht hat – und fragt sich, wie so etwas bei einem G2-Stern mit dessen viel zu weiten Planetenorbits funktionieren könnte.

Mein Tipp ist, dass – wie bei anderen Faktoren, die wir diskutiert haben – die mögliche Seltenheit der Plattentektonik allein noch nicht ausreicht, um das Fermi-Paradox aufzuklären. Aber es gibt einen anderen Faktor, der so unwahrscheinlich klingt, dass er wirklich das Potenzial haben dürfte zu erklären, warum sich keine ETZs auf „normalen" Planeten entwickeln.

Lösung 41
Dein Mond *ist* einzigartig

Wir kennen ungefähr 200 natürliche Satelliten, die um die Planeten unseres Sonnensystem laufen – und auch schon einige noch nicht endgültig bestätigte Kandidaten in anderen Planetensystemen, also sozusagen Exomonde. Es scheint also ziemlich weit hergeholt zu behaupten, dass unser Mond in irgendeiner Weise etwas Einmaliges wäre und seine Existenz das Fermi-Rätsel lösen würde. Doch tatsächlich wird seit Längerem und zu Recht vermutet, dass genau dieser Mond die Erde zu etwas ganz Besonderem machen könnte (Abb. 5.11).

Was als Erstes auffällt: Unser Mond ist ungewöhnlich groß. Tatsächlich hat kein Planet oder Zwergplanet im Sonnensystem einen Begleiter, der so groß im Verhältnis zu seinem Planeten ist. Der Erdmond ist allerdings *nicht* der größte Mond im System: Diese Ehre gebührt dem Jupitermond

Abb. 5.11 Erdaufgang über dem Mare Smythii des Mondes. Das Foto wurden am 20. Juli 1969 von den Astronauten der Apollo-11-Mission aufgenommen. (Credit: NASA)

Ganymed, der größer als Merkur und mehr als doppelt so groß wie der Zwergplanet Pluto ist. Zwei weitere Jupitersatelliten – Kallisto und Io – sind ebenfalls etwas größer als unser Mond, ebenso Titan, der größte Begleiter von Saturn. Aber Ganymed, Kallisto, Io und Titan umlaufen alle Riesenplaneten, im Vergleich zu denen sie eher Tischtennisbällen gleichen. Unser Mond ist dagegen sehr groß relativ zur Erde: Er hat mehr als den halben Durchmesser und $1/81$ der Masse unseres Planeten (seine Dichte ist kleiner). Man kann das Erde-Mond-System mit Fug und Recht als „Doppelplanet" bezeichnen (Abb. 5.12). Und Doppelplaneten könnten wirklich eine galaktische Rarität sein.

Im Jahr 1975 haben zwei Gruppen unabhängig voneinander die sogenannte Kollisionshypothese für die Entstehung des Mondes vorgeschlagen.[355] Sie postulierten ein Mars-großes Objekt, das man heute Theia nennt, welches seitlich etwas versetzt mit der gerade geformten Erde kollidierte. Diese wahrhaft globale Katastrophe schleuderte eine Mischung aus terrestrischem und Theia-Material so in die Höhe, dass es den Erdball, aber nicht den Einfluss seiner Schwerkraft verließ, sondern vielmehr auf Orbits den Erdrest umlief, bis sich daraus schließlich der Mond bildete. Die Wissenschaft nimmt nicht gerne so gigantische wie unwahrscheinliche Katastrophen zur Hilfe, um Beobachtungen zu erklären – aber wir wissen, dass die Erde im Laufe ihrer Geschichte, vor allem zu deren Beginn, von den verschiedensten Objekten getroffen worden *ist*. Die unterschiedlich geneigten Rotationsachsen praktisch aller Körper im Sonnensystem zeugen beispielsweise davon, dass heftige Kollisionen im frühen Sonnensystem

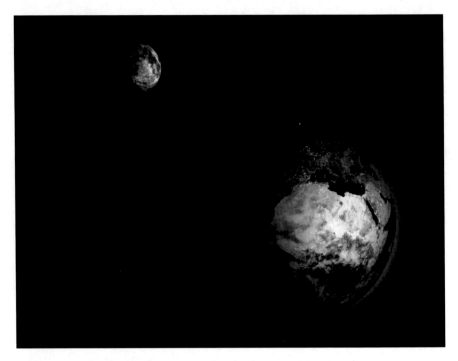

Abb. 5.12 Der Doppelplanet Erde und Mond. (Credit: ESA/AOES Medialab)

häufig waren. Vor allem aber sind alle anderen Modelle davon, wie die Erde zu ihrem Mond kam, deutlich weniger schlüssig.

Daher blieb der Astronomie nicht viel anderes übrig, als die Kollisionshypothese ernst zu nehmen. Obwohl über einige Details noch debattiert wird, ist der Megaeinschlag von Theia auf der Urerde mittlerweile die allgemein akzeptierte Hypothese für den Ursprung des Erdmonds.[356]

Wenn solch ein gigantischer Einschlag in der Tat unseren Mond geformt hat, dann ist es nicht verwunderlich, dass unser Doppelplanet einzigartig im Sonnensystem ist. Mondbildende Zusammenstöße müssen sehr selten gewesen sein. Die Vorläufer von Merkur und Mars dürften einfach zu klein für einen Treffer gewesen sein, Venus war zwar so groß wie die Erde, hatte aber wohl einfach „Pech". Oder aber es gab solche Kollisionen, aber sie fanden im falschen Winkel, zu streifend oder zum falschen Zeitpunkt während der planetaren Entwicklung statt. Theia traf die Erde nämlich zum exakt richtigen Zeitpunkt: Etwas eher wäre die Erde noch zu klein, etwas später schon zu groß gewesen, um ein solches Doppelobjekt zu schaffen. Wenn die Kollisionshypothese stimmt, dann ist unser Erde-Mond-System höchstwahrscheinlich etwas Außergewöhnliches.

Doch was wäre eigentlich so schlimm daran, wenn wir zwei kleine Monde wie der Mars oder gar keinen wie Venus und Merkur hätten? Ohne Mond hätten die der Poesie zugeneigten Lebensformen auf der Erde eine Inspirationsquelle weniger. Vielleicht hätten sich auch die Nerds unter ihnen beim Formulieren der himmelsmechanischen Gesetze etwas schwerer getan, unser Mond war da als Anschauungsmaterial sehr hilfreich. Aber allein deswegen dürfte unser Leben wohl kaum gänzlich anders verlaufen, wenn wir keinen Mond hätten.[357]

Der Mond beeinflusst die Erde jedoch noch auf viele andere Weisen. Zum Beispiel sorgt er für Ebbe und Flut. (Die Sonne tut das auch, aber weniger stark; der kombinierte Gezeiteneffekt beider Gestirne macht das Wechselspiel an unseren Küsten erst richtig abwechslungsreich.) Und kurz nach der Theia-Katastrophe, als Erde und Mond wieder einigermaßen abgekühlt waren, standen sie sich noch viel näher als heute, die Gezeiten vor 4 Mrd. Jahren müssen *gigantisch* gewesen sein – ein frühpräkambrisches Surferparadies. Vielleicht verhalfen diese Wellen dem Leben zu einem guten Start, sozusagen als Hochleistungsmixer der Ursuppe? Ein subtilerer Gezeiteneffekt des Mondes betrifft die feste Erdkruste, die sich – für uns unmerklich – im Takt des Mondumlaufs um einige Dezimeter hebt und senkt. Dies dürfte Vulkanismus und Plattentektonik befördern, und dass diese beiden Prozesse segensreiche „Evolutionspumpen" sind, haben wir ja in den letzten Lösungen schon ausführlich diskutiert. Es wäre also möglich, wenn auch nicht sicher, dass eine mondlose Erde geologisch wenig aktiv wäre. Die Erdatmosphäre, die sich nach der Katastrophe durch vulkanische Ausgasungen neu bildete, hätte vielleicht entscheidend länger gebraucht, um den ersten Lebensformen eine förderliche Umgebung bieten zu können. Und Sonnenfinsternisse haben, wie angedeutet, womöglich als „Neugierpumpen" der Intelligenz des Menschen auf die Sprünge geholfen.

Richtig wichtig ist jedoch der Einfluss des Mondes auf die Neigung der Erdachse.

Die acht Planeten unserer Sonne bewegen sich – mit gewissen Abweichungen – alle in derselben räumlichen Ebene um die Sonne. Die Neigung ihrer jeweiligen Rotationsachse gegenüber dieser Ebene ist hingegen von Planet zu Planet unterschiedlich, bei uns beträgt sie 23,5°, was einigen Einfluss auf die erfreulichen Bedingungen hat, wdie das Leben auf unserem Planeten trotz allem (also zum Beispiel trotz uns) genießt. Es gibt nämlich wegen dieser Achsneigung Jahreszeiten und meridionalen Temperaturausgleich. Auf anderen Planeten sieht das anders aus. Merkur hat keine Bahnneigung, die Rotationsachse steht senkrecht auf der Bahnebene. Daher sind seine äquatorialen Regionen dauerhaft höllisch heiß:

Leben, so wie wir es kennen, kann dort nicht existieren. (Interessanterweise sieht ein Beobachter am Nord- oder Südpol von Merkur die Sonne immer genau am Horizont. Allerdings fällt das Licht exakt streifend ein, weshalb die Polargebiete dort sogar eisbedeckt sind.[358]) Uranus wiederum hat eine Bahnneigung von 98°. Das bedeutet, dass eine Hemisphäre des hellblauen Planeten ein halbes Uranusjahr (etwa 42 Erdjahre) von der Sonne beschienen wird und dann die andere Hälfte in permanenter Finsternis liegt. Nicht schön für die uns bekannten Lebensformen. Die irdischen Jahreszeiten (Abb. 5.13) sind dagegen – in unseren zugegebenermaßen parteiischen Augen – „gerade richtig".

Was für das Leben aber noch wichtiger sein dürfte, ist nicht der spezielle Wert, um den die Erdachse gegen die Ebene des Sonnensystems geneigt ist, sondern die relative Stabilität, welche dieser Wert besitzt. Kleine Änderungen können dramatische Klimaschwankungen auslösen. Bereits eine kleine Oszillation der Achsneigung – etwa ±1,5 mit einer Periode von 41 000 Jahren – ist offensichtlich mit dem Wechsel von Eis- und Warmzeiten

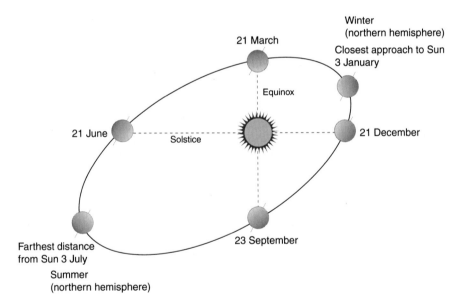

Abb. 5.13 Die Neigung der Erdachse zur Ebene des Sonnensystems erzeugt die Jahreszeiten. Für Planeten, die wie die Erde eine „moderate" Achsneigung haben, kommt zwar die meiste solare Energie in der „Mitte" des Planeten an, doch je nach ihrer Position im Sonnenumlauf liegt diese Mitte mal mehr nördlich und mal mehr südlich vom Äquator. Ebenso empfangen die Polregionen zwar wegen des flachen Lichteinfalls weniger Sonnenenergie als die Tropen, doch zur Sommersonnenwende steht die Sonne auch dort immerhin 23,5° über dem Horizont. (Die Zeichnung ist nicht maßstabgerecht.)

in den letzten paar Millionen Jahren korreliert. Der Mond stabilisiert durch seine Schwereanziehung maßgeblich die Lage der Erdachse über die Erdzeitalter. Vergleichen Sie hiermit die Situation auf dem Mars, der keinen stabilisierenden planetaren Partner hat (die Marsmonde Phobos und Deimos sind bloß bessere Felsbrocken). Die Polachse des Mars ist derzeit um gut 25° gegen seine Bahnebene verkippt, aber dieser Wert schwankt mit einer Periode von 100 000 Jahren zwischen 15° und 35°. Über längere Zeiträume variiert die Achsneigung des Mars sogar chaotisch: Allein in den letzten 10 Mio. Jahren könnte sie zwischen 0° und 60° gelegen haben.

Würde die Neigung der Erdachse chaotisch variieren – und Berechnungen legen nahe, dass sie in Abwesenheit eines großen Mondes bis auf 90° verkippen könnte –, dann wäre es schwer vorstellbar, wie sich komplexes Leben bilden und halten sollte. Die sich dann zwangsläufig ergebenden chaotischen Klimaverhältnisse stünden dem entgegen. Es wären nicht unbedingt die Temperaturextreme selbst tödlich (obwohl die Erde mit +460 °C wie auf der Venus oder −90 °C wie auf dem Mars sicherlich entsprechend leblos wäre). Beispielsweise kann der Mikrobenstamm *Methanopyrus kandleri* 116 noch bei 122 °C überleben (in der Tiefsee verhindert der große Druck, dass aus unterseeischen Quellen austretendes, über 100 °C heißes Wasser kocht und verdampft). *Methanogenium frigidum* wiederum tummelt sich am Boden von Seen tief unter dem antarktischen Eispanzer. Aber obwohl solche sogenannten extremophilen Kreaturen diese extremen Temperaturen aushalten beziehungsweise sogar brauchen, können sie mit *schwankenden* Temperaturen viel schlechter umgehen: *M. kandleri* zum Beispiel fühlt sich zunehmend unwohl, wenn es kälter als 80 °C wird, und *M. frigidum* stellt das Wachstum ein, wenn das Thermometer Raumtemperatur erreicht. Chaotische und womöglich auch noch abrupte Wechsel der Polachsenneigung und damit der klimatischen Bedingungen würden zufällige Frost- und Hitzeperioden bedeuten. Zum Glück musste das komplexe Leben auf der Erde so etwas außerhalb der kurzen Schneeball- und Supervulkanismusphasen nie überstehen – das verdanken wir dem Mond.

Betrachten wir noch ein letztes Argument.

David Waltham hat die Klimageschichte der Erde über 4 Mrd. Jahre untersucht und darauf hingewiesen, dass eine dermaßen lange ununterbrochene Phase von verhältnismäßig „gutem Wetter" alles andere als selbstverständlich ist: Astronomische, biologische und geologische Faktoren wirken alle unabhängig voneinander auf die Oberflächentemperatur der Erde ein und alle haben sich über die Erdgeschichte hinweg erheblich verändert.[359] Tatsächlich haben sich diese Einflüsse immer mehr oder weniger ausgeglichen, anstatt uns gemeinsam in die Katastrophe zu schicken. Waltham nannte drei mögliche Erklärungen für diesen glücklichen Umstand eines äonenlangen lebensförderlichen Erdklimas von den ersten Zellen bis heute: Gaia, Gott und Goldlöckchen.

Die „Gott“-Erklärung steht offenkundig für sich. Wenn man glaubt, dass eine wohlwollende Gottheit das alles gerade so eingerichtet hat, dass Menschen entstehen, wachsen und gedeihen können, dann ist dem nichts mehr hinzuzufügen.

Die „Gaia“-Erklärung basiert auf der gleichnamigen Hypothese, die von James Lovelock und Lynn Margulis stammt. Sie besagt, dass diverse Feedback-Mechanismen es dem Leben selbst erlaubten, für sein Fortbestehen und Gedeihen günstige Bedingungen aufrechtzuerhalten: Man könne die Erde als einen einzigen lebenden und sich selbst regulierenden Organismus ansehen.[360]

Die „Goldlöckchen“-Erklärung ist letztlich nur eine andere Form zu sagen, dass wir riesiges Glück gehabt haben: Die verschiedenen erhitzenden und abkühlenden Einflüsse haben sich über all die Jahrmilliarden einfach immer zufällig ausgeglichen. Wir sind die Glückspilze, für die einfach „alles gepasst“ hat, damit intelligentes Leben auf unserem Planeten aufkommen und durchhalten konnte.

Zählt „unverschämtes Glück“ als wissenschaftliche Erklärung? Wir sind wieder beim anthropischen Prinzip gelandet. Wie Carter dargelegt hat, muss die Erdgeschichte damit verträglich sein, dass es uns heute als intelligente Beobachter gibt. Wir sind hier. Wir können das mit Gaia-mäßigen Feedbackschleifen erklären oder, wie Waltham meint, mit einem Planeten, auf dem sich die Temperaturtrends bei unterschiedlichen Faktoren zufällig immer so ausgeglichen haben, dass dort komplexes und intelligentes Leben möglich wurde. Wir dürften uns kaum auf einem Planeten befinden, in dessen Vergangenheit die klimatischen Verhältnisse *kein* Leben erlaubt hätten.

Gibt es eine Möglichkeit, zwischen Gaia und Goldlöcken zu entscheiden? Bei den meisten Faktoren, welche die Bewohnbarkeit der Erde beeinflussen, ist es fast unmöglich, im Nachhinein zu entscheiden, ob ein bestimmtes Ereignis aus purem Glück oder aufgrund einer besonderen Systemeigenschaft eingetreten ist. Waltham nennt jedoch eine Sache, die es uns erlaubt, Gaia und Goldlöckchen – Superorganismus oder Superdusel – auseinanderzuhalten: den Mond.

Wir haben bereits erwähnt, wie die Erde, sollte jemand den Mond verschwinden lassen, wild herumzutorkeln anfinge. Und wildes Torkeln ist auch für das Klima von belebten Planeten eine ganz schlechte Idee. Waltham hat jedoch noch einen anderen Aspekt aufgebracht. Anstelle zu fragen: „Was würde passieren, wenn wir den Mond auf einmal nicht mehr hätten?", hat er überlegt: „Was wäre passiert, wenn bei der Kollision von Urerde und Theia ein größerer oder kleinerer Mond als der unsere entstanden wäre?" Die Antwort wird Sie überraschen.

Die Gezeitenkräfte des Mondes erzeugen zwei Flutberge (einen auf der mondzugewandten Seite der Erde, einen gegenüber), die auf die Erdrotation wie eine Scheibenbremse wirken. Alle 50 000 Jahre oder so dauert ein Tag etwa eine Sekunde länger. Und da weiterhin diese Flutberge nicht direkt „unter" dem Mond sind, sondern etwas vorauslaufen, wird der Mond seinerseits von ihnen ein kleines bisschen angezogen, wodurch er in eine minimal höhere Umlaufbahn gerät. Jedes Jahr entfernt sich unser Mond auf diese Weise um rund 4 cm von der Erde. Diese Entwicklung des Erde-Mond-Systems ist nichts anderes als Newtonsche Dynamik bei der Arbeit. Eine Konsequenz davon ist jedoch, dass die Präzession der Erde – die allmähliche Verschiebung der Richtung, in welche die Erdachse am Sternenhimmel zeigt – sich verlangsamt. Zurzeit braucht die Erde für eine volle Präzessionsperiode rund 26 000 Jahre. In Zukunft wird dies länger dauern, da die Erde allmählich immer langsamer rotiert und der langsam abdriftende Mond immer kleinere Flutberge erzeugt. Schließlich wird die Präzessionsperiode in rund 1,5 Mrd. Jahren bei 50 000 Jahren liegen. Dies ist unschön für unsere Nachfahren, denn es gibt Erdbahnparameter, die ebenfalls mit einer Periode von 50 000 Jahren oszillieren. Wenn zwei Oszillationen zusammenfallen, gibt es in der Regel eine Resonanz. (Wir haben in Lösung 38 Resonanzen im Planetoidengürtel kennengelernt, als es um die Kirkwood-Lücke ging.) In rund 1,5 Mrd. Jahren wird die Erde also in eine Resonanzphase der Instabilität eintreten: Die Neigung ihrer Rotationsachse wird beginnen, chaotisch zu taumeln – mit allen mittlerweile sattsam bekannten bedrohlichen Konsequenzen für das Leben auf dem Planeten.

Waltham hat mit Computermodellen untersucht, wie das Erde-Mond-System sich entwickeln würde, wenn der Mond ein bisschen größer beziehungsweise kleiner wäre, als er es in Wirklichkeit ist – oder wenn die Urerde am Tag vor der Kollision ein wenig kleiner oder größer gewesen wäre. Es zeigte sich, dass der Besitz eines großen Mondes ein zweischneidiges Küchenmesser ist. Ein großer Mond stabilisiert die Lage der planetaren Rotationsachse, was gut ist, aber er lässt den Planeten auch schneller in die „Phase der Instabilität" geraten. Das ist nicht so gut. Anscheinend ist unser Mond fast oder gerade so groß, wie er sein dürfte, um uns nicht schon längst in die angesprochene Instabilität getrieben zu haben. Walthams Modelle lassen vermuten, dass, wenn beim Einschlag von Theia ein Mond mit einem gerade einmal 10 km größeren Radius entstanden und ein Tag auf der jungen Erde nur 10 min länger gewesen wäre, wir bereits jetzt die Phase der Instabilität erreicht hätten. Oder stellen Sie sich ein Erde-Mond-System vor, das mit unserem in jeder Hinsicht identisch ist, außer dass die Gezeitenkraft des Mondes ein paar Prozent stärker wäre. Auch dann wäre heute bereits Jüngster Tag der Achseninstabilität.

Wir haben also einen Mond, der gerade eben nicht groß genug ist, um uns ins Verderben zu stürzen. Zufall? Nun, wir sollten eigentlich erwarten, einen solchen Mond zu sehen, wenn große Monde die Existenz von komplexem und letztlich auch intelligentem Leben aus Gründen befördern, die nichts mit der Stabilität der planetaren Rotationsachse zu tun haben. Waltham vergleicht die Situation mit den gemessenen Geschwindigkeiten auf einer Autobahn mit Tempolimit: Es ist verboten, schneller als, sagen wir, 120 km/h zu fahren, aber die meisten haben es trotzdem eilig und bleiben immer nur so gerade unter dem Limit.[361] Wenn Sie zufällig ein Auto aus der Blechlawine herauspicken, ist die Wahrscheinlichkeit am größten, dass es ziemlich genau 120 km/h fährt, das heißt so schnell es geht, ohne illegal (instabil) zu werden. Gibt es noch weitere Gründe, warum ein großer Mond gut für komplexes Leben ist? Ein paar Spekulationen haben wir schon gehört, Waltham fügt noch eine hinzu: Unser Mond stabilisiert die Präzession der Erdachse und lässt die Erdentage relativ lang sein. Daraus folgert Waltham, dass der Mond der Erde eher milde und seltene Eiszeiten beschert.

Wir können uns Milliarden von mondbildenden Kollisionen denken, jede mit ein bisschen unterschiedlichen Ausgangsbedingungen. In den meisten Fällen endet das entstehende Erde-Mond-System in permanenter Vereisung oder versinkt anderweitig im klimatischen Chaos; in den meisten Fällen wird es das Leben richtig schwer haben. Unser eigenes Erde-Mond-System hat offenbar das große Los gezogen. Die exakte Größe des Mondes, die Tageslänge, die Neigung der Rotationsachse, alles passt zusammen, um uns schön Wetter zu machen. Und all das – jetzt kommt's – hat nichts mit Gaia zu tun. Nirgendwo tauchen biologische Feedbackschleifen auf und ebenso wenig die grandiose Anpassungsfähigkeit und Robustheit des Lebens. Dies ist bloß Newton zu Besuch bei Goldlöckchen.

Ist solch eine Überdosis an glücklichen Fügungen noch leicht zu schlucken? Möglicherweise schon. Wenn das Leben von diversen planetaren Faktoren abhängt (Existenz eines Magnetfelds, die richtigen Steine, ein gerade richtig großer Mond und so weiter und so fort) und all diese Faktoren nur einmal pro Billion Versuche so glücklich zusammenspielen, dass komplexes Leben entsteht … nun, dann wird es *irgendwo* entstehen, einfach weil es Billionen von Planeten gibt. Und wenn sich dann sogar intelligente Beobachter aufschwingen, über all dies nachzusinnen, dann wird das zwangsläufig auf einem Planeten geschehen, auf dem jene Faktoren tatsächlich perfekt zusammengespielt haben. Diese Beobachter könnten Gaia (oder Gott) danken, aber schieres Glück genügt.

Wir wissen noch nicht wirklich, ob komplexes Leben einen Planeten mit großem Begleiter *voraussetzt*. Vielleicht könnten wir auch auf einer mondlosen Welt leben und dankbar zu einem Himmel ohne große felsige Kugel aufschauen.

Und doch bleibt dieser unbestimmte Verdacht bestehen. Doppelplaneten wie unser Erde-Mond-System könnten tatsächlich notwendig sein, damit Leben, intelligentes Leben entstehen kann. Und sie entstehen zufällig und sehr, sehr selten. Vielleicht macht der Mond die Erde zu einem kosmischen Ausnahmezustand und erklärt, warum wir alleine sind. Vielleicht ist *das* die Tragik des Mondes und zugleich sein größter Erfolg.

Lösung 42
Leben ist selten

Das Fermi-Paradox wäre sofort gelöst, wenn die Abiogenese – der Prozess, in dem aus unbelebter Materie lebende Wesen entstehen – verschwindend selten geschähe. Biologinnen und Biologen wissen nicht wirklich, wie die Materie von „unbelebt" auf „belebt" umgeschaltet hat. Ist dieser Schritt wahrscheinlich? Ein Lottogewinn? Wie so oft beim Fermi-Paradox haben sich auch hier zwei Gruppen gebildet, die entgegengesetzte Ansichten vertreten. Die einen argumentieren, dass die Natur es sehr schwierig findet, Leben zu erschaffen, die anderen halten das für fast zwangsläufig, sobald die Bedingungen gegeben sind. Bevor wir aber diese beiden Standpunkte diskutieren können, müssen wir uns vergegenwärtigen, was „Leben" wirklich bedeutet und wie es auf der Erde entstanden sein mag.

Was ist Leben?

Mein Biolehrer brachte uns regelmäßig zur Verzweiflung, indem er uns versuchen ließ, „Leben" zu definieren. „Ist Feuer lebendig?", fragte er (Feuer pflanzt sich fort). „Ist ein Maultier lebendig?" (Ein Maultier kann sich nicht fortpflanzen.) Und so weiter. Ich stelle Ihnen hier eine andere Definition des Lebens vor. Mein Lehrer hätte sie sicherlich sofort ad absurdum geführt, und in ein paar Jahrzehnten dürfte sie so oder so überholt sein. (Bis 2040 oder 2050 könnte es Computer mit Bewusstsein ihrer selbst geben. Werden diese Computer lebendig sein? Im nächsten Jahrhundert wird vielleicht eine irdische Astronautin auf ihrem Weg zum 16,7 Lichtjahre entfernten Stern Altair einen übel riechenden grünlichen Kristall entdecken, der jeden Morgen zu einem violetten Schmodderklumpen wird, der an der Innenwand des Raumschiffs nagt. Ist der Schmodder lebendig? In beiden Fällen würde meine Definition mit „Nein" antworten – obwohl es möglicherweise „Ja" heißen müsste. Aber irgendwo muss man halt beginnen, und für die folgende Diskussion wird meine Definition hoffentlich ausreichen.)

Ich definiere etwas als „lebendig", wenn es die folgenden vier Eigenschaften hat:

1. Ein lebendes Objekt muss aus *Zellen* bestehen. Jedes Lebewesen auf der Erde ist entweder eine Zelle oder besteht aus mehreren davon (oft *ziemlich* vielen). Wenn wir wüssten, woher die Zellen gekommen sind, wüssten wir wohl auch, wie das Leben selbst entstanden ist. Es gibt zwei ganz unterschiedliche Klassen von Zellen: *Prokaryoten* und *Eukaryoten*. Prokaryotische Zellen haben keinen Zellkern. Sie sind verhältnismäßig einfach gebaut, klein und existieren in einer großen Vielfalt von Typen. Prokaryotische Organismen sind außerordentlich erfolgreich, vor allem weil sie sich dank ihrer einfachen Strukturen sehr schnell fortpflanzen und verändern können. Seit den 1970er-Jahren weiß man, dass es zwei unterschiedliche Domänen von Prokaryoten gibt:[362] Eubakterien oder „echte" Bakterien – ich werde einfach „Bakterien" zu ihnen sagen – und Archaeen. (Die dritte Domäne des Lebens sind die Eukaryoten, also unter anderem Sie und ich.) Die Abb. 5.14 zeigt ein paar typische Archaeen. Eubakterien und Archaeen sind miteinander nicht näher verwandt als jeweils mit den eukaryotischen Zellen. Eukaryotische Zellen sind deutlich komplizierter aufgebaut als prokaryotische: Innerhalb einer äußeren Membran befindet sich eine vielkomponentige biochemische Maschinerie und insbesondere der von einer eigenen Membran umschlossene Zellkern mit dem Erbgut. Diese Komplexität führt dazu, dass eukaryotische Zellen typischerweise 10 000-mal mehr Volumen einnehmen als Prokaryoten (es gibt auch Ausnahmen). Eukaryoten können außerdem zusammen noch viel komplexere, vielzellige Wesen bilden – Pflanzen, Pilze und Tiere. Die belebte Welt gliedert sich also in drei Domänen: Archaeen, Bakterien und Eukaryoten. Gemäß dieser Definition sind übrigens weder Viren noch Prionen lebendig.

2. *Ein lebendes Objekt muss einen Stoffwechsel haben.* Unter „Stoffwechsel" (oder Metabolismus) versteht man eine Vielzahl von Prozessen, die es einer Zelle oder einem Verbund von Zellen erlauben, Energie und Materie aufzunehmen, zu ihrem Nutzen zu verändern und dabei anfallende Abfallprodukte auszuscheiden. Mit anderen Worten: Jeder lebende Organismus braucht in irgendeiner Weise etwas zu essen und hinten (oder wo auch immer) kommt dann wieder etwas heraus. (Feuer hat in gewisser

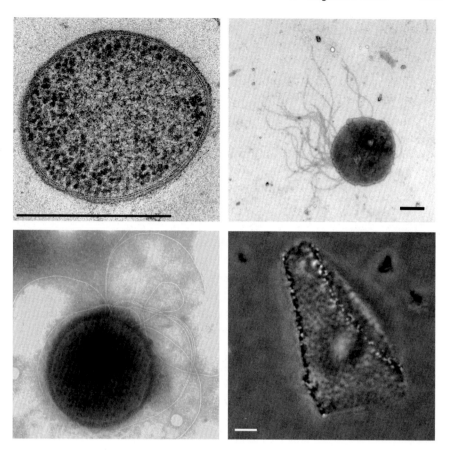

Abb. 5.14 Vier unterschiedliche Archaeenarten. Oben links: *Nanoarchaeum equitans*. Dieser Mikroorganismus wurde in einer hydrothermalen Quelle vor der Küste von Island entdeckt und gedeiht am besten bei 80 °C. Seine Zellen sind unglaublich klein – nur 400 nm im Durchmesser. Oben rechts: *Methanococcus maripaludis*. Dieses Archaeon bevorzugt im Prinzip recht milde Bedingungen, doch Sauerstoff ist für es absolut tödlich. Unten links: *Thermococcus gammatolerans*. Dies ist das strahlungsresistenteste Lebewesen, das man kennt. Es liebt Temperaturen zwischen 55 und 95 °C. Unten rechts: *Haloquadratum walsbyi*. Dieses Wesen lebt in extrem salzigen Habitaten und besitzt außerdem eine einzigartige quadratische Gestalt. ([Credit: R. Rachel und H. Huber] [Credit: S. I. Aizawa und K. Uchida] [Credit: A. Tapias] [Credit: M.A.F Noor, R.S. Parnell und B.S. Grant])

Weise einen Metabolismus, aber es lebt nicht, da es die anderen Kriterien nicht erfüllt.) Der Stoffwechsel erfolgt mithilfe von katalytisch wirksamen Biomolekülen, also *Enzymen:* Ohne Enzyme würden die diversen biochemischen Reaktionen innerhalb einer Zelle nicht oder nur aberwitzig langsam ablaufen. Enzyme wiederum sind entweder *Proteine* oder aus Proteinen aufgebaut. Proteine sind daher eine unabdingbare Voraussetzung für jedes Leben – zumindest bei uns auf der Erde. Wie wir noch sehen werden, stehen die Bauanleitungen für die zahlreichen Proteine einer Zelle allesamt in ihrer Desoxyribonukleinsäure (englisch *deoxyribonucleic acid*, DNA). Sozusagen aus biohistorischen Gründen wird die DNA zunächst in Ribonukleinsäure (*ribonucleic acid*. RNA) übertragen, die ihrerseits den Aufbau von Proteinen steuert. Langer Rede kurzer Sinn: DNA macht RNA macht Proteine.

3. *Lebende Objekte pflanzen sich fort,* oder genauer: Jedes lebende Objekt stammt von einem odermehreren anderen ab, die sich fortgepflanzt haben. Zellen können sich entweder allein oder in sexuellen Paaren reproduzieren, wobei die DNA als Bauanleitung für den neuen Organismus natürlich die Schlüsselrolle innehat. *Wie* zentral diese Rolle ist, sehen wir gleich. Beachten Sie, dass manche kristalline Strukturen oder auch Prionen sich in gewisser Weise ebenfalls reproduzieren können, aber ohne die für Lebewesen typischen und wesentlichen Variationen. Kristallwachstum ist daher eher Replikation als Reproduktion und wir brauchen Kristalle sicherlich nicht als lebendig anzusehen. Andererseits können Maultiere oder andere sterile Organismen sich zwar nicht reproduzieren, doch ihre Eltern konnten es, weswegen wir sie guten Gewissens als lebendig ansehen können.[363]

4. *Leben evolviert.* Die Darwinsche Evolution – natürliche Selektion von vererbbaren Variationen – ist der vierte Schlüsselaspekt des Lebens.

Diese vier Eigenschaften – Zellen, Stoffwechsel, Reproduktion und Evolution – genügen, um die Grundzüge des Lebens zu diskutieren, auch wenn sicherlich noch ausgefeiltere Definitionen des Lebens in Umlauf sind. Das ignorieren wir hier aber und fragen uns lieber endlich, wie das alles angefangen hat.

Wie hat das Leben begonnen?

Niemand weiß wirklich, wie das Leben seinen Anfang nahm, aber Biologinnen und Biologen haben in letzter Zeit in zwei unterschiedlichen Richtungen einige Fortschritte gemacht: beim Rückverfolgen des Stammbaums aller Lebewesen bis in die frühesten Phasen seiner Entwicklung und beim Verständnis der chemischen Vorgänge, welche zu den frühesten Lebensformen geführt haben könnten.

Die „Top-down-Methode" ist die Suche nach LUCA,[364] dem letzten Organismus, von dem alle heutigen Lebewesen ihre gemeinsamen biochemischen Strukturen geerbt haben müssen (Abb. 5.15). Dass das Leben

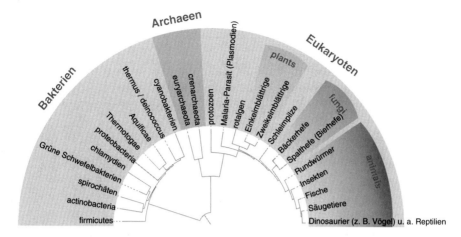

Abb. 5.15 Eine (ziemlich stark) vereinfachte Skizze vom Stammbaum des Lebens. Dieser hat drei Hauptäste oder Domänen: Bakterien, Archaeen und Eukaryoten. Letztere gliedern sich in die drei Reiche der Pflanzen, Pilze und Tiere. In diesem Diagramm stünde *Homo sapiens* als ein winziges Blättchen ganz rechts außen am Säugetierzweig – eines von Millionen weiterer Blättchen in allen Bereichen des Baums. Nehmen Sie die dargestellten Verwandtschaftsbeziehungen nicht zu ernst beziehungsweise wörtlich – das Bild soll einfach zeigen, dass es einerseits eine riesige Vielfalt gibt, dieser aber andererseits eine fundamentale Gemeinsamkeit zugrunde liegt. (Credit: Madeleine Price Ball)

von LUCA abstammt und nicht von einer frühpräkambrischen Patchwork-Beziehungskiste, erscheint zumindest auf den ersten Blick plausibel, da alle Lebensformen eine überraschende Einheitlichkeit aufweisen: Alle Organismen nutzen (bis auf sehr wenige Ausnahmen) genau denselben genetischen Code, bei dem jeweils ganz bestimmte Dreiergruppen von DNA-Bestandteilen für einen Proteinbaustein, das heißt eine Aminosäure stehen; von bestimmten Molekülen, die in zwei spiegelbildlichen Formen auftreten können, gibt es immer nur die eine und so weiter. Wenn LUCA ein einfach gestricktes Wesen war, sie, er oder es also während einer sehr frühen Phase der Erdgeschichte lebte – und wenn wir sie, ihn oder es auch wirklich verstehen würden –, dann könnten wir daraus möglicherweise ableiten, wie das Leben auf die Welt gekommen ist.

Leider kommen wir mit diesem Ansatz nicht ganz zum Ziel. Einer verbreiteten Vorstellung zufolge war LUCA bereits ein recht ausgefeilter Organismus und das Produkt einer signifikanten Evolution seit Anbeginn des Lebens, deren Ablauf weiter im Dunkeln liegt. Immerhin klärt sich allmählich, was danach geschah: LUCAs Kinder teilten sich in die Gruppen Bakterien und Archaeen auf, von letzteren zweigten dann die Eukaryoten ab. Diese entstanden vermutlich, weil entweder Prokaryoten andere Prokaryoten verschluckten, ohne sie zu verdauen, oder aber prokaryotische Zellen andere infizierten, ohne sie zu töten – oder vielleicht beides zugleich, wer weiß. Das Arrangement muss sich aber für alle Beteiligten als äußerst vorteilhaft erwiesen haben. Die „eingemeindeten" Organismen werden bis zum heutigen Tag mit jeder Vermehrung einer eukaryotischen Zelle ebenfalls dupliziert und weitergegeben. Dieses Bild ist zwar kompliziert, klingt aber überzeugend (noch etwas mehr dazu in Kürze). Doch mit den raschen Fortschritten der Lebenswissenschaften kommen fast täglich neue Information hinzu und die Sache wird immer verwickelter. Lange dachten wir, dass genetische Information nur von den Eltern an ihre Kinder, also „vertikal" weitergegeben wird. Zwischen Mikroorganismen – und in der Frühzeit des Lebens vielleicht sogar ganz allgemein – gibt es aber auch „horizontalen" Gentransfer, also den Austausch von Erbmaterial zwischen nicht verwandten Organismen auch über Artgrenzen hinweg. Es ist leicht zu verstehen, dass der horizontale Gentransfer das Zeichnen von Stammbäumen nicht nur erschwert, sondern tendenziell ad absurdum führt.[365]

Wenn wir „Top-down" nicht viel weiter als bis LUCA kommen, verspricht dann ein „Bottom-up-Ansatz" mehr Erkenntnisse über den Ursprung des Lebens? Vielleicht ja, also fragen wir uns als Nächstes: „Wie sind die beiden wichtigsten Gruppen von Biomolekülen, Nukleinsäuren und Proteine, auf rein chemischem Wege entstanden?" Wenn wir das verstehen könnten, wären wir im nächsten Schritt eventuell in der Lage, die Lücke von dort bis zu LUCA zu schließen, also Top-down und Bottom-up zu verbinden. Wir wüssten dann endlich, wie aus unbelebter Materie lebende Organismen geworden sind.

Nukleinsäuren

Wenn irgendein Molekül den Titel „Molekül des Lebens" verdient, dann die Desoxyribonukleinsäure – die DNA.[366] Das DNA-Molekül trägt die Erbinformation und ist damit in jeder Hinsicht und wortwörtlich lebenswichtig – insbesondere für Reproduktion und Stoffwechsel. Ich beschreibe später ihre Rolle bei der Proteinsynthese noch detaillierter, aber es ist klar, dass es ohne Proteine keinen Stoffwechsel gibt. Konzentrieren wir uns aber zunächst auf die Reproduktion und überlegen wir, wie die DNA es anstellt, sich selbst zu replizieren und dabei gerade so viele Variationen zuzulassen, dass die natürliche Selektion wirksam werden kann, die neuen Zellen aber in der Regel funktionsfähig bleiben.

Chemisch ist das DNA-Molekül ein Polymer aus *Nukleotiden*. Ein Nukleotid besteht aus drei Teilen:

1. Zunächst enthält es ein Zuckermolekül, die Desoxyribose. Da dieser Zucker fünf Kohlenstoff-Atome enthält, ist er eine Pentose; die Kohlenstoff-Atome werden von 1' bis 5' durchnummeriert. Desoxyribose ist fast identisch mit Ribose, nur dass erstere an der 2'-Position ein Wasserstoff-Atom (H) trägt und letztere eine Hydroxyl-Gruppe (OH).

2. Dann hat ein DNA-Nukleotid eine Phosphatgruppe (wir haben in Lösung 36 die biologische Bedeutung von Phosphor bereits angerissen). Zwei Nukleotide können sich über eine sogenannte Phosphodiesterbindung zwischen der Phosphatgruppe des einen und der Zuckerkomponente des anderen Nukleotids verbinden und so dann sehr lange Ketten bilden. Diese Zucker-Phosphat-Ketten bilden das (doppelte) Rückgrat der DNA. Im bekannten Bild der DNA als einer verdrillten „Leiter" wären diese Ketten die Holme. Im Prinzip können diese Ketten sogar beliebig lang werden, in der Natur enthalten DNA-Moleküle zwischen 100 und vielen Millionen Nukleotide. Doch egal, wie lang die Kette wird, sie hat – wie die sprichwörtliche Wurst – immer zwei Enden: An einem davon sitzt am 3'-Kohlenstoff (dies ist das „3'-Ende") eine freie OH-Gruppe und am anderen ein Phosphatrest am 5'-Kohlenstoff (dem „5'-Ende").

3. Was ein Nukleotid aber wirklich besonders macht, ist seine *Nukleinbase,* die mit der Desoxyribose an deren 1'-Kohlenstoff verknüpft ist. Die Basen von jeweils zwei Nukleotiden der beiden Holme bilden die „Sprossen" der DNA-Leiter. Von den vier Basen heißen Adenin (A) und Guanin (G) auch *Purine,* die beiden anderen, Cytosin (C) und Thymin (T), sind die *Pyrimidine.* Die Basenabfolge, auch *Nukleotidsequenz* genannt, wird konventionsgemäß vom 5'-Ende zum 3'-Ende hin „gelesen", eine typische Sequenz wäre zum Beispiel „(5')...–G–C–T–T–A–G–G–...(3')".

Die beiden Nukleotid-Stränge eines DNA-Moleküls sind zueinander komplementär und umeinander als Doppelhelix gewunden. Die Holme beziehungsweise Querstreben bestehen immer aus einem Purin, das mit einem dazu passenden Pyrimidin verbunden ist, also entweder G auf der einen Seite und C auf der anderen oder T auf der einen und A gegenüber (Abb. 5.16). Diese Komplementarität beruht darauf, dass nur diese beiden Kombinationen sich über eine sogenannte Wasserstoffbrücke chemisch verbinden können. Eine einzelne solche Bindung ist schwach, aber die große Zahl der Leitersprossen hält das DNA-Molekül stabil zusammen. Vor allem aber bedeutet die Komplementarität, dass die in der Basensequenz kodierte genetische Information bereits in jedem einzelnen Strang steckt, also

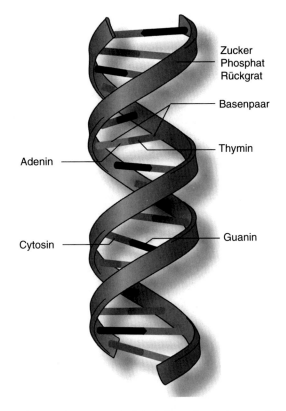

Zucker
Phosphat
Rückgrat

Basenpaar

Thymin

Adenin

Guanin

Cytosin

Abb. 5.16 Das Rückgrat eines DNA-Moleküls besteht als langen Ketten von Desoxy-ribose-Zucker und Phosphatgruppen. Stickstoffhaltige Basen bilden Paare, welche die Ketten zu einer Doppelhelix verbinden, dabei verbinden sich aber immer nur A und T beziehungswiese C und G. (Credit: National Human Genome Research Institute)

doppelt vorhanden ist – und das schafft die Möglichkeit der biochemischen Replikation und Reproduktion. (Bis vor Kurzem gab es kein Leben auf der Erde mit anderen Basenpaaren als G und C beziehungsweise T und A. Die sogenannte synthetische Biologie ist jetzt aber in der Lage, semisynthetische Bakterien zu erzeugen, deren Erbsubstanz ein drittes Basenpaar mit den Buchstaben „X" und „Y" enthält.[367] Derart modifizierte *E.-coli*-Zellen sind eine grundsätzlich neue Lebensform. Wer weiß, wohin uns diese Entwicklung noch führen wird.)

Der Prozess der DNA-Replikation beginnt, wenn ein Enzym namens DNA-Helikase die Doppelhelix in einer *Replikationsgabel* genannten Region auftrennt. An der Replikationsgabel liegen die beiden DNA-Stränge offen und können „abgelesen" werden, das heißt als Blaupause für einen neuen Strang dienen (Abb. 5.17). Ein weiteres Enzym namens DNA-Polymerase

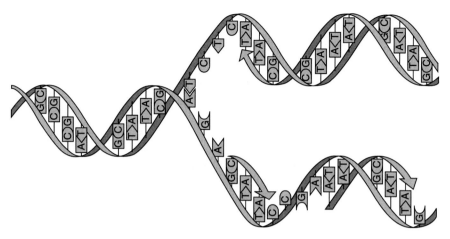

Abb. 5.17 Die spezifischen Basenpaarungen A–T und C–G ermöglichen die Replikation der DNA und sind damit die Grundlage jeder genetischen Vererbung. Damit sich das doppelsträngige DNA-Molekül replizieren kann, trennen sich die Stränge an der Replikationsgabel. Enzyme (nicht dargestellt) fügen dann an den zwei offenen Strängen die jeweils komplementären Basen an, die sich zu zwei neuen Strängen verbinden. Am Ende haben wir zwei DNA-Moleküle, beide identisch mit dem Original, von dem sie jeweils eine Hälfte enthalten. (Credit: Madeleine Price Ball)

lagert sich dazu an einen offenen Strang an und verknüpft – und zwar vom 3'-Ende aus in Richtung 5'-Ende – die jeweils passende komplementäre Base mit der aktuellen Base des Lesestrangs: G zu C, C zu G, A zu T und T zu A. (Also würde „–G–C–T–T–A–G–G–" auf dem entstehenden neuen Strang zu „–C–G–A–A–T–C–C–", dieser wächst also in Richtung 5' → 3'.) Wenn schließlich ein kompletter Gegenstrang entstanden ist, katalysiert die DNA-Polymerase die Bildung von Wasserstoffbrücken zwischen den Nukleotiden der beiden Stränge, und voilà: eine neue Doppelhelix. Während all dies geschieht, wird auf etwas kompliziertere Weise auch auf dem anderen Strang des ursprünglichen DNA-Moleküls ein neuer, dazu komplementärer Holm synthetisiert. Das Resultat sind am Ende zwei identische Kopien der ursprünglichen DNA, von denen jede einen Strang des Originals enthält. Hurra – wir haben einen Replikationsmechanismus!

Der oben skizzierte Prozess ist eine ziemlich vereinfachte Version von dem, was tatsächlich passiert. Ich habe zum Beispiel die Rolle der RNA ausgelassen. Ribonukleinsäure ist der andere wichtige Typ Nukleinsäure, der ebenfalls unverzichtbar für das Leben auf der Erde ist. Obwohl sie chemisch sehr ähnlich sind, gibt es wichtige Unterschiede zwischen DNA und RNA. *Strukturell* augenfällig ist, dass RNA in Zellen in der Regel immer nur als Einzelstrang und nicht als Doppelhelix auftritt. RNA-Moleküle sind außerdem normalerweise kleiner als DNA-Moleküle. Aber es gibt auch zwei wichtige *chemische* Unterschiede. Zum einen steckt in RNA-Nukleotiden, wie bereits angedeutet, statt Desoxyribose als Zucker eine Ribose mit einem Sauerstoff-Atom mehr. Zum anderen paart sich in RNA die Base Uracil (U) mit Adenin anstelle von Thymin. Und dann gibt es noch eine *funktionelle* Differenz: DNA dient ausschließlich dazu, genetische Informationen in der Sequenz ihrer Nukleinbasen abzuspeichern. RNA-Moleküle dagegen *machen* etwas. Es gibt sogar verschiedene Typen von RNA mit jeweils eigenen Aufgaben, zum Beispiel Messenger-RNA (mRNA), ribosomale RNA (rRNA) und Transfer-RNA (tRNA).

Die Fähigkeit der DNA, sich zu replizieren, ist das Geheimnis hinter der Reproduktionsfähigkeit des Lebens und sie erklärt, warum der Nachwuchs den Eltern so ähnlich ist. Aber damit Leben *evolvieren* kann und Spezies sich zu anderen Spezies weiterentwickeln können, darf die Vererbung nicht perfekt erfolgen. Es muss Variationen in der Nachkommenschaft geben, sonst hätte die natürliche Selektion nichts zu selektieren. Glücklicherweise *können* Variationen auftreten, wenn DNA sich repliziert. Von Zeit zu Zeit tritt eine *Mutation* auf: eine Änderung in der Sequenz der Nukleinbasen. Dazu kann es rein durch die Wirkung von ionisierender Strahlung oder chemischen Substanzen kommen oder aber einfach durch zufällige Fehler im komplizierten Prozess der DNA-Replikation. (Die effektive Mutationsrate ist bemerkenswert klein, da es eine Reihe von Kontroll- und Ausbesserungsmechanismen innerhalb des Replikationsprozesses gibt. Ähnlich wie in der Produktion dieses Buches gibt es auch beim Schreiben von DNA-Kopien ein Korrekturlesen und das Ausbessern von aufgefundenen Fehlern. Dies verringert die Fehlerrate auf 1 zu 10^9.) Wenn ein Schreibfehler in einem DNA-Abschnitt auftritt, der für ein Protein kodiert (mehr dazu gleich), dann führt die mutierte DNA zu einem mutierten Protein. Meistens verliert das Protein dadurch seine Funktion (das ist schlecht) oder es passiert erst einmal gar nichts (neutral). Ab und zu jedoch ist das veränderte Protein besser als sein Vorgänger und verschafft dem Organismus einen Vorteil im Kampf ums Dasein. Wenn dadurch seine Überlebenswahrscheinlichkeit und vor allem die Zahl seiner überlebenden Nachkommen steigt, dann erhöht diese Mutation die Wahrscheinlichkeit ihrer eigenen Existenz. Mutationen geben der natürlichen Selektion etwas zu tun.

Wenn Nukleinsäuren sich bloß immer wieder replizieren würden, dann wären sie kaum interessanter als selbstreproduzierende Kristalle. Und wenn ein DNA-Speicher für genetische Information nicht ausgelesen und die ausgelesene Information nicht etwas bewirken würde, wäre das etwa so spannend wie eine Bücherei im Lockdown ohne Online-Zugang.

Nukleinsäuren sind so faszinierend, weil sich anhand ihrer Informationen Proteine konstruieren lassen. Und Proteine sind das, was das Leben interessant macht. Proteine ermöglichen es dem Leben, *Sachen* zu machen.

Proteine

Proteine sind komplexe Makromoleküle mit ausgesprochen vielfältigen Aufgaben. Sie fungieren als Enzyme (und ermöglichen so zum Beispiel den Stoffwechsel), als Hormone (die sowohl regulieren, zum Beispiel Insulin, als auch informieren) oder als Strukturmaterial (unsere Fingernägel, Muskeln und auch die Augenlinsen sind alles Proteine).

Im Prinzip ist ein Protein einfach eine lange Sequenz von *Aminosäuren,* die auf eine jeweils spezielle und charakteristische Art und Weise dreidimensional zusammengefaltet ist. Jede spezielle Aminosäuresequenz faltet sich in ihre eigene, ganz besondere 3-D-Struktur. Wenn Sie die Sequenz ändern, faltet sich das Protein anders zusammen – und kann dadurch entweder eine andere oder aber (häufiger) gar keine Funktion ausführen. In der Regel hängt nämlich die biochemische Aufgabe, die ein Protein übernehmen kann, kritisch von seiner räumlichen Gestalt ab.[368]

In Proteinen kommen 20 verschiedene Aminosäuren vor. Die Natur kennt noch viele andere Aminosäuren und einige von ihnen sind auch in der Biologie von Bedeutung, aber in Proteinen gibt es nur diese 20. Alle Aminosäuren haben die gleiche Grundstruktur aus einer Amino-Gruppe (H_2N), einem Kohlenstoff-Atom, an dem ein Proton und ein jeweils spezifischer Rest R sitzen (CHR), und einer Carboxyl-Gruppe (COOH). Die allgemeine Strukturformel ist damit $H_2N–CHR–COOH$, die Kette bildet sich, indem das Amino-Ende eines Bausteins sich mit dem Carboxyl-Ende des nächsten verbindet. (Eine so gebildete Kette von Aminosäuren heißt *Polypeptid*[369], ein Protein ist einfach ein oder mehrere Polypeptide.) Ihren jeweils persönlichen Charakter erhalten Aminosäuren von ihrer Seitenkette, dem Rest R: Unterschiedliche Aminosäuren haben unterschiedliche R-Gruppen und besitzen genau deshalb ihre unterschiedlichen Eigenschaften. Beispielsweise machen manche Seitenketten ihre Aminosäure hydrophob – solche Aminosäuren neigen dazu, sich im Inneren eines Proteins zu verstecken. Andere Reste machen die Aminosäure hydrophil – lassen sie also freudig mit Wasser reagieren.

Jetzt kommt eine erstaunliche und wirklich fundamentale Erkenntnis: Jede Aminosäure wird durch einen *Codon* genannten Satz aus drei aufeinanderfolgenden RNA-Nukleinbasen kodiert – dies ist das Geheimnis des *genetischen Codes.* Da es vier RNA-Nukleinbasen gibt (A, C, G, U), wären eigentlich $4 \cdot 4 \cdot 4 = 64$ Codons möglich. Theoretisch könnte der genetische Code also 64 verschiedene Aminosäuren auseinanderhalten – und doch bauen die Zellen anhand der codierten Bauanleitungen nur 20 unterschiedliche Aminosäuren in ihre Proteine ein. Der genetische Code ist also nicht eindeutig: 61 stehen jeweils für eine der 20 Aminosäuren, die übrigen drei Codons bedeuten „Ende der Kette". Das heißt, für fast alle Aminosäuren stehen mehrere Codons bereit: Zum Beispiel bewirken die Codons UGU und UGC beide, dass ein Cystein an eine wachsende Peptidkette angehängt wird, für Isoleucin sind die Codons AUU, AUC und AUA zuständig und so weiter. Der genetische Code ist im Wesentlichen universell: Mit nur sehr wenigen Ausnahmen (und unter Vernachlässigung der Spielereien aus den Laboren der synthetischen Biologie) verwenden ihn alle Organismen auf der Erde in der gleichen Weise. (Impliziert die globale Einheitlichkeit unseres genetischen Codes, dass er der einzig mögliche Code ist? Gab es möglicherweise ursprünglich mehrere unterschiedliche Codes und dieser eine war irgendwie besser als die anderen? Oder gab es nur diesen einen in der Geschichte des Lebens, weil es so extrem unwahrscheinlich ist, dass so etwas überhaupt spontan zustande kommt? Im letzteren Fall würde die Entwicklung eines effektiven Codes eine erhebliche Barriere für die Evolution von Leben darstellen, die es zu überwinden gälte – eine von Carters „hohen Hürden"? Wir würden viel über die Möglichkeit von extraterrestrischem Leben erfahren, wenn wir Beispiele dafür finden könnten, dass schon bei uns auf der Erde unterschiedliche Versionen des genetischen Codes entstanden sind, von denen eine sich durchgesetzt hat.)

Die Art, wie eine Zelle ihre Proteine zusammenbaut, ist sowohl wunderbar geradlinig als auch erstaunlich delikat. Eine vereinfachte Version des Prozesses sei im Folgenden vorgestellt.

Die Information darüber, wie ein Organismus seine Proteine zu synthetisieren hat – und damit letztlich sich selbst –, ist in seine DNA eingeschrieben. Wenn also eine Zelle ein Signal erhält, dass es Zeit ist, ein bestimmtes Protein nachzuliefern (wir nehmen der Einfachheit halber an, es gehe nur um ein einfaches Polypeptid), wird als Erstes die Doppelhelix der DNA an der passenden Stelle aufgetrennt, also dort, wo die benötigte Bauanleitung zu finden ist. Eine Region auf dem DNA-Molekül, wo sich die Codes für ein bestimmtes Polypeptid (oder genauer gesagt: für die RNA, von der dann die Bauanleitung abgelesen werden wird) befinden, ist ein *Gen*. Die besondere Sorte RNA, welche die kreative Botschaft von der DNA im Zellkern zur Proteinsynthese-Maschinerie bringt, heißt passenderweise Messenger-RNA oder kurz *mRNA* (Abb. 5.18).

Der Schritt, in dem die mRNA als Abschrift des DNA-Doppelstrangs entsteht, heißt *Transkription*. Die fertige mRNA wandert dann mit ihrer

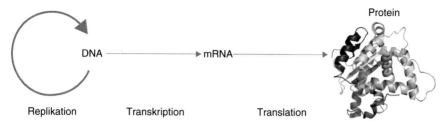

Abb. 5.18 Die DNA speichert die genetische Information und repliziert sich, wenn sich die Zelle teilt. Wirksam wird die Information in einem weniger direkten Prozess, der „Genexpression". Dabei wird zunächst die DNA in Messenger-RNA, mRNA, umgeschrieben (transkribiert) und diese dann in eine Aminosäuresequenz, also ein Protein übersetzt (translatiert). Einem zentralen Dogma der Biologie zufolge, das auf Francis Crick zurückgeht, fließt die Information immer in Richtung der beiden Pfeile in diesem Diagramm. Insbesondere lässt sich anhand von geeigneter RNA ein Protein zusammenbauen, der umgekehrte Vorgang geschieht dagegen nie

abgeschriebenen Aminosäuresequenz vom Zellkern ins Zytoplasma, also das „gewöhnliche" Zellinnere. Dort gibt es *Ribosomen* genannte Organellen, welche die Nukleinsäuresequenz der mRNA abarbeiten und Codon für Codon Aminosäuren aneinanderhängen, wodurch das benötigte Polypeptid entsteht. Diesen Prozess nennt man *Translation,* da hier nicht nur „abgeschrieben", sondern auch aus der Codon-Sprache in die Aminosäure-Sprache übersetzt wird. Eine wesentliche Rolle spielt hier die Transfer-RNA (*tRNA*) – kleine RNA-Abschnitte, die sich jeweils nur an eine einzige Sorte von Aminosäure binden können und diese zur ribosomalen „Montagestraße" transferieren. Eine ganze Reihe von Enzymen ist nötig, um diesen Prozess zu katalysieren, jedes Enzym erkennt ein spezielles tRNA-Molekül und seine zugehörige Aminosäure. Die Proteinsynthese beginnt immer mit dem Codon AUG, das für Methionin steht, und geht weiter, bis das Ribosom auf eines der drei Stopp-Codons (UAA, UAG oder UGA) stößt. In diesem Fall wird das neu synthetisierte Protein freigegeben und der Prozess ist beendet.

Dies ist ein grober Überblick über die Proteinsynthese, zumindest in prokaryotischen Zellen. In eukaryotischen Zellen wird die Sache erheblich dadurch verkompliziert, dass es dort lange und vor allem zahlreiche DNA-Abschnitte gibt, die keine bekannte Bauanleitung enthalten, weswegen vor der Proteinsynthese zunächst diese scheinbar nutzlosen Sequenzen herausgeschnitten werden müssen. Der Platz in diesem Buch reicht bei Weitem nicht aus für weitere Details dieses faszinierenden Geschehens. Es gibt aber viele exzellente Quellen, wo Sie sich weiter informieren können,[370] und glücklicherweise müssen wir für unsere weitere Diskussion hier auch gar nicht tiefer einsteigen.

Fassen wir zusammen: DNA speichert genetische Information und repliziert sie, bevor sich der Organismus fortpflanzt. Das mühsame Geschäft, die Information in nützliche Dinge umzusetzen, bleibt der vielseitigeren RNA überlassen; getreu dem universellen (oder zumindest globalen) genetischen Code geht die Information durch Transkription von der DNA auf eine RNA über und von dort durch Translation auf die Abfolge der Bausteine eines Proteins.

Wo kamen die Zutaten des Lebens her?

Nehmen wir einmal an, dass die vielen Schritte auf dem Weg von den ersten Proteinen und frühesten Nukleinsäuren bis zu unserer Urahnin LUCA zwar vielleicht nicht zwangsläufig erfolgt sind, aber doch zumindest verstehbar und auf Basis von wohlbekannten physikalischen und chemischen Prozessen. Dann stehen wir aber immer noch vor der Frage: „Wie sind die ersten Proteine und Nukleinsäuren selbst entstanden?" Wenn der Schritt von der anorganischen Chemie zum ersten Protein und vor allem zu den Nukleinsäuren der DNA nur schwierig genug war, dann hätten wir eine Lösung für das Fermi-Paradox: Ohne Nukleinsäuren kann es Leben, zumindest so wie wir es kennen, nicht geben.

Die Bausteine sind schnell zusammensynthetisiert. Wir finden Aminosäuren im Weltraum[371] sowie in „Ursuppe-Experimenten", welche die Chemie der frühen Erde nachzustellen suchen.[372] Berühmt war Stanley Millers Versuch aus dem Jahr 1953, der eine starke elektrische Entladung auf ein Gefäß mit Wasser, Methan und Ammoniak einwirken ließ, um den Effekt eines Blitzes in der Uratmosphäre unseres Planeten zu simulieren. Über die konkrete Zusammensetzung seiner Modellatmosphäre ließe sich diskutieren, doch die Resultate waren unzweifelhaft beeindruckend. Es scheint sehr plausibel, dass sich Aminosäuren gebildet haben, sobald die frühe Erde einigermaßen abgekühlt war; diese Moleküle sind offenbar eine fast unvermeidliche Folge grundlegender Vorgänge in der organischen Chemie, also letztlich der bemerkenswerten Eigenschaften des Kohlenstoff-Atoms. Genauso leicht erhält man in Miller-artigen Experimenten Zucker, Purine und Pyrimidine – die Hauptzutaten für Nukleinsäuren.

Auch wenn noch nicht alle Details geklärt sind, haben wir keinen Grund zu der Annahme, dass die chemischen Grundbausteine des Lebens in irgendeiner Weise etwas Besonderes wären. Deutlich weniger klar ist hingegen, wie wahrscheinlich es ist, dass sich diese in natürlichen Prozessen zu echten Nukleinsäuren und Proteinen zusammenfinden. In der Tat behaupten viele Kreationisten (und wenige Wissenschaftlerinnen und Wissenschaftler) an genau diesem Punkt, dass das Leben auf der Erde einzigartig ist: Sie sagen, dass die Wahrscheinlichkeit für das zufällige Entstehen von Nukleinsäuren oder Proteinen aus ihren Bestandteilen verschwindend klein ist.

Betrachten wir zum Beispiel Serumalbumin (ein mittelgroßes Protein, das in der Leber produziert und dann an das Blut abgegeben wird, wo es eine Reihe von wichtigen Aufgaben erfüllt). Serumalbumin besteht aus einer Kette von 584 Aminosäuren, die sich auf charakteristische Weise zu einer Kugel zusammenknäulen. In unseren Körpern erfolgt die Synthese dieses Moleküls unter der Anleitung der Nukleinsäuren. Aber stellen Sie sich eine Zeit vor, in der es noch keine DNA oder RNA gab, sodass ein Serumalbumin-Molekül durch das zufällige Anfügen der immer richtigen Aminosäuren an das Ende einer wachsenden Proteinkette hätte entstehen müssen. Die Chancen sind vernachlässigbar klein −1 zu 20^{584} oder ungefähr 1 zu 10^{760}. Genauso unwahrscheinlich wäre es, dass die sogenannte „Genesis-DNA" – eine primitive Kette von Nukleotiden, die manche Forscherinnen und Forscher als notwendige Minimalausstattung für den Start ins Leben postuliert haben – einfach so zufällig zustande kommt.[373]

Die Frage nach dem Beginn des Lebens ist im Prinzip nichts anderes als das gute alte Henne-und-Ei-Paradox: DNA enthält die Anleitung, ohne die Aminosäuren sich nicht zu Proteinen zusammenfinden, aber ohne Enzyme und damit ohne Proteine kann kein DNA-Molekül entstehen. Ohne DNA keine Proteine und ohne Proteine keine DNA beziehungsweise DNA macht Proteine machen DNA macht Proteine machen DNA … was kam zuerst?

Dieser Gedanke scheint der Behauptung, das Leben sei zufällig in die Welt gekommen, den Todesstoß zu versetzen. Aber die Biochemie hat einige Fortschritte darin gemacht, diese Kritik zu kontern. Im Einzelnen ist die Argumentation noch unvollständig, aber die wesentlichen Hürden sehen nicht mehr unüberwindlich aus.

Sehen wir uns noch einmal das kombinatorische Argument gegen die primordiale Synthese von Proteinen an. Es gibt in der Tat keine Chance dafür, dass ein heutiges komplexes Protein aus Versehen entsteht. Wenn wir jedoch eine präbiotische *molekulare* Evolution in Betracht ziehen, dann sieht die Sache anders aus: Dann wäre es unter Umständen sogar wahrscheinlich, dass gewisse Proteine mit molekularen Selektionsvorteilen in großer Zahl ihre Ursuppe bevölkern.

Denken wir uns einen See irgendwo auf der jugendlichen Erde (oder eher der Teletubby-Erde). In diesem See gebe es bloß zehn unterschiedliche Aminosäuren, die sich zu Peptiden verbinden können, und ein gewisses, 20 Aminosäuren langes Peptid besitze eine katalytische Funktionalität, die ihm einen molekularen Selektionsvorteil verschafft. Dann bräuchte die Natur bloß alle 10^{20} Kombinationen durchzuprobieren, um genau dieses Peptid zu erwischen. Natürlich ist das eine *enorm* große Zahl, aber auf den verfügbaren Zeitskalen durchaus handhabbar.[374]

Sollte unter den vielleicht 10^{25} oder 10^{30} Molekülen in unserem Ursee unser Vorteilspeptid auch nur ein einziges Mal entstanden sein, hätte die molekulare Selektion unfehlbar dafür gesorgt, dass es sich dort zahlreicher und zahlreicher ausgebreitet hätte. Angenommen es wären sogar 1000 verschiedene mehr oder weniger „nützliche" Peptide, alle 20 Aminosäuren lang, im See entstanden. Können sich zwei solche Peptide zu einer Kette verbinden, dann wären bereits 1 Mio. unterschiedliche Peptide mit 40 Aminosäuren Länge möglich. Die Natur hätte genügend Zeit gehabt, alle Kombinationen durchzuprobieren. Entsprechend kämen wir auch zu Peptiden aus 60, 80, 100 … Aminosäuren. Kurz gesagt, es *gab* die Zeit, Proteine in diesem äußerst antiken Gewässer entstehen zu lassen. Und die frühe Erde hatte Millionen von Seen. (Welches funktionale Protein konkret das Rennen gemacht, also sich als Erstes in der Ursuppe breit gemacht hätte, wäre natürlich ein historischer Zufall gewesen. Wenn wir die Videokassette der Geschichte noch einmal auf Anfang spulen, dürfte ein durchaus anderes Urprotein herauskommen.)

Auf ähnliche Weise könnte die präbiotische molekulare Evolution auch das Zustandekommen einer (wie auch immer in Einzelnen gearteten) „Genesis-DNA" nachvollziehbar machen. Solch eine Argumentation bräuchte aber noch nicht einmal erforderlich zu sein. Es scheint sowieso plausibler, dass das allererste selbstreproduzierende Molekül gar keine DNA war, sondern eine der vielen einfacheren Varianten des RNA-Moleküls. Darüber hinaus löst die RNA auch noch das Henne-und-Ei-Paradox: In den frühen 1980er-Jahren demonstrierten nämlich Sidney Altman und Thomas Cech, dass bestimmte Arten von RNA selbst katalytisch wirksam sind, sie könnten also gleichzeitig als Informationsträger *und* als Enzym fungiert haben. Diese RNA-Enzyme – oder Ribozyme – führten zur Idee einer „RNA-Welt" – einer Zeit in der frühen Geschichte des Lebens, in der katalytisch aktive RNA alle chemischen Reaktionen in Gang brachte, die für die ersten primitiven Zellstrukturen nötig waren. In gewisser Weise war also weder Henne noch Ei zuerst da. Im Anfang war die katalytische RNA, die Ei und Henne zugleich war.[375]

Es ist – alles in allem – nicht unvernünftig anzunehmen, dass die fundamentalen Moleküle des Lebens durch natürliche Prozesse entstanden sind, die eine vernünftige Chance hatten, auch tatsächlich so abzulaufen. Der chemische Pfad zum ersten RNA-Molekül liegt noch ziemlich im Dunkeln; die anschließende Evolution von zellulären Strukturen bis hin zu LUCA ist genauso unklar. Aber selbst wenn das Leben einen ganz anderen Ursprung gehabt haben sollte als den gerade skizzierten – und es gibt einige konkurrierende Hypothesen[376] –, müssten wir nicht gleich denken, dass Leben irgendein bizarrer Lottogewinn ist. Einen Einwand sollten wir dennoch ernst nehmen und näher untersuchen: Paradoxerweise scheint es das Leben auf der Erde zu leicht gehabt zu haben!

Wann fing das Leben an?

Die ersten Lebensformen existierten Biologinnen und Biologen zufolge etwa 700 Mio. Jahre nach der Entstehung unserer Erde vor 4,55 Mrd. Jahren. Evidenz hierfür findet sich bei Isua auf Grönland – das dortige Sedimentgestein gehört zu den ältesten Felsformationen des Planeten. Dort hat man eine isotopische Zusammensetzung von Kohlenstoffproben gemessen, die auf biologische Prozesse schließen lässt. Diese Interpretation der Messergebnisse ist nicht unumstritten, es könnten auch nichtbiologische Prozesse für solch ein Isotopenverhältnis verantwortlich sein. Nichtsdestotrotz akzeptieren manche Biologinnen und Biologen den Schluss, dass es zu dieser Zeit bereits Leben auf der Erde gab.[377]

Die ältesten bekannten Fossilien sind auch nicht viel jünger als die Isua-Steine, nämlich sogenannte Stromatolithen. Dies sind geschichtete Brocken aus Sediment und Überresten von Cyanobakterien. Im Westen von Australien wurden 3,5 Mrd. Jahre alte Exemplare dieser Fossilien gefunden (Abb. 5.19).

Das große Tempo, in dem das Leben den Isua-Befunden zufolge entstanden sein soll, ist mindestens erstaunlich. Diese 700 Mio. Jahre seit Entstehung der Erde sind ein Grenzwert, der von zwei Seiten bestimmt wird. Auf der einen Seite hätten die evolutionären Prozesse auf dem Weg zu den vermuteten Lebensformen ihre Zeit benötigt, auf der anderen Seite hätte keine Lebensform die Bedingungen auf der ganz frühen Erde ausgehalten. Im sogenannten Hadaikum, der ersten geologischen Epoche, kondensierte erst 160 Mio. Jahre nach dem Zusammenballen der noch glutflüssigen Urerde eine feste Erdkruste,[378] vorher kann es auf keinen Fall irgendeine Evolution von irgendetwas gegeben haben. Aber während großer Teile des Hadaikums wurde unser Planet von großen und schnellen kosmischen Geschossen bombardiert. Jeder Einschlag erschütterte die weitere Umgebung nachhaltig. Und dann war da noch die im wahrsten Sinne des Wortes erschütternde Kollision mit Theia, bei welcher der Mond entstanden ist. Was auch immer vorher gelebt haben mochte, hat dies danach sicher nicht mehr getan. Wenn also Lebewesen ihre Spuren in Isua hinterlassen haben, hatten ihre Vorfahren deutlich weniger als 700 Mio. Jahre Zeit, um sich zu entwickeln.

Abb. 5.19 Sogenannte Stromatolithen auf den Bahamas. Diese Formationen sind die ältesten bekannten Fossilien. Im Westen Australiens hat man 3,5 Mrd. Jahre alte Exemplare gefunden. (Credit: Vincent Poirier)

Obwohl auch 100 oder 200 Mio. Jahre uns relativ lang erscheinen mögen, sollten wir nicht vergessen, was für einen gigantischen Unterschied es macht, ob man es mit unbelebter oder belebter Materie zu tun hat. Oder um es mit Lynn Margulis zu sagen: „Die Lücke zwischen keinem Leben und einem Bakterium ist viel größer als die zwischen einem Bakterium und einem Menschen." Und doch scheint sich diese erste Lücke sehr schnell geschlossen zu haben. Manche haben sich deshalb der Panspermie-Hypothese zugewandt (die wir in Lösung 6 diskutiert haben), der zufolge das Leben aus dem All auf die Erde kam. Damit verlagert sich die Frage aber bloß: Wenn das Leben nicht hier entstanden ist, wo dann? Und wann und wie dort? Wenn Leben sich ganz zwanglos irgendwo draußen im Kosmos bildet, dann sollten zahllose andere Planeten ebenfalls etwas davon abbekommen haben, es gäbe überall Leben und das Fermi-Paradox wäre paradoxer denn je. Wenn das Leben dagegen auf dem Mars begonnen hat und dann mit viel Glück auf die Erde gelangt ist, wäre dies vermutlich schon ein außerordentlich ungewöhnlicher Vorgang, der das Paradox auflösen könnte. Wir kommen hierauf noch einmal zurück.

Leben auf anderen Welten und wie man es findet

Ein anderer, direkterer Weg, um zu verstehen, ob Leben auf natürliche Weise von selbst entstehen kann, ist die Suche nach Leben auf anderen Planeten. SETI gehört natürlich dazu, doch die noch recht junge Disziplin der Astrobiologie[379] bietet uns eine weitere Möglichkeit an: Wir könnten nach primitiven Lebensformen auf anderen Himmelskörpern in unserem Sonnensystem suchen oder auch auf fernen Exoplaneten nach sogenannten Biosignaturen Ausschau halten – Molekülen oder Phänomenen, die auf frühere oder rezente biologische Aktivitäten hindeuten. Schon die kleinste Mikrobe, die zweifelsfrei woanders als auf der Erde (oder einem von der Erde ins All geschossenen und nicht sorgsam desinfizierten Raumfahrzeug) ihr Dasein fristet oder gefristet hat, würde beweisen, dass das irdische Leben nicht einzigartig im Kosmos ist. Und wir würden mit Sicherheit auch einiges darüber lernen, wie es bei uns dazu kam, dass lebendige Wesen den Planeten fast vollständig besiedelt haben. Vielleicht auch darüber, wie wahrscheinlich noch weiteres Leben im Rest der Galaxis sein mag.

Die wichtigste Voraussetzung für Leben scheint das Wasser zu sein: Finde Wasser und du hast eine faire Chance, Leben zu finden. Wir wissen, dass es früher Wasser auf dem Mars gab, es könnte dort also durchaus fossile Überreste ehemaliger marsianischer Lebensformen geben. Enceladus, der sechstgrößte Saturnmond, wiederum besitzt dank der Gezeitenkräfte des Gasriesen Saturn einen großen unterirdischen (unterenceladischen) Ozean aus flüssigem Wasser und möglicherweise organischen Nährstoffen[380] – und auch genügend Energie, um dort biologische Vorgänge anzutreiben. Auch unter der eisigen Oberfläche der Jupitermonde Europa und Kallisto sollte es flüssiges Wasser geben, denn auch dort sorgen Gezeitenkräfte des Mutterplaneten sowie eventuell geothermale Prozesse für die nötige Wärmezufuhr. Mars, Enceladus, Europa, Kallisto … schon vier Kandidaten für extraterrestrische Biotope allein in unserem Planetensystem. Wir könnten uns mit den dortigen Bewohnern sicher nicht unterhalten, aber wir wüssten immerhin, dass sich Leben bereits in unserem Sonnensystem mehrfach und *unabhängig* geformt hätte – könnte es dann noch eine galaktische Rarität sein? Eine Raumsonde zur gründlichen Erforschung dieser Orte hätte dann sicherlich allerhöchste Priorität (Abb. 5.20). Unterdessen arbeiten Astronominnen und Astronomen intensiv an neuen Riesenteleskopen, mit denen sich nach Biosignaturen auf den zahlreichen mittlerweile bekannten Exoplaneten schauen ließe. Wenn die Zeugung des irdischen Lebens kein einsamer Ausreißer in der Galaxis war, werden wir eines nicht allzu fernen

Abb. 5.20 Wenn es tatsächlich einen Ozean unter dem Eispanzer an der Oberfläche von Enceladus, Europa oder Kallisto gäbe, könnten wir ihn mit einem Hydrobot wie in dieser künstlerischen Darstellung erforschen. Expertinnen und Experten der NASA untersuchen bereits, wie wir einen Hydrobot dorthin schicken können, der sich durch den äußeren Eispanzer bohren und uns schließlich seine Erkenntnisse übermitteln würde. (Credit: NASA)

Tages ein Beispiel für Aliens finden – sie werden vermutlich keine Raumfahrt betreiben oder mit uns chatten, aber immerhin!

Lösung 43
Leben ist selten 2.0

Wenn wir (noch) nicht vor Ort nach extraterrestrischem Leben suchen können, ließe sich dann die Frage, wie wahrscheinlich sich Leben im All entwickelt, vielleicht theoretisch angehen? Leider fehlen uns einige kritische Informationen: Wir wissen so gut wie nichts über die Zahl der pro Zeit- und Volumeneinheit ablaufenden Abiogenese-Ereignisse in Abhängigkeit von den präbiotischen chemischen und physikalischen Bedingungen. In Abwesenheit dieser Informationen bleibt uns nur ein vorsichtiges Herantasten. Einen Versuch wäre es jedenfalls wert, aus dem Wissen, dass das

Leben auf der frühen Erde mindestens einmal entstanden ist, auf die Wahrscheinlichkeit einer Abiogenese auf anderen, erdähnlichen Planeten zu schließen.

Wenn die Wahrscheinlichkeit einer Abiogenese gering ist, müsste eine gewisse Zeit vergehen zwischen dem Moment, in dem ein Planet grundsätzlich bewohnbar wird, und dem Beginn des Lebens dort, denn es gäbe wohl erst einmal viele Fehlversuche. Auf unserem Planeten scheint aber zwischen dem Abkühlen der neugeborenen Magmakugel und den ersten dokumentierten Lebensspuren relativ wenig Zeit vergangen zu sein, wie wir gesehen haben. Können wir daraus folgern, dass die Wahrscheinlichkeit einer Abiogenese so klein nicht gewesen sein dürfte – und daher das Leben auch anderswo im Universum ganz gute Chancen hatte und immer noch hat?[381] Lange Zeit habe ich das für sehr plausibel gehalten. Aber ist das wirklich ein vernünftiger Standpunkt angesichts all dessen, was wir heute wissen?

Um sinnvoll über die Chancen einer Abiogenese zu diskutieren, von der wir nur sehr wenige Fakten kennen, kommt es vor allem auf den richtigen Wahrscheinlichkeitsbegriff an. Es gibt zwei relevante Interpretationen des wirklich nicht leicht zu verstehenden Konzepts der Wahrscheinlichkeit.

Die erste Vorstellung definiert Wahrscheinlichkeit als die Häufigkeit eines bestimmten Ergebnisses, wenn ein Experiment (sehr) oft wiederholt wird. Werfen Sie eine faire Münze eine Milliarde Mal und ich verspreche Ihnen, dass Sie sehr genau 500 Mio. Mal „Zahl" bekommen werden (sofern auf genau einer Seite eine Zahl zu sehen ist). Die Wahrscheinlichkeit, bei einem fairen Münzwurf eine vorher festgelegte Seite zu sehen, beträgt 0,5. Darauf können wir uns sicherlich alle einigen. Das Problem mit diesem Ansatz ist, dass man ziemlich oft das Experiment nicht einmal ein einziges Mal wiederholen kann. Wenn Sie die Schuld eines Angeklagten über jeden berechtigten Zweifel hinaus beurteilen sollen, können Sie ihn schlecht auf 100 weitere potenzielle Opfer zielen lassen. Die Wahrscheinlichkeit seiner Schuld hängt hier vielmehr davon ab, wie sehr Sie an diese glauben, als von der Häufigkeit eines Versuchsausgangs. Dieses zweite Verständnis von Wahrscheinlichkeit – als der Grad, in dem man etwas für wahr hält – hat mit den so wirren wie realen Gegebenheiten dieser Welt zu tun. Es quantifiziert den Grad an Glaubwürdigkeit, den Sie einer Hypothese zubilligen sollten, wenn Sie nur über unzureichende Informationen verfügen. Wenn sich die Ihnen vorliegenden Informationen ändern, sollten sich auch Ihre Überzeugungen ändern![382]

Wenn es um Wahrscheinlichkeiten geht, kommen Sie um die folgende Gleichung nicht herum:

$$P(H|I) = \frac{P(I|H)P(H)}{P(I)}$$

Diese Gleichung ist eine der wichtigsten in der gesamten Naturwissenschaft, möglicherweise noch bedeutsamer als Newtons $F = ma$ oder Einsteins $E = mc^2$. Sie ist jedoch selbst in „gebildeten Kreisen" fast unbekannt. Auch manche Naturwissenschaftlerinnen und -wissenschaftler unterschätzen ihre Bedeutung oder wenden sie falsch an. Trotzdem ist die Vorstellung von Wahrscheinlichkeit, die in dieser Formel steckt, unverzichtbar in allen Zweigen von Wissenschaft und Technik, Medizin, Wirtschaft, Kriegsführung … einfach überall, wo Entscheidungen auf Grundlage einer unzureichenden Faktenlage zu treffen sind. Menschen sitzen unschuldig im Gefängnis, weil Richter diese Gleichung nicht verstanden haben, andere sind gestorben, weil ihre Ärztin mit Wahrscheinlichkeiten nicht umgehen konnte. Diese Gleichung *ist* wichtig.[383]

Die hiermit ausführlich gewürdigte Formel ist die üblichste Darstellung des *Satzes von Bayes*. Sie erlaubt es, die sogenannte *A-posteriori-Wahrscheinlichkeit* $P(H|I)$ zu berechnen, mit der eine bestimmte Hypothese H zutrifft, sofern die Informationen I vorliegen. Um die Rechnung auszuführen, brauchen Sie die *A-priori-Wahrscheinlichkeit* $P(H)$, die *Likelihood* oder *Plausibilität* $P(I|H)$ und die Wahrscheinlichkeit $P(I)$, dass die Informationen zutreffen. Bevor wir untersuchen, was diese Gleichung mit dem Fermi-Paradox zu tun hat (oder vielmehr, wie sich herausstellen wird, was sie *nicht* damit zu tun hat), möchte ich Ihnen eine kleine Geschichte erzählen – als ein Beispiel, wie Reverend Bayes eine wahrscheinlichkeitstheoretische Frage angegangen wäre.

Stellen wir uns ein paar extraterrestrische Gestaltwandler vor (in Lösung 2 zum Beispiel die Queen und ihre Familie), welche menschliche Form annehmen und sich unter die allgemeine Bevölkerung mischen. Noch sind es nicht viele – schwarz gekleidete, im Geheimen operierende Regierungsangestellte mit Sonnenbrillen gehen davon aus, dass nur 1 % der Einwohner ihres Landes verkleidete Aliens sind. Sie haben eine App (so eine Art Blitz-Dings), die anzeigt, ob ein gegebenes Individuum ein Alien ist, und die arbeitet ziemlich gut: 80 % der verkleideten Aliens werden korrekt enttarnt. Aber perfekt ist sie nicht: 9,6 % der mit der App überprüften Menschen werden fälschlich ebenfalls als Aliens gebrandmarkt. Nun setzt eine Agentin die App bei einer zufälligen Passantin ein und erhält ein positives Resultat: „Alien!" Wie groß ist in diesem Szenario die Wahrscheinlichkeit, dass die Passantin wirklich nicht von hier ist?

Bevor Sie weiterlesen, denken Sie über die Situation nach und versuchen Sie selbst die Wahrscheinlichkeit abzuschätzen.

Wenn Sie auf eine Demaskierungswahrscheinlichkeit von etwa 70–80 % gekommen sind, befinden Sie sich in bester Gesellschaft. Studien über Studien zeigen, dass sechs von sieben Ärztinnen und Ärzten bei dieser Aufgabe (formuliert mit Brustkrebs und Mammografien) diese Wahrscheinlichkeit auf 70–80 % schätzen.[384] Die korrekte Antwort ist hingegen 7,76 %. Mit anderen Worten: Obwohl die Sensitivität des Tests bei 80 % liegt, heißt ein positives Testergebnis nur mit einer Chance von 7,76 %, dass die Agentin eine außerirdische Passantin beziehungsweise der Arzt eine Patientin mit Brustkrebs entdeckt hat. Die Konsequenzen für die jeweils Betroffenen können Sie sich sicher ausmalen. Wenn Sie mir nicht glauben – Sie können das Ergebnis mit etwas Übung in Stochastik nachrechnen (müssen dafür aber zunächst $P(I)$ mit dem Gesetz der totalen Wahrscheinlichkeit ausrechnen).

Warum nur haben so viele von uns solche Probleme mit Fragen dieser Art?[385]

Letztlich scheint der Grund für diesen durchaus besorgniserregenden Befund darin zu liegen, dass wir unbewusst die *Frage* („Was ist die Wahrscheinlichkeit, dass ein Individuum ein Alien ist, wenn er oder sie positiv getestet ist?") mit den vorliegenden *Informationen* („Die Wahrscheinlichkeit, dass ein Alien positiv getestet wird, beträgt …") verwechseln. Einer der großen Vorteile des Bayesschen Satzes ist – außer dass er die korrekte Lösung liefert –, dass er uns dazu zwingt, alle relevanten Informationen zu berücksichtigen, wenn wir Wahrscheinlichkeiten berechnen. Bayes verbietet Schludrigkeit.

Um in der richtigen Weise über die Wahrscheinlichkeit der Abiogenese zu reden, müssen wir die Bayesschen Begriffe verwenden. Wir haben beobachtet, dass das Leben recht schnell auf der Erde aufgekommen ist, aber wir können allein daraus *nicht* schließen, dass Abiogenese eine einfache Sache wäre. Sie *könnte* es sein – aber nur mit Bayes lässt sich angeben, wie sicher wir uns sein dürfen, wenn wir sagen, die Abiogenese sei ein häufiges Geschehen. David Spiegel und Edwin Turner haben die Mühe einer Bayesschen Analyse des Problems auf sich genommen.[386]

Um den Bayesschen Formalismus anwenden zu können, haben Spiegel und Turner als ihre Hypothese ein Modell der Abiogenese entworfen. Darin schließen die Bedingungen auf einem jungen Planeten zunächst die Entstehung von Leben aus. Zu einem gewissen Zeitpunkt wird Leben möglich, ab da gibt es eine konstante Wahrscheinlichkeit, dass sich innerhalb einer Zeiteinheit Leben bildet. Irgendwann danach, etwa weil der Stern des Planeten sich ausdehnt oder explodiert, wird der Planet wieder lebensfeindlich. Das Modell ist sehr einfach und es ließe sich zum Beispiel einwenden, dass die Abiogenese kein punktuelles Ereignis ist und ihre Wahrscheinlichkeit sich außerdem sehr wohl über die Zeit ändern dürfte. Das Spiegel-Turner-Modell ist aber als erster Aufschlag auch nicht schlechter als irgendein anderes, also sei es unsere Hypothese. Die zu berücksichtigenden Informationen besagen, dass das Leben auf der Erde mindestens einmal entstanden ist, und zwar ungefähr vor 3,8 Mrd. Jahren, und dass seitdem genug Zeit vergangen ist, um daraus kosmologisch interessierte Kreaturen heranreifen zu lassen, die sich Gedanken über die Bayessche Formel sowie die mögliche Existenz von an Kosmologie und Stochastik interessierten Kreaturen anderswo im Kosmos machen.

Bayes erinnert uns nun daran, dass wir die A-priori-Wahrscheinlichkeiten der verschiedenen Terme im Modell nicht vergessen dürfen, nämlich: die Abiogeneserate, die Zeiträume, bevor und nachdem Leben auf dem Planeten entstehen kann, sowie die minimale, für das Heranreifen von kosmologisch interessierter Intelligenz erforderliche Zeit. Wir haben keine Theorie, die diese Werte für uns ausspuckt, also haben Spiegel und Turner sich einfach ein paar besonders interessante Fälle vorgenommen.

Die Mathematik ist hier schon deutlich komplizierter als bei der „Gestaltwandler-App", daher werde ich sie hier nicht ausführen. Aber die Logik ist dieselbe: Sie berechnet die gesuchte Wahrscheinlichkeit unter Berücksichtigung aller verfügbaren Informationen. Das Resultat? Es stellt sich heraus, dass das Ergebnis stärker von den gewählten A-priori-Wahrscheinlichkeiten abhängt als von der Tatsache, dass das Leben auf der Erde bemerkenswert früh entstanden ist. Wählen Sie einen Satz von Werten für die Modellparameter: Leben ist häufig. Wählen Sie einen anderen, genauso plausiblen Satz: Leben ist selten. Mit anderen Worten: Das Wenige, das wir zum Thema wissen, ist genauso konsistent mit einer niedrigen wie mit einer hohen Abiogenesewahrscheinlichkeit. Die Tatsache, dass es bei uns ziemlich früh angefangen hat, erlaubt uns kaum anzunehmen, dass das Leben *anderswo* einfach und häufig entsteht. Es ist jedoch genauso wahr, dass diese Analyse *nicht beweist, dass das Leben selten ist*. Das Leben mag gewöhnlich oder ungewöhnlich sein – was wir bisher über die frühe Erde wissen, hilft uns nicht weiter bei der Suche nach einer Antwort.

Als Spiegel und Turner ihre Arbeit veröffentlicht hatten, hielten einige diese für eine Antwort auf das Fermi-Paradox. Aber das war ein Missverständnis. Das Paper beweist nicht, dass Leben – und erst recht intelligentes Leben – etwas Seltenes sein *muss*. Um es noch einmal zu sagen: Die Analyse zeigt nur, dass wir nicht sicher sein können, dass die Abiogenese etwas Häufiges ist. Das hilft uns beim Fermi-Paradox nicht weiter, aber es motiviert uns, im Sonnensystem nach Lebensspuren zu suchen: Die Entdeckung einer weiteren, von uns unabhängigen Instanz des Lebens würde unseren Glauben an Leben im Universum wesentlich bestärken.

Lösung 44
Die Goldlöckchen-Zwillinge sind wirklich einmalig

Sind wir vielleicht alle Marsianer? Möglicherweise! Und wenn wir es wären, hätte das Implikationen für das Fermi-Paradox.

Steven Benner hat eine Tatsache herausgestellt, die auch wir bereits angesprochen haben, nämlich dass wir nicht wissen, wie sich die ersten Atome zusammenfanden, um die wesentlichen Bausteine des Lebens zu formen – RNA, DNA und Proteine.[387]

Angenommen die RNA war als Erste da. Nun, wie Chemikerinnen und Chemiker in den Jahrzehnten seit Millers erstem Experiment mit der künstlichen Ursuppe gelernt haben, ergibt das Elektrogrillen einer solchen Mixtur von organischen Chemikalien eher eine klebrige teerartige Masse als Ribonukleinsäure in Reinform. Ein Vorschlag in diesem Zusammenhang ist nun, dass damals eine urirdische anorganische Oberfläche als Katalysator fungiert haben könnte – ein Gerüst, an dem die Grundzutaten zu RNA-artigen Strukturen hätten zusammenfinden können. Gut geeignet wären zum Beispiel borhaltige Mineralien und Molybdänoxide gewesen: Erstere unterstützen die Bildung von Kohlenwasserstoff-Ringen aus präbiotischen Molekülen und Letztere die von Ribose. Eine exzellente Idee, doch es gibt zwei Schwierigkeiten. Zum einen hätten die Bor-Verbindungen in den frühen Ozeanen der Erde gelöst sein müssen. Und zum anderen hätte das Molybdän stark oxidiert sein müssen, doch es gab damals noch kaum Sauerstoff auf der Oberfläche der Erde, der das erledigt hätte. Ein anscheinend wichtiges Element fehlte und das andere lag in der falschen Form vor. Wie hätten die katalytischen Helfer so zur Tat schreiten können?

Benner kam auf die kreative Idee, dass es die fehlenden Elemente vielleicht auf der Oberfläche des frühen Mars gegeben haben könnte: Mars war trockener und besaß mehr Sauerstoff. Die abiotische Synthese von RNA an katalytischen Gerüsten hätte dann auf dem Roten Planeten viel bessere Chancen gehabt als bei uns. In anderen Worten: Die ersten Bausteine des Lebens könnten auf dem Mars entstanden sein. Benners Vorschlag ist nicht der einzige Ansatz in dieser Richtung – vielleicht war es auch ein ganz anderer Katalysator –, aber *wenn* er korrekt wäre, dann würde dies auf das folgende interessante Szenario führen. Das Leben begann auf dem Mars;

anschließend schleuderten Planetoideneinschläge mit Mikroben überzogene Felsbrocken ins All, von denen einige ihren Weg auf die Erde fanden, wo sie ihre kostbare Fracht lebend ablieferten. Später haben sich die Bedingungen auf dem Mars verändert und das Leben starb dort vermutlich aus, während sie sich bei uns zum Guten wandten und das Leben wuchs und gedieh.

Diese Idee aus der Panspermie-Ecke ist alles andere als weit hergeholt. Wir wissen, dass Steine nach Meteoriteneinschlägen von einem Planeten zum anderen gelangen können. Von den Zehntausenden Meteoriten, die bisher auf der Erde gefunden wurden, stammen über 100 mit Sicherheit vom Mars.[388] Möglicherweise ist schon über 1 Mrd. t an Gestein vom Mars zur Erde gewandert. Einige Brocken könnten auch den umgekehrten Weg genommen haben, obwohl uns die Himmelsmechanik sagt, dass der Trip vom Mars zur Erde energetisch etwa 100-mal günstiger ist als die Gegenrichtung. Auf jeden Fall hätte der Dinosaurier-Killer-Einschlag in der Nähe des mexikanischen Chicxulub viele Tonnen von potenziell belebten Steinen auf den Mars katapultieren können. (Eine Handvoll Steinchen dürfte es sogar bis zum Jupitermond Europa geschafft haben!)[389]

Wir wissen nicht, ob das irdische Leben seinen Ursprung auf dem Mars hatte. Wir wissen nicht, ob wir alle Marsianer sind.[390] Aber möglich wäre es. Und die Implikation für das Fermi-Paradox? Wenn man wirklich *zwei* feingetunte Planeten bräuchte, um das Leben zum Laufen zu bekommen, nämlich einen als Anzuchtstation und einen als Freigehege, dann würde das die Sache wirklich schwierig machen. Und was wäre, wenn es sogar einen *mehrfachen* Austausch von Material zwischen der marsianischen und der irdischen Ursuppe gebraucht hätte? Wir haben die Erde den „Goldlöckchen-Planeten" genannt, weil bei uns zufällig und glücklicherweise „alles gepasst" hat. Brauchen wir „Goldlöckchen-Zwillinge", damit es etwas wird mit dem Leben? In diesem Fall dürfte es nur *sehr* wenige belebte Planeten und noch weniger ETZs im All geben.

Was mich anbelangt, halte ich diese Lösung des Fermi-Paradoxes für wirklich originell. Ich würde darauf allerdings keine Wetten abschließen, wenn ich Sie wäre – wir müssen noch viel mehr über den Ursprung des Lebens lernen, bevor wir diese Idee wirklich ernst nehmen können.

Lösung 45
Eukaryoten sind selten
Für eine lange Spanne der Erdgeschichte waren die einzigen lebenden Organismen prokaryotische Einzeller. Es hat mindestens 1 Mrd. Jahre gedauert, bis sich die byzantinisch komplizierte biochemische Maschinerie der eukaryotischen Zelle herausgebildet hatte. Und die Entwicklung von

großen vielzelligen Organismen hat noch länger gebraucht. Dies sollte Sie nicht überraschen: Eukaryotische Zellen sind ganz wesentlich komplexer als prokaryotische und es brauchte noch viele weitere evolutionäre Entwicklungsschritte, bis mehrere eukaryotische Zellen gelernt hatten, zusammenzuarbeiten und als Gruppe zu funktionieren. Bedeuten die Äonen, welche die Erde warten musste, bis vielzellige Eukaryoten sich auf ihr zu tummeln begannen, dass die Entstehung von höheren Lebensformen einer langen und gewundenen Straße folgt? Da sich jedes komplexe Leben, von welcher Gestalt auch immer, aus simplen einzelligen Mikroben entwickelt haben muss, ist auf anderen Planeten möglicherweise einfach noch nicht genug Zeit vergangen, als dass ausgefeilte vielzellige Organismen die Bildfläche hätten betreten können, die dazu auch noch in der Lage wären, über interstellare Distanzen zu kommunizieren oder gar zu reisen. Der Übergang vom Prokaryoten zum Eukaryoten könnte vielleicht die entscheidende der Carterschen „hohen Hürden" sein. Das würde dann das von uns beobachtete Große Schweigen erklären: Die Milchstraße ist voll von Planeten, auf denen das Leben auf der prokaryotischen Stufe hängen geblieben ist.

Um zu klären, ob Vielzeller eine kosmische Extravaganz sind oder nicht, müssen wir erst einmal besser verstehen, worin die Unterschiede zwischen prokaryotischen und eukaryotischen Zellen liegen.

Prokaryotisch oder eukaryotisch?

Wie auch immer Sie die Sache betrachten mögen, Bakterien (und Archaeen, die seien hier jeweils mitgedacht) sind immer die erfolgreichsten Lebensformen auf der Erde gewesen. Selbst der menschliche Körper enthält mehr Mikroben als eigene Körperzellen – Sie, werte Leserin, werter Leser, sind ein Biotop! Bakterien schwärmen auf unserer Haut und bevölkern unsere Eingeweide (was in der Regel übrigens sehr gut für unsere Gesundheit ist). Der einfache Aufbau von Bakterien ist in Verbindung mit ihrer hohen Reproduktionsrate, ihrer Anpassungsfähigkeit und ihrer Low-Level-Kooperationsfähigkeit eine ultimative Erfolgsgarantie. Bakterien finden schnell evolutionäre Antworten auf praktisch alle Herausforderungen ihrer Umwelt. Und obwohl sie auf den ersten Blick alle ähnlich aussehen mögen, gibt es eine riesige Vielfalt an unterschiedlichsten Stoffwechselwegen, die vom Tiefengestein über antarktische Gletscher und vulkanische Säuretümpel bis zu Ihren und meinen Ohrläppchen jeden potenziellen Lebensraum abdecken. Sie sind so extrem erfolgreich, dass manche Arten seit Jahrmilliarden unverändert scheinen.

Komplexe eukaryotische Lebensformen sind weniger tough. Immer wieder gibt es ein regionales oder globales Massenaussterben, und selbst im natürlichen Lauf der Dinge zählt die Lebensspanne einer typischen Tierart in Jahrmillionen statt in Jahrmilliarden. Aber die eukaryotische Spielart des Lebens ist dennoch interessanter als die prokaryotische. Eukaryoten evolvieren morphologische Antworten auf die Herausforderungen ihrer Umwelt – das heißt, sie verändern die Gestalt ihrer Körperteile, was zu einer Vielfalt führt, die es unter den Prokaryoten so nicht gibt.[391]

Ein großer und sofort auffälliger Unterschied zwischen eukaryotischen und prokaryotischen Zellen ist, dass letztere starre Zellwände oder Membranen haben. Wenn Eukaryoten Zellwände haben, dann sind diese flexibel. Diese Flexibilität erlaubt es den eukaryotischen Zellen, ihre Gestalt zu wandeln (aha – Gestaltwandler!) und die sogenannte *Endozytose* zu betreiben – ein Vorgang, bei dem sich die äußere Zellmembran einstülpt und schließlich eine intrazelluläre Vakuole bildet. Dies spielt in vielen zellulären Prozessen eine Rolle, insbesondere wichtig ist die *Phagozytose:* Eine eukaryotische Zelle nimmt ein nährstoffreiches Teilchen oder Wesen in eine Nahrungsvakuole auf, wo Enzyme es dann verdauen. Sich auf diese Weise zu ernähren, also als „Raubmikrobe", ist deutlich effizienter als die entsprechende Methode der Bakterien, die Verdauungsenzyme in das umgebende Medium absondern und dann die dort freigesetzten Moleküle absorbieren.

Ein weiteres charakteristisches Merkmal von eukaryotischen Zellen ist ihr *Zellkern,* in dem sich die DNA der Zelle befindet. Eine doppelte Membran trennt den Zellkern vom *Zytoplasma* – dem „normalen" Zellinneren, in welchem die meisten biochemischen Aktivitäten einer Zelle stattfinden. Eukaryotische Zellen besitzen weiterhin *Organellen,* die ebenfalls durch Membranen vom Zytoplasma abgetrennt sind. Zu den Organellen gehören die *Mitochondrien* (die eine vitale Rolle im Energiestoffwechsel einnehmen) und die *Plastide* (zum Beispiel die Chloroplasten, wo in den meisten Pflanzen und Algen die Photosynthese abläuft). Um 1970 formulierte Lynn Margulis die Hypothese, dass diese Organellen das Ergebnis einer sehr innigen Symbiose sein müssen. Demzufolge haben sich vor Milliarden von Jahren primitive eukaryotische Zellen per Phagozytose von kleineren prokaryotischen Zellen ernährt. Einige dieser prokaryotischen Zellen erwiesen sich jedoch als schwer verdaulich und blieben in den räuberischen Eukaryoten gesund und munter wie Jona im biblischen Wal. Und einige von jenen Prokaryoten führten gewisse Aufgaben – etwa die Speicherung und Umwandlung von Energie – sogar effizienter aus als ihre verhinderten Mörder und nunmehrigen Hauswirte. Beide Zellen profitierten von der zunächst ungewollten Partnerschaft – und hatten gemeinsam einen entscheidenden Selektionsvorteil. So wurde aus einem unverdaulichen Happen ein Partner fürs Leben. Margulis' Idee traf zunächst auf viel Widerstand, doch mit dem Aufkommen der DNA-Sequenzierung setzte sie sich durch. Mitochondrien und Plastide besitzen nämlich ihre eigene DNA, die komplett unabhängig von der DNA im Zellkern ist. Und es zeigte sich recht bald, dass mitochondriale und Plastid-DNA viel näher mit prokaryotischen als mit eukaryotischen Organismen verwandt ist. Die Mitochondrien teilen sich zum Beispiel ihren nächsten gemeinsamen Vorfahren mit heutigen symbiotisch lebenden Purpurbakterien.[392]

Der nächste wesentliche Unterschied zwischen Prokaryoten und Eukaryoten ist Sex. Nur Letztere können durch Fusion von einem weiblichen und einem männlichen Gameten Nachkommen mit gemischtem Erbgut zeugen. Bei Bakterien ist dagegen der horizontale Gentransfer wesentlich häufiger. Weiterhin enthält das Genom von Eukaryoten in der Regel wesentlich mehr Information (egal ob die dann sexuell oder per Parthenogenese, also Jungfernzeugung weitergegeben wird) und ist viel größer als das von Prokaryoten.

Schließlich verfügen Eukaryoten über ein sogenanntes *Zytoskelett* aus Aktinfilamenten (welche die Zelle gegen äußere Zugkräfte stabilisieren) und Mikrotubuli (die gegen störende Scher- und Kompressionskräfte helfen). Dadurch bleiben diese Zellen auch ohne feste Zellwand in Form und unversehrt. Aber das Zytoskelett kann noch viel mehr: Es verformt die Zelle je nach Bedarf, manövriert Organellen in diverse Positionen und erlaubt es der Zelle, ihre Größe anwachsen zu lassen. Aktin und Tubulin – die Strukturproteine des Zytoskeletts – zählen daher bei den vielzelligen Lebewesen zu den wichtigsten Proteinen überhaupt.

So – war der Übergang von den primitiven prokaryotischen Zellen zu der Ehrfurcht gebietenden eukaryotischen Komplexität nun unvermeidlich oder wieder so ein merkwürdiger Lotto-Jackpot? Schwer zu sagen, nicht zuletzt weil die vielen Einzelschritte auf diesem Weg vor so unglaublich langer Zeit erfolgten. Eine der ersten Maßnahmen muss der Verlust der stabilen Zellwand gewesen sein, was sicherlich für die allermeisten Organismen fatal geendet haben dürfte. (Penicillin zum Beispiel funktioniert gerade dadurch, dass es den Aufbau von bakteriellen Zellwänden blockiert. Ohne diese Schutzmauer sind die prokaryotischen Organismen anfällig für die vielfältigen Attacken ihrer Umgebung.) Die Zellwand loszuwerden, war zwar im Nachhinein sehr nützlich, weil es die Phagozytose ermöglichte, aber die Phagozytose ist erst später entstanden und konnte daher keinen *direkten* Selektionsvorteil liefern. Die Evolution kann die Zukunft nicht besser erraten als wir. Wenn ein Organismus nicht im Hier und Jetzt für eine zahlreiche Nachkommenschaft sorgt, gehen alle potenziellen künftigen Vorteile mit ihm zugrunde. Irgendwie müssen es einigen Organismus geschafft haben, die neuen Strukturproteine Aktin und Tubulin zu erfinden und damit ein Zytoskelett zu konstruieren, das die Zellwand überflüssig gemacht hat. Wie wahrscheinlich war das denn? Wir wissen es nicht, aber es könnte schon ein ziemlicher Zufallstreffer gewesen sein. Und wie steht es mit der vermutlich wichtigsten Innovation von allen: der Kooperation zwischen Zellen?

Vielzellige Organismen

Viele Prokaryoten haben eine Art vielzellige Lebensweise entwickelt. Stromatolithen bestehen zum Beispiel aus Bakterienkolonien. Im Siphon Ihres Waschbeckens wie auch im kaum vollständig zu vermeidenden Zahnbelag und an unzähligen anderen Stellen finden sich Biofilme, ausgefeilte symbiotische Systeme von verschiedensten Mikrobenarten, wozu auch Eukaryoten stoßen können. Dennoch kann man hier schwerlich von „Organismen" sprechen. Jede Zelle ist auch allein lebensfähig, oft wechseln Bakterien je nach ihren aktuellen Umweltbedingungen zwischen solitärer und gemeinschaftlicher Lebensart. Den größten Teil der Erdgeschichte hat das ebenso für eukaryotische Zellen gegolten. Dann ereignete sich eine bemerkenswerte Transformation. Irgendwann haben eukaryotische Zellen herausgefunden, dass man gemeinsam und arbeitsteilig mehr erreichen kann. Dies fiel ihnen sicherlich leichter als den Prokaryoten, da sie ohne Zellwand leichter Informationen und nützliche Stoffe austauschen konnten. Das Resultat davon ist die Welt, in der wir heute leben: drei Reiche vielzelliger Organismen – Pilze, Pflanzen sowie wir und unsere tierischen Verwandten.

Was genau diese Vergemeinschaftung von eukaryotischen Zellen ausgelöst hat, ist nicht bekannt. Man weiß nicht einmal genau, *wann* das geschehen ist. Die kambrische Artenexplosion vor 540 Mio. Jahren war auf jeden Fall ein wichtiger Wendepunkt, denn damals entstanden in geologisch kurzer Zeit die Baupläne aller wichtigen heutigen Tierstämme – sicherlich ein großer Schritt auf dem Weg zur Intelligenz. Wie genau das passiert ist, bleibt unklar, es gibt einfach so gut wie keine Tierfossilien in Steinen, die älter als 540 Mio. Jahre sind, und jede Menge seitdem. Sicher scheint zu sein, dass große Tiere mit harten Körperpartien im Kambrium normal geworden sind. Wenn es vorher bereits kleine weiche Tierchen gab, haben sie praktisch keine fossilen Spuren hinterlassen. (Nematoden beziehungsweise Fadenwürmer, möglicherweise der häufigste Typ von Tieren in der heutigen Welt, müssen mindestens seit der kambrische Artenexplosion gelebt haben, doch es gibt keine Fossilien von ihnen.) Gensequenzierungen haben manche Biologinnen und Biologen zu der Überzeugung gebracht, dass die ersten Tiere vor etwa 1 Mrd. Jahren entstanden. Wenn das stimmt, erzählen uns die Fossilien gerade einmal die halbe Wahrheit. Doch egal ob die Tiere nun vor einer oder einer halben Milliarde Jahren erschienen sind oder irgendwann dazwischen, sie sind auf jeden Fall notorische Zuspätkommer in der Geschichte unseres Planeten.[393] Einzeller gibt es, seit die Erde halbwegs abgekühlt war, danach dauerte es 3 Mrd. Jahre, bis die Evolution auf etwas Komplexeres gekommen ist. Warum die lange Wartezeit?

Eine Möglichkeit wäre, dass erst die atmosphärische Sauerstoff-Konzentration stark genug ansteigen musste, damit die kambrische Explosion zündete.[394] In der Frühzeit der Erde gab es praktisch keinen freien Sauerstoff, was für viele frühe Prokaryoten auch völlig in Ordnung war: Für sie hätte jeder Kontakt mit Sauerstoff den sicheren Tod bedeutet. (Auch für eine Reihe von heutigen Bakterien mit für uns ungewohnten Nahrungsgewohnheiten ist Sauerstoff giftig.) Doch über 2 Mrd. Jahre der frühen Erdgeschichte pumpte der Metabolismus von Cyanobakterien und anderen Photosynthese treibenden Lebensformen ihr „Abgas" Sauerstoff in die Luft. Die meiste Zeit wurde das Gas von natürlichen Senken aufgenommen. Schließlich jedoch war deren Aufnahmekapazität erschöpft und der Sauerstoff-Gehalt in der Atmosphäre begann unaufhaltsam zu steigen. Dies war das Ende für sehr viele Organismen, die „Sauerstoff-Krise" muss zum größten Massenaussterben überhaupt geführt haben, bei dem unzählige prokaryotische Spezies vergiftet wurden. Ein paar exotische Organismen jedoch sahen ihre Chance gekommen: diejenigen mit einem Metabolismus, der mithilfe von Sauerstoff Nährstoffe in Kohlenstoffdioxid und Wasser (und noch so einiges andere) abbaut. Dieser „aerobe" Stoffwechselpfad erzeugt effizienter Energie als die älteren anaeroben, also sauerstofflosen Prozesse und kommt dazu mit steigenden Sauerstoff-Konzentrationen bestens zurecht. Jene Organismen – insbesondere die Eukaryoten – lebten lange und prosperierten. Allerdings lag noch vor rund 550 Mio. Jahren der Gehalt an Sauerstoff in der Atmosphäre und in den Ozeanen deutlich unter den heutigen Werten. Bis dahin mussten alle Tiere den Sauerstoff per Diffusion in ihr Gewebe transportieren, was ein langsamer Prozess ist. Diese Wesen hatten kein Herz – zumindest keine Pumpe wie wir heute – und auch keinen Kreislauf. Sie dürften kleine, hauchzarte Kreaturen gewesen sein – kein Wunder, dass wir keine fossilen Überreste von ihnen finden. Aber dann stieg aus noch nicht ganz geklärten Gründen das Sauerstoff-Niveau in der Atmosphäre im Kambrium noch einmal spürbar an. Viele wichtige evolutionäre Neuerungen traten auf – Kiemen, Herzen, Blut mit dem Sauerstoff-Transportprotein Hämoglobin –, die es den Tieren im Ozean erlaubten, Sauerstoff effizient aufzunehmen und in ihrem Körper zu verteilen. Die Geschöpfe wurden größer und bekamen spezialisierte Organe.

Schließlich könnte das Auftreten eines ersten modernen Raubtiers mit harten Beißwerkzeugen bei den Beutetieren Schutzmaßnahmen wie noch härtere Schalen erzwungen haben – endlich wurden Tiere zu Fossilien, die wir im örtlichen Naturkundemuseum bestaunen können.

Ist die Anreicherung der Atmosphäre mit Sauerstoff, welche die kambrische Explosion gezündet haben könnte, eine weitere „Carter-Hürde"? Vielleicht bekommen die meisten anderen Planeten nicht genug Sauerstoff in ihre Gashülle und bringen deshalb auch keine großen, vielzelligen Organismen zustande?

Eine weitere Idee, die dem eben Gesagten nicht widersprechen muss, wäre eine Art evolutionärer Lockdown, während dem die Evolution bedingt durch eine lange Phase tektonischer Stabilität für mindestens eine Milliarde Jahre oder so „feststeckte".[395] Vor etwa 1,8 Mrd. Jahren oder sogar schon früher war demnach fast die gesamte Landmasse der Erde in einem hypothetischen Superkontinent namens Rodinia vereint. Anstatt jedoch nach wenigen Zehnmillionen Jahren auseinanderzubrechen, wie es in späteren Erdaltern typisch war, hing Rodinia für Äonen am Stück in den mittleren Breiten fest, bis es schließlich vor rund 750 Mio. Jahren doch aufbrach. Rodinias Stabilität könnte darauf beruht haben, dass der Erdmantel damals noch heißere Erdmantel die relativ dünne ozeanische Kruste so weich hielt, dass sie keine größeren Stücke des Riesenkontinents in die Tiefe subduzieren konnte, wie es heute an vielen Ozeanrändern geschieht. Als aber vor 750 Mio. Jahren der Mantel so weit abgekühlt war, dass die Plattentektonik richtig in Schwung kam, waren Rodinias Tage (oder besser Erdzeitalter) gezählt. Peter Cawood und Chris Hawkesworth konnten zeigen, dass die Sauerstoff-Konzentration sowohl vor der Bildung als auch nach dem Auseinanderbrechen von Rodinia variierte, in den vielen, vielen Jahre dazwischen hingegen sehr stabil war. Ebenfalls soll es vor und nach der Rodinia-Phase globale Vereisungen gegeben haben, nicht aber währenddessen. Eine Milliarde Jahre lang oder so war die Erde so langweilig, wie man es sich nur denken kann. Benötigte etwa das Aufkeimen der eukaryotischen Zelle, dieses Wunderwerks an biochemischer Raffinesse, so eine extrem lange vorausgehende Periode der Stabilität? Waren die im Kambrium entstandenen Tierstämme eine Antwort auf die ungeahnten ökologischen Herausforderungen beim Aufbrechen eines für undenkliche Zeiten stabilen Superkontinents?

Neuer Vorschlag: Komplexes Leben ist das Produkt von geologischen Bedingungen, bei denen die Erde einfach „alles richtig gemacht hat". Andere Planeten zeigen dafür leider zu viel oder zu wenig oder auch nur den falschen Rhythmus an geologischer Aktivität.

Lösung 46
Technologisch bewanderte Spezies sind selten
Mal angenommen, dass komplexes tierisches Leben dort, wo es die Bedingungen erlauben, letztendlich seine planetare Bühne betreten wird. Heißt das dann auch, dass eine dieser Arten eines Tages fähig sein wird, ein Radioteleskop zu bauen? Dies lohnt eine etwas tiefer gehende Analyse.

Werkzeuggebrauch
Viele Gelehrte haben über die Jahrhunderte versucht, die eine besondere Eigenschaft zu identifizieren, welche den *Homo sapiens* vor anderen Tierarten auszeichnet. Häufig wird in diesem Zusammenhang die Fähigkeit genannt, Werkzeuge zu fertigen und zu gebrauchen (Abb. 5.21). Wenn die Werkzeugherstellung nur bei uns Menschen auf der Erde aufträte, hätten wir eine Lösung für das Fermi-Paradox: Ohne Werkzeuge könnte eine noch so kluge Spezies schwerlich den Rest des Weltalls auf sich aufmerksam machen. Die Sache hat allerdings einen Haken: Zahlreiche Tierarten nutzen Werkzeuge und einige von ihnen stellen sie auch selbst her.[396]

Beispielsweise verwenden nicht wenige Vogelarten kleine Zweige, um Maden aus der Rinde von Bäumen herauszupulen. Seeotter legen sich Kieselsteine als „Amboss" auf die Brust und schlagen daran Krebspanzer auf. Manche Wespen tarnen mithilfe von kleinen Steinchen die Eingänge zu ihren unterirdischen Bauten, wo sie ihre Eier versteckt haben. Natürlich ließe sich diskutieren, ob es sich in jedem Fall um den bewussten und geplanten Einsatz von Werkzeugen handelt. Oft, aber nicht immer handelt es sich um stereotype, immer gleiche Lösungen für spezielle Probleme und nicht um kreative Antworten auf die Herausforderungen der Zeit. Die meisten dieser Beispiele sind also das intelligente Ergebnis einer hirnlosen Evolution.

Abb. 5.21 Diese geriffelte Steinklinge, die eine unbekannte Person vor vielen Jahrtausenden angefertigt hat, ist etwa 9 cm lang. Sie ist nur ein einfaches Werkzeug, aber die Herstellung solcher Klingen oder Schaber übersteigt die Fähigkeiten jeder anderen bekannten Tierart bei Weitem. (Credit: Derby County Council)

Um das Besondere an menschlichen Werkzeugen herauszuarbeiten, lohnt ein Blick auf unsere Primatenverwandtschaft. Hier zeigt sich etwas deutlicher, was genau uns selbst von diesen meist bemerkenswert intelligenten Arten unterscheidet. Denn selbst Primaten zeigen nur selten „echten" Werkzeuggebrauch. Außer bei den Menschenaffen, zu denen ich gleich komme, ist ein spontaner Gebrauch von Werkzeugen in freier Wildbahn nur bei Kapuzineräffchen belegt (das sind die armen Wesen, die früher Leierkastenmänner an ihre Drehorgeln gekettet haben). Feldforschende haben beobachtet, wie diese Tiere Stöckchen benutzten, um an Nahrung zu gelangen oder Raubtiere abzuwehren. Im Labor haben sie gelernt, in unterschiedlichen experimentellen Setups Stöcke einzusetzen, um an Nüsse zu kommen. Sie scheinen aber nicht wirklich die *Idee* des Werkzeuggebrauchs zu verstehen oder warum eine spezielle Technik funktioniert oder eben nicht. Offenbar probieren sie einfach so lange herum, bis es geht, und bleiben dann dabei.

Von allen Tierarten haben die Schimpansen die meiste Kreativität beim Umgang mit Werkzeugen gezeigt, insbesondere auch frei lebende. Schimpansen aus Westafrika benutzen zum Beispiel Hammer und Amboss aus Stein, um Nüsse zu öffnen. Geeignete Steine sind nicht immer leicht zu finden, weshalb die Kreaturen diese oft über weite Strecken herantransportieren. Diese Schimpansen planen also voraus. Tansanische Schimpansen verwenden gezielt verschiedene Arten von Zweigen, die sie je nach Bedarf modifizieren. Diese Schimpansen *machen* Werkzeuge. Sie nutzen auch Blattwerk, zum Beispiel Bananenblätter als Regenschirme, kleine Blättchen als Wischtücher, durchgekaute Blattklumpen als Schwämme. Wirklich beeindruckend sind die geistigen Leistungen des 1980 geborenen Bonobos Kanzi.[397] Neben vielen anderen Fertigkeiten hat dieser offenbar auch gelernt, Steinwerkzeuge zu produzieren, mit einem Streichholz Feuer zu machen und damit Marshmallows zu grillen, die er vorher mithilfe von Piktogrammen bestellt hatte.

Die wesentliche Erkenntnis an diesem Punkt ist, dass Tiere vermutlich einfach deshalb Werkzeuge benutzen, weil sie es können. Werkzeuggebrauch ist weniger ein Indikator für natürliche „Intelligenz" bei Tieren als dass er ihre Fähigkeiten widerspiegelt, ihre Umwelt zu beeinflussen (letztlich für die evolutionäre Anpassung dieser Arten an ihre spezielle ökologische Nische). Ein Vogel kann mit seinem Schnabel viele Sachen anstellen, ein Elefant mit seinem Rüssel und ein Schimpanse mit seinen Händen und Füßen. Kamele, Kühe oder Geparden dürften es nie bis zum natürlichen Werkzeuggebrauch schaffen – nicht weil sie Vögeln oder Schimpansen grundsätzlich unterlegen wären, sondern weil ihr Körperbau es schlicht nicht erlaubt. Vermutlich *würden* sie Werkzeuge einsetzen, wenn sie nur könnten.

Unsere Spezies hat Glück: Unsere Hände erlauben noch viel mehr differenzierte Aktionen als selbst Schimpansenfinger. (Zählen Sie einmal auf, in wie vielen unterschiedlichen Arten Sie Ihre Hände während eines Tages benutzen beziehungsweise „konfigurieren": Sie werden erstaunt sein.) Wir müssen uns nun fragen, was die Chancen sind, dass eine extraterrestrische Spezies demselben evolutionären Pfad zu werkzeugfreundlichen Gliedmaßen oder Tentakeln folgen wird. Die Aliens müssen nicht unbedingt je zwei Hände mit vier Fingern und opponierbarem Daumen besitzen, die Evolution kann und muss nicht zweimal identisch ablaufen. Aber jede intelligente Art braucht *irgendwelche* Körperteile, mit denen sie Werkzeuge herstellen und damit ins Schlaraffenland der Hochtechnologie aufbrechen kann. Eine blockierte Entwicklung zur Werkzeugherstellung kann zwar wohl nicht allein das Fermi-Paradox aufklären, aber sicherlich ist auch dies eine „Carter-Hürde", an der keine galaktische Spezies auf ihrem Weg zu uns vorbeikommt.

Hightech

Aber möglicherweise entwickeln selbst weit fortgeschrittene Lebensformen nicht zwangsläufig anspruchsvolle Hochtechnologie. Es gäbe dann da draußen unzählige intelligente Lebensformen, doch sie alle „arbeiten mit einer Ausrüstung, die kaum über das Niveau von Feuersteinklingen und Bärenfell hinausreicht" (wie in *Raumschiff Enterprise* Mr. Spock einmal beliebte, Captain Kirk gegenüber zu bemängeln). Verhungert der technische Fortschritt im Kosmos in der Regel auf niedrigem Niveau?

Vor über 2,5 Mio. Jahren lernten Angehörige der Vormenschenart *Australopithecus garhi,* einen Stein in die eine Hand zu nehmen und damit die Spitze von einem zweiten Stein in der anderen Hand abzuschlagen. Durch wiederholtes Abschlagen und Schärfen der sich herausbildenden Kante erhielten diese unsere Urahnen Klingen, die ihnen bei der Jagd wie beim Verarbeiten der Beute von großem Nutzen waren. Die Herstellung von scharfkantigen Steinwerkzeugen war eine beeindruckende Leistung – wie bereits gesagt, schaffen dies nicht einmal unsere nächsten Verwandten im Tierreich. So etwas erfordert nicht nur Einsicht und Abstraktionsvermögen (zu erkennen, dass und wie sich ein Objekt nutzen lässt, um ein anderes, noch nützlicheres zu fabrizieren), sondern ebenso großes praktisches Geschick und eine entsprechende Körperkontrolle. Dieser Entwicklungsschritt dürfte einer der Auslöser für die weitere und beschleunigte Evolution von Intelligenz und Bewusstsein in der Reihe unserer Vorfahren gewesen sein. (Muss ein Planet genug Feuerstein besitzen, damit echte Intelligenz aufkommt? Fred und Barney, übernehmen Sie!)

Aber dann pausierte der technologische Fortschritt für etwa 1 Mio. Jahre. Erst mit dem Auftritt von *Homo ergaster* (dem „werkelnden Mann") kamen anspruchsvollere Werkzeuge auf: *H. ergaster* erfand zum Beispiel die Axt (Abb. 5.22). Um eine brauchbare Handaxt herzustellen, braucht es einiges an Vorbereitung. Der Steinschläger muss verstehen, welche Kräfte er auf welche Teile des steinernen Werkstücks einwirken lassen muss, und auch in welcher Reihenfolge. Studien haben gezeigt, dass der Teil des modernen menschlichen Gehirns, der während dieser Tätigkeit aktiv wird, auch für die Kontrolle und Bewegung von Lippe und Zunge zuständig ist – die Hirnregionen also, die bei der Stimmbildung aktiv sind. Zu diesen Hirnregionen zählt auch das sogenannte Broca-Areal, welches Sprachfähigkeit und Worterkennung kontrolliert. Die neuronalen Schaltkreise, welche beim Sprechen, Bewegen der Finger oder Werfen von Projektilen auf Beutetiere aktiv sind, sind vielfältig vernetzt und haben eine wirklich beeindruckende Komplexität. Hat die Technik nicht nur die Entwicklung der Intelligenz angestoßen, sondern durch die Zeiten immer weiter vorangetrieben? Vielleicht machen wir nicht deshalb bessere Werkzeuge als andere Tiere, weil wir intelligenter sind, sondern wir sind intelligenter, weil wir bessere Werkzeuge machen. Wenn die Aliens also nicht über das „Steinklinge-und-Bärenfell-Niveau" hinausgekommen sind, werden sie es wohl auch nicht zu Hochintelligenz und interstellarem Bewusstsein gebracht haben.

Abb. 5.22 Vorder- und Rückseite einer Handaxt aus Quarzit, die vor 350 000 Jahren in Spanien gefertigt wurde. (Credit: J-M Benito Álvarez)

Manche Stimmen wenden hier ein, dass der technologische Fortschritt unvermeidlich war. Schließlich haben unsere Vorfahren die Technologie ja weiterentwickelt – zwar sehr langsam, aber beständig: Äxte wurden schärfer, Hacken entwickelt, Speerspitzen erfunden. Und dann kamen wir und die Fortschrittsrate explodierte ... wirklich? Nun, ganz so einfach war es dann doch nicht.

Heute gibt es nur eine Art der Gattung *Homo* auf der Erde, aber mindestens bis vor rund 40 000 Jahren teilten wir uns den Planeten mit mindestens zwei weiteren Menschenarten, nämlich *Homo neanderthalensis* und *Homo denisova,* einige Jahrtausende auch in denselben Lebensräumen.[398] Natürlich sind 40 000 Jahre im Rausch sich immer stärker beschleunigender Produktzyklen eine sehr lange Zeit, deutlich länger als selbst die gesamte Geschichte unserer Zivilisation. Aber andererseits ist dies nur ein Viertel jener Zeit, während der es moderne Menschen auf der Erde gab. Halten wir also fest: Unsere Spezies koexistierte relativ lange mit Neandertalern und Denisovanern, das heißt, *H. sapiens* ist eigentlich nur der letzte grüne Zweig eines einst vielfach verästelten evolutionären Gestrüpps. So gesehen klingt das nicht unbedingt nach Erfolgsstory.

Dass es die Denisovaner gab, wissen wir übrigens erst aufgrund der genetischen Analyse eines Fingerknochens im Jahr 2010, über ihre Lebensweise ist so gut wie nichts bekannt (Abb. 5.23). Wesentlich vertrauter sind uns unsere zeitweisen Nachbarn im alten Europa, die Neandertaler. Deren Individuen führten meist ein kurzes, hartes Leben, aber als Spezies überlebten sie wahrscheinlich länger, als wir das bisher geschafft haben. Sie besiedelten weite Gebiete in Europa und Zentralasien und haben zahlreiche dramatische Klimaänderungen überstanden. Kurz gesagt haben sie

Abb. 5.23 Der Eingang zur Denissowa-Höhle in der russischen Altai-Region. Über Zehntausende von Jahren bot sie abwechselnd modernen Menschen, Neandertalern und Denisovanern Schutz – drei unterschiedlichen Menschenarten. (Credit: Novosibirsk Institute of Archaeology and Ethnography)

sehr erfolgreich ihre anspruchsvolle ökologische Nische ausgefüllt. Es gibt Belege, dass sie ihre Toten begruben (auch wenn umstritten ist, ob das für sie dasselbe bedeutete wie für uns). Sie haben viel Zeit darauf verwandt, sich einzukleiden. Und sie besaßen eine interessante und charakteristische Werkzeugtechnologie namens *Moustérien* (nach dem französischen Ort Le Moustier, wo solche Werkzeuge erstmals gefunden wurden). Die Handwerker des Moustérien schufen aus Steinen eine Reihe von Grundformen und dürften dabei jeweils verschiedene Werkzeugdesigns im Kopf gehabt haben. Dazu müssen sie ihre steinernen Werkstoffe gut genug beherrscht haben, um die überlieferten wunderschönen Gerätschaften konstruieren zu können. Die Neandertaler mögen es nicht so weit gebracht haben wie der moderne Mensch, aber blöd waren sie gewiss nicht.[399]

Während der hundert- bis zweihunderttausend Jahre, in denen sich die Neandertaler erfolgreich durchs Leben schlugen, haben sie auf dem heute so hochgelobten Feld der Innovation relativ wenig erreicht. Ihre Technologie war zwar effizient, doch der unserer Meinung nach unvermeidliche und unaufhaltsame technische Fortschritt wollte sich nie so recht einstellen. Werkzeuge aus dem späten Moustérien waren nicht entscheidend besser als solche aus der Frühzeit dieser Menschenart.[400] Auch wenn sich die archäologische Fachwelt darüber nicht einig ist, könnte man schon mit einigem Recht die Neandertaler als eine intelligente Spezies von Werkzeugmachern ansehen, die mindestens 100 000 Jahre erfolgreich ohne signifikante technologische Fortschritte gelebt hat. Unser Wissen über die Denisovaner ist kaum fragmentarisch zu nennen, aber es gibt jedenfalls bisher keinerlei Hinweis, dass es sich bei ihnen anders verhalten hätte. Unsere Verwandten sind ausgestorben, ohne auch nur die Ratsche erfunden zu haben, ganz zu schweigen vom Radioteleskop. Vielleicht entspricht dies genau der Situation auf anderen Welten, die vielleicht intelligente Spezies und Glätthölzer, aber keine Satellitenschüsseln hervorgebracht haben.

Die Idee wäre dann also, dass aus irgendeinem Grund (fehlende Geistesblitze, mangelnde Hand-Auge-Koordination, was auch immer) extraterrestrische Spezies es zwar bis zur Stufe der Werkzeugherstellung schaffen, aber leider nicht weiter. Möglicherweise wimmelt es in der Galaxis nur so von Wesen, die geschäftig mit Holz, Stein und Knochen hantieren, aber eben nicht mit Smartphone und Thermomix. Wir hören nichts von ihnen, weil ihnen die nötige Technik fehlt.

Diese Vorstellung leidet (wie viele bereits hier vorgestellte) darunter, dass *alle* Werkzeuge produzierenden Spezies sich auf diese Art entwickeln müssen (beziehungsweise gerade nicht). Wie bei den anderen „soziologischen"

Lösungen des Fermi-Paradoxes fällt es auch hier schwer sich vorzustellen, dass alle ETZs sich exakt gleich verhalten. Immerhin waren zwar vielleicht fast alle Menschenarten auf dem Feld der Innovation ziemlich schlecht aufgestellt, aber eine dann eben doch nicht. Sagen wir einmal, dass auf der Erde eine von zehn Werkzeugmacher-Linien es bis zu Smartphone und Voyager-Sonde gebracht hat – das wäre schon wirklich ordentlich. Wenn es da draußen eine erkleckliche Anzahl von Werkzeugmacher-Kulturen gibt und jede zehnte davon die Vorzüge von hochperformanten Innovativkräften erkennt und nutzt, dann dürften die Chancen, ETZs zu finden, nicht schlecht stehen.

Bevor wir den Gedanken allerdings ganz zurückweisen, sollten wir uns klarmachen, dass wir während der meisten Zeit unserer *eigenen* Geschichte nicht wesentlich innovativer waren als die Neandertaler. Unser Genie hat erst in den letzten etwa 40 000 Jahren wirklich gefunkelt.[401] Die Höhlenmalereien der Cro-Magnon-Menschen (sowie ihrer Zeitgenossen auf anderen Kontinenten) sind wunderschön und eindeutig künstlerisch – sie sprechen uns über die vielen Jahrtausende hinweg direkt an. Sie gleichen nichts, was es bis dahin gegeben hatte. Bis zu dieser kreativen Explosion stagnierte unsere menschliche Spezies anscheinend ganz ähnlich wie die anderen. Was ist da auf einmal mit uns passiert? Es gibt mehrere mögliche Erklärungen. Vielleicht hat die Entwicklung der Sprache die Kreativität durch die Decke gehen lassen. Vielleicht erfolgte die Explosion viel früher und/oder über einen längeren Zeitraum, doch aus diesen früheren Zeiten sind keine Artefakte erhalten geblieben. Vielleicht waren die Menschen vor der sogenannten jungpaläolithischen Revolution zwar anatomisch modern, ihr Gehirn hingegen noch nicht. Vielleicht hat sich das kulturelle Wissen über zig Jahrtausende langsam angehäuft, bis vor 40 000 Jahren mit einem Mal eine kritische Schwelle überschritten wurde. Vielleicht haben die überdurchschnittlich lange Kindheit der Menschen und das viele Spielen in den glücklichen Kindertagen der Kreativität auf die Sprünge geholfen. Vielleicht war es von allem ein bisschen. Wir wissen es nicht. Aber wenn der kreative Zündfunken irgendein glücklicher, seltener Zufall war, dann könnten und müssten wir davon ausgehen, dass es nur wenige kommunizierende ETZs im All gibt.

Naturwissenschaften

Wenn eine intelligente extraterrestrische Spezies den Weg von den ersten Werkzeugen zur Hochtechnologie erfolgreich zurücklegen sollte, wird sie es dann zwangsläufig auch in den Naturwissenschaften weit bringen? Oder ist die Galaxis von kultivierten Spezies besiedelt, die mangels naturwissenschaftlicher Expertise keine interstellaren Debatten führen können?

Diese Vorstellung liegt Tausenden von Sciene-Fiction-Geschichten zugrunde. Und diejenigen, welche sie als Lösung des Fermi-Paradoxes ansehen, lassen sich darin vermutlich von der historischen Entwicklung der Naturwissenschaften bei uns auf der Erde leiten. Viele irdische Zivilisationen haben eine Form von Mathematik hervorgebracht, aber die wenigsten von ihnen sind auch die ersten Schritte in Richtung moderne Naturwissenschaft historisch gegangen. Betrachten wir zum Beispiel die Aborigines: Sie kamen vor einer fast unvorstellbar langen Zeit von 50 000 Jahren in Australien an – ein Meilenstein der Menschheitsgeschichte, dessen Bedeutung oft unterschätzt wird.[402]

Die Kultur der indigenen Völker Australiens ist vermutlich die älteste kontinuierlich gelebte Kultur der Welt; ihre Geschichten und Glaubenssysteme sind die ältesten, die wir kennen. Sie haben eine Vielzahl von wechselnden Umweltbedingungen mit Erfolg gemeistert, und das über eine zehnmal so lange Zeit, wie seit Errichtung der Cheops-Pyramide im alten Ägypten verstrichen ist. Und doch haben sie in all den Jahrhunderten und Jahrtausenden keine Ansätze einer modernen Naturwissenschaft entwickelt. Der erste Schritt in diese Richtung erfolgte erst vor 2500 Jahren im antiken Griechenland. Daran waren damals einige der brillantesten Wissenschaftler aller Zeiten beteiligt, doch auch die hellenistische Wissenschaft litt an einer Art intellektuellem Snobismus, welcher der Kontemplation einen weit größeren Wert zuschrieb als dem Experiment. Erst weitere 2000 Jahre später haben vor allem Galileo Galilei und Isaac Newton den quantitativen, vom Experiment geleiteten Ansatz der naturwissenschaftlichen Arbeitsweise formuliert und zur Grundlage fast allen heutigen Wissens gemacht. Warum hat das nur so lange gedauert? Und warum war die Wissenschaft, die heute weltweit und hochvernetzt betrieben wird, in ihren Anfängen auf eine so eng umgrenzte geografische Region beschränkt? Die arabische Zivilisation im Nahen Osten und in Nordafrika brachte exzellente Mathematiker hervor (und hat außerdem das antike Wissen mit den Überlieferungen aus Persien und Indien verknüpft und so die Grundlage für den späteren Aufschwung der Wissenschaft in Westeuropa geschaffen); südamerikanische Zivilisationen hatten Architekten, die fantastische Strukturen schufen; die chinesische Zivilisation war für Jahrhunderte die am weitesten fortgeschrittene des Planeten. Und doch hat keine von ihnen erkannt, was Galilei, Newton und ihre kongenialen Zeitgenossen erkannt haben; keine hat einen Weg gefunden, ähnlich viel über die Natur der Welt zu lernen. Warum nur?

Möglicherweise haben kulturelle Faktoren eine Rolle gespielt. So glauben manche Autoren, dass die vorherrschende Philosophie der klassischen chinesischen Kulturen eine „holistische" (wörtlich: ganzheitliche) Weltsicht unterstützt, was der westlichen „analytischen" (wörtlich: auflösende) Herangehensweise an wissenschaftliche Fragestellungen entgegenstehe. Newton betrachtete ein idealisiertes System, das er sich vollständig vom Rest des Universums isoliert dachte, und wandte seine mathematischen Methoden darauf an. Hätte er das mit der gesamten Natur in all ihrer ganzheitlichen Unordentlichkeit probiert, wäre er im Ansatz gescheitert. So aber konnte bereits 1709, während die europäische akademische Welt noch versuchte, die großen Werke von Newton und seinen Kollegen nachzuvollziehen, die industrielle Revolution starten. Damit einher ging eine große Beschleunigung in Technologie und Industrieprodukte umgesetzt wurden. Abraham Darby brachte im englischen Ironbridge mit seiner Idee, Koks statt Holzkohle zum Schmelzen von Eisen zu verwenden, den Stein der industriellen Revolution ins Rollen – zu selben Zeit, als in China eine jahrhundertealte Eisenhütte ihre Produktion einstellte, weil man glaubte, es gebe keine weitere Verwendung mehr für deren Erzeugnisse.

Man könnte daraus schließen, dass die naturwissenschaftliche Erkenntnis sich nicht zwangsläufig Bahn bricht. Aus einer Vielzahl von Gründen – die mit Kultur, Umwelt, philosophischen Neigungen oder auch schierem Zufall zu tun haben mögen – verpasst eine ETZ womöglich den Zug zur naturwissenschaftlichen Welterkenntnis.

Trotzdem taugt dieser Gedanke kaum als eine plausible Erklärung für das Fermi-Paradox. Ja, die Wartezeit zwischen den Philosophen der griechischen Antike und Newtons „mathematischen Prinzipien der Naturphilosophie" betrug fast 2000 Jahre – zweifellos eine lange Zeit nach den Maßstäben heutiger akademischer Karriereplanungen.[403]

Aber das ist natürlich viel zu kurzfristig gedacht für unsere Überlegungen. Im kosmischen Jahr entsprechen 2000 reale Jahre weniger als 5 s. Auf der kosmischen Zeitskala ist es weitgehend egal, ob die Naturwissenschaften in Westeuropa, von den Inka, unter den Ottomanen oder in China ausformuliert wurden. Und ob das nun 2000 oder 20 000 Jahre früher oder später passierte, ist ebenfalls nicht von Belang, solange wir uns nur mit dem Fermi-Paradox beschäftigen. Für uns Menschen hat es gereicht, dass die naturwissenschaftliche Erkenntnismethode einmal entwickelt wurde, da sie sich in der Folge sehr schnell über den Globus ausbreitete und zum gemeinsamen Erbe der Menschheit wurde. Sollte das nicht genauso für jede ETZ gelten?

Lösung 47
Intelligenz auf menschlichem Niveau ist selten

Als Fermi fragte: „Wo *sind* die bloß alle?", meinte er mit „alle" *intelligente* Kreaturen. Und auch wenn die Entdeckung von irgendeiner Lebensform auf fremden Himmelskörpern eine große Sensation wäre, ist es das intelligente Leben, hinter dem wir so leidenschaftlich her sind. Aber vielleicht ist Intelligenz zu selten – jedenfalls die Sorte, die in der Lage ist, das Universum so aufzumischen, dass wir etwas davon mitbekommen können? Vielleicht ist die Evolution dieser Art Intelligenz ein Sechser mit Zusatz- und Superzahl und der „Intelligenz-Faktor" B_L in der Drake-Gleichung ist verschwindend klein?

Diese Frage hat viele Aspekte. Lassen Sie uns zwei davon unter die Lupe nehmen. Dazu fragen wir erstens: Wie definieren wir überhaupt Intelligenz? Und zweitens: Wie stehen die Chancen, dass die Natur eine so verstandene Intelligenz auf einem Planeten heranreifen lässt?

Was ist Intelligenz eigentlich?

Solange wir uns nur in den Kreisen der ersten SETI-Generation bewegen, reicht uns die folgende Definition von Intelligenz vollauf: Intelligent ist, wer ein Radioteleskop bauen oder wenigstens bedienen kann. Unglücklicherweise wären die Menschen nach dieser Auffassung erst vor etwa 90 Jahren intelligent geworden und es wäre auch schwierig, auf dieser Basis Intelligenzquotienten auszurechnen. Gibt es vielleicht andere Definitionen, die das Wesen der Intelligenz besser erfassen?

Oft wird Intelligenz über verschiedene geistige Leistungen definiert, welche die meisten von uns schwierig finden – etwa eine anständige Partie Schach zu spielen. Aber es ist nicht viel schwieriger, eine Software zu schreiben, die Schach spielen kann, als sich selbst ans Brett zu setzen. Und nur wenige Leute würden behaupten, dass eine billige Schach-App intelligent wäre. Eine Reihe von Aktivitäten, die Menschen und andere Tiere ganz ohne Nachdenken ausführen, sind viel schwieriger zu programmieren. Wenn das erfolgreiche Bestreiten seines Lebensunterhalts oder das Vermeiden von tödlichen Gefahren in einer natürlichen Umgebung als Maß für Intelligenz zählt, dann ist jedes durchschnittliche Nagetier nach wie vor *wesentlich* smarter als die maschinengelehrteste künstliche Intelligenz. Wenn es also darum geht, was Intelligenz wirklich bedeutet und ob wir Menschen in dieser Hinsicht wohl etwas Einzigartiges darstellen, ist es eine gute Idee, sich mit tierischer Intelligenz zu befassen. Dummerweise ist es allerdings noch schwieriger, die Intelligenz von Tieren zu definieren als die von Menschen.[404]

Die meisten Leuten würden, wenn sie ein Ranking der auf dem Land und in der Luft lebenden Tiere aufstellen sollten, den Menschen auf die Pole Position setzen, dann die Menschenaffen, Hunde und Katzen und Pferde, irgendwo weiter hinten Mäuse und Ratten und dann vielleicht Vögel und so weiter. Typisch Mensch: Wir halten uns selbst für die Schlauesten und setzen dann unsere nächsten Verwandten und unsere liebsten Haustiere auf die Plätze. Dahinter steckt die alte, kaum auszurottende Idee von einer „voranschreitenden" Evolution, die sich von „niederen" Wesen (Amöben oder Ratten) zu den „höchsten" (uns) aufschwingt, wobei die „Intelligenz" als Messlatte dient. Das ist schlicht und einfach falsch.

Zunächst einmal gibt es keinen vernünftigen Grund, warum Intelligenz (wie auch immer wir sie definieren mögen) ein sinnvolles Bewertungskriterium für ein Ranking der Tiere auf unserer Erde sein sollte. Warum nicht Scharfsichtigkeit, Geschwindigkeit oder Stärke? Warum sollten wir eigentlich überhaupt so ein Ranking machen? Wir sollten die Evolution nicht als eine Leiter ansehen, mit uns selbst auf der obersten Sprosse und den anderen Tieren irgendwo weiter unten, weil sie alle noch nicht „genug evolviert" sind, um eine ordentliche Intelligenz zu besitzen. Menschenaffen, Bären, Hunde, Katzen, Mäuse und Menschen sind gleich gut „evolviert", denn wir alle haben es bis auf den heutigen Tag geschafft, uns auf der Erde zu behaupten. Alle genannten Arten besitzen den gleichen Urahn, der vor etwa 65 Mio. Jahren gelebt hat.[405] Verschiedene Spezies unserer Gruppe haben sich an verschiedene Lebensräume auf unterschiedliche Weise angepasst. Unsere Spezies hat gewisse Eigenschaften, die uns zu unseren Erfolgen verholfen haben, aber das Gleiche gilt für jede andere nicht ausgestorbene Art auf dem Planeten. Wenn wir die diversen Formen von Intelligenz bei unterschiedlichen Tierarten bewerten und vergleichen wollen, brauchen wir eine bessere Richtschnur als unsere Vorurteile.

Für die Biologie ist es eine fast unlösbare Aufgabe, die Intelligenz von Tieren zu messen. Schon einen menschlichen IQ zu bestimmen, ohne sich von kulturellen Vorurteilen beeinflussen zu lassen, ist nicht einfach. Und wenn schon Tests an Menschen verzerrt sein können, wie soll das dann mit der Intelligenz von unterschiedlichen Tierarten gehen? Wie sollen wir Faktoren berücksichtigen wie die verschiedenen Sinnesleistungen, Finger- oder Krallenfertigkeiten, Temperamente, sozialen Verhaltensweisen, Motivationen und sonstigen Eigenheiten all dieser Spezies? Versagt ein Affe beim Orientierungslauf im Labyrinthgehege, weil er zu blöd ist oder weil er sich langweilt? Wenn eine Katze nicht auf eine Taste tappt, die ihr einen Leckerbissen verschafft, hat sie die Sache dann nicht verstanden oder keinen Appetit? Schneidet eine Ratte in einem Test auf Intelligenz schlecht ab, weil sie keine hat oder weil die Aufgabe gute Augen voraussetzt (die sie nicht hat) anstelle eines feinen Geruchssinns (der ist bei Ratten exzellent)? Diese Art von Fragen macht es so außerordentlich schwierig zu verstehen, was man eigentlich gerade testet, wenn man die kognitiven Fähigkeiten eines Tieres untersucht.

Angenommen wir schaffen es, in unseren Kognitionstests so viele artübergreifende Variablen wie möglich zu berücksichtigen, dann könnten wir mit der folgenden *allgemeinen* Definition von Intelligenz arbeiten: „Intelligenz ist ein Maß dafür, wie gut Tiere bei allgemeinen, artübergreifend angelegten Kognitionstests abschneiden." Dann kämen wir jedoch zu einer überraschenden Erkenntnis: Die meisten Tiere erreichen ungefähr dasselbe Niveau. Es gibt ein paar Differenzen zwischen Arten, aber diese sind kleiner, als man erwarten würde. Schimpansen können sich sieben Dinge auf einer Liste gleichzeitig merken – aber das können Tauben auch. Andere Affen finden schnell heraus, welcher von zwei Haufen mehr Leckerlis enthält – Katzen genauso. Wenn Intelligenz die Fähigkeit ist, solche grundlegenden nichtverbalen Aufgaben auszuführen, dann sind in erster Näherung alle Vögel und Säugetiere einschließlich uns Menschen gleich intelligent. Diese Schlussfolgerung ist nicht unumstritten, aber wenn sie tatsächlich stimmen sollte, dürfte uns das nicht überraschen. Schließlich muss jede Art in derselben gefahrenträchtigen Welt zurechtkommen, wir brauchen alle etwas zu essen und zu trinken, wollen uns vermehren und nicht aufgefressen werden. Die grundlegenden kognitiven Fähigkeiten, mit denen Tiere dies schaffen, dürften bei allen Spezies dieselben sein.

Andererseits lässt sich die entgegengesetzte Position ebenso vertreten. Es kann ja sein, dass die Intelligenz eines Tieres gerade in denjenigen Faktoren liegt, die wir in diesen Kognitionstests geflissentlich übergehen. Um es mit einem Bild aus der IT auszudrücken: Wir sollten nicht nur die CPU betrachten (das Gehirn), sondern ebenso die Input- und Output-Geräte (Sinnesorgane und motorische Fähigkeiten). Schließlich kann ein Schimpanse mit den Fingern an seinen Händen sehr vieles anstellen, wozu eine Kuh niemals fähig wäre. So gesehen mag vielleicht nur wenig allgemeine Intelligenz im Gehirn angesiedelt sein. Um diese ginge es aber auch gar nicht in erster Linie, wir sollten uns besser mit Formen von *aufgabenbezogener* Intelligenz beschäftigen – Anpassungen, die es einer bestimmten Spezies ermöglichen, in ihrer speziellen ökologischen Nische zu reüssieren. Dafür spricht, dass die Lernfähigkeit, die sicherlich einen großen Teil der Intelligenz ausmacht, exakt so eine spezielle, aufgabenbezogene Fähigkeit ist. Viele Tiere können gewisse Tätigkeiten mit Leichtigkeit erlernen, scheitern aber bei einer logisch äquivalenten Aufgabenstellung. Es sieht so aus, als ob die Lernfähigkeit eines Tieres davon abhängt, was für Verhaltensmuster in seinem Gehirn bereits „fest verdrahtet" angelegt sind. In dieser Sichtweise verfügen die Tiere alle über verschiedene Formen von Intelligenz. Es hat einfach keinen Sinn zu fragen, ob ein Bonobo intelligenter als eine Brieftaube ist oder umgekehrt: Beide haben ihre jeweils spezielle Sorte Intelligenz, die es ihnen ermöglicht, in ihrem jeweiligen Lebensraum zu gedeihen.

Diese zwei gegensätzlichen Vorstellungen von Intelligenz – dass es entweder nur auf die *allgemeine* oder nur auf die *aufgabenbezogene* Intelligenz ankommt – sind möglicherweise zwei Seiten derselben Medaille. Kognitiv sind Tiere sowohl einander ähnlich als auch verschieden. Das gilt genauso für die Tierart Mensch: Wir sind nicht viel besser als viele andere Tiere, wenn es um grundlegende nichtverbale Kognition geht.

Nichtsdestotrotz lässt es sich nicht bestreiten, dass es beim Thema Intelligenz wesentliche Unterschiede zwischen Menschen und allen anderen Spezies gibt. Wir stehen vielleicht nicht auf der obersten Stufe einer evolutionären Leiter der Intelligenz, aber wir sind nun mal die Einzigen, die dazu fähig sind, sich mit den Feinheiten der Integralrechnung auseinanderzusetzen (mit wie viel Erfolg auch immer …). Nur ein Mitglied unserer Spezies kann seine oder ihre eigenen Gedanken reflektieren und sich überlegen, welche Reflexionen anderen Mitgliedern dieser Spezies wohl gerade durch den Kopf gehen. Nur Menschen interessieren sich dafür, ein Intelligenzkonzept auszuformulieren, die Intelligenz ihrer Mitgeschöpfe zu vermessen und dann herumzugrübeln, was das alles wohl bedeuten mag. Wenn diese ganz spezielle Form von Intelligenz von einer ganz speziellen Zufallskombination von Einflussfaktoren abhängt, dann könnten wir sehr wohl allein in der Galaxis sein. Könnte es sein, dass die Milchstraße voll von intelligenten Alien-Arten ist – doch es sich bei diesen ausschließlich um extraterrestrische Bonobos, Delfine, Kakadus oder Oktopoden handelt? Ist womöglich jede Intelligenz im Kosmos grundsätzlich anders als alle anderen?

Wie wahrscheinlich war das Aufkommen unserer ganz speziellen Intelligenz?

Die meisten SETI-Fans, die ich kenne, haben einen physikalischen Background. Fast ausnahmslos behaupten sie, dass das Intelligenzniveau auf unserem Planeten über geologische Zeiträume hinweg von der Evolution stetig und streng monoton nach oben getrieben wurde. Und das sei auch gar nicht anders zu erwarten, denn wie Carl Sagan einmal bemerkte: „Wenn sonst alle Umstände gleich sind, ist es immer besser, schlau zu sein als blöd." Welche Belege gibt es für diese weit verbreitete Ansicht, dass die Evolution dumme Kreaturen mit der Zeit schlau werden oder verschwinden lässt?

Es ist natürlich unmöglich, den IQ von Wesen zu messen, die seit langer Zeit tot sind. Also stützen sich meine physikalischen Bekannten auf sogenannte Proxys für Intelligenz, also fossil überlieferte körperliche Merkmale wie das Verhältnis aus Schädelvolumen und Körpergröße, und zeichnen dann Graphen, wo so eine Kennzahl durch die Erdgeschichte wächst und wächst und wächst. Freilich sehen Sie in einem Graphen etwa der relativen Hirngröße von Wirbeltieren, dass archaische Vertebraten relativ kleine Hirne hatten, die ersten Säugerhirne etwas größer waren, urtümliche Insektenfresser noch größere Gehirne besaßen und die Primaten dann schließlich am meisten Hirn entwickelten. Voilà – auf der obersten Leitersprosse stehen wieder wir mit unseren Riesendenkapparaten. Eine einmalige Erfolgsgeschichte mit uns als Krönung – wunderbar!

Meine SETI-Freunde, die gewiss nicht als Angeber dastehen möchten, weisen dann darauf hin, dass diese Hirngrößen-Rallye und der damit mutmaßlich verbundene unaufhaltsame Zuwachs an Intelligenz ganz genauso auf jedem anderen vergleichbaren Planeten stattfinden müssen – und mit mehr Zeit zur Verfügung sogar noch viel beeindruckendere Ergebnisse zu erwarten sind. Wir wären damit zwar die absoluten Intelligenzbestien hier bei uns auf der Erde, verglichen mit alten extraterrestrischen Spezies wären wir aber geistig eher minderbemittelt. Ein ausgesprochen überzeugender Gedanke. Außer …

Charles Lineweaver hat auf den folgenden Umstand hingewiesen: Wenn wir die relative Hirngröße gegen die evolutionäre Entwicklungszeit auftragen – also eine Eigenschaft, die typisch oder sogar artbestimmend für uns Menschen ist –, zeigen wir damit letztlich nur, wie sich unsere Vorfahren immer mehr in unsere Richtung entwickelt haben. Hätten sie das nicht getan, wären sie schwerlich unsere Vorfahren gewesen.[406] Jede Spezies besitzt ein paar einzigartige Eigenschaften, bei uns ist es eben das Hirn. Wählen Sie irgendein beliebiges solches Charakteristikum einer anderen heutigen Art und tragen sie dessen evolutionäre Entwicklung über die Zeit auf: Sie werden denselben Effekt sehen wie oben bei der relativen Hirngröße. Nehmen Sie etwa die Nasenlänge – sie würden untrüglich den Elefanten für die Krone der Schöpfung halten und auf einen Kosmos voller uralter Dickhäuter-Kulturen mit unglaublich langen Nasen schließen … Über das Leben als solches hätten Sie nicht viel gelernt.

Damit so ein Argument wirklich überzeugt, muss man überlegen, was mit einer Entwicklungslinie passiert, wenn sich die interessierenden Merkmalsträger von ihr abgespalten haben. Schauen wir uns die Insektenfresser an, von denen die Primaten abstammen. Wenn deren Intelligenz auch nach der Trennung von den Primatenahnen zugenommen hätte, würde dies Sagans

„Schlau ist besser"-Credo schon eher untermauern. Leider gibt es dafür jedoch keine Belege.

Lineweaver weist noch auf eine weitere Unsauberkeit beim Aufstellen der Hirngrößenkurve hin: Die Linien dort stehen für unterschiedliche Dinge, nämlich manchmal für einzelne Spezies (insbesondere uns) und manchmal für größere Taxa mit Tausenden von Arten. Das ist keine sehr seriöse Analyse. Wenn wir echte evolutionäre Trends aufdecken wollen, müssen wir uns *alle* Daten ansehen. Und wenn wir diese Mühe auf uns nähmen, würden wir sehen, dass manche Spezies schlauer werden und andere dümmer. Die Evolution ist keine Einbahnstraße. Es kommt immer darauf an, wie eine Spezies am erfolgreichsten auf den jeweils aktuellen Selektionsdruck reagiert. Bei vielen Arten hat es sich in vielen Situationen gelohnt, klüger zu werden, andere wie zum Beispiel Saug- und Bandwürmer waren erfolgreich, indem sie den umgekehrten Weg beschritten.[407]

Gibt es damit überhaupt keine Beispiele für eine konvergente Evolution von Intelligenz? Immerhin haben Vögel, Flugsaurier, Insekten, Säugetiere und (mit Einschränkungen) auch ein paar Fische und Echsen gelernt zu fliegen – das heißt, viele Spezies haben, nachdem sich ihre evolutionären Linien längst getrennt hatten, unabhängig voneinander dasselbe Merkmal entwickelt (um Räubern zu entkommen, um selbst erfolgreich zu jagen oder aus beiden Antrieben heraus). Gibt es keinerlei Beispiele für Entwicklungslinien, die eine immer höhere Intelligenz erreichten, nachdem sie sich von unseren Ahnen getrennt hatten? Nun, hier ist ein Beispiel: Der letzte gemeinsame Vorfahre von Kakadus und Menschen lebte vor etwa 310 Mio. Jahren. Verdammt lang her. Es handelte sich um ein Geschöpf mit einem kleinen Hirn-Körper-Verhältnis. Seitdem ist dieses Verhältnis sowohl bei den Kakadu-Ahnen als auch in unserer Linie angewachsen. Ähnlich sieht es bei Walen und Primaten aus, wo die Hirnkapazität sowohl zu den Delfinen hin als auch in unsere Richtung zugenommen hat.

Das Beispiel aus der Vogelwelt ist besonders interessant. Unser letzter gemeinsamer Vorfahr (der Urahn aller Dinosaurier und Säugetiere) dürfte die Größe eines Border Collie gehabt haben, aber deutlich weniger kognitive Kompetenz. Und doch: Innerhalb seines kleinen Gehirns gab es einen Bereich, den man heute Pallium, Cortex oder Hirnrinde nennt. Aus diesem entwickelte sich bei den Säugetieren der *präfrontale Cortex* und bei den Vögeln das *Nidopallium caudolaterale* (NCL). Die Hirnarchitekturen von Menschen und Vögeln wie Kakadu oder Kolkrabe unterscheiden sich also deutlich, aber in beiden Fällen stammen die für Gedächtnis, Lernen und vorausschauendes Denken zuständigen Regionen vom Pallium unserer Vorfahren im späten Erdaltertum ab. Man konnte zum Beispiel zeigen, dass

Neuronen im NCL von Krähen aktiv sind, wenn diese anspruchsvolle Tests absolvierten, welche abstraktes Vorausdenken erforderten.[408] Solche Untersuchungen kommen wahrscheinlich dem Kontakt mit intelligenten Aliens so nahe, wie es nur geht: Vögel finden die gleiche Lösung für ein abstraktes Rätsel wie wir, aber mit einer anderen Hirnstruktur. Beweist das dann nicht, dass Intelligenz sich auf ganz verschiedenen Wegen herausbildet, eben ein Ergebnis konvergenter Evolution ist? Auch wenn dem so sein mag, habe ich dazu zwei Anmerkungen:

1. Alle Organismen haben eine gemeinsame Vorfahrin. Vor der Aufspaltung zweier beliebiger Arten von Organismen liegen also viele Millionen Jahre gemeinsamer frühbiotischer Evolution – und damit ein geteiltes biochemisches und genetisches Toolkit, mit dem die Evolution in der Folge herumgespielt hat. Beispielsweise haben sich viele Male und unabhängig voneinander Augen gebildet, doch die genetischen Werkzeuge sind über die Artgrenzen hinweg kompatibel: Ein Mausgen kann die Entwicklung eines Fliegenauges steuern.[409] Wenn ein Organismus auf Umweltveränderungen reagiert, limitiert die Evolutionsgeschichte seine Optionen. Die unabhängige Entwicklung von Augen oder Intelligenz war zwar eine parallele Evolution, die jedoch von einer langen gemeinsamen Vorgeschichte geleitet wurde – die Evolution komponiert Variationen auf bekannte Themen.

2. Selbst wenn wir Krähen und Delfinen Intelligenz zuschreiben, sind weder die einen noch die anderen im Begriff, Radioteleskope zu errichten. Betrachten wir dies noch aus einem anderen Blickwinkel: Angenommen ein Meteorit trifft die Erde und löst damit ein Massenaussterben aus, das die gesamte Menschheit vom Erdboden tilgt. Würde sich im Laufe von einigen 10 Mio. Jahren eine andere Spezies mit menschenähnlicher Intelligenz erheben? Lineweaver nennt diese Idee, dass minderbemittelte Wesen „smart" werden, sofern sie die Gelegenheit dazu bekommen, die „Planet-der-Affen-Hypothese". Natürlich bezieht er sich auf den Roman *La planète des singes* des französischen Schriftstellers Pierre Boulle aus dem Jahr 1963, der vor allem durch die Hollywood-Verfilmung *Planet of the Apes* von 1968 berühmt geworden ist. Die Story ist, dass Astronauten sich irgendwie in der Zukunft verirren und auf einem seltsamen Planeten notlanden müssen. Die Überlebenden treffen auf eine Gesellschaft, in der Menschenaffen eine Sprache (praktischerweise Englisch) und menschenähnliche Intelligenz entwickelt haben. Sie dominieren das Leben auf ihrem Planeten. Am Ende des Films erkennen die Astronauten, dass – Achtung, Spoiler-Alarm! – der Planet

eine postapokalyptische Erde ist. Der Biologe Ernst Mayr, von dem wir ja schon gehört haben, meint allerdings, dass die Geschichte des Lebens auf der Erde diese Idee nicht unterstützt. Nach fast 4 Mrd. Jahren Evolution haben Archaeen und Bakterien gar keine Intelligenz erreicht, die Eukaryoten-Domänen der Pilze und Pflanzen ebenso wenig, und bei den Tieren ist die Intelligenz auch nicht mit der Gießkanne ausgeteilt worden … Wir Menschen sind das einzige kleine Zweiglein im immensen Gebüsch des Lebens, das diese Art Intelligenz abbekommen hat. So gesehen ist das Heranreifen einer Spezies mit genug Intelligenz, um über interstellare Distanzen wenigstens zu kommunizieren, alles andere als selbstverständlich.

Jahrmilliarden der biologischen Evolution haben auf der Erde gerade einmal eine Spezies hervorgebracht, die so gerade eben Radioteleskope bauen und benutzen kann. Warum sollten wir erwarten, dass Aliens – Geschöpfe, mit denen wir *keine* evolutionäre Geschichte teilen – solch eine Art von Intelligenz entwickelt haben und sie einsetzen, um Botschaften über galaktische Entfernungen zu versenden? Menschenähnliche Intelligenz ist genau das, was der Name sagt: ein spezifisches Merkmal der Art Mensch.

Lösung 48
Keiner spricht – bloß wir

Ludwig Wittgenstein hat einmal geschrieben: „Wenn ein Löwe sprechen könnte, wir könnten ihn nicht verstehen."[410] Wir können gut nachvollziehen, was er damit gemeint hat: Löwen nehmen die Welt auf ganz andere Art wahr als wir. Sie haben Triebe, Sinne und Fähigkeiten, die uns abgehen. Und dann ist diese Aussage auch wieder komplett falsch. Wenn ein Löwe Isländisch spräche, dann würden Leute, die Isländisch sprechen, ihn schon verstehen – aber dann hätte der Löwe auch den Geist von jemand, die oder der Isländisch spricht – *der Löwe wäre kein Löwe mehr*, sondern ebenfalls ein Isländer oder ein sehr sprachbegabter Nicht-Isländer. Menschen sprechen, Löwen nicht.[411]

Viele würden sagen, dass es uns Menschen auszeichnet, als einzige Art in der Geschichte der Erde eine Sprachfähigkeit entwickelt zu haben. Wenn diese Entwicklung in nur einer von bisher 50 Mrd. (oder so) entstandenen Spezies aufgetreten ist, dann muss die Wahrscheinlichkeit dafür ausgesprochen klein sein. Vielleicht haben wir einfach riesiges Glück gehabt, dass bei uns sehr viele sehr ungewöhnliche physikalische und kognitive Anpassungen in genau der richtigen Abfolge aufgetreten sind. Wir sind sicher die einzige Art auf der Erde, der das geschehen ist, und womöglich

auch die einzige in der ganzen Galaxis: die Kreatur, die sprechen kann. Und
da uns unsere Sprache so viele Möglichkeiten eröffnet – ohne sie würde so
vieles, was wir als Individuen oder als Gesellschaft unternehmen, niemals
geschehen –, könnten stumme Geschöpfe bestimmt auch kein Radioteleskop errichten. Egal wie intelligent sie auch wären, wir würden nichts von
ihnen hören, weil sie die Baupläne ihrer Funkantennen nicht durchsprechen
könnten.[412]

Löst dies das Paradox auf – nur bei uns hat eine Spezies zu reden gelernt?

Um hier weiterzukommen, müssen wir sicher sein, dass wir *wirklich*
die Einzigen sind. Schließlich kommunizieren viele Vögel mit komplexen
Gesängen, Bienen tanzen, Delfine und andere Wale pfeifen, zwitschern,
klicken und ultraschallen (wie auch immer sich das anhört). Haben etwa
alle Tiere eine angeborene, mehr oder wenige weit reichende Sprachfähigkeit? Eine der Schwierigkeiten bei dieser Frage ist, dass wir wie so oft auch
hier zum Anthropomorphisieren tendieren. Selbst ganz sicher seelenlosen,
weil unbelebten Dingen schreiben wir menschliche Eigenschaften zu: Gene
sind „egoistisch", mein Auto „benimmt sich merkwürdig", mein billiges
Schachprogramm „überlegt zu lange" und so weiter. Nichts spricht gegen
eine schön gewählte Metapher – geistlosen Objekten gewisse Intentionen
zuzuschreiben hilft unseren Gedanken auf die Sprünge und belebt die
Kommunikation –, aber manchmal vergessen wir darüber, dass solche ver-
menschlichenden Statements die Geschehnisse nicht wirklich korrekt
beschreiben. Wir müssen vorsichtig sein, wenn wir den Handlungen eines
Tieres unsere eigenen Gedanken und Absichten unterstellen. Wenn wir
von einem Tier sagen, es äußere ein Wort oder eine Idee – das heißt, es
„spreche" –, dann könnten wir damit grandios falschliegen.

Nehmen wir zum Beispiel Erdhörnchen. Vertreter dieser putzigen
Gruppe, die überwiegend in offenem Gelände leben, werden vor allem von
zwei Fressfeinden bedroht: Habichten oder Falken, die sehr schnell aus der
Luft attackieren, und Dachsen, die sich langsam am Boden anschleichen.
Wenn so ein Hörnchen eines dieser Raubtiere erblickt, wählt es (ups:
anthropomorphisierend!) eine von zwei Verteidigungsstrategien: Sieht es
einen Dachs, zieht es sich zum Eingang seines Erdbaus zurück und ver-
harrt dort in einer aufrechten Position. Ein Dachs weiß dann, dass sein
potenzielles Opfer ihn gesehen hat und jedes weitere Anschleichen für
ihn eine Zeit- und Energieverschwendung wäre. Erkennt das Hörnchen
dagegen einen Greifvogel über sich, rennt es wie verrückt zum nächsten
Unterschlupf. Die kleinen Nager stoßen dabei zwei verschiedene Warn-
rufe aus: Bei einem Dachs geben sie ein raues schnatterndes Geräusch von
sich, bei Habicht und Co. einen schrillen Pfiff. Die Artgenossen in der

Nähe reagieren entsprechend, indem sie zum Bau schlendern, wenn sie ein Schnattern hören, bzw. indem sie schnellstmöglich unter den nächsten Busch hechten, wenn jemand pfeift. Was läge näher, als zu denken, dass die Hörnchen sich hier etwas mitteilen, das sogar von überlebenswichtiger Bedeutung ist: „Vorsicht, hier ist ein Dachs unterwegs – geht mal lieber heim!" Oder: „Ahhhhhhh, Habicht – *weg hier!*" Aber tun sie das wirklich?

Wie die Evolutionstheorie lehrt und die Freilandbeobachtung auch klar belegt, will jedes nagende Individuum erst einmal nur seine eigene Haut retten. Aber wenn seine Alarmrufe auf Hörnchisch eine semantische Information trügen – nämlich „Dachs!" oder „Habicht!" –, dann stünden wir wieder einmal vor einem Paradox (diesmal ohne Fermi): Die Selektion favorisiert die Hörnchen, die sich still aus dem Staub machen und die unaufmerksamen anderen Deppen ihrem Schicksal überlassen. Ein Nichtrufer in einer Gruppe von Rufern zu sein, ist ein Selektionsvorteil, der künftige Zusatzversuche beim Geneverteilen ermöglicht. Nach wenigen Generationen ist es still geworden in der Kolonie. Wie konnte sich dann aber der Alarm-Instinkt herausbilden?

Das Verhalten der Erdhörnchen ergibt nur dann einen Sinn, wenn die Rufe *keine* Mitteilungen sind. Betrachten Sie den „Habicht-Alarm". Zunächst einmal ist er ein schriller Pfiff und damit, wie Experimente gezeigt haben, von den Vögeln schwierig zu lokalisieren. Das Hörnchen gibt also seine Position nicht preis. Zweitens ist es verdächtig beziehungsweise auffällig, das einzige Tierchen zu sein, das davonrennt, es ist viel besser, Teil einer großen Gruppe von rennenden kleinen Tieren zu sein. Der Habicht hat es dann deutlich schwerer, sich ein Opfer auszusuchen und sich darauf zu konzentrieren. Dann haben aber Hörnchen, die mit einem Warnruf ein großes Gerenne auslösen, *bessere* Überlebenschancen als jene, die leise davonrennen. Dass diejenigen, die auf so einen Pfiff reagieren, ebenfalls bessere Chancen haben, ist ziemlich klar. Wir Menschen interpretieren das Verhalten dieser Tiere als Übermittlung von beziehungsweise Reaktion auf Information. Aber das ist es nicht. Es handelt sich hier einfach um ein Verhaltensmuster, das über Generationen weitergegeben wird, weil es die Überlebens- und Fortpflanzungschancen erhöht. Die kleinen Nager müssen sich weder der Situation noch ihrer Nachbarn bewusst sein, damit sich dieses Verhalten herausbildet. Keine Worte, keine Sprache, nur Evolution.

Natürlich kommunizieren Tiere. Aber das machen auch Bäume. Selbst Einzeller kommunizieren. Kommunikation ist *nicht* dasselbe wie Sprache. Trotz langjähriger Forschungsarbeiten gibt es keinen Beweis dafür, dass irgendein Geschöpf – nicht einmal Bonobos, Schimpansen oder Delfine – über ein Kommunikationssystem verfügt, das auch nur annähernd all das kann, was Menschen mit ihrer Sprache anstellen können. Menschen beziehen sich auf abstrakte Konzepte, auf Objekte in ihrer Umwelt, auf Ereignisse, die in der Vergangenheit oder Zukunft liegen oder sogar komplett unmöglich sind. Menschen verknüpfen kleine bedeutungstragende Elemente zu größeren Elementen mit noch mehr Bedeutung und sie memorieren Abertausende Konzepte, die sie bei Bedarf als jeweils spezifische Lautkombinationen äußern und erfassen. Menschen können mithilfe ihrer systematischen Grammatik eine Unendlichkeit an Bedeutungen denken und sprechen und verstehen. Nur Menschen besitzen diese Art von symbolischer Logik.

In keinster Weise soll dies heißen, dass wir aufgrund dieser Fähigkeit in irgendeiner Weise „besser" wären. Vögel navigieren in einer Weise, wie es kein Mensch ohne aufwendige technische Hilfsmittel könnte. Zitteraale spüren elektrische Ströme und können sie zur Ortung wie auch als Waffe einsetzen. Hunde riechen Gerüche, für die wir „blind" sind, und sehen dadurch in gewisser Weise in die Vergangenheit. Fledermäuse haben das unvorstellbar feinsinnige System der Echoortung (Delfine und andere Wale auch – und die sind dazu noch fast so intelligent wie wir!). Pferde bemerken feinste Nuancen und Signale, die uns Menschen komplett entgehen. Und so weiter und so fort. Jede Spezies hat von der Evolution ihr spezielles Kompetenzprofil zusammengestellt bekommen, das es ihr erlaubt, in einer Welt zu gedeihen, die sich nicht darum schert, ob die Art überlebt oder nicht. Diese Vielfalt ist wundervoll und wahrlich ein Grund zum Feiern. Es ist arrogant, die Fähigkeiten der anderen Tiere nur an den *unseren* zu messen. Darauf stolz zu sein, dass wir in unseren artspezifischen Fähigkeiten gut sind und die anderen nicht, ist ziemlich armselig. Nichtsdestotrotz können nur wir Menschen sprechen. Und das hat uns eine ganz neue Welt eröffnet.

Sprache ist wirklich etwas Erstaunliches. Gebildete Mitmenschen, also Leute, die Bücher wie dieses hier lesen (fühlen Sie sich geschmeichelt!), kennen grob geschätzt 75 000 Wörter. Das bedeutet, dass Sie, werte Leserin, werter Leser, in Ihrer Jugend 13 Jahre lang ein Wort pro Stunde gelernt (und acht Stunden pro Tag geschlafen) haben. Mit jedem dieser schönen Wörter, die Sie aussprechen, vollführen Sie eine feinmotorische Meisterleistung: Sie müssen die Bewegungen zahlreicher Muskeln mit Submillimeter-präzision und auf die Zehntelsekunde genau aufeinander abstimmen. Wenn Sie jemand anderes sprechen hören, verarbeitet und versteht Ihr Gehirn das Gesagte in Echtzeit, was genauso beeindruckend ist. Das eigentlich Bemerkenswerte an der ganzen Sache ist jedoch, dass all diese komplexen Schritte beim Erzeugen und Verstehen einer Sprache, deren Grammatik unendlich viele unterschiedliche Sätze zulässt, so … mühelos geschieht.

Wenn ich Sie bitte, 267 und 384 im Kopf zu multiplizieren, dann müssen Sie sich vermutlich ziemlich konzentrieren und mühen. Aber einen Witz zu erzählen, den Sie vor Jahren gehört haben, das „läuft" einfach. Wie haben wir diese an ein Wunder grenzende Fähigkeit entwickeln können?

Die Frage nach dem Ursprung der Sprache ist schwer zu beantworten, nicht zuletzt weil es so wenige relevante Beobachtungsdaten gibt. Stimmen hinterlassen keine Fossilien. Schädel schon, aber sie verraten uns nur sehr wenig darüber, wozu die in ihnen enthaltenen Gehirne zu Lebzeiten in der Lage waren. Die einzigen verwertbaren Informationen ergeben sich aus der Anatomie des Vokaltrakts. Die Geräusche, die moderne Sprachen ausmachen, hätten Menschen, die vor 100 000 Jahren oder früher lebten, nicht hervorbringen können.[413] Wenn es vorher schon Sprache gegeben haben sollte, muss sie mit einem eingeschränkten Spektrum an Klängen und Geräuschen ausgekommen sein.

Angesichts dieser Probleme haben Forscherinnen und Forscher eine Vielzahl an Theorien publiziert, die erklären sollen, wie wir Menschen zu dieser bemerkenswerten Gabe gekommen sind. Großen Einfluss hatten hier die Arbeiten von Noam Chomsky, demzufolge das Sprechenlernen dem Menschen angeboren ist.[414] Ein Kleinkind muss sich das Sprechen nicht bewusst aneignen, vielmehr *wächst* die Sprache in ihm heran, sobald es sie in seiner Umgebung wahrnimmt. Anders ausgedrückt ist ein Neugeborenes genetisch darauf programmiert, die um ihn herum verwendete(n) Sprache(n) in sich auszubilden.[415] Wir alle besitzen ein „Sprachorgan" – das ist aber nichts, was sich chirurgisch herausoperieren ließe, sondern ein hochkomplexes Geflecht von Nervenverbindungen im Gehirn, das in ähnlicher Weise für die Spracherzeugung und -verarbeitung zuständig ist wie andere Bereiche für das Sehen, Bewegen oder Erinnern. In diesem Bild erfolgt der frühkindliche Spracherwerb ähnlich wie das Sprießen der Körperbehaarung bei pubertierenden Teenagern, es gehört zum Heranwachsen einfach dazu. Sprache ist Teil unseres genetischen Erbes.

Chomskys Ideen stießen auf Kritik von unterschiedlicher Seite: Dem sozialwissenschaftlichen Standardmodell zufolge sind alle sozialen Aktivitäten des Menschen ausschließlich von der Kultur ihrer sozialen Gruppe bestimmt, die linguistischen Fachkollegen haben eine ganze Reihe von widerstreitenden Modellen für die Evolution der menschlichen Sprache aufgestellt, und Informatik und Computerwissenschaften untersuchen Sprache sowieso mit ganz anderen Ansätzen. Dennoch hat seine Theorie die Debatte über Jahrzehnte geprägt und liefert zu mehreren verblüffenden Fragen in Verbindung mit dem Spracherwerb auch heute noch lohnenswerte Denkanstöße.

Ein Rätsel bei der Sache ist, dass Sprache, wie bereits mehrfach erwähnt, im Prinzip unendlich vielfältig ist: Man kann aus einer endlichen Zahl von Wörtern eine unendliche Zahl von grammatikalisch korrekten Sätzen bilden. Wenn ich diesen Satz hier, während ich ihn schreibe (und bevor das Lektorat ihn in die Finger bekommt), laut aussprechen würde, dann wäre ich höchstwahrscheinlich das erste Wesen in der Geschichte des Uni- oder sogar Multiversums, das genau diese Zusammenstellung von Wörtern in genau dieser Reihenfolge äußert, so einzigartig ist dieser Satz (ich sage nicht, dass er einzigartig gut wäre …). Um mit dieser unendlichen Menge an Möglichkeiten umgehen zu können, *muss* sich das Gehirn an abstrakten Regeln orientieren und nicht an gespeicherten vorgefertigten Sätzen. Und wenn man sich überlegt, was ein Kleinkind von seinen Eltern, Geschwistern oder Patchworkmitbewohnern so zu hören bekommt – schier endlose Folgen von Geräuschen und Klängen einschließlich „dutzidutzidutzi" und „jetztbistDUabermitwickelndran!" –, ist es wirklich bemerkenswert, dass der oder die Kleine die komplexe Grammatik so schnell und ohne Sprachlabor oder linguistisches Proseminar verinnerlicht. Das Rätsel löst sich jedoch, wenn wir Kindern eine angeborene *Spracherwerbseinheit* (SEE) zuschreiben, die sie automatisch die relevanten syntaktischen Muster aus dem elterlichen Kauderwelsch extrahieren lässt. Und statt einzelner SEEs für Albanisch, Baskisch, Chinesisch, Deutsch und Englisch gibt es nur eine SEE für die ganze Menschheit.[416] Jedes Kind, das im entscheidenden Lebensalter genügend akustische oder äquivalente Stimuli bekommt, um die SEE anspringen zu lassen, kann *jede* Sprache lernen.

Wenn es sie gibt, dann funktioniert die SEE des Menschen vielleicht ähnlich wie die angeborene Sehfähigkeit bei Tieren, die wir uns entsprechend als Visuelle Erkennungseinheit (VEE) denken können. Wissenschaftlerinnen und Wissenschaftler haben Experimente mit kleinen Katzen durchgeführt, denen sie unmittelbar nach der Geburt die Augen zugebunden haben. Wenn die Binde irgendwann innerhalb der ersten acht Lebenswochen entfernt wird, startet die normale Entwicklung von Augen und Sehsystem und die erwachsene Katze wird normalsichtig. Wird die Binde erst später entfernt, wird die Katze dagegen sehbehindert bleiben. Offenbar gibt es eine kritische Phase, während der die VEE genügend äußere visuelle Reize bekommen muss, um ihre neuronalen Signalwege korrekt mit den vorkonfigurierten Steckplätzen im Kätzchenhirn zu verbinden. Kommen diese Reize erst später, ist die Chance für ein vollständiges Sehvermögen vertan. Es können auch nicht andere Hirnregionen für ein fehlerhaft ausgereiftes visuelles System einspringen. Derselbe Effekt ist zu beobachten, wenn Kindern jeder sprachliche Kontakt bis zur Pubertät verweigert wird – ein schlimmes

Verbrechen(!): Ihre Fähigkeit, sich grammatikalisch korrekt auszudrücken, ist dann deutlich beeinträchtigt. Dass es so eine kritische Phase des Spracherwerbs gibt, ist nicht schwer zu verstehen: Sie ist vermutlich einfach ein Teil desselben genetisch kontrollierten Reifungsprozesses, der unseren Saugreflex verschwinden lässt, unsere Milchzähne ersetzt und all die anderen körperlichen Veränderungen bis zum Erwachsenenalter veranlasst. Es wäre evolutionär sicher sinnvoll, die SEE früh in Gang zu setzen, damit wir möglichst viel Zeit bekommen, von den vielen Vorteilen der sprachlichen Kommunikation zu profitieren. Gleichzeitig spricht auch einiges dafür, sie zu deaktivieren, wenn sie ihren Job getan hat, da der Prozess vermutlich eine ganze Menge an Ressourcen beansprucht. Das ist natürlich etwas schade für diejenigen, die anschließend noch eine Sprache lernen wollen oder müssen …

Obwohl die vielen verschiedenen Sprachen unserer Welt sich zum Teil sehr voneinander unterscheiden, gibt es auch globale Gemeinsamkeiten. Und dieses *universelle Prinzip* der Sprache ist das, was Chomsky und seine Schule für angeboren halten. Wenn ein Kind zu sprechen lernt, dann geschieht dies anhand eines vorgegebenen internen Programms. Lernt es Niederländisch, wird es bestimmte Parameter auf die eine Weise einstellen, lernt es Deutsch, auf eine andere und im Fall von Chinesisch, Swahili oder Gebärdensprache wieder anders. Die zugrunde liegenden Prinzipien sind jedenfalls immer dieselben. Um es in der Sprache der Computerfreaks auszudrücken: Der Spracherwerb ist so etwas wie ein Makro mit der konkreten Sprache als Argument. (Vokabeln muss man natürlich trotzdem lernen: Wären einzelne Wörter angeboren, müsste ein Neologismus wie „Pulsar" erst im Genpool integriert sein, bevor Astronominnen und Astronomen über diese Objekte reden könnten.)

Auch die medizinische Evidenz ist mindestens konsistent mit dem Konzept einer angeborenen Sprachfähigkeit. Bei manchen unglücklichen Patientinnen und Patienten schädigen Verletzungen, Schlaganfälle oder Krankheiten bestimmte Hirnregionen. Liegen diese in dem Bereich, der für die Sprachverarbeitung zuständig ist, kommt es zu manchmal bestürzenden Ausfällen.

Ist beispielsweise das sogenannte Wernicke-Areal betroffen, haben die Personen Schwierigkeiten damit zu verstehen, was um sie herum gesprochen wird. Ziemlich bizarr ist in dem Zusammenhang die Wernicke-Aphasie: Die Sprache ist zwar flüssig, flott und grammatikalisch korrekt, doch die Sätze ergeben wenig oder überhaupt keinen Sinn. Mitschriften wirken wie die verstörend wirren Reden von psychotischen Patienten. Wenn dagegen das Broca-Areal betroffen ist, leidet eine Person an Broca-Aphasie – sie spricht langsam, stockend und macht viele grammatikalische Fehler, kann aber andererseits verstehen oder zumindest erraten, was um sie herum gesprochen wird, da sie ihr bisher erworbenes sprachliches Wissen über die Welt behalten hat und Sprache generell eine eingebaute Redundanz aufweist. (Die Betroffenen verstehen Sätze wie: „Die Katze hat die Maus gefangen", weil sie noch wissen, dass Katzen Mäuse fangen.) Ist wiederum die *Verbindung* zwischen Wernicke- und Broca-Gebiet beschädigt, führt das zu einer Form von Aphasie, bei der es unmöglich wird, einen Satz zu wiederholen. Noch schlimmer ergeht es Menschen, bei denen zwar Wernicke- und Broca-Region sowie auch die Verbindungen zwischen ihnen intakt geblieben sind, jedoch kein Kontakt mehr zum übrigen Cortex besteht. Sie können wiederholen, was sie hören, verstehen aber nicht, was sie sagen, und können kein Gespräch mehr beginnen. In wieder anderen Fällen, vor allem nach Hirnschlägen, kommt es zu jeweils spezifischen punktuellen Ausfällen. Manche Betroffene können Farben erkennen, aber nicht mehr benennen, anderen können nicht sagen, wie ein Nahrungsmittel heißt, obwohl sie wissen, was sie gerne essen. Oder sie kleiden sich ohne Probleme an und aus, können aber nicht sagen, wie die Kleidungsstücke heißen. Bisher können Neurowissenschaftlerinnen und Neurowissenschaftler noch nicht auf einem Hirnscan markieren, welche Region genau für welchen Aspekt der Sprachfähigkeit zuständig ist. Doch die Anzeichen verdichten sind, dass die Sprachverarbeitung im menschlichen Gehirn lokalisiert erfolgt. Manche Forscherinnen und Forscher halten das Sprachzentrum sogar für ein eigenes Organ innerhalb des Gehirns.

Wenn wir aber tatsächlich eine angeborene sprachliche Grundausstattung haben und diese sogar ein eigenes Organ bildet, dann stellt sich natürlich die naheliegende Frage, wie wir zu so etwas Wunderbarem gekommen sind? Die Antwort ist offensichtlich: durch die natürliche Selektion von vererbbaren Variationen.

Wenn wir die Tätigkeit eines allmächtigen und übergeordneten Schöpfers einmal ausschließen, ist die natürliche Selektion der einzige bekannte Prozess, der solche genialen Strukturen entstehen lassen kann. Kritische Stimme haben eingewandt, dass, wenn unsere Sprache ein Resultat der Evolution ist, wir zumindest Spuren davon auch schon bei den Menschenaffen finden sollten. Schließlich stammen wir doch von ihnen ab, oder? Nein, das tun wir *nicht*. Menschen und Menschenaffen stammen von demselben gemeinsamen Vorfahren ab, der vor vielleicht 7 Mio. Jahren gelebt hat und aller Wahrscheinlichkeit nach *nicht* sprechen konnte. Seitdem haben wir uns auseinandergelebt und es spricht überhaupt nichts dagegen, dass die Evolution während dieser Zeit in unserem Zweig eine SEE hervorgebracht hat und in den anderen Zweigen eben nicht. Es wurde auch vorgeschlagen, dass die frühen modernen Menschen vor 100 000 Jahren noch unterschiedliche separate „Module" besaßen: eines für Sprache, eines für technische Intelligenz, eines für soziale Intelligenz, eines für Naturgeschichte und so weiter. Möglicherweise begannen diese isolierten Hirnbereiche erst vor 50 000 Jahren ernsthaft miteinander zu kommunizieren, und erst danach waren die Leute in der Lage, in der Gruppe auszudiskutieren, welche Vorteile zum Beispiel ein neues Werkzeugdesign beim Nähen ober bei der Jagd haben könnte. Erst dadurch wurden wir vollständig menschlich.

Eine artikulierte und differenzierte Sprache ist entscheidend für den Erfolg unserer Spezies. Es liegt nahe anzunehmen, dass keine andere Spezies zwischen den Sternen reisen oder kommunizieren kann, wenn sie nicht über eine mindestens genauso mächtige Form von Kommunikation verfügt. Doch wir müssen im Fall der Evolution unseres menschlichen Sprachsystems erkennen, dass dieser Prozess auf einer langen Reihe von zufälligen Wechseln der Umweltbedingungen und darauf jeweils abgestimmten evolutionären Antworten beruhte. Glücklichen Zufällen. Überlegen Sie, was alles in den Oberkörpern und Köpfen unserer Vorfahren passiert ist: Zwerchfell, Kehlkopf, Lippen, Mund- und Nasenhöhe, Zunge – all das, was wir zum artikulierten Sprechen heute benötigen, musste sich in der richtigen Reihenfolge und auf die passende Weise umgestalten, damit es so weit kommen konnte. Mindestens einer dieser Schritte wirkt von außen betrachtet ziemlich bizarr: Dass der Kehlkopf so tief in den Hals gerutscht ist, damit die Zunge genug Bewegungsfreiheit bekommt, um Vokale formen zu können, hat dazu geführt, dass jedes Bröckchen Nahrung, das wir schlucken, an der Luftröhre vorbei muss. Sprachfähigkeit gefährdet unsere Atemwege und kann zum Tod durch Ersticken führen. Die Vorteile sind groß, die Risiken ebenso.

Würden wir den Film (oder eher die Serie) des Lebens noch einmal abspielen, würden Menschen vielleicht keine Lautsprache entwickeln.

Auf der Erde besitzen von allen etwa 50 Mrd. Spezies, die je existiert haben, nur wir Menschen eine Sprache, die es nicht nur zu denken erlaubt, sondern auch über das Denken nachzudenken, immer wieder neue Denkmuster auszuprobieren, uns darüber auszutauschen und die Gedanken festzuhalten. Sprache macht uns zu Menschen. Wenn wir jemals andere Welten besuchen sollten, stoßen wir mit der Zeit vielleicht wirklich auf Milliarden von anderen Spezies, die alle wunderbar an ihre jeweiligen ökologischen Nischen angepasst sind. Aber es könnte sein, dass nicht eine Einzige von ihnen über das adaptive Merkmal verfügt, das uns auszeichnet und nach dem wir so sehnsüchtig den Weltraum durchforsten: Sprache.

Lösung 49
Bewusstsein ist keine Selbstverständlichkeit

Wenn Sie es bis hierher geschafft haben – dann bewundere ich ehrlich Ihre Ausdauer. Ich bin sicher, dass manche Leserinnen und Leser dann und wann dieses Buch frustriert in die Ecke werfen wollten, weil sie über logische Ungereimtheiten gestolpert sind (die gibt es ganz bestimmt, aber versuchen *Sie* mal, so viele technische Informationen für ein allgemeines Publikum aufzubereiten … leicht ist das nicht) oder ihnen eine weniger elegante Formulierung übel aufgestoßen ist (na ja, über Geschmack kann man streiten oder es sein lassen). Glücklich würde ich mich schätzen, wenn jemand mich auf solche Fehler hinweist und dies zum Anlass nimmt, noch bessere Vorschläge für den Umgang mit dem Fermi-Paradox zu ersinnen. Wenn ich richtig Glück habe, ist es mir gelungen, jemanden zu einer komplett neuen Lösung des Paradoxes zu inspirieren. Doch wie auch immer Sie bisher auf mein Buch reagiert haben mögen – von gelangweilt und frustriert bis amüsiert und begeistert –, die schlichte Tatsache ist schon erstaunlich, dass Sie die Zeit aufgebracht haben, sich auf die bisherigen 48 Vorschläge einzulassen und das Für und Wider dieser zum Teil schon ganz schön weit hergeholten Ideen abzuwägen, vermutlich auch ab und zu eine emotionale Reaktion zu zeigen. Wir alle haben eine interne „Bühne", auf der nicht nur Gefühle und Emotionen gegeben, sondern auch abstruse Themen wie die mögliche Existenz von extraterrestrischen Zivilisationen durchgespielt werden. Warum gibt es in uns dieses wundervolle Phänomen namens Bewusstsein?[417]

Das Phänomen Bewusstsein ist ganz sicher das, was das Leben für uns lebenswert macht. Und ebenso sicher hilft es uns, in dieser komplexen modernen Welt zurechtzukommen, weil wir damit so viele unterschiedliche Dinge bedenken und bewerkstelligen können. Aber die Evolution kann ebenso wenig wie wir in die Zukunft schauen. Welche Vorteile bot ein Bewusstsein unseren afrikanischen Vorfahren, als sie vor vielen Zehntausend Jahren ihr Leben zu leben versuchten? Wäre zu viel Bewusstsein in ihrer Situation nicht sogar ein Nachteil gewesen? Wenn eine von ihnen eine Löwin gesehen hätte, wäre „panikartige Flucht" sicherlich eine sinnvollere Reaktion gewesen, als die wunderbare Anmut dieser majestätischen Großkatze zu bewundern und zu besingen. Selbst heute suchen Menschen nach dem „Flow", in dem alles einfach „läuft" und nicht auf sorgsam abgewogenen bewussten Entscheidungen beruht. Denken Sie erst darüber nach, wie Sie einen schnell heranfliegenden Ball fangen sollen, werden Sie ihn verfehlen. Wenn Sie Ihren Körper einfach machen lassen, dürften Sie ihn dagegen fangen (und vielleicht sogar für Ihre dabei gezeigte Anmut bewundert und besungen werden). In vielen Fällen steht uns unser Bewusstsein einfach nur im Weg. Können intelligente Wesen vielleicht sogar besser ohne auskommen?

Trotzdem hoffen wir inständig, bei den Außerirdischen nicht nur auf Intelligenz, sondern auch auf Bewusstsein zu treffen. Wir möchten mit diesen Kreaturen reden und unsere Erkenntnisse und Errungenschaften in Wissenschaft, Kunst und Philosophie teilen. Könnte es sein, dass dieses Unterfangen zum Scheitern verurteilt ist, weil normale intelligente Spezies sich nicht mit der Bürde des Bewusstseins belasten? Denn ohne Bewusstsein hätten sie wohl nicht den schwer zu ertragenden Drang, mit allem und jedem zu kommunizieren oder im All nach intelligenten, bewussten Spezies zu suchen. Wie viel einfacher wäre das Leben auf diese Weise.

Die Idee, dass die Auflösung des Fermi-Paradoxes im Konzept des Bewusstseins liegen kann, stammt von dem kanadischen Science-Fiction-Autor Peter Watts. Wie wir schon gesehen haben, schlug sein Landsmann Karl Schroeder vor, dass Intelligenz und damit auch Bewusstsein nur eine vorübergehende Phase sind; Watts wiederum meint, dass Bewusstsein wahrscheinlich gar keine Phase ist, die eine normale ETZ durchläuft. Bewusste Intelligenzen sind schlicht zu unwahrscheinlich, weil Bewusstsein zu unwichtig ist. Nach Watts kommt Intelligenz gut ohne Bewusstsein zurecht. Watts und Schroeder gelangen auf sehr unterschiedlichen Wegen zur selben Schlussfolgerung: Intelligente und ihrer selbst bewusste Wesen sind selten.

Watts führt seine Idee in einem ernüchternden Science-Fiction-Roman namens *Blindsight* aus.[418] Dieser englische Originaltitel bezieht sich auf ein etwas unheimliches Phänomen, das auf Deutsch „Blindsehen" heißt und bei gewissen Personen mit Schädigungen im primären visuellen Cortex (der primären Sehrinde) auftritt. Diese Patientinnen und Patienten haben normal funktionierende Augen, sind jedoch „rindenblind": Sie empfinden keinerlei Seheindrücke, können allerdings auf das nicht Gesehene reagieren. Zum Beispiel wissen sie, wo eine Lampe steht oder in welcher Farbe sie leuchtet, und sie können sogar einen Ball fangen, der ihnen zugeworfen wird. In einem Versuch bat ein psychologisches Team einen rindenblinden Mann, der nach zwei Schlaganfällen in unterschiedlichen Hirnregionen vollständig erblindet war, einen Korridor ohne Blindenstock oder andere Hilfsmittel entlangzugehen. Der Patient hatte Bedenken, aber da man ihm versicherte, der Korridor sei ganz leer und das Team werde immer einen Schritt hinter ihm sein, wenn er Hilfe benötigen sollte, versuchte er es. Das Experiment wurde gefilmt – und man kann in dem Video sehen, wie der Mann vorsichtig und sicher durch einen kleinen Hindernisparcours aus Mülleimern, Ablagekästen und anderer Büromöblierung manövrierte. Er hatte dabei keinerlei bewusste Vorstellung von diesen Objekten oder dass er seinen Körper um sie herumsteuerte.

Was war da los? Wie kann jemand sehen, ohne zu sehen? Das ist schwierig herauszufinden. Ein Problem ist schon, dass dieses Syndrom nur sehr selten allein auftritt, meist ist es mit anderen, noch folgenreicheren Hirnverletzungen gekoppelt. Dann merken von den wenigen ausschließlich rindenblinden Patientinnen und Patienten die meisten gar nicht, dass sie noch unbewusste visuelle Restfunktionen haben, weil diese ihnen eben nicht bewusst sind. Und schließlich sind die Forschungsteams, wenn sie endlich jemand gefunden haben, auf subjektive Berichte und Empfindungen angewiesen. All dies macht es sehr mühsam zu ermitteln, was da passiert. Nichtsdestotrotz gibt es eine weithin akzeptierte Erklärung für das Phänomen. Das menschliche Auge sendet offenbar seine visuellen Informationen an zwei verschiedene visuelle Systeme im Gehirn: an ein fortschrittliches Säugetiersystem im Occipitallappen und an ein älteres, auch bei Reptilien zu findendes System im Mittelhirn. Verletzungen im Occipitallappen verhindern, dass Signale das Säugersehsystem erreichen, ins Reptiliensystem gelangen sie jedoch noch. Wenn das Bewusstsein nur auf das Säugersehen, aber nicht auf die reptiloide Bildverarbeitung Zugriff hat und letzteres für grundlegende Aufgaben wie Ortung im Raum und das Erfassen von Bewegungen zuständig ist, dann erklärt dies, wie es zum Blindsehen kommen kann. Außerdem vermittelt uns dieser Gedanke eine leise Ahnung davon, wie es sich anfühlt, ein Reptil zu sein. Ein Gecko muss eine Grille nicht identifizieren oder überlegen, was sie symbolisieren könnte. Er muss nur erkennen, dass und wohin sie sich bewegt, um sie fangen und verspeisen zu können. Zielerfassung und alles Weitere funktionieren automatisch. Ein Gecko braucht kein Bewusstsein, um zu überleben und sich fortzupflanzen. Ein solches wäre ihm dabei vermutlich eher hinderlich.

Wenn diese Erklärung für das Blindsehen stimmt, dann hat das Folgen für unser Verständnis des Bewusstseins. Es impliziert nämlich, dass Bewusstsein keine Aktivität des gesamten Gehirns ist. Noch wichtiger: Es führt uns zurück auf die oben schon gestellten Fragen: Wenn unsere Gehirne nicht darauf angewiesen sind, sich ihrer selbst bewusst zu sein, wie haben unsere jagenden und sammelnden Urahnen im altsteinzeitlichen Afrika ihr Bewusstsein erlangt? Warum sind wir uns unserer selbst bewusst? Was für einen Zweck hat dieser Ich-Erzähler, den wir alle mit uns herumtragen und dessen Liveberichterstattung uns durchs Leben begleitet?

Ich habe noch keine wirklich überzeugende Geschichte über die Entstehung des menschlichen Bewusstseins gefunden. So viel ich auch gelesen habe,[419] die Natur des Bewusstseins bleibt ein wissenschaftliches Mysterium.

War dieses merkwürdige Phänomen, das uns spekulieren und grübeln und reflektieren lässt und in letzter Konsequenz alle Ruhmes- (und Schreckens-) Taten der menschlichen Zivilisation möglich macht, bloß eine zufällige und alles andere als notwendige Begleiterscheinung unserer Evolution? Vielleicht verlassen wir ja eines schönen Tages die Erde, erforschen die Galaxis und finden am Ende sogar intelligente Geschöpfe. Aber sie hätten kein Bewusstsein und würden nicht verstehen, warum wir mit ihnen reden wollen.

Das Licht ist an, aber niemand ist daheim.

6

Des Paradoxes Lösung …

Habe ich das Paradox gelöst? Wohl kaum. Ganz sicher nicht. Aber nachdem ich 49 vorgeschlagene Auflösungen auseinandergenommen habe, ist es nur fair, wenn ich zum Schluss meinen eigenen Standpunkt darlege. Meine Vorstellungen könnten, das muss ich zugeben, gänzlich unangebracht sein. David Brin schrieb 1983 in seinem Essay über das Große Schweigen: „Wenige Fragen haben so eine schlechte Datenlage, werden mit so unfundierten und subjektiv gefärbten Extrapolationen angegangen – und sind gleichzeitig so unmittelbar mit dem ultimativen Schicksal der Menschheit verwoben – wie dieses hier". Fast vier Jahrzehnte später hat sich daran nicht viel geändert.

Wir haben nach wie vor kaum harte Daten zum Fermi-Paradox. Die Wissenschaft ist natürlich zweifellos einige große Schritte weiter als in den 1980ern: Vier Jahrzehnte Mooresches Gesetz und riesige neue Teleskope wie auch neu erschlossene Frequenzbereiche haben innovative SETI-Programme ermöglicht; die Entdeckung von Exoplaneten ist nur noch dann eine Meldung wert, wenn es mehr als 100 auf einmal sind; Biologinnen und Biologen haben grundlegende Zusammenhänge in der Natur des Lebens aufgedeckt (obwohl – wie es in der Wissenschaft so geht – die neuen Entdeckungen vor allem aufgezeigt haben, was wir ansonsten alles noch nicht wissen). Nichtsdestotrotz haben wir bei vielen fundamentalen Fragen im Zusammenhang mit Fermis Paradox nach wie vor kaum auch nur den Hauch einer Ahnung, wie die Antwort aussehen könnte.

Wir kommen *immer noch* kaum um schlecht fundierte und subjektiv gefärbte Extrapolationen herum. Sollten uns aber fehlende Daten davon abhalten, das Thema überhaupt zu behandeln? Wohl nicht. Doch wenn wir mit unseren Vorurteilen und waghalsigen Extrapolationen offen umgehen, sollte eine Debatte schon möglich und erlaubt sein, auch wenn sie vielleicht mehr Wärme als Licht generiert.

Das Thema ist *immer noch* wichtig. Was könnte wichtiger sein? Entweder sind wir allein im All oder wir teilen es uns mit Geschöpfen, mit denen wir eines Tages kommunizieren werden. So oder so ein atemberaubender und existenzieller Gedanke.

Lösung 50
Wir sind allein

Bevor ich meine Ansichten zum Fermi-Paradox vorstelle, möchte ich kurz mit Ihnen überlegen, warum so viele Leute glauben, dass es intelligente extraterrestrische Wesen einfach geben *muss*.

Meine nichtnaturwissenschaftlichen Bekannten tendieren hier dazu, es mit Douglas Adams zu halten: „Der Weltraum ist groß. Richtig groß. Sie werden es einfach nicht glauben, wie unermesslich überwältigend umwerfend riesengroß der Weltraum ist."[420] Wir *können* doch nicht die einzige intelligente Spezies in so einem großen Universum sein!? Wenn wir auf ein auch nur vom erdnahen Weltraum aus geschossenes Foto der Erde schauen, ist unser Bauchgefühl von der kosmischen Bedeutungslosigkeit unseres Planeten erfüllt – bis Unterkante Zwerchfell. Es ist wirklich schwierig, nicht zu glauben, dass es in diesem unvorstellbar großen Da-Draußen noch andere Zivilisationen gibt.

Auf die Größe kommt es jedoch gar nicht an: Das Universum ist sehr groß, ja, aber es ist auch sehr leer. Das stimmt nicht ganz: Das Universum scheint voll von „Zeugs" zu sein, aber das ist eben bloß „Zeugs" – physikalisch gesprochen Dunkle Energie und Dunkle Materie –, worüber wir ziemlich genau null Information besitzen, außer dass sich daraus keine lebenden Wesen züchten lassen. Und diejenigen 5 % der Masse/Energie im Universum, die wir halbwegs verstehen – Atome und Neutrinos und elektromagnetische Strahlung – sind äußerst dünn gesät und befinden sich fast immer und überall in einem Zustand, der die Existenz von Leben ausschließt (zum Beispiel im Inneren von Sternen oder interstellaren und intergalaktischen Gas- und Staubwolken). Der Weltraum mag groß sein, aber es kommt eben doch nicht immer nur auf die Größe an. Insbesondere sagt die schiere Ausdehnung des Alls uns nicht, ob und wie viele bewohnbare Welten das Universum enthält.

Meine physikalisch-mathematisch ausgebildeten Bekannten verteidigen ihren Glauben an extraterrestrische Intelligenz, indem sie auf die Zahlen verweisen. Sie wissen, dass es nicht auf die Größe des Universums *an sich* ankommt, aber auch, dass der Kosmos auf jeden Fall groß genug ist, um eine riesige Anzahl an erdähnlichen Planeten zu beherbergen. Wie viele genau, wissen sie und wir alle nicht, aber eine neuere (vielleicht etwas optimistische) Schätzung kommt auf 100 Mrd. bewohnbare erdähnliche Planeten[421]. Es gibt geschätzt 500 Mrd. Galaxien im Universum, das wären dann 50 *Trilliarden* potenzielle Heimstätten für das Leben. Eine Fünf mit 21 Nullen dahinter. Auf so vielen möglichen Lebenswelten kann doch nicht bloß ein einziges Mal eine intelligente Spezies entstanden sein? Eine Trilliarde ist schon eine Hausnummer. Und 50 erst recht.

Das Problem mit diesem Argument ist, dass wir nicht wissen, ob eine oder 50 oder wie viele Trilliarden auch immer in diesem Zusammenhang wirklich große Zahlen sind. Schon möglich. Aber vielleicht eben auch nicht.

Auf den ersten Blick ungewöhnlich große Zahlen begegnen einem in den einfachsten Zusammenhängen. Lassen Sie mich nur ein Beispiel anführen, mit dem Sie sich bei Ihrer nächsten Videokonferenz ein wenig die Zeit vertreiben können.[422] Zeichnen Sie dazu vier Punkte so auf ein Blatt Papier, dass sie die Ecken eines Quadrats bilden. Ihre Aufgabe ist es dann, jeden Punkt mit jedem anderen durch Linien zu verbinden, wobei Sie zwei Stifte mit verschiedenen Farben benutzen, zum Beispiel in Rot und Blau. Das ist nicht schwer. Beispielsweise können Sie die Quadratseiten rot und die Diagonalen blau malen.

Jetzt geht es in die dritte Dimension: Sie färben (in Gedanken oder im Bastelkeller) alle Kanten, Flächen- und Raumdiagonalen eines Würfels rot oder blau ein. Und nun kommt es: Sie dürfen nirgendwo in Ihrem Würfel ein Quadrat haben, dessen Kanten alle rot oder alle blau sind. Das ist schon schwieriger, aber natürlich durchaus machbar. Der Mathematiker Ronald Graham hat die Sache allerdings noch etwas weiter getrieben ... zu einem Tesserakt oder vierdimensionalen Hyperwürfel, einem fünfdimensionalen, sechsdimensionalen und dann einem *n*-dimensionalen Hyperwürfel. Dabei fragte er sich, ab wie vielen Dimensionen es unmöglich wird, die Aufgabe ohne ein einziges Quadrat mit vier einfarbigen Kanten hinzubekommen. Graham bewies dann unwiderlegbar, dass tatsächlich eine Zahl *G* von Dimensionen existiert, heute *Grahams Zahl* genannt, ab welcher der entsprechende Hyperwürfel logisch zwangsläufig mindestens ein rein rotes oder blaues Quadrat enthält.[423] Diese ist allerdings nur eine obere Schranke, vielleicht muss es auch schon bei Hyperwürfeln mit (viel) weniger Dimensionen einfarbige Quadrate geben. Außerdem zeigte Graham noch, dass es auch eine untere Schranke gibt, nämlich 6. Mit anderen Worten:

Die von Graham gesuchte Hyperwürfel-Dimensionalität liegt irgendwo zwischen 6 und G.

Okay, dies ist nicht das allerinteressanteste Problem, das man sich ausdenken könnte. Eigentlich hat Graham auch „nur" ein äquivalentes Problem bearbeitet. Und außerdem: Zu wissen, dass die Lösung einer mathematischen Aufgabe irgendwo zwischen 6 und einem seltsamen Wert namens G liegt, ist nicht sehr befriedigend, selbst wenn man das Problem tatsächlich interessant finden sollte. Worum es mir bei der ganzen Sache geht, ist aber etwas ganz anderes. G, also die von Graham gefundene obere Schranke, die sich doch verhältnismäßig einfach definieren und erklären lässt, ist groß. Sehr, *sehr* groß. Grahams Zahl ist so groß, dass es eine neue Art von Notation braucht, um so etwas auch nur hinschreiben zu können. Aber selbst diese Notation kommt bei einer Zahl wie G an ihre Grenzen. Ich werde versuchen, Sie Schritt für Schritt heranzuführen.

Wenn Sie ab und zu programmieren, kennen Sie vielleicht den Operator „↑". Ein ↑ ist dort eine andere Art, eine Potenz zu notieren:[424]

$$m \uparrow n = m \cdot m \cdot \ldots \cdot m = m^n$$

Wir haben also $2 \uparrow 2 = 2 \cdot 2 = 2^2 = 4$ und $3 \uparrow 4 = 3 \cdot 3 \cdot 3 \cdot 3 = 3^4 = 81$ und so weiter.

Interessanter wird es, wenn wir zwei Pfeile einsetzen: ↑↑. Das steht für einen „Turm" von Exponenten:

$$m \uparrow\uparrow n = m^{m^{\cdot^{\cdot^{m}}}},$$

wobei der Turm n Zeilen hoch ist beziehungsweise n-mal die Zahl m enthält. Damit lassen sich einige größere Zahlen sehr elegant aufschreiben:

$$3 \uparrow\uparrow 2 = 3^3 = 27$$

$$3 \uparrow\uparrow 3 = 3^{3^3} = 3^{27} = 7\,625\,597\,484\,987$$

Spielen Sie ein bisschen mit den Doppelpfeilen herum, um ein Gefühl für die Sache zu bekommen. Verstehen Sie, wie riesig schon $3 \uparrow\uparrow 4 = 3^{7\,625\,597\,484\,987}$ ist? Wenn Ihnen das gelingt, haben Sie mir etwas voraus. Diese Zahl ist schon *richtig* viel größer als die Anzahl aller Teilchen im beobachtbaren Universum. Aber das ist erst der Anfang. Als Nächstes kommt der Operator ↑↑↑, der einen Turm aus Türmen von Exponenten erzeugt:

$$3 \uparrow\uparrow\uparrow 3 = 3 \uparrow\uparrow 7\,625\,597\,484\,987 = 3^{3^{\cdot^{\cdot^{\cdot^{3}}}}}$$

Dieser Turm aus Dreien hat $3\uparrow\uparrow3 = 7\,625\,597\,484\,987$ Etagen. *Mindboggingly big*, wie es Douglas Adams ausgedrückt hätte. Aber bei Grahams Zahl sind wir noch lange, lange, lange nicht. Der Operator $\uparrow\uparrow\uparrow\uparrow$ erzeugt einen Turm aus Türmen aus Türmen von Exponenten. Die Zahl $3\uparrow\uparrow\uparrow\uparrow3$ ist ... nun ja, auf jeden Fall schon ziemlich schwierig aufzuschreiben. Probieren Sie es aus und Sie werden sehen, was ich meine. Wenn wir uns auf Grahams Zahl einlassen, dann fängt die Sache mit dieser Zahl aber erst richtig an: Wir schreiben dafür G_1, das heißt $G_1 = 3\uparrow\uparrow\uparrow\uparrow3$. Die Zahl G_2 ist *absurd* unvorstellbar groß:

$$G_2 = 3 \uparrow\uparrow\uparrow \dots \uparrow\uparrow\uparrow 3,$$

mit G_1 Pfeilen zwischen den Dreien. Schon vier Pfeil-Operatoren zwischen den Dreien erzeugen eine Zahl, die zu groß ist, um sie mit vertretbarem Aufwand aufzuschreiben. Jetzt denken wir an eine Zahl, die $3\uparrow\uparrow\uparrow\uparrow3$ Pfeil-Operatoren zwischen den Dreien hat. Und das ist auch erst G_2. Die Zahl G_3 hat G_2 Pfeile zwischen den Dreien. Und so weiter. Und so fort. Grahams Zahl ist G_{64}.

Es ist fast unmöglich, die zettamäßige Unermesslichkeit von $G_{64} \equiv G$ zu verstehen.[425] Im Vergleich zu dieser Zahl schrumpft alles in Ihrem Verstand auf Planck-Dimensionen (in meinem auf jeden Fall).[426] Insbesondere ist relativ zu Grahams Zahl die gerade eben noch ehrfurchtgebietende Menge von 50 Trilliarden möglicherweise bewohnbaren erdähnlichen Planeten in sehr guter Näherung gleich null. Sind also 50 Trilliarden eine große Zahl, wenn wir über die Möglichkeit von extraterrestrischer Intelligenz reden? Das könnte schon sein, wenn sich etwa herausstellen sollte, dass es auf den meisten dieser Planeten Leben gibt. Würden dagegen die Chancen für die Entwicklung von intelligentem Leben aus unbelebten Stoffen im Wesentlichen wie 1 zu G stehen, dann wäre so eine verschwindend kleine Zahl von bewohnbaren Planeten schlicht irrelevant.

Meine Bekannten aus den Lebenswissenschaften sind deutlich skeptischer als die Physikerinnen und Physiker oder diejenigen ganz ohne naturwissenschaftlichen Hintergrund, wenn es um die Aussichten auf Intelligenz geht – oder zumindest auf so eine, die in der Lage und willens ist, über interstellare Distanzen mit uns zu kommunizieren. Biologinnen und Biologen neigen dazu, andere Lebensformen für grundsätzlich möglich zu halten (es gibt dann ja doch ziemlich viele Planeten, wo sich Leben entwickeln könnte), aber sie kaufen ihren physikalischen Kolleginnen und Kollegen nicht ab, dass „Intelligenz auf der Erde entstanden und deshalb auch woanders möglich und wahrscheinlich ist". Sie sehen statt Unausweichlichkeit unzählige Unwägbarkeiten auf dem Weg zur Intelligenz.

Und meine eigene Meinung? Tja, ich halte es eher mit der Biologie.

Die ganze, manchmal etwas ausufernde Debatte um die extraterrestrische Intelligenz kreist um eine unumstößliche Tatsache im Zentrum: Wir hatten noch keinen Besuch von ETZs und haben auch sonst noch nichts von ihnen gehört. Das Universum ist und bleibt stumm. Wer dies abstreitet, hat natürlich eine Auflösung des Fermi-Paradoxes parat, aber dieses Buch vermutlich nach wenigen Seiten in die Ecke gepfeffert. Der Job für den Rest von uns ist es, diese Tatsache zu interpretieren.

Der berühmte Schweizer Psychiater Carl Jung[427] hat geschrieben: „Wenn es wenige Fakten gibt, spiegeln Spekulationen am ehesten die individuelle Psychologie wider." Wir haben hier nur ein einziges Faktum, also dürften unsere persönlichen Vorurteile und Überzeugungen deutlich genug zutage treten. Meine eigenen Glaubenssätze enthalten, soweit ich das überblicken kann, ein gutes Stück Optimismus bezüglich unserer Zukunft. Ich stelle mir gern vor, dass Wissenschaft und Technik weiter voranschreiten werden und wir deshalb eines schönen Tages zu den Sternen fliegen, und ich hoffe, dass irgendwann einmal so etwas wie die pangalaktische Zivilisation aus Asimovs Foundation-Zyklus alle bewohnten Welten unserer 100 000 Lichtjahre durchmessenden Sterneninsel zusammenführt. Aber diese Vorstellungen kollidieren mit dem Fermi-Paradox: Wenn *wir* eines Tages in die Galaxis aufbrechen, warum haben das nicht wenigstens *ein paar* von ihnen schon längst vollbracht? Sie hatten die Mittel, das Motiv und die Gelegenheit, und doch scheinen sie es nicht getan zu haben. Warum? Nun, ich glaube, weil „sie" – bewusste, intelligente, ja weise Geschöpfe, die weltallgewandte Zivilisationen errichten und mit uns kommunizieren wollen und können – nicht existieren.

Wer in einer klaren mondlosen Nacht nach oben schaut, Myriaden von Sternen sieht und die unendlichen Weiten des Weltraums wahrnimmt, dem fällt es sicherlich schwer zu glauben, dass wir dort die Einzigen sein sollen: Wir sind einfach zu klein und das Universum ist viel zu groß. Aber der Schein trügt häufig, so auch hier. Selbst unter guten Sichtbedingungen sieht man selten mehr als 3000 Sterne, und die allerwenigsten davon beherbergen Planeten, die unsere Form von Leben erlauben würden. Das Bauchgefühl, das der „bestirnte Himmel über uns" in uns auslöst – dass es irgendwo da droben intelligentes Leben geben *muss* – ist kein guter Ratgeber. Wir müssen uns unseres eigenen Verstandes bedienen, nicht unseres Bauchgefühls. Aber ... sagt uns unser Verstand nicht, dass es Milliarden erdähnlicher Planeten in unser Galaxis gibt und Billionen davon in unserer galaktischen Nachbarschaft? Warum sollten Physik und Astronomie nicht recht haben? Beweist nicht das unfehlbare Gesetz der großen Zahl, dass Intelligenz, vielleicht sogar uns weit überlegene Intelligenz, unvermeidlich ist? Leider nein. Ich fürchte vielmehr, dass diese Argumentation ein bisschen zu viel Arroganz in sich trägt. Lassen Sie mich erklären, was ich damit meine.

Zunächst nehmen wir bei unserer Suche nach intelligenten extraterrestrischen Wesen an, dass die Abiogenese – das Entstehen von Leben aus Nicht-Leben – kein galaktischer Glückstreffer ist, der sich so nicht wiederholen lässt. Obwohl wir nicht wissen, ob diese Annahme berechtigt ist, wollen wir erst einmal akzeptieren, dass es viele Instanzen des Lebens im All gibt.

Wir suchen dann als Nächstes nach Planeten, auf denen das Leben begonnen hat und deren Umweltbedingungen über Milliarden Jahre lebensförderlich geblieben sind – lange genug, damit die Evolution ihren Zauber entfalten kann. Aber wie viele Planeten werden dieses Maß an Stabilität erreichen? Bei uns waren die Bedingungen durch die gesamte Erdgeschichte stabil genug, aber das heißt nicht, dass das irgendwo anders genauso gewesen sein muss: Wir sind hier, also *muss* es auf unserem Planeten in seiner gesamten Vergangenheit hinreichend komfortabel zugegangen sein. Anderen Planeten fehlt hingegen ein genau richtig großer Mond oder ein schützendes Magnetfeld. Oder ihr Stern strahlt zu unbeständig oder das Klima galoppiert ins Treibhaus oder Kühlhaus oder ein Gammastrahlenausbruch oder eine Supernova in der Nachbarschaft blasen die Atmosphäre weg oder ... na ja, wir haben ja gesehen, wie launisch sich das Universum aufführen kann. Nicht jeder Planet, der Leben gebiert, kann seinen Nachwuchs auch wohlbehütet großziehen.

Wir suchen weiter ... und zwar jene Planeten, die nicht nur eine langfristig lebensfreundliche Umwelt bereithalten, sondern auch wirklich komplexe vielzellige Organismen entstehen lassen. Aber warum sollten wir erwarten, dass sich das Leben auf mehr als prokaryotische Formen einlässt? Es scheint da keinerlei Zwangsläufigkeit zu bestehen. Und unter denjenigen Planeten, auf denen die Evolution komplexe Lebensformen geschaffen *hat*, suchen wir solche mit Geschöpfen, die in etwa die gleichen Sinnesorgane wie wir entwickelt haben, damit eine erfolgreiche Kommunikation eine Chance haben kann. Aber warum sollte *das* wahrscheinlich sein? Vielleicht sind auf den paar Planeten, die immer noch infrage kommen, olfaktorische, magnetische oder thermometrische Sinne viel sinnvoller, um bei den dortigen Umweltbedingungen erfolgreich zu bestehen.

Wir suchen weiter … nach Lebensformen, die eine hohe Intelligenz herausbilden. Aber warum sollten wir erwarten, dass so eine Intelligenz weit verbreitet ist? Auf der Erde ist sie ganz sicher nicht sehr häufig anzutreffen. Archaeen und Bakterien haben keine Intelligenz hervorgebracht, seit sich die Eukaryotenlinie von ihnen getrennt hat. Ebenso wenig Pilze und Pflanzen, nachdem wir Tiere unseren eigenen Weg genommen haben. Von den verschiedenen Tierstämmen haben nur die Chordatiere Intelligenz entwickelt[428] und von denen nur die Wirbeltiere. Von diesen wiederum zeigt sich nur bei Vögeln und Säugetieren Intelligenz – und die „hohe" Sorte, nach der wir suchen, eben nur bei der Säugerart Mensch. Wir schauen von unserem hohen Ross beziehungsweise der obersten Leitersprosse auf die Intelligenz-Evolution hinunter. Aber das ist natürlich wieder so eine voreingenommene Sichtweise. Wenn wir die Sache von „unten" nach „oben" betrachten, dann ist hohe Intelligenz gar nicht mehr so wichtig: Viele Millionen Arten kommen wunderbar ohne aus.

Wir suchen weiter … nach intelligenten Lebensformen, die sich ihrer selbst und der Bedingungen ihres Lebens bewusst sind. Nach intelligenten, bewussten Lebensformen, die sowohl die Ressourcen als auch das Bedürfnis haben, aus Rohmaterialien Werkzeuge zu basteln, mit denen sie aus Rohmaterialien neue Werkzeuge basteln, mit denen sie … Wir suchen nach intelligenten, bewussten, Werkzeuge herstellenden Wesen, die eine komplexe Sprache gefunden haben, die wir unsererseits auch noch verstehen können … Wir suchen nach intelligenten, bewussten, Werkzeuge herstellenden, kommunikativen Geschöpfen, die in sozialen Gruppen leben (damit sie gemeinsam die Früchte der Zivilisation ernten können) und außerdem auch noch wesentliche Kenntnisse in Mathematik und Naturwissenschaft erlangt haben.

Wir suchen … uns selbst.

In diesem Sinne halte ich die Argumente für die Existenz von extraterrestrischer Intelligenz für ein bisschen arrogant. Wenn wir des Nachts zum Sternenhimmel aufblicken, warum sollten wir erwarten, dass wir dort jemand sehen, die oder der (oder was auch immer!) genau die gleichen Eigenschaften besitzt wie wir? Die Abermillionen von Spezies, mit denen wir unseren Planeten teilen, sind alle gleich „weit" entwickelt wie wir Menschen, aber eben immer anders: Sie überleben auf spektakulär vielen unterschiedlichen Wegen eine harsche Umwelt, der es egal ist, ob sie leben oder sterben. Es gibt keine evolutionäre Richtung, die auf die ganz spezielle Sorte Intelligenz hinarbeitet, welche unsere Spezies auszeichnet. Wenn wir diese Sorte hier bei keinem anderen Wesen finden, warum sollten wir sie dort draußen finden?

An diesem Punkt bekommt unsere Suche eine ungeheure Bedeutung: Was hieße es, wenn wir gezwungen wären zu akzeptieren, dass wir wirklich die einzige bewusste, intelligente und kommunikative Spezies im ganzen Universum sind? Es würde bedeuten, dass eine sehr große Verantwortung auf uns allen lastet.

Der berühmte französische Biologie Jacques Monod schrieb einmal: „Der Mensch weiß zumindest, dass er allein in der gefühllosen Unermesslichkeit des Universums ist, aus der heraus er nur durch Zufall erwachsen ist."[429] Ein melancholischer Gedanke. Ich könnte mir nur eine Sache vorstellen, die noch trauriger wäre: Wenn die einzige mit einem Bewusstsein ausgestattete Spezies, die einzige Spezies, die das Universum mit Liebe und Humor und Mitgefühl erleuchten könnte, sich selbst durch Dummheit und Ignoranz auslöschen würde. Die verschiedenen „Lösungen", die ich im vorangehenden Kapitel diskutiert habe, lösen meiner Meinung nach jeweils für sich genommen noch nicht das Fermi-Paradox (obwohl die Kombination all dieser Argumente meines Erachtens schon erklären kann, wieso wir im Universum nur auf Großes Schweigen stoßen). Aber sie beschreiben auf jeden Fall eine Vielzahl an zukünftigen Wegen, die unseren Nachkommen offenstehen. Und wir können heute wählen, welche Zukunft wir für sie wollen. Wenn wir überleben, wartet eine ganze Galaxis darauf, von uns entdeckt zu werden: Wir können uns neue Lebenswelten erschließen, wir können die Tricks bestaunen, welche der Evolution auf anderen Welten einfallen, wo das Leben gerade begonnen hat; wir können immer und immer mehr lernen. Wenn wir dagegen unser planetares Zuhause zugrunde richten, bevor wir bereit zum Aufbruch sind … dann wird es leider eine sehr, sehr, sehr lange Zeit dauern, bevor wieder ein Geschöpf aus einer intelligenten Spezies in den Nachthimmel seines Planeten schaut und sich fragt: „Wo *sind* die bloß alle?"

Erratum zu:
Wo sind sie alle?

Erratum zu:
S. Webb, *Wo sind sie alle?* https://doi.org/
10.1007/978-3-662-63290-1

Folgende Änderungen wurden vorgenommen:
Die Literatur am Ende des Buches wurde ausgetauscht.

Die aktualisierte Version dieses Buches finden Sie unter
https://doi.org/10.1007/978-3-662-63290-1

© Der/die Autor(en), exklusiv lizenziert durch Springer-Verlag GmbH, DE, ein Teil von
Springer Nature 2021
S. Webb, *Wo sind sie alle?*, https://doi.org/10.1007/978-3-662-63290-1_7

Anmerkungen

Wo sind die bloß alle?

[1]Isaac Asimov hat über eine riesige Menge an Themen geschrieben, aber seine Wissenschaftsbücher, Romane und Sachtitel haben mich am meisten beeinflusst. Für eine Biografie siehe [1]. (Anm. d. Ü.: Leider ist dieses Werk wie viele andere vom Autor aufgeführte Quellen bisher nicht auf Deutsch erschienen.)

[2]Der „Pro-Fermi-Artikel" von Stephen Lee Gillett erschien im August-Heft, die Erwiderung von Robert A. Freitas Jr. im September.

[3]Anm. d. Ü.: „Das Fermi-Paradox: Ein großer Humbug"

[4]Anm. d. Ü.: Das Deutsche ist hier ein bisschen verschroben: Es gibt unzählige Galax*ien*, von denen eine unsere Milchstraße ist – die wir, um es hinreichend kompliziert zu machen, auch Galax*is* nennen. Also: Viele Galaxien, eine Galaxis, die natürlich auch eine Galaxie ist …

[5]Gillett erweiterte seinen Artikel später und formulierte eine andere Interpretation von Freitas' „Lemming-Paradox". Wenn es auf der Erde *nur* Lemminge gäbe, dann wären die Nager tatsächlich *überall*. Doch auf der Erde wimmelt es nur so vor Nicht-Lemmingen, die den Lemmingen einen harten Konkurrenzkampf liefern und deren Ausbreitung limitieren. Die korrekte Schlussfolgerung aus der Nicht-Beobachtung von Lemmingen ist, dass die Erde reichlich Lebewesen hat, die alle miteinander um Ressourcen konkurrieren (was wir sowieso schon wissen, da wir überall um uns Leben sehen). Wenn wir dagegen ins All blicken, sehen wir *nichts*, was auf die Anwesenheit von Leben hindeuten würde.

S. Webb, *Wo sind sie alle?*, https://doi.org/10.1007/978-3-662-63290-1

[6]Die Raumsonden WMAP und Planck haben die wesentlichen Parameter des kosmologischen Standardmodells bis auf sehr kleine Unsicherheitsbereiche messen können. Für Details siehe [2, 3], beide in englischer Sprache.

Über Fermi ... und über Paradoxe

[7]Anm. d. Ü.: Offiziell steht „fm" zwar für „Femtometer" (nach dänisch „femten" für „fünfzehn"), aber die Abkürzung ist dieselbe und die Kernphysik-Community steht treu zu ihrem Gründervater.

Der Physiker Enrico Fermi

[8]Laura Fermi hat eine Biografie ihres Mannes geschrieben [4]; Emilio Segrè, ein Freund, Student und Kollege von Fermi, selbst. Nobelpreisträger, verfasste einen Bericht über Fermis Leben in der Physik [5]. Ein Symposium in Chicago zu Ehren von Fermis 100. Geburtstag stellte die unglaubliche Fülle seines Wirkens heraus; die Proceedings wurden herausgegeben [6].

[9]Luigi Puccianti, Fermis Dozent, war Direktor des Physik-Labors an der Scuola Normale Superiore in Pisa. Lauras Biografie zufolge [4] bat Puccianti den jungen Fermi, ihm die Relativitätstheorie beizubringen. „Du bist ein luzider Denker", sagte Puccianti, „und ich verstehe immer alles, was du erklärst."

[10]Arthur Holly Compton, ein weiterer Nobelpreisträger, war der Verantwortliche in diesem Projekt. Als klar war, dass Fermi das Ziel einer sich selbst unterhaltenden nuklearen Kettenreaktion erreicht hatte, rief Compton James Bryant Conant an, den Präsidenten der Harvard University. Seine Worte waren kryptisch: „Jim, es wird dich interessieren, dass der Italienische Navigator gerade in der neuen Welt gelandet ist." Siehe [7] für weitere Details.

[11]Anm. d. Ü.: Viele Kernphysiker und Kernphysikerinnen der ersten und zweiten Generation starben an Krebs oder anderen strahleninduzierten Krankheiten, so etwa Richard Feynman, Marie Curie, Igor Kurtschatow oder Robert Oppenheimer.

Paradoxe als solche

[12]Eine schöne Auswahl an Paradoxen findet sich in [8].

[13]Anm. d. Ü.: Mathematikerinnen und Mathematiker denken hier nicht zu Unrecht an das Prinzip der vollständigen Induktion, das manchen von ihnen nie so recht geheuer war.

[14]Anm. d. Ü.: Viele Science-Fiction-Geschichten ignorieren diese Tatsache sträflich. Eine positive Ausnahme (von mehreren) ist Christopher Nolans Film *Interstellar*, bei dem der Held am Ende gerade noch rechtzeitig zurückkommt, um sich von seiner uralten Tochter auf ihrem Totenbett zu verabschieden.

[15]Das EPR-Paradox wurde von Albert Einstein, Boris Podolsky und Nathan Rosen publiziert, zuerst in [9]. Ausführliche Diskussionen sind in [10–12] zu lesen.

[16]Dieses Paradox wurde nach Heinrich Wilhelm Olbers benannt, obwohl andere Astronomen sich schon damit befasst hatten, bevor er seine Analyse 1826 publizierte [13].

Das Fermi-Paradox

[17]Eric M. Jones wurde 1944 geboren, studierte Astronomie und arbeitete von 1969 bis zu seiner Pensionierung am Los Alamos National Laboratory, das im Zweiten Weltkrieg für das Manhattan-Projekt gegründet worden war. Jones hat unter anderem Emil John Konopinski, Edward Teller und Herbert Frank York interviewt – jene drei Physiker, die mit Fermi zusammen zu Mittag aßen, als dieser seine berühmte Frage stellte; siehe [14].

[18]Der 1930 geborene Astronom und Astrophysiker Frank Donald Drake hat als Erster ein Radioteleskop benutzt, um nach ETZs zu suchen. Einen ziemlich faszinierenden Bericht über sein Leben (zumindest bis in die 1990er-Jahre) finden Sie in [15].

[19]Beispiele finden Sie in [16, 17].

[20]Konstantin Eduardowitsch Ziolkowski wuchs in einer armen Familie in Ischewskoje (300 km südöstlich von Moskau) auf und war ab dem Alter von neun Jahren fast völlig taub. Nichtsdestotrotz eignete er sich eine umfassende Bildung an und studierte Chemie und Physik. Er

formulierte seine Ideen über außerirdisches Leben in zwei Essays mit den (ins Deutsche übersetzten) Titeln *Es gibt auch Planeten um andere Sonnen* (1934) und *Die Planeten sind von lebenden Wesen besiedelt* (1933). Für eine Beschreibung seiner Philosophie und seiner Vorwegnahme des Fermi-Paradoxes siehe [18].

[21]Siehe [19].

[22]Michael H. Hart (*1932) ist Astrophysiker und Autor (Anm. d. Ü.: und darüber hinaus durch sein Engagement in der rassistischen Bewegung der „White Nationalists" bekannt). Zu seiner These siehe [20]. In Lösung 32 kommen wir noch einmal auf ihn zurück.

[23]Lord Douglas of Barloch schlug vor, dass die Zahl der Evolutionsschritte von primitiven Lebensformen zu menschlicher Intelligenz so groß ist, dass die Wahrscheinlichkeit verschwindend klein ist, dass dies (noch einmal) irgendwo anders geschieht. Siehe [21].

[24]Frank Jennings Tipler III (*1947) hat mehrere bekannte Artikel über den Nutzen von Sonden für die Kolonialisierung der Milchstraße geschrieben, siehe zum Beispiel [22]. (Ehemaligen) Physikstudierenden ist er vielleicht auch durch sein Standard-Grundlehrbuch mit dem ebenfalls unmissverständlichen Titel *Physik* bekannt.

[25]SETI (*Search for Extraterrestrial Intelligence:* „Suche nach außerirdischer Intelligenz") ist einerseits der in der Szene eingeführte Name für das ganze Programm und steht andererseits für verschiedene einschlägige Beobachtungsprogramme vor allem in der Radioastronomie. Wir kommen darauf noch mehrfach zurück.

[26]Glen David Brin (*1950) studierte Astronomie am CalTech, ist aber besser bekannt als preisgekrönter Science-Fiction-Autor. Sein Artikel über das „Große Schweigen" [23] bleibt eine der klarsten Abhandlungen zu diesem Thema. In einer bekannten Veröffentlichung [24] diskutiert er kurz 24 mögliche Lösungen des Fermi-Paradoxes.

[27]Siehe [25].

[28]Siehe [26]; Lee Smolin (*1955) hat wichtige Beiträge zur Quantengravitation geleistet.

[29]Siehe [27].

[30]Aczels leicht zu lesende Darstellung der Idee, dass die schiere Anzahl der Sterne im Universum bedeutet, dass es anderswo Leben geben *muss,* lesen Sie in [28].

[31]Wo wir gerade von Managern sprechen: Mir fällt da ein Beweis für die Unmöglichkeit von Zeitreisen ein, der Fermi-Paradox-mäßig räsoniert [29]: Wenn es Zeitreisende gäbe, wären Zinssätze nicht positiv! Wenn tatsächlich Leute rückwärts in der Zeit reisen könnten, müssten alle

Zinssätze bei 0 % liegen – sonst könnten Sparer ihre Banken als unerschöpfliche Geldautomaten nutzen, indem sie einfach ein paar tausend Jahre zurückgehen, einige Cent anlegen und dann bei der Rückkehr Zins und Zinseszins in buchstäblich exponentieller Höhe einstreichen.

[32]Ein gutes Beispiel für die Notwendigkeit von Experimenten war Tiplers Idee, dass wir in ferner Zukunft alle von einer gottartigen Intelligenz als Software-Konstrukte auferweckt werden [30]. Seine Argumentation beruhte darauf, dass das Universum gewisse kosmologische Eigenschaften aufweist; aktuelle Beobachtungen scheinen allerdings diese Eigenschaften auszuschließen und damit auch die Ursprungsversion von Tiplers Theorie. Wir wüssten das jedoch nicht, wenn die Astronominnen und Astronomen nicht nachgeschaut hätten.

Sie sind (oder waren) schon hier

[33]Anm. d. Ü.: Das ist wahrlich „out of the Box" gedacht!

[34]McPhee [31] schreibt diese „Theorie" dem 1898 in Budapest geborenen Leo Szilard zu, der damit selbst ein Marsianer wäre. Ein posthum veröffentlichter Brief von Morrison [32] liefert eine andere – und plausiblere – Version der Geschichte.

[35]Anm. d. Ü.: Im englischen Original „wanderlust" und „gypsies". Dies ist aus heutiger Sicht nicht nur politisch jenseits von grenzwertig, sondern auch historisch kompletter Unsinn.

[36]Siehe [33] für eine Biografie von Szilard.

[37]Obwohl er nie in Los Alamos arbeitete, wurde auch Dennis Gabor, der den Physik-Nobelpreis für die Erfindung der Holografie erhielt, etwa zur selben Zeit in Budapest geboren. Der Radiochemiker George de Hevesy, natürlich auch aus Budapest, gewann 1943 den Chemie-Nobelpreis. Eine solche Gruppe von Genies (etwa) zur gleichen Zeit am selben Ort ist ungewöhnlich, aber nicht einzigartig. So waren die beiden Nobelpreisgewinner von 1979, Sheldon Lee Glashow und Steven Weinberg, die unabhängig voneinander an der elektroschwachen Vereinigung gearbeitet hatten, in derselben Klasse an der Bronx High School of Science. In dieser Klasse saß außerdem auch Gerald Feinberg, der die (Anm. d. Ü.: etwas weniger geniale) Idee der Tachyonen in die Welt gesetzt hat. Neben Glashow und Weinberg haben noch drei weitere Physik-Nobelpreisträger die Bronx High School of Science besucht. Eine deutlich fragwürdigere

Gruppe von Leuten hielt sich 1913 in Wien auf: Adolf Hitler, Josef Stalin, Josip Tito und Leo Trotzki lebten damals wenige Kilometer entfernt voneinander (übrigens auch Sigmund Freud). Zufälle gibt es …

[38] Siehe beispielsweise [34]. Icke war früher im englischen Fernsehen ein ziemlich bekanntes Gesicht, weswegen ich mich habe dazu hinreißen lassen, eines seiner Bücher zu lesen. Es begann mies, wurde rapide schlechter und erreicht bald das Niveau, wo etwas so schlecht ist, dass es schon wieder gut ist. Dummerweise wurde es danach noch schlechter, sodass ich nach wenigen weiteren Seiten aufgegeben habe.

[39] Anm. d. Ü.: Kommt Ihnen das im Corona-/Trump-Jahr 2020/21 bekannt vor? Es war alles schon mal da.

[40] Anm. d. Ü.: Justins Vater. Es war wirklich alles schon mal da.

[41] Siehe [35] für Details von Hellyers Aussage.

[42] Anm. d. Ü.: Als der Autor des englischen Originals dies schrieb, hatten Donald Trumps aufgehetzte Anhänger noch nicht das Kapitol gestürmt – unter anderem um die dort versammelten verkleideten Reptiloiden aufzumischen.

[43] [36] ist eine nachdenklich machende Biografie des Mathematikers John Forbes Nash Jr., die etwa zu der Zeit erschien, als Nash den Nobelpreis für Wirtschaftswissenschaften erhielt. (Anm. d. Ü.: Sicherlich haben Sie von der Verfilmung *A beautiful Mind – Genie und Wahnsinn* mit Russel Crowe in der Hauptrolle gehört. Genau, *der* Nash.)

[44] Das Buch heißt *Wunderstoffe* [37] (Anm. d. Ü.: Der englische Titel *Stuff Matters* ist so genial wie unübersetzbar!).

[45] In [38] können Sie eine frühe Version von Gormans Fake-Story lesen, eine Internet-Suche zeigt dann, wie sie sich weiterentwickelt hat.

[46] Hesekiel 1:4–28 enthält die Beschreibung eines Rades im Himmel, das einige Menschen als fliegende Untertasse interpretieren. Die Interpretation von apokalyptischen Schriften ist notorisch schwierig, aber es ist vermutlich nicht sehr gewagt anzunehmen, dass der Prophet Hesekiel kein physisches Ereignis beschreiben wollte. Je nach Sichtweise hat er eine göttliche Botschaft weitergegeben oder ein paar seltsame Pilze zu viel zu sich genommen.

[47] Arnold schrieb über sein Erlebnis in *The Coming of the Saucers* [39].

[48] Viele Umfragen haben in den letzten Jahrzehnten die Einstellungen zu UFOs untersucht. Je nach Formulierung der Frage rangierte der Prozentsatz der US-Amerikaner, die an die Existenz von UFOs glaubten – was wohl dasselbe ist wie der Glaube an extraterrestrische Raumschiffe –, generell zwischen 30 % und 50 %. Eine aktuelle Studie von Gallup [40]

zeigte, dass 68 % der US-Bürger meinen, ihre Regierung wisse mehr über UFOs, als sie zugebe.

[49]Der relativ frühe Tod von Edward J. Ruppelt infolge eines Herzinfarkts ließ – traurig, aber unvermeidlich – einige Verschwörungstheorien aufkochen. Eine Ruppelt-Biografie aus Sicht von „Ufologen" lesen Sie zusammen mit einer Diskussion von UFO-Erscheinungen in den 1950ern in [41].

[50]Anm. d. Ü.: Ich gebe zu, dass auch ich zunächst die Orion VIII im Landeanflug von vorne gesehen habe – und erst dann die Möwe, die von rechts nach links durchs Bild gleitet.

[51]Viele Bücher propagieren die These, dass UFOs außerirdische Raumschiffe sind; skeptischere Ansätze sind etwas seltener. Ein klar geschriebener UFO-kritischer Essay steht in [42].

[52]Anm. d. Ü.: Ja, diese Bezeichnung gibt es wirklich. Ceres ist die römische Göttin der Ernte und des Ackerbaus, die vermutlich *not amused* wäre, wenn Ernte und Ackerbau durch aufgeprägte Kreise und andere Designs gestört würden. Es gibt auch eine Zeitschrift mit dem Titel *The Cereologist: The Journal for Crop Circles Studies.*

[53]Auch „lex parsimoniae" oder „Sparsamkeitsprinzip" genannt. Dieses besagt, dass man immer nur so viele Begriffe und Annahmen wie unbedingt nötig verwenden sollte. Diese Idee dürfte schon vor dem 14. Jahrhundert unter Wissenschaftlern und Philosophen im Schwange gewesen sein – doch Wilhelm von Ockham (1288–1347) berief sich so häufig und scharfzüngig darauf, dass sie seitdem unter dem Namen Ockhams Rasiermesser (*Occam's razor*) bekannt ist.

[54]In [43] diskutiert Paul Davies über „Astroforensik" und die Schwierigkeiten bei der Suche nach Spuren von außerirdischen Aktivitäten in der ferneren Vergangenheit. Davies ist ein brillanter populärwissenschaftlicher Autor mit einem fundierten physikalisch-technischen Verständnis, siehe zum Beispiel [44] für eine erhellende Erklärung des Großen Schweigens (vgl. dazu auch [23, 24]).

[55]Wir können eine Vorstellung von möglichen heute noch sichtbaren Spuren vergangener Zivilisationen bekommen, wenn wir uns fragen, was wohl von *unserer* aktuellen Zivilisation übrig bleiben würde. Wenn der Mensch morgen verschwände, welche Belege unserer Existenz würden eine Million Jahre überdauern? Zehn Millionen? Noch länger? [45] diskutiert die Frage populärwissenschaftlich, [46] ist etwas technischer.

[56]Siehe [47] für eine allgemeinverständliche Diskussion der Oklo-Ereignisse.

[57]Anm. d. Ü.: Nicht nur, aber auch weil wirklich sehr viel dagegen spricht, dass so ein Antrieb überhaupt jemals funktionieren würde.

[58]Erich Anton von Däniken arbeitete als Hotelmanager, als er *Erinnerungen an die Zukunft* schrieb. Es folgten Titel wie *Kosmos und Aussaat* oder *Der jüngste Tag hat längst begonnen* (siehe [48–50]). Eine unterhaltsame Diskussion, warum diese Bücher so verquer sind, bietet [51].

[59][52] stellt eine Strategie vor, wie wir auf dem Mond nach Alien-Artefakten suchen sollten. Entwicklungen in Machine Learning und künstlicher Intelligenz bieten die Möglichkeit, deren Algorithmen an den Landestellen des Apollo-Programms zu trainieren und dann im hochaufgelösten Datenwust des Lunar Reconnaissance Orbiter nach ähnlichen Signaturen Ausschau zu halten. [53] stellt solch ein Machine-Learning-Modell vor. (Anm. d. Ü.: Mittlerweile sind auf dem Mond neben LRO nicht nur die Vorbereitungsmissionen für das befrauте und bemannte US-Mondlandeprogramm Artemis unterwegs, sondern auch hochkomplexe automatisierte chinesische und andere Sonden. Da geht noch was.)

[60]R. A. Freitas Jr. diskutiert in [54–56] die Frage, wie sich nach unirdischen Erdbeobachtungsmissionen suchen ließe.

[61]Die Idee, dass fremde Sonden unsere Erde über Jahrtausende im Blick behalten, ist nicht so ungewöhnlich, wie sie klingen mag. Das sogenannte KEO-Projekt plant bereits heute, einen Satelliten in eine 1400 km hohe Umlaufbahn zu bringen, wo er als eine Art Zeitkapsel 50 000 Jahre verbringen soll. Das Projekt erdacht hat sich Anfang der 1990er-Jahre der französische Künstler Jean-Marc Phillipe. Er wollte damit eine Botschaft an unsere fernen Nachkommen senden, so wie die Steinzeitkünstler in den Höhlen von Lascaux es mit uns gemacht haben. Die Information soll auf strahlenresistenten DVDs kodiert werden, einschließlich einer symbolischen Anleitung, wie sich ein Abspielgerät konstruieren ließe. Eine schöne Idee, aber es ist unklar, ob der Satellit je starten wird; siehe [57].

[62]Joseph-Louis Lagrange (1736–1813) war einer der größten Mathematiker des 18. Jahrhunderts, wenn nicht überhaupt. Seine wichtigsten astronomischen Erkenntnisse betrafen die Bahnen des Mondes um die Erde und der Planeten um die Sonne. Für eine kurze Biografie siehe [58].

[63]Aufwendige Simulationsrechnungen legen nahe, dass Erdorbits an den Positionen L4 und L5 aufgrund des gravitativen Einflusses der anderen Planeten und der Sonne nach wenigen Millionen Jahren instabil werden [59].

[64]Siehe zum Beispiel [60].

[65]Rätselhaft bleibt das Phänomen sogenannter LDEs, das sind langzeitverzögerte (*long-delayed*) Echos von irdischen Radiosignalen – etwa 3 bis 15 s nach Aussenden eines solchen Signals. Am Mond können diese nicht reflektiert worden sein, das würde nur 2,7 s brauchen, denn so

lange brauchen elektromagnetische Wellen von der Erde zum Mond und zurück. Die Venus wiederum, der uns nächste Planet, kann es auch nicht sein: Dann müsste das Echo mit 4 min Verzögerung auftreten. In [61] postuliert Duncan Lunan, dass LDEs durch Reflexion an Erkundungssonden entstehen, die sich bei L4 oder L5 befinden [62, 63]. Eine profane Erklärung für LDEs könnten Mehrfachreflexionen an Plasma und Staub in der oberen Erdatmosphäre sein.

[66]Für eine Geschichte der Marsbeobachtung siehe [64].

[67]Giovanni Virginio Schiaparelli (1835–1910) war Direktor des Brera-Observatoriums in Mailand und leistete wichtige Beiträge zur Erforschung von Meteoren und Kometen, bevor er sich den Planeten zuwandte. Er war nicht der Erste, der von Kanälen auf dem Mars berichtete; bereits die erste glaubwürdige Marskarte, 1830 von Wilhelm Beer und Johann Heinrich von Mädler publiziert, enthält mindestens eine Struktur, die wie ein Kanal aussieht. Nichtsdestotrotz machte Schiaparelli die Idee von *canali* auf dem Mars so populär, dass sie zum beherrschenden Thema der Diskussion über den Mars wurden. Vermutlich das berühmteste Werk, das mit der öffentlichen Faszination für den Roten Planeten spielt, ist der Roman *Krieg der Welten* [65] von Herbert George Wells, insbesondere in der Hörspielfassung von Orson Welles.

[68]Percival Lowell (1855–1916) kam aus einer wohlhabenden Bostoner Familie und begann sich erst im Alter von 40 Jahren ernsthaft mit Astronomie zu beschäftigen. Er erreichte trotz seines späten Starts eine ganze Menge: Er initiierte die Suche nach einem Planeten jenseits von Neptun und das Lowell Observatory in Arizona ist nach ihm benannt. Am meisten allerdings bleibt er verbunden mit seiner – grandios falschen – Interpretation dessen, was er im Teleskop vom Mars gesehen zu haben glaubte; siehe [66].

[69]Der russische Astronom Iossif Samuilowitsch Schklowski (1916–1985) ist am meisten bekannt für seine Erklärung der Kontinuumsstrahlung des Krebs-Nebels, aber er leistete auch wichtige Beiträge zur Erforschung der kosmischen Strahlung und von planetarischen Nebeln. Sein populärwissenschaftliches Buch über extraterrestrische Intelligenzen übersetzte Carl Sagan ins Englische, erweiterte es und publizierte es dann unter dem Titel *Intelligent Life in the Universe* – es ist ein Klassiker seines Feldes [67]. Bevan Percival Sharpless (1904–1950), auf dessen Phobos-Beobachtungen Schklowski sich stützte, arbeitete am US Naval Observatory. Eine schwache Gesundheit behinderte ihn während seiner gesamten Karriere, er starb 1950 mit nur 46 Jahren. Der fünftgrößte Krater auf Phobos ist nach ihm benannt.

[70]Heinrich Louis d'Arrest (1822–1875) initiierte 1862 eine groß angelegte Suche nach Marsmonden. Es war jedoch Asaph Hall (1829–1907), dem 1877 die Entdeckung von Phobos und seinem Kumpan Deimos gelang, siehe [64] für Details. Der Grund, dass Hall und nicht d'Arrest fündig wurde, ist einfach: Die beiden Marsmonde kommen dem Planeten viel näher, als d'Arrest es für möglich gehalten hatte. Hall schaute an der richtigen Stelle, d'Arrest nicht. Daher ist die Idee des Biologen Frank Boyer Salisbury, dass Phobos und Deimos zwischen 1862 und 1877 in ihre Umlaufbahn gebracht wurden, sehr aus der dünnen Marsluft gegriffen.

[71]Michael Demetrius Papagiannis (1932–1998) war der erste Vorsitzende der Bioastronomie-Kommission in der International Astronomical Union. In [68] macht er Vorschläge für Orte im Planetoidengürtel, wo sich Alien-Kolonien versteckt halten könnten. Csaba Kecskes [69] schlägt Gründe dafür vor, dass wir Menschen selbst eines Tages als „Planetoiden-bewohner" enden könnten. Ist dies eine weitere Lösung für das Fermi-Paradox: ETZs, die nicht die Milchstraße kolonisieren, weil das zu schwierig ist, sondern den Planetoidengürtel ihres eigenen Sternsystems dafür nutzen?

[72]Verschiedene Autorinnen und Autoren haben die Möglichkeit diskutiert, auf Planetoiden nach Mineralen zu suchen. Es könnte allerdings sein, dass solche Projekte aufgrund der exorbitanten Kosten zum Scheitern verurteilt sein werden; siehe [70].

[73]Anm. d. Ü.: Damals sah es so aus, als ob ein paar neu gefundene TNOs sogar etwa größer als Pluto wären – doch ein Planet kann schlecht kleiner sein als ein Planetoid. Und die Wahrscheinlichkeit, dass in Zukunft TNOs gefunden werden, die definitiv größer als Pluto sind, ist immer noch hoch. Insofern war die Einführung der Kategorie „Zwergplanet" nur folgerichtig.

[74]Siehe [71].

[75][72] diskutiert, wie man nach künstlich beleuchteten Objekten im äußeren Sonnensystem suchen kann.

[76]Anm. d. Ü.: Das macht das Licht natürlich bei allen Massen, nur ist der Effekt bei nicht so großen Massen unmessbar klein. Außerdem sollte man besser sagen: Eine Masse *ist* eine Raumkrümmung, gekrümmte Dimensionen und sich anziehende Massen sind unterschiedliche Bilder für dasselbe Ding.

[77]Er berechnet in [73] den minimalen Abstand, in dem die Sonne noch als Gravitationslinse wirken würde.

[78]Mehr über mögliche Verwendungen der Sonne als astronomische Schwer-kraftlinse lesen Sie auch in [74–79].

[79]Details, warum SETI Dümmeres tun könnte als sich auf den solaren Linsenfokus zu fokussieren, stehen in [80].

[80][81] stellt eine Reihe von besonders beeindruckenden Großteleskopen vor.

[81][82] untersucht die Idee, dass 'Oumuamua vielleicht ein Alien-Raumschiff ist; in [83] widerspricht das ISSI-'Oumuamua-Team dieser Annahme.

[82][84] behandelt die Frage, warum es sich so schwierig ausschließen lässt, dass irgendwo im Sonnensystem kleine Alien-Sonden herumlungern (so 1–10 m groß). Die Autoren vergleichen die Suche in einem Raumgebiet von Planetensystemgröße nach einem fremdartigen Objekt der Größe 1–10 m mit der nach einer Nadel in einem 1000 t schweren Heuhaufen.

[83]Siehe [56, 85].

[84][86] führt die Behauptung aus, dass ein solches Signal in unserem genetischen Code versteckt ist.

[85]Siehe [87].

[86]Anaxagoras war im 5. Jahrhundert v. Chr. der Lehrer von Sokrates, er sprach von „Samen des Lebens", aus denen sich alle Organismen entwickelt hätten [88].

[87]William Thomson, 1. Baron Kelvin (1824–1907), hat nicht nur einen beeindruckenden Namen, sondern trug auch maßgeblich zur Entwicklung von Elektro- und Thermodynamik bei.

[88]Svante August Arrhenius (1859–1927) begründete mit anderen die moderne physikalische Chemie. Sein Buch *Das Werden der Welten* [89] popularisierte die Vorstellung, dass das Leben auf der Erde aus dem Weltall stammen könnte.

[89]Fred Hoyle (1915–2001) und Nalin Chandra Wickramasinghe (*1939) haben beide Außerordentliches für die Wissenschaft geleistet – und sich auch Dinge wie die angesprochene Hypothese geleistet, die ziemlich weit weg vom wissenschaftlichen Schuss liegen [90]. Hoyles Kollege Thomas Gold war ebenfalls bekannt für zumindest unorthodoxe Ideen. Nicht ganz ernst war sein Vorschlag des Autobahnparkplatz-Szenarios für den Ursprung des irdischen Lebens: ETZs sind hier gelandet, haben kurz verschnauft und sich anschließend wieder auf den Weg gemacht. Aus ihren Picknickresten entwickelte sich dann das Leben …

[90]Siehe [91, 92].

[91]Siehe [93].

[92]Francis Harry Compton Crick (1916–2004) ist weltberühmt dafür, dass er zusammen mit James Dewey Watson (*1928) die Doppelhelix-Struktur unserer Erbsubstanz DNA entdeckt hat. Leslie Eleazer Orgel (1927–2007) leistete maßgebliche Beiträge zur chemischen Evolution. Von dem Mathematiker und Physiker Freeman Dyson (1923–2020) werden

wir in diesem Buch noch mehr hören. – Die Crick-Orgel-Idee einer geleiteten Panspermie [94, 95] entstand während der ersten Konferenz über Kommunikation mit extraterrestrischen Intelligenzen, die Sagan und Kardaschow 1971 am Astrophysikalischen Observatorium in Bjurakan (heute Armenien) veranstalten. Viele Leuchten der SETI-Bewegung waren damals zugegen.

[93]Von dem armenischen mathematischen Physiker Vahe Gurzadian (*1955) stammt eine verwandte Hypothese [96] aus dem Jahr 2005, die man „Informationspanspermie" nennen könnte. Anstelle von Lebenskeimen hätten die ETZs demnach zunächst ein Netzwerk von Relais-Sonden aufgebaut und darüber dann die zur Erschaffung des Lebens notwendigen Informationen übermittelt. Der Elektrotechniker und Neurobiologe Lou Scheffer formulierte bereits 1993 eine ähnliche Idee [97].

[94]John Allen Ball (1935–2019) hat ausgesprochen viel über das Fermi-Paradox geschrieben; zur Zoo-Hypothese siehe [98].

[95]Thomas W. Hair sagt, dass wenn die älteste noch existierende Zivilisation in unserer Galaxis 100 Mio. Jahre „Vorsprung" vor der nächstälteren hatte, sie eine Hegemonie etabliert haben müsste, welche die Entwicklung aller jüngeren Zivilisationen bestimmt hat [99]. Für diesen Fall schlägt er ein modifiziertes Zoo-Szenario vor, das eine ansprechende Lösung des Fermi-Paradox bietet. Duncan H. Forgan kritisiert allerdings in [100] die Idee, dass sich eine solche totale Hegemonie errichten lässt.

[96]Details zur „unvollständigen Kontaktsperre", auf Englisch *leaky embargo*, finden Sie in [101, 102]. [103] nimmt Deardorffs Ansatz als Beispiel, anhand dessen die wissenschaftlich-kritische Auseinandersetzung mit unwissenschaftlichen Ideen beschrieben wird.

[97]Anm. d. Ü.: … und auch nicht einmal eine ganze ETZ, meist reichen sehr wenige Idioten aus.

[98][104] ist die Originalveröffentlichung, [105] eine populärwissenschaftlichere Darstellung.

[99]In [106] gibt Asimov eine (überholte), aber gut lesbare Einführung in das Thema. Asimov war ein Optimist und nahm an, dass eine halbe Million Planeten in unserer Galaxis technologischen Zivilisationen eine Heimat bieten.

[100]Anm. d. Ü.: Die Astronomie teilt Sterne nach Spektralklassen ein, die sie aus historischen Gründen von blau und heiß nach rot und kalt sortiert und mit den Buchstaben O, B, A, F, G, K und M bezeichnet. Möchten Sie eine Eselsbrücke? Bitteschön: *O, Be A Fine Girl/Guy, Kiss Me*. Diese Klassen spielen im sogenannten Hertzsprung-Russel-Diagramm eine wichtige Rolle, siehe hierzu Lösung 11.

[101]Die Idee eines *Codex Galacticus* – eine weitere Idee, die in Science-Fiction-Magazinen populär wurde, bevor sie in wissenschaftlichen Journalen diskutiert wurde – ist Thema in [107].

[102]Stephen Baxter ist am meisten bekannt für seine Hard-Science-Fiction-Romane. Details zu seiner Planetarium-Hypothese finden sich in [108].

[103]Die Geschichte *The Earth-Owners* von Edmond Hamilton (1904–1977), die 1931 in der August-Ausgabe des Groschenhefts *Weird Tales* erschien, ist ein frühes Beispiel für dieses leicht paranoide Motiv: Aliens verkleiden sich als Menschen, um uns zu manipulieren. Die im Folgenden diskutierte Asimov-Geschichte ist *Ideas Die Hard* (*Galaxy*, Oktober 1957; Anm. d. Ü.: auf Deutsch als *Ideen sterben langsam* in der Sammlung *Wenn der Wind sich dreht*, Lübbe 2007). Andrew Weiner (1949–2019) veröffentlichte *The News from D Street* im September 1986 im *Isaac Asimov's Science Fiction Magazine*. Die philosophischen Weiterungen hinter der Planetarium-Hypothese werden sehr gut in [109] besprochen; siehe auch [30]. Zu Robert Anson Heinlein (1907–1988) siehe [129].

[104]Anm. d. Ü.: Der Begriff kommt von lateinisch *solus ipse,* „allein [ich] selbst".

[105]Jacob David Bekenstein (1947–2015) hat gezeigt, wie die Quantenphysik eine Grenze für die Menge an Information setzt, die in einem physikalischen System enthalten sein kann. Die Natur erlaubt bemerkenswert viel Information in einem zu konstruierenden Planetarium, bevor das Bekenstein-Limit erreicht wird – genug, um Simulationen unterschiedlichster Größe und Tragweite zu erschaffen.

[106]Anm. d. Ü.: Es wäre dann aber auch vieles andere egal.

[107]Die Idee, dass unser Universum eine Simulation ist, debattieren auch verschiedene Philosophen [110, 111], sodass wir sie vielleicht nicht vorschnell abtun sollten. Andererseits hat ein physikalisches Paper sich ernsthaft damit beschäftigt und herausgefunden, dass es im Prinzip immer eine Möglichkeit für die Simulierten gibt, die Simulatoren zu enttarnen [112].

[108]Asimovs packende Kurzgeschichte *Wenn die Sterne verlöschen* (Originaltitel *The Last Question*) [113] erzählt, wie zwei betrunkene Techniker einen Supercomputer fragen, ob die stete Entropiezunahme im Universum umgekehrt und der kosmische Wärmetod verhindert werden könne. Der Computer entgegnet, dass er nicht genug Daten für eine aussagekräftige Antwort hat. Dem Rechner wird dieselbe Frage sechs Mal über unterschiedliche Epochen gestellt. Kein Spoiler zur Antwort, die er am Ende gibt!

[109]Anm. d. Ü.: Obwohl … die beiden schwersten Quarks, t und b, werden zwar meistens als „top" und „bottom" ausgeschrieben, es war jedoch lange

auch üblich, von „truth" und „beauty" zu reden – und über diese Teilchen hätte die TOE einiges zu berichten! (*toe* heißt übrigens „Zeh".)

[110]Anm. d. Ü.: lateinisch *unus:* „einer", *multi:* „viele" und *versus:* „gerichtet", „befindlich".

[111]Anm. d. Ü.: *anthropos* heißt auf Griechisch „Mensch", vergleiche Lösung 33.

[112]Warum es sinnvoll sein kann, den Darwinismus auf das Universum als Ganzes anzuwenden, erläutert [26].

[113]Anm. d. Ü.: Anders als das Innere eines Schwarzen Loches, das für alle Zeiten unbeobachtbar ist, kann die Verschmelzung von Schwarzen Löchern neuerdings untersucht werden, nämlich anhand der dabei ausgesandten Gravitationswellen.

[114]Der Philosoph Karl Raimund Popper (1902–1994) stellte die berühmte Forderung auf, dass wissenschaftliche Hypothesen *falsifizierbar* sein müssen [114]. Obwohl seine Ansichten zum wissenschaftlichen Prozess kritisiert wurden, sind sie bis heute enorm einflussreich. Smolins Idee ist definitiv falsifizierbar, da sie konkrete nachprüfbare Vorhersagen macht. Neu daran ist allerdings, dass die Idee gegen Berechnungen und nicht gegen experimentelle Ergebnisse getestet werden muss.

[115]Der britische Kosmologe Edward R. Harrison (1919–2007) äußert sich dazu in [115]. John Byl (*1949), ein niederländisch-kanadischer Mathematiker und bekannter Christ, kritisiert Harrisons Spekulation als *post hoc* (im Nachhinein konstruiert), nicht verifizierbar und als im Wesentlichen nichts anderes als eine 2.0-Version des theistischen oder anthropischen Prinzips [116]. Mehr über das Multiversum finden Sie in [117, 118]. Siehe [119] für Gedanken über das Fermi-Paradox im Multiversum-Kontext. (Anm. d. Ü: Auch bei Douglas Adams [492] und Terry Pratchett findet sich einiges Erhellendes über das Multiversum.)

[116]Einige Physikerinnen und Physiker brüten bereits darüber, wie sich ein Universum im Labor erschaffen ließe [120].

Es gibt sie, wir haben sie bloß noch nicht gesehen (oder gehört)

[117]Anm. d. Ü.: „Gehört" im Sinne von „im Radio gehört". Schall breitet sich im All bekanntlich nicht aus oder nur so, dass allenfalls eine KIII-Zivilisation damit etwas anfangen könnte.

[118]Ich werde nicht versuchen, eine irgendwie vollständige Liste solcher Lösungen zusammenzustellen, denn der beständige Strom an neuen

Ideen macht so ein Unterfangen unmöglich. Beim Korrekturlesen der englischen Ausgabe dieses Buches habe ich zum Beispiel von der Ästivations-Hypothese erfahren [122]. Ästivation (schämen Sie sich nicht, ich musste es auch nachschlagen) heißt wörtlich Sommerschlaf und ist ein Starrezustand, in den manche Lebewesen unter bestimmten Bedingungen verfallen. Anders als beim Winterschlaf geschieht dies nicht bei zu großer Kälte, sondern bei zu großer Wärme. Die Sommerschlaf-Hypothese besagt, dass ETZs „sommerschlafen", um sich vor der Hitze des derzeitigen kosmischen Zustands zu schützen. In künftigen kälteren Zeitaltern werden sie hervorkommen und auf diese Weise die Effizienz ihrer Rechenkapazitäten maximieren. [123] liefert das obligatorische Gegenargument.

[119]Informationen über Voyager 1 und 2 finden sich auf [124]. [125] behandelt die in diesem Abschnitt diskutierten Antriebskonzepte.

[120]Eine gute Einführung in die Sache mit der Lichtgeschwindigkeit bietet [126].

[121]Siehe [127] für eine Diskussion von astronomischen Entfernungen.

[122]Anm. d. Ü.: Ein treffend, wenn auch nicht sonderlich kreativ gewählter Name, denn er bedeutet „der nächste [Stern] des Zentauren", und Proxima steht im Sternbild Zentaur.

[123]John Desmond Bernal (1901–1971) publizierte seine visionäre Idee eines Generationenschiffs in [128]. Sein Buch birgt das folgende Zitat, das zu jeder Diskussion des Fermi-Paradoxes passt: „Hat sich der Mensch erst einmal an das Leben im Weltraum akklimatisiert, wird er wohl kaum damit aufhören, bis er große Teile des mit Sternen besetzten Universum erkundet und kolonisiert hat, und selbst damit wird er sich vielleicht nicht begnügen. Der Mensch wird nicht als Parasit der Sterne enden, sondern sie beherrschen und zu seinen Zwecken gestalten wollen." Streiche „Mensch", setze „ETZ". Also – wo *sind die bloß alle?* Robert A. Heinlein setzte die Idee literarisch in *Universum* um, einem Science-Fiction-Klassiker, der zuerst 1941 in der Mai-Ausgabe von *Astounding Science Fiction* erschien und heute zum Beispiel in [129] zu finden ist.

[124]Anm. d. Ü.: Darauf kann vermutlich nur kommen, wer noch nie persönlich mit einer Schwangerschaft und Geburt zu tun hatte, was bei Ufologen wohl vorkommen mag.

[125]Crawford [130] plädiert mit wissenschaftlichen Argumenten für die interstellare Raumfahrt. Es gebe Dinge, die uns ein Blick in das größte Teleskop niemals zeigen wird; der wissenschaftliche Fortschritt erfordere zwingend die bemannte interstellare Raumfahrt. (Anm. d. Ü.: Dass Menschen sich auf so etwas einlassen könnten, zeigen auch die vielen

Menschen, die sich im Internet für eine Marsreise unter dem Stichwort „Mars One" angemeldet haben. Die dauert zwar nur eine Reihe von Monaten. Eine Rückkehr ist bei diesem Angebot aber explizit *nicht* vorgesehen.)

[126]Anm. d. Ü.: Am Rande sei bemerkt, dass für ein masseloses Raumschiff, das exakt Lichtgeschwindigkeit hat (also ein Photon, das heißt Licht), in unseren massenbehafteten Augen *gar keine* Zeit vergeht, wohin auch immer es sich bewegt. Dies erkauft sich das Gefährt mit der Einschränkung, dass es physikalisch unmöglich ist, Licht (oder andere masselose Objekte) mit weniger als *c* durchs All sausen zu lassen. Natürlich ist es für das Photon so, dass wir mit *c* an ihm vorbeiziehen, ohne dass für uns Zeit vergeht. Und ebenso natürlich kann nichts schneller als das Licht sein, denn weniger als keine Zeit kann für keinen Beobachter, in welchem Bewegungszustand auch immer, nicht vergehen.

[127]Poul William Anderson (1926–2001) schrieb hierüber seinen Roman *Universum ohne Ende* [131]. Darin beschleunigt ein „Ramjet" Raumschiffe so nah an *c* heran, dass die Umrundung des Universums möglich wird. (Anm. d. Ü.: Vorausgesetzt, das All ist die dreidimensionale Oberfläche einer unvorstellbar großen vierdimensionalen Kugel, was physikalisch, aber mit den heutigen Beobachtungsdaten eher nicht verträglich ist.)

[128]Obwohl ich mich hier auf Antriebsmethoden konzentrieren möchte, gilt es auch andere Faktoren im Blick zu behalten. Beispielsweise würden ein „Vernünftiges-Tempo-Raumschiff" auf kosmische Staubteilchen mit gigantischer (relativer) kinetischer Energie treffen und die Passagiere wären einem ständigen intensiven Bombardement durch die kosmische Strahlung ausgesetzt. Abschirmung wäre definitiv ein Thema. Es gibt auch ein Navigationsproblem [132]: Die Sterne bewegen sich mit unterschiedlichen Geschwindigkeiten relativ zueinander (und zum Raumschiff), und das in drei Dimensionen, was das Ansteuern eines als Ziel ausgesuchten Sternes verkompliziert. Nichtsdestotrotz hätten wir diese Probleme gar nicht, wenn wir keinen hinreichend leistungsfähigen Antrieb für die Reise hätten. Beachten Sie übrigens, dass wir unsererseits Alien-Schiffe detektieren könnten, die mit relativistischer Geschwindigkeit durch unsere kosmische Nachbarschaft rasen. Größere Materiebrocken sind im Weltraum normalerweise viel langsamer, sodass wir relativistische Raumfahrzeuge durch die Dopplerverschiebung von an ihnen reflektierten Lichtstrahlen erkennen würden (nicht unähnlich einer Radarfalle Ihrer lokalen Ordnungsbehörde).

[129]Anm. d. Ü.: Im freien Weltraum könnte ein einmal ausreichend beschleunigtes Sternenschiff natürlich völlig antriebs- und schwerelos vorankommen. Doch der Treibstoff für Ausweichmanöver, Kurskorrekturen und vor allem das Abbremsen vor der Zielankunft sowie erst recht für die genauso lange Rückreise wäre auch schon bei Weitem mehr, als sich vernünftig mitführen ließe.

[130]Neben der etwas gewagten Sache mit der Antimaterie hat Eugen Sänger (1905–1964) eine Reihe von sehr praktikablen Ideen zur Raumfahrttechnik beigesteuert. Noch mehr zu Raketentriebwerken steuern [134] und [135] bei.

[131]Seit Robert W. Bussard (1928–2007) sein ursprüngliches Design publizierte [136], haben verschiedene Forscher eine Reihe von Verbesserungen vorgeschlagen.

[132]Robert Lull Forward (1932–2002) hat sowohl Romane als auch Sachbücher geschrieben. Eine technische Diskussion von Lichtsegeln findet sich in [137].

[133][138] behandelte Lichtsegel in Hinblick auf die kosmische Kolonisierung, [139] bietet eine allgemeine Diskussion des Weltraumsegels.

[134]Kosten und erforderliche Technologien werden in [140] diskutiert. Der technische Fortschritt ist übrigens manchmal schneller, als man denkt: Das *Starshot-Projekt* der Breakthrough Initiatives plant bereits heute, eine Flotte von Nanoraumschiffen mithilfe der Lichtsegel-Technologie zu dem hellen Stern Alpha Centauri zu bringen, dessen Begleiter, wie schon gesagt, die kleine Proxima ist [141].

[135]Leonid Schkadow (1927–2003) führt seine Idee in [142] ein; Duncan H. Forgan diskutiert, wie wir beobachten könnten, dass eine ETZ eine solche Maschine einsetzt [143]. Literarisch umgesetzt findet sich das Konzept in [144].

[136]15 Stanislaw Marcin Ulam (1909–1984, [145]) war ein einflussreicher Mathematiker und auch Mitglied des Manhattan-Projekts. Freeman John Dyson, einer der kreativsten Physiker seiner Generation, arbeitete zu vielen der in diesem Buch behandelten Themen. Zu seinen Ideen über Gravitationsantriebe siehe [146, 147].

[137]Anm. d. Ü.: *Tachys* heißt auf Altgriechisch „schnell".

[138]Für eine Diskussion negativer Massen siehe [148].

[139]Im Jahr 2011 versetzte das sogenannte OPERA-Experiment die Physik-Community in Aufruhr, als die Leiter verkündeten, überlichtschnelle Myon-Neutrinos gesehen zu haben [149]. Ein paar Monate später zogen sie ihre Behauptung zurück. Ein Kabel war nicht richtig eingesteckt gewesen.

[140]Carl Edward Sagan (1934–1996) basierte den physikalischen Background von *Kontakt* (siehe [150]) auf Arbeiten von Kip Stephen Thorne (*1940), der unter anderem die theoretischen Eigenschaften von Wurmlöchern untersucht hat und 2017 den Physik-Nobelpreis bekam. Eine populäre Darstellung dieser Arbeiten liefert [151]. (Anm. d. Ü.: Auch im 2014 erschienenen, äußerst sehenswerten Christopher-Nolan-Film *Interstellar* spielt ein Wurmloch eine zentrale Rolle. Und nicht nur das, Kip Thorne war an der Entwicklung des Drehbuchs sowie der physikalisch korrekten Darstellung der beiden verbundenen Schwarzen Löcher und der allgemein-relativistischen Zeitdilatation maßgeblich beteiligt.)

[141]Anm. d. Ü.: Abgesehen davon würde man höchstwahrscheinlich lange vor Eintritt in das erste Schwarze Loch von extremen Gezeitenkräften zerrissen, käme also gar nicht in die Verlegenheit, in einem zu engen Wurmloch-Kanal *zwischen* den Schwarzen Löchern stecken zu bleiben.

[142]Siehe [152].

[143]Anm. d. Ü.: Hier gibt es in der deutschen Version etwas Verwirrung bei der Nomenklatur. Im Englischen spricht die Besatzung von einem *warp factor* und entsprechend von überlichtschnellen Geschwindigkeitsstufen zwischen *warp 1,0* (= c) und *warp 10* (= unendlich schnell). Als Anfang der 1970er-Jahre die Folgen der Original-Fernsehserie auf Deutsch übersetzt wurden, nannten Captain Kirks Leute ihre Fluggeschwindigkeiten dagegen meistens „SOL 1" bis „SOL 10". Später hieß es dann aber auch hier: „Warp-Antrieb!"

[144]Der Mexikaner Miguel Alcubierre Moya (*1964) ist jetzt Direktor des Kernphysik-Instituts der Universidad Nacional Autónoma de México. In [153] hat er seinen Warp-Antrieb beschrieben.

[145]Zum Van-den-Broeck-Antrieb siehe [154].

[146]Im Jahr 1948 sagte Hendrik Brugt Gerhard Casimir (1909–2000) voraus, dass auf der Unschärferelation basierende Quantenfluktuationen des elektromagnetischen Feldes im Vakuum eine winzige, aber prinzipiell messbare anziehende Kraft zwischen sehr nahen, elektrisch neutralen und parallel ausgerichteten Platten bewirken würden. Die erste Messung dieser Casimir-Kraft gelang erst zwei Jahren nach seinem Tod im Jahr 2002 [155]. Spekulationen über eine mögliche technische Nutzung dieses Effekts präsentieren zum Beispiel [156, 157].

[147]Gemäß [158] liegt die Zukunft der Erkundung unseres Sonnensystems in einem Mix aus menschlichen und robotischen Missionen.

[148]Cox [159] unterstützte den temporalen Erklärungsansatz und schrieb eine der ersten Antworten auf Harts Paper.

[149]Der deutsche Physiker Claudius Gros (*1961) hat ein einfaches Modell der Populationsdynamik einer technologisch fortschrittlichen Zivilisation entwickelt, in dem die Zivilisationen unter Umständen ihre prinzipielle Ausrichtung ändern. Einige Kolonien geben vielleicht das Kolonisieren ganz auf, andere nehmen es erst nach vielen Jahrtausenden wieder auf. Unter Einbeziehung dieser Faktoren zeigt Gros in [160], wie eine große expandierende – aber etwas wankelmütige – ETZ ein stabiles Gleichgewicht erreichen kann.

[150]Manche Stimmen bezweifeln sogar, dass ETZs sich überhaupt mit einer realen Kolonisierung durch Zeit und Raum abgeben. Mike Lampton argumentiert zum Beispiel, dass alle hinreichend technisierten Gesellschaften eine Art Phasenübergang durchleben: Sie mögen zu Beginn durchaus motiviert sein, ihre Energien für Kolonisierung, Eroberung und Handel einzusetzen, aber schlussendlich wird sich alles nur noch um Information drehen. Eine ETZ wird nach diesem Übergang nicht mehr „dort sein" müssen, um alles „darüber" zu erfahren. Wenn ein Individuum einer solchen postmaterialistischen Gesellschaft der neuen Art wirklich „dort" vorbeischauen will, konstruiert es sich einfach eine lokale Simulation. Wenn der Übergang zur Informationsgesellschaft schneller erfolgt, als die Kolonisierung dauern würde, wird es keine Kolonisierung geben, siehe [161].

[151]Ich diskutiere hier wirklich nur einige wenige galaktische Kolonisierungsmodelle. Siehe [162] für eine ausführlichere Zusammenfassung unterschiedlicher Modelle und ihrer Beziehungen zum Fermi-Paradox.

[152]Siehe [163–166].

[153]Siehe [107].

[154]Anm. d. Ü.: oder schlicht aus Langeweile …

[155]Siehe [167].

[156]Siehe [168].

[157]Geoffrey Alan Landis (*1955), ein Physiker bei der NASA, ist ein weiterer Forscher, der vor allem als Science-Fiction-Autor bekannt ist. Seine Ideen zur galaktischen Perkolation beschreibt er in [169].

[158]Siehe [170] für eine gute (wenn auch ziemlich mathematische) Einführung in die Perkolationstheorie.

[159]Anm. d. Ü.: In der Kaffeemaschine und bei anderen Perkolationsproblemen spielt natürlich neben der Diffusion auch die Schwerkraft eine wichtige Rolle, man spricht in diesem Fall daher auch von „gerichteter Perkolation".

[160]Anm. d. Ü.: Im sogenannten Hertzsprung-Russel-Diagramm trägt die Astronomie die Leuchtkraft von Sternen gegen ihre Oberflächentemperatur auf, wobei letztere als Farbindex beziehungsweise Spektralklasse

(O, B, A, F, G, K, M) notiert wird. Die meisten Sterne sind dabei in etwa auf einer Line angeordnet, der „Hauptreihe". Nur zu Beginn und gegen Ende ihrer Entwicklung nehmen gewöhnliche Sterne andere Plätze in diesem Diagramm ein. Siehe hierzu auch Lösung 7.

[161]Der brasilianische Physiker und Science-Fiction-Autor Osame Kinouchi kam zu einer ähnlichen Schlussfolgerung und wies darauf hin, dass die Nachtseite der Erde, aus dem All betrachtet, nicht anders aussieht: Es gibt große Städte und Ballungsräume („Kolonien") und unbewohnte Gegenden („Leerräume"). Der Mensch hätte in den letzten Jahrtausenden sicherlich genug Zeit gehabt, die Erde lückenlos zuzubauen, doch eine ganze Menge Gebiete sind unbewohnt geblieben (wenn auch nicht notwendigerweise unbesucht). Kinouchis „Persistenz-Lösung" des Fermi-Paradoxes [171] legt also nahe, dass sich die Erde in einem unbewohnten Teil der Galaxis befindet: Wir sind eine „persistente" Ecke, die sich beharrlich der Kolonisierung „widersetzt". Auch Robin Hanson, der das Kolonisierungsproblem wirtschaftswissenschaftlich angegangen ist, schloss auf eine Erde als Oase in einer stillen galaktischen Wüstenei. Kolonisierung, Erkundung und Ressourcenverbrauch finden anderswo in der Milchstraße statt. Allerdings hat sich auch Hanson gewundert, dass wir eigentlich trotzdem in der Lage sein müssten, irgendwelche Zeugnisse von Kolonisierungsaktivitäten in anderen Regionen zu sehen, entweder jetzige oder historische; siehe [172].

[162]In [173] kritisiert Wiley das Perkolationsmodell und andere Kolonisierungsansätze.

[163]Stanislaw Ulam und John von Neumann untersuchten in den 1940er-Jahren als Erste zelluläre Automaten. Populär wurden diese, als der „Fürst der Unterhaltungsmathematik" Martin Gardner (1914–2010) in den 1970er-Jahren sie in seiner berühmten Kolumne *Mathematical Games* in der Zeitschrift *Scientific American* [174] vorstellte. (Anm. d. Ü.: In der 1982 gestarteten deutschen Ausgabe *Spektrum der Wissenschaft* hieß Gardners Kolumne *Mathematische Spielereien*. Auch dort ging es immer wieder einmal um zelluläre Automaten.)

[164]Anm. d. Ü.: Siehe [175]; die englische Schreibweise der Namen ist Bezsudnov und Snarski.

[165]Anm. d. Ü.: Im Alltagsenglisch steht „BS" für *bullshit*, weswegen der Autor der Originalausgabe die Abkürzung BS meidet. Wir haben im Deutschen kein Problem mit den beiden Buchstaben – wer hätte schon etwas gegen Braunschweig oder den Kanton Basel-Stadt?

[166]Siehe [176]; Milan Ćirković (*1971) ist ein serbischer Astronom und Autor, der sich intensiv mit dem Fermi-Paradox beschäftigt hat.

[167]Anm. d. Ü.: ganz zu schweigen vom Universum und dem ganzen Rest …

[168]Anm. d. Ü.: Die Struktur der DNA wurde erst 1953, das erste „Wort" des genetischen Codes 1961 entschlüsselt.

[169]Freitas' Ideen finden Sie in [177], Tipler äußert sich in [22]. Der Ausgangspunkt für diese Diskussion lag noch früher bei Cricks Motto für die gerichtete Panspermie: „Bakterien kommen weiter." Crick und Orgel erklärten, dass eine kleine Sonde mit einer Nutzlast aus Bakterien einfach zu bauen und preiswert anzutreiben wäre, was es einer ETZ erlauben würde, mit wenig Aufwand Leben in ihre Galaxie zu bringen. Für eine Erkundungsmission jedoch wäre eine Bracewell-von-Neumann-Sonde besser geeignet. [178] stellt ein modernes Design einer selbstreplizierenden Sonde vor.

[170]Diese Sonden werden zwar gewöhnlich nur Von-Neumann-Sonden genannt, doch nach allem, was ich in Erfahrung bringen konnte, hat sich von Neumann selbst nie mit dem Einsatz von solchen Sonden für die interstellare Exploration beschäftigt. Die erste Person, die darauf hingewiesen hat, dass diese Sonden sich in diesem Sinne einsetzen ließen, war Ronald Bracewell. Obwohl eine Bracewell-Sonde kein selbstreplizierender Automat sein müsste, würde die Fähigkeit zur Selbstreplikation ihre Effizienz erheblich erhöhen. Insofern erscheint es gerechtfertigt, diese Sonden Bracewell-von-Neumann-Sonden zu nennen.

[171]Siehe zum Beispiel [180, 181] für Diskussionen, wie sich Swing-by-Manöver nutzen ließen, um die Dauer einer galaktischen Exploration zu reduzieren. Insbesondere würden selbstreplizierende Sonden auf diese Weise eine so hohe Ausbreitungsgeschwindigkeit erreichen, wie Tipler sie ursprünglich angenommen hatte. Auch [182] untersucht die galaktische Kolonisierung mit Bracewell-von-Neumann-Sonden. Ein Kolonisierungskonzept ohne selbstreplizierende Sonden stellt [183] vor.

[172]Mathews [184] meint, dass automatisierte interstellare Sonden generell der natürliche nächste Schritt nach unseren interplanetaren Forschungsmissionen sein werden, die wir ja auch mit Robotern und nicht mit Menschen durchführen. Vielleicht wird uns diese Technologie schließlich zu selbstreplizierenden Sonden führen, wie wir sie gerade diskutiert haben.

[173]Dieser Gedanke dürfte von Neumann gefallen haben, der ein großer Befürworter eines nuklearen Erstschlags war. In einem Interview mit dem Magazin *Time* sagte er: „Wenn Sie mich fragen, ob man die Atombombe morgen auf sie [die Russen] abwerfen sollte, dann sage ich Ihnen, warum nicht heute? Wenn Sie fünf Uhr sagen, sage ich ein Uhr." Wir können dankbar sein, dass sich in dieser Frage weisere Ratgeber als von Neumann durchgesetzt haben.

[174]Kritik an der galaktischen Exploration via Bracewell-von-Neumann-Sonden äußert [185]; Wiley bezeichnet diesen Einwand allerdings in [173] als unbegründet.

[175]In [186] erläutert Ćirković, dass eine fortschrittliche Zivilisation von etwas anderem als Expansionsdrang angetrieben sein dürfte. Expansion und Kolonisierung beruhen ihm zufolge auf biologischen Zwängen. Wenn eine Zivilisation auf eine postbiologische Stufe aufsteigt, dann enden diese Zwänge womöglich. Erfolg bemäße sich dann eher in der Menge und Qualität an digital erschlossener Information als in der Fülle des gestreuten biologischen Erbguts. Wirtschaftliche, ethische (siehe [187]), politische (siehe [188, 189]) und historische Argumente führen Ćirković zu der Annahme, dass die Zukunft einer hochstehenden Zivilisation in einem ortsfesten „Stadtstaat" und nicht in einem galaktischen Imperium liegt.

[176]Siehe [190].

[177]Fred Thomas Saberhagen (1930–2007) schrieb viele Geschichten über diese Maschinen, die erste erschien unter dem Namen *Berserker* [191]. Stanley Kubrick schuf die berühmte Filmsatire des Kalten Kriegs *Dr. Seltsam oder wie ich lernte, die Bombe zu lieben*. In der originalen Fernsehserie *Raumschiff Enterprise* gibt es eine Episode mit dem Titel *Planeten-Killer*, im Original *The Doomsday Machine*, welche die Idee einer unzerstörbaren Weltzerstörungswaffe behandelt. In der *Enterprise*-Folge war dies ein einzelnes großes, sich langsam bewegendes Objekt. Meine eigene Vorstellung von Berserkern ist eine etwas andere: Ich denke an Schwärme von kleinen und schnellen Vernichtungsmaschinen. *Die toten Welten des Bolg* von Philip José Farmer behandelt ebenfalls Weltzerstörungswaffen [192]. Am eindrücklichsten und gründlichsten hat sich wohl der Astrophysiker Gregory Benford mit der Idee von bösartigen Todesapparaten auseinandergesetzt, siehe zum Beispiel [193].

[178]Anm. d. Ü.: ... von denen wir das letzte gerade selbst veranstalten – sind Menschen Berserker?

[179]Diese Lösung des Fermi-Paradoxes wird in [194] diskutiert.

[180]Das Konzept einer Dyson-Sphäre – eine lose Ansammlung von Objekten, die auf unabhängigen Bahnen einen Stern umlaufen (eine starre Kugelschäre wäre nicht stabil) – erschien zuerst in [195]. Die Idee inspirierte zwei berühmte Science-Fiction-Romane: *Ringwelt* [196] und *Orbitsville* [197]. Andere planetare Ingenieursprojekte wurden ebenfalls vorgeschlagen. So könnte eine ETZ auch eine *shell world* („Schalenwelt") konstruieren, siehe [198].

[181]In [69, 199] wird ein möglicher Entwicklungspfad für technische Zivilisationen skizziert: Aus Planetenbewohnern werden Planetoidensiedler, interstellare Traveller und schließlich galaktische Kosmopoliten. In diesem Bild treffen wir keine Außerirdischen, weil sie andere Habitate bewohnen.

[182]Der Lichtkäfig wird in [200] diskutiert. Eine ähnliche Idee findet sich bei von Hoerner [201].

[183]Anm. d. Ü.: An dieser Stelle musste ich beim Übersetzen an den Wettlauf zum Mond in den 1960ern denken …

[184]Eine kreative Lösung für das Fermi-Paradox liefert in diesem Zusammenhang der Roman [202].

[185]Anm. d. Ü.: Ob wir selbst so schlau sein werden, ist eine andere Frage.

[186]In [16] finden sie die „Öko-Lösung" des Fermi-Paradoxes.

[187]Eugene Andrew Cernan (1934–2017) erzählt von seinen Erfahrungen beim Apollo-Programm in [203]. Einen anschaulichen Bericht über die gesamte Apollo-Ära lesen Sie in [204].

[188]In der Erzählung *Inconstant Moon* [205] beschreibt Laurence (Larry) van Cott Niven (*1938) eine Nacht, in der eine Sonneneruption den Mond heller leuchten lässt als jemals zuvor. Kein gutes Zeichen.

[189]Anm. d. Ü.: Also im Hertzsprung-Russel-Diagramm, siehe Lösung 11.

[190]Siehe [206].

[191]Arthur Clarkes Roman *Die sieben Sonnen* [207] nennt mindestens zwei Erklärungen des Fermi-Paradoxes, einschließlich der Idee, dass die Wesen es einfach vorziehen, in der „City" zu bleiben – geschützt vor den unangenehmen Realitäten eines rauen Kosmos.

[192]Für Diskussionen von Neutrino-basierten SETI-Projekten siehe zum Beispiel [208–210].

[193]Eine detailliertere Bauanleitung für Gravitationswellensender bietet [211].

[194][212] ist ein sehr schöner Bericht über die historische Leistung des ersten direkten Gravitationswellennachweises. (Anm. d. Ü.: Die technische Hauptschwierigkeit liegt dabei darin, eine Längenänderung um etwa 10^{-19} m festzustellen.)

[195]Siehe [213] zu einem möglichen kosmischen Gravitationswellen-Leuchtfeuer.

[196]Anm. d. Ü.: Eine dritte, etwas anders aufgebaute Anlage steht in der Nähe von Pisa in Italien und arbeitet mit den beiden LIGO-Detektoren zusammen. In Indien wird derzeit ein mit den beiden US-LIGO-Anlagen identischer Detektor aufgebaut, er soll 2023/24 in Betrieb gehen. Einer der Gründerväter von LIGO war übrigens Kip Thorne, der langjährige Freund von Stephen Hawking und Carl Sagan.

[197]Anm. d. Ü.: Dies spielt einerseits auf die *Encyclopædia Britannica* an, die im englischsprachigen Raum das war, was „*der Brockhaus*" einmal bei uns gewesen ist. Andererseits aber auch auf eine Reihe von Asimov-Romanen und vor allem natürlich auf die fünf- beziehungsweise sechsbändige Trilogie *Per Anhalter ins All* (Originaltitel *The Hitchhikers Guide to the Galaxy*) von Douglas Adams, vergleiche Lösung 50. Der namensgebende kosmische Tramper-Reiseführer wird in Adams' Romanen regelmäßig mit der *Encyclopædia Galactica* verglichen und schneidet natürlich jedes Mal besser ab – insbesondere was die praktische Anwendbarkeit des aufgeführten Wissens anbelangt.

[198]In ihrer ein Jahrzehnt währenden Studie fanden Jugaku und Nishimura keine Kandidaten [214–216].

[199]Siehe [217].

[200]Siehe [218] für Details über die Suche in den IRAS-Daten. Mehr zur „interstellaren Archäologie" lässt sich in [219, 220] nachlesen.

[201]Siehe [221–224]. Eine allgemeine Diskussion der Suche nach „Megastrukturen" bietet [225]. Beachten Sie, dass der Infrarotbereich möglicherweise nicht das beste Fenster für solche Untersuchungen ist: Marvin Lee Minsky meinte zum Beispiel, dass eine *wirklich* fortschrittliche ETZ auch noch das letzte Quäntchen Energie aus der Strahlung ihres Sternes herausquetschen und bei einer Schwarzkörper-Temperatur knapp über der kosmischen Hintergrundstrahlung, also 2,7 K, wieder abstrahlen würde [226].

[202]Anm. d. Ü.: Seit 2018 ist das Nachfolgeprojekt „Planet Hunters TESS" online, das Daten vom Kepler-Nachfolger TESS (*Transiting Exoplanet Survey Satellite*) auswertet.

[203][227] behandelt die Entdeckung von Tabby's Star. [228] stellt die derzeit hoch gehandelte Hypothese vor, dass ein zerbrochener Exomond für die atypischen Helligkeitseinbrüche verantwortlich ist.

[204]Siehe [229].

[205]Anm. d. Ü.: Wie langlebig solch ein Ansatz auch sein mag.

[206]Siehe S. 245 von [230] sowie [231].

[207]Der Italiener Giuseppe Cocconi (1914–2008) arbeitete an der Cornell University mit Philip Morrison (1915–2005), bevor er nach Europa zurückkehrte, um am CERN zu arbeiten, wo er zwei Jahre lang Direktor war. Ihr gemeinsames Paper [232] ist ein Klassiker der SETI-Forschung.

[208]Obwohl es eine größere Herausforderung wäre, nach breitbandigen Signalen zu suchen, könnte eine Breitbandübertragung andererseits mehr Informationen übermitteln als eine schmalbandige. Für mehr Informationen über Breitband-SETI siehe zum Beispiel [233–237].

[209]Anm. d. Ü.: Es ist kein Zufall, dass das „Wasserloch" so frei von natürlicher Strahlung ist. Wenn H und OH dort starke Emissionslinien haben, können sie auch besonders gut Streustrahlung mit diesen Frequenzen absorbieren und so das Frequenzband „sauber" halten. Übrigens: Man könnte bei „Wasserloch" *auch* an die Löwenfamilie denken, die sich, im Gebüsch neben dem Wasserloch versteckt, auf ihr nächstes Festmahl freut …

[210]Vorschläge für andere vielversprechende SETI-Frequenzen finden Sie in [217, 238, 239].

[211]Die Lauschversuche im Wasserloch-Frequenzbereich sind mit der Zeit immer ausgefeilter geworden, siehe [240, 241] für einen allgemeinen Überblick. Schon das Projekt META, das 1985 entwickelt wurde, konnte 1 Mio. Kanäle im Wasserloch gleichzeitig überwachen, siehe [242]. 1990 durchsuchte META II den Südhimmel. Im Jahr 1995 scannte das Projekt BETA dann bereits 1 Mrd. Kanäle – keine zehn Jahre später tausendmal mehr als META! Zwischen 1995 und 2004 beobachtete das Projekt Phoenix 800 Sterne im Detail. Das SERENDIP-Programm der Berkeley-Universität ritt in gewisser Weise Huckepack auf den Teleskopen der dortigen Radioastronomie, siehe zum Beispiel [243]. Seit 2007 wird das Allen Telescope Array für SETI-Aktivitäten genutzt, siehe hier etwa [244–246]. Das Square Kilometre Array, welches derzeit in Südafrika und Australien aufgebaut wird, wird nicht nur die Radioastronomie, sondern auch SETI revolutionieren; unterschiedliche Ansichten hierzu stellen [247–250] vor. (Anm. d. Ü.: 2015 wurde die privat und sehr üppig finanzierte Initiative „Breakthrough Listen" gestartet, das Projekt kooperiert mit Green Bank und seit 2019 auch mit dem TESS-Weltraumteleskop.)

[212][251] stellt die Chancen und Schwierigkeiten der statistischen Analyse von über lange Zeiträume zusammengetragenen Archiven ungewöhnlicher Radio-Bursts vor.

[213][252] diskutiert das „Wow!"-Signal eingehend – einschließlich der verschiedenen Versuche, es zu verstehen.

[214]Dass OSETI nur langsam aufholt, liegt vielleicht daran, dass die Technologie noch so neu ist. Übrigens war es lange umstritten, wer den Laser eigentlich erfunden hat (siehe [253]). Arthur Leonard Schawlow (1921–1999) und sein Schwager Charles Hard Townes (1915–2015) erhielten am Ende beide einen Physik-Nobelpreis für Arbeiten zum Laserprinzip (Townes im Jahr 1964, Schawlow 1981). Townes war sehr vorausschauend, was das technische Potenzial der Lasertechnik anbelangt: Sein Vorschlag, dass SETI im optischen Bereich nach Lasersignalen schauen sollte, ist fast so alt wie das Cocconi-Morrison-Paper, siehe [254].

[215]Für frühe Beispiele von optischen SETI-Projekten siehe [255, 256]. [243] stellt neben SERENDIP auch SEVENDIP vor. (Anm. d. Ü.: Die Abkürzungen bedeuten so viel wie „Suche nach außerirdischen Radio-/visuellen Ausstrahlungen von in der Nachbarschaft entwickelten intelligenten Populationen". Sie klingen aber auch nach „superglückli" beziehungsweise „sieben Tunken".)

[216]Siehe [257].

[217]Siehe [258] für die Idee, dass GRBs kosmische Zeitzeichen sind.

[218]Das VERITAS-Teleskop, welches Lichtblitze erfasst, die beim Eintritt von harter kosmischer γ-Strahlung in die Erdatmosphäre entstehen, wurde bereits auf Tabby's Star gerichtet, siehe [259]. Das Projekt „Breakthrough Listen" hofft, mithilfe von VERITAS nach kurzen optischen Ortungspulsen von ETZs zu suchen. Noch exotischer wird es in [260]: eine Fahndung nach hochenergetischen γ-Pulsen, die Raumschiffe von sich geben, die von miniaturisierten Schwarzen Löchern angetrieben werden!

[219]Siehe [261].

[220]Siehe [262, 263] für Details über die Habstars aus dem Hipparcos-Katalog.

[221]Anm. d. Ü.: vermutlich nicht unabsichtlich gleichlautend mit den hübschen und superteuren japanischen Zierkarpfen.

[222][264] beschreibt eine Untersuchung von 86 KOIs. Radiosendungen von dort beheimateten ETZs traten nicht zutage.

[223]Eine Lanze für Vorzugsrichtungen bei SETI-Projekten bricht [265].

[224]Siehe [266, 267].

[225]Siehe [268].

[226]Dieser „Universal-Frequenzstandard" wurde zuerst in [269] diskutiert, siehe auch [270].

[227]Siehe das Vorwort zu [15].

[228]Hat Geduld Grenzen? Im Jahr 2000 gaben 39 % von fast 75 000 Befragten in einer Umfrage an, sie glaubten an den Nachweis eines ET-Signals innerhalb der nächsten zehn Jahre. Sie warten immer noch [271].

[229]Anm. d. Ü.: Der Faktor ist eigentlich $10^{1/3} \approx 2,15\ldots$, die Galaxis ist dreidimensional.

[230]Siehe [272].

[231]Aleksandr Saizew (englisch Zaitsev) (*1945) taufte die Idee von einem Universum, in dem es viele Hörer, aber keine Sender gibt, das „SETI-Paradox" [273].

[232]Anm. d. Ü.: Selbst wenn es nicht wie das reale Arecibo-Teleskop Ende 2020 eingestürzt wäre.

[233]Wäre eine ETZ in der Lage, die Rundfunksender aus der Zeit vor Kabelfernsehen und Internet-TV zu empfangen, dann könnte sie daraus eine

Menge über die Erde lernen – ihre Rotationsgeschwindigkeit, ihren Durchmesser, die Länge eines Jahres sowie ihre Oberflächentemperatur und Entfernung zur Sonne – alles ohne das Programm selbst zu entschlüsseln, siehe [274].

[234]Anm. d. Ü.: Wenn es nicht eingestürzt wäre …

[235][275] vergleicht die Kosten einer traditionellen SETI mit denen von METI.

[236]Mehr Informationen speziell über die Hipparcos-Mission bietet [127].

[237]Larry Nivens *Ringwelt*-Romane [196] enthalten meine Lieblingsbeschreibung einer Spezies, deren wesentliches Charaktermerkmal die Vorsicht ist. Die *Pierson-Puppetiers* beziehungsweise „Puppenspieler" treiben die Vorsicht auf eine Spitze, die mit Feigheit noch vorsichtig umschrieben ist. (Anm. d. Ü.: Andererseits ist es schon ziemlich dumm, auf Facebook zu posten, dass man sein luxuriöses Influencer-Eigenheim für einen ausgedehnten Surfurlaub verlässt …)

[238]Im Jahr 1974 hat Frank Drake mithilfe der Arecibo-Antenne eine Botschaft in Richtung des Kugelsternhaufens „M13" im Sternbild Herkules gesendet. Der britische Radioastronom Martin Ryle (1918–1984), der just in dem Jahr den Physik-Nobelpreis bekam, war deswegen ziemlich aufgebracht, weil er fürchtete, dass uns über kurz oder lang dort angesiedelte ETZs attackieren würden (Anm. d. Ü.: eher lang, der Sternhaufen ist etwa 25 000 Lichtjahre entfernt). Später hat auch Stephen Hawking vor interstellaren Kontaktaufnahmen gewarnt, siehe [276]. Der Russe Aleksandr Saizew (Zaitsev) wiederum hat mit dem RT-70-Radioteleskop in Jewpatorija (Krim) interstellare Radiosignale auf den Weg gebracht [277]. Es wird immer noch diskutiert, wie weise solche Aktivitäten sind. Manche rufen nach einem METI-Moratorium oder raten zumindest zur Vorsicht [275, 278], andere sind unternehmungslustiger [279]. Einen Überblick über die Debatte geben [280–282]. Alan J. Penny hat eingewendet, dass das Aussenden von solchen Signalen gefährlich sein könnte – aber ebenso auch das Horchen nach ihnen. Literarisch verarbeitet ist diese Idee in dem Roman *A wie Andromeda* von Hoyle und Eliot [283]. Tatsächlich könnte es unter bestimmten Umständen sogar gefährlich sein, nicht hinzuhören. Wir wissen es einfach nicht.

[239]Siehe [284].

[240]Eine spieltheoretische Analyse des Problems von passiver versus aktiver SETI gibt es in [285] zu lesen. [286] vergleicht die Furcht vor einer Attacke durch ETZs mit dem „Gleichgewicht des Schreckens" im Kalten Krieg.

[241]Kuiper und Morris meinen, dass ein „vollständiger Kontakt mit einer überlegenen Zivilisation (worin deren überwältigender Wissensvorsprung

allmählich verfügbar würde) unsere eigene weitere Entwicklung zum Erliegen brächte" [239].

[242]Siehe S. 210 in [15].

[243]Schon seit Langem fragen sich Menschen, wie sich mit Außerirdischen kommunizieren ließe. Carl Friedrich Gauß (1777–1855), der „Fürst der Mathematik", wollte gigantische geometrische Figuren in den „sibirischen Steppen" formen lassen, damit unsere Nachbarn auf dem Mars von unserer Intelligenz erfahren. Lancelot Hogben (1895–1975) schlug eine auf Radiopulsen basierende Kunstsprache vor, siehe [287, 288]. Paulo Musso kam auf eine andere, auf Analogien basierende kosmische Sprache [289]. Hans Freudenthal (1905–1990) entwickelte LINCOS – eine mathematische Sprache für die kosmische Kommunikation [290]. Sein Kollege Alexander Ollongren machte sich daran, LINCOS weiterzuentwickeln, siehe [291, 292].

[244]Viele Websites beschäftigen sich mit dem Rätsel des Voynich-Manuskripts. Siehe auch [293].

[245]Siehe [294].

[246]Die Hoax-Theorie erklärt, warum wir die Bedeutung des Voynich-Manuskripts noch nicht aufdecken konnten: Es *hat* keine Bedeutung. Andere, zum Beispiel [295], behaupten jedoch, bedeutsame Muster entdeckt zu haben. (Anm. d. Ü.: Das Wort *Hoax* ist eigentlich unübersetzbar, „mehr oder weniger gelungener Scherz" könnte passen. Für die Internet-Generation – und mittlerweile auch den Duden – ist es daher bereits voll ins Deutsche integriert.)

[247]Elliott diskutiert, wie Wissenschaftler damit umgehen sollten, wenn sie ein außerirdisches Signal aufgefangen haben, aber beim besten Willen nicht herausfinden können, was die Botschaft bedeuten soll [296]; siehe auch [297, 298].

[248]Diese wurde zuerst in [299] gezeigt; zum selben Resultat kommt, mit anderen Argumenten, [300].

[249]Anm. d. Ü.: Manche sind auch ziemlich kalt.

[250]Siehe [301].

[251]Die sehr längliche Form von 'Oumuamua weist eine gewisse Ähnlichkeit mit dem rätselhaften Raumschiff in Arthur Clarkes Roman *Rendezvous mit Rama* auf [302].

[252]Siehe [60].

[253]Die Fermilab-Leitung äußerte sich, etwas entnervt, zu der Frage in ihrem Newsletter [303].

[254]Siehe [304].

[255]Anm. d. Ü.: Das unmittelbar bevorstehende Millennium hat vermutlich auch ein bisschen zu solchen Weltuntergangsgedanken beigetragen.

[256]Siehe [305] für einen nichttechnischen Bericht, etwas detaillierter ist [306].

[257]Siehe [307].

[258]Siehe zum Beispiel [308].

[259]Anm. d. Ü.: Mittlerweile macht sich eher eine gewisse Enttäuschung breit, dass am LHC nicht nur keine erschreckenden, sondern außer dem lange erwarteten Higgs-Teilchen noch überhaupt keine halbwegs überraschenden neuen Teilchen oder Phänomene beobachtet wurden …

[260]K. Eric Drexler (*1955) hat den Begriff „Nanotechnologie" in seinem einflussreichen Buch [309] bekannt gemacht. Als Erster hat vermutlich Richard Feynman (1918–1988) davon gesprochen, unter den wirklich genialen Physikerinnen und Physikern des 20. Jahrhunderts wahrscheinlich die schillerndste Persönlichkeit. Sein Vortrag *There's Plenty of Room at the Bottom* (zu Deutsch *Ganz unten ist noch viel Platz*), den er am 29. Dezember 1959 am Caltech beim Jahrestreffen der American Physical Society hielt, gilt allgemein als Geburtsstunde der Nanotechnologie [310]. Siehe auch Lösung 28.

[261]Siehe [311] für eine Zusammenstellung von medizinnahen Science-Fiction-Geschichten. Viele davon rühren auf die eine oder andere Weise an nanotechnischen Fragen.

[262]Ein Bericht der Royal Society [312] diskutiert die Potenziale der Nanotechnologie und kommt zu dem Schluss, dass sich die Politik vorerst noch nicht mit selbstreplizierenden Maschinen zu beschäftigen braucht. Ihre Entwicklung liege noch zu weit in der Zukunft.

[263]Eine der besten literarischen Bearbeitungen des Problems in diesem Absatz ist die Geschichte *Blutmusik* [313] von Greg Bear (*1951), die Erstausgabe erschien drei Jahre vor Drexlers Buch.

[264][314] diskutiert die Umweltrisiken der Nanotechnologie.

[265]Anm. d. Ü.: Wenn nicht gleichzeitig, dann sicherlich bald darauf!

[266]Anm. d. Ü.: Also *wirklich* jeder, denn der absolute Temperaturnullpunkt ist unerreichbar.

[267]Charles David Keeling (1928–2005) arbeitete über 40 Jahre an der Scripps Institution of Oceanography und trug dabei äußerst wertvolle Daten über die Entwicklung des atmosphärischen CO_2-Gehalts zusammen. Biografien von Keeling sind zum Beispiel [315, 316].

[268]Siehe [317].

[269][318] argumentiert, dass der Mensch mit seiner fossilen Energiewirtschaft keinen sich selbst verstärkenden Treibhauseffekt wie auf der Venus

in Gang setzen kann. Aber das ist ein schwacher Trost: Die Autoren schließen nicht aus, dass wir auf einen abrupten Wechsel in ein „heiß-feuchtes Treibhausklima" zusteuern, was das Ende unserer Zivilisation bedeuten würde. Einen aktuellen Überblick zum Klimawandel (Stand 2020) gibt [319].

[270]Siehe [320].

[271]Siehe [321].

[272]Siehe [322] für eine Diskussion des sogenannten nuklearen Winters.

[273]In [15] ist nachzulesen, wie Iossif Schklowski, der als einer der Ersten Antworten auf das Fermi-Paradox diskutierte, den Glauben an das SETI-Projekt verloren hat. Er hielt einen Atomkrieg für unausweich-lich und glaubte, dass auch jede andere technologische Zivilisation in der nuklearen Apokalypse enden würde.

[274]Walter Michael Miller Jr. (1923–1996) war ein US-amerikanischer Rund-funkjournalist und Heckschütze der US Air Force im Zweiten Weltkrieg. Sein Roman *Lobgesang auf Leibowitz* [323] war inspiriert von einem alliierten Angriff auf das italienische Kloster Monte Cassino, an dem Miller teilgenommen hatte, und gilt als Klassiker des Genres.

[275]Anm. d. Ü.: Physikalisch korrekt wäre „Kernspaltungs-" und „Kern-fusionswaffen".

[276][324] diskutiert einen potenziellen Bioterrorismus und dessen Bedeutung für das Fermi-Paradox.

[277]Anm. d. Ü.: Lesen Sie hierzu unbedingt die MaddAddam-Trilogie von Margaret Atwood (*1939) [325] – alles Wesentliche zum Inhalt wäre ein Spoiler, aber wesentlich ist der Inhalt definitiv.

[278]Der Astrophysiker J. Richard Gott (*1947) beweist seiner Ansicht nach in seinem Paper [326] mit dem Δt-Argument unter anderem, dass die Menschheit schlechte Chancen hat, die Milchstraße zu kolonisieren. Der Artikel rief engagierte Diskussionen hervor [327]. Der kanadische Philosoph John Leslie (*1940) entwickelte unabhängig davon das in die-selbe Richtung gehende Doomsday-Argument [328]. Wir benutzen hier beide Bezeichnungen synonym. Vielleicht als Erster hat der Australier Brandon Carter (*1942) die Tragweite dieses Gedankens erkannt, dessen anthropische Argumentation ich bei Lösung 33 skizzieren werde.

[279]Willard Wells, ein Student von Feynman, behandelt das Doomsday-Argument sehr geistreich in seinem Roman *Apocalypse When?* [329]. Dabei kommt er auf eine weitere Antwort auf Fermis Frage: Die Evolution hat uns Menschen daraufhin optimiert, kurzfristige und nahe-liegende Bedrohungen zu identifizieren und zu neutralisieren. Langfristige Risiken übersehen wir dagegen systematisch. (Anm. d. Ü.: Denken Sie an

unsere zögerliche und viel zu späte Reaktion auf den Klimawandel.) Und wenn das typisch für intelligente Spezies in der Galaxis ist, dann wird der apokalyptische Doomsday unvermeidlich alle ETZs erwischen, weil es auch noch so intelligente Wesen nicht auf Dauer schaffen, langfristig vorauszudenken und entsprechend zu handeln.

[280]Siehe [330].

[281]Siehe [331, 332].

[282]Stephen J. Dick (*1949), ein bekannter Wissenschaftshistoriker und Astronom, entwickelt in [333, 334] luzide Erklärungen dafür, was der Übergang in ein postbiologisches Universum für das SETI-Projekt implizieren würde. Dicks Werke *The Biological Universe* und *Space, Time and Aliens* [335, 336] sind ebenfalls sehr empfehlenswert.

[283]Olaf Stapledon (1886–1950) war ein britischer Philosoph und Science-Fiction-Schriftsteller, der sich mit der langfristigen Zukunft des Menschen beschäftigte. Seine Romane *Die Letzten und die Ersten Menschen* und *Der Sternenschöpfer* [337, 338] haben Schriftsteller wie Aldiss, Clarke, Lem und Vinge beeinflusst.

[284]In seiner lyrischen Novelle *Ein Lied für Lya* aus dem Jahr 1974 beschreibt George R. R. Martin (*1948; Anm. d. Ü.: ja genau, der mit den Thron-Spielen) eine extraterrestrische Kultur, deren primäre Motivation Liebe ist [339].

[285]Siehe [340].

[286]Zu Feynman siehe Lösung 24.

[287]Siehe [341]. Der junge Philosoph und Kognitionswissenschaftler Clément Vidal ist Mitbegründer und einer der Direktoren des „Evo Devo Universe", http://evodevouniverse.com.

[288]Wjatscheslaw I. Dokutschaew hat gezeigt, dass stabile periodische Orbits *innerhalb* eines Schwarzen Loches existieren können, und die Hypothese aufgestellt, dass eine KIII-Zivilisation sicher und geborgen innerhalb eines supermassiven Schwarzen Loches hausen könnte [342]. Solch eine Zivilisation wäre definitionsgemäß unsichtbar für uns. Könnte *das* die Auflösung für Fermis Paradox sein? Die ETZs entscheiden sich, alle Brücken abzubrechen und für alle und immer unerreichbar in Schwarzen Löchern zu leben?

[289]In [343] wird angenommen, dass eine KIII-Zivilisationen so etwas wie eine Dyson-Sphäre um ein supermassives Schwarzes Loch errichten könnte, jedoch ohne auf die Barrow-Skala Bezug zu nehmen.

[290]Anm. d. Ü.: Vorausgesetzt natürlich, dass sie den ultradesaströsen natürlichen Entstehungsprozess, nämlich eine Supernova vor ihrer kosmischen Haustür, überlebt hat – aber hey, sie sind KII-BΩ!

[291]Gordon Earle Moore (*1929) war 1968 einer der Mitbegründer von Intel und relativ bald danach einer der reichsten Männer der Welt. In [344] hat er sein „Gesetz" erstmals formuliert.

[292]Anm. d. Ü.: Dieses „Wenn" ist ein ziemlich großes. Moores Gesetz beruhte im Wesentlichen auf Miniaturisierung. Heute (2020) haben Schaltkreise Strukturen im Bereich weniger Nanometern. Wenn sie noch ein bisschen kleiner werden, setzt die Quantenmechanik eine sehr harte Grenze.

[293]Der Mathematiker und Science-Fiction-Autor Vernor Steffen Vinge (*1944) hat die Idee der Singularität in einigen Romanen und Kurzgeschichten ausgeführt. Eine nichtfiktionale Darstellung ist [345]. Der „Futurist" und Google-Mitarbeiter Ray Kurzweil (*1948) machte das Konzept (und sich) mit seinen Sachbuch-Bestsellern noch bekannter, insbesondere mit *Menschheit 2.0: die Singularität naht* [346].

[294]Der Ausdruck „Singularität" stammt aus der Feder von Neumanns, der sagte: „Der sich stetig beschleunigende technologische Fortschritt (...) scheint auf eine essenzielle historische Singularität zuzusteuern, jenseits derer die menschlichen Angelegenheiten, wie wir sie kennen, nicht fortdauern können"; siehe [347].

[295]Vinge war nicht der Erste, der die Idee untersucht hat, dass der intellektuelle Fortschritt zu einem tiefgreifenden Wandel der Weltgesellschaft führen wird. Der Jesuitenpater Pierre Teilhard de Chardin (1881–1955) glaubte einige Jahrzehnte vorher, dass individuelle Intelligenzen eines Tages zu einer „Noosphäre" verschmelzen würden – einer wachsenden Wolke von Wissen und Weisheit. (Anm. d. Ü.: *noos* heißt auf Altgriechisch „Sinn, Verstand". Und ja, ich mag Alliterationen.) Für den französischen Pater strebten spirituelle und materielle Welt auf einen neuartigen Bewusstseinszustand zu, den er den „Omega-Punkt" nannte, siehe [348]. Seine Argumentation ist zwar ziemlich wolkig-mystisch, kommt aber zu einer ganz ähnlichen Schlussfolgerung wie Vinge und Kurzweil. Es gibt zwei wichtige Unterschiede: Erstens extrapoliert Vinge Trends aus der realen Welt und schlägt auch spezifische Mechanismen vor, die uns in die Singularität treiben könnten. Und zweitens würde die organische Evolution Millionen von Jahren benötigen, um die Noosphäre entstehen zu lassen; bei Vinge stürzen wir innerhalb von wenigen Jahrzehnten in die Singularität.

[296][349, 350] kritisieren schon die Idee, dass künstliche, nichtbiologische Intelligenz auf unserem bescheidenen menschlichen Niveau möglich sein könnte.

[297]Siehe [351]. Ein Großteil der Überlegungen des 1960 geborenen John M. Smart über die Unvermeidlichkeit der Transzension basiert auf Ideen aus der evolutionären Entwicklungsbiologie, siehe dazu auch [352]. Smart

hat mit Clément Vidal das „Evo Devo Universe" gegründet (http://evodevouniverse.com) und ist dort einer der Direktoren.

[298]Anm. d. Ü.: Smart spricht natürlich von *spatial, temporal, energetic and material*, das ergibt abgekürzt „STEM", was gleichzeitig die Abkürzung für *science, technology, engineering, and mathematics* und zugegebenermaßen nicht ganz so DADA ist wie „MERZ" ist.

[299]Über Details zur Zunahme der städtischen Bevölkerung berichtet [353].

[300]Siehe [354] für Details zur Migrationshypothese.

[301]In [115] erklärt Hart, wie wir in einem Universum allein sein können, das eine unendliche Anzahl an belebten Planeten enthält, siehe auch [355]. Alan Guth (*1947), einer der Pioniere der kosmischen Inflation, präsentiert in [356] eine interessante Variante. In einer ewig anhaltenden universellen Inflation poppen beständig „Universumsbläschen" auf. Die inflationäre Expansion von manchen dieser Bläschen stoppt sofort, in anderen hält sie an und gebiert ihrerseits neue Blasenuniversen. Das Resultat ist ein Multiversum aus blubbernden Weltallen. Guth zeigt, dass wir in diesem Bild nur eine ernüchternd kleine Chance haben, in einem Bereich des Multiversums zu landen, wo sich auch nur eine Zivilisation aufhält, die älter (und weiter) ist als wir. Wir sind allein. (Entweder das oder wir wissen nicht, wie man Wahrscheinlichkeiten in einer Unendlichkeit von Blubberuniversen richtig ausrechnet, die sich im Zustand ewiger Inflation befindet. *Könnte* auch sein.)

[302]Anm. d. Ü.: Das Olberssche Paradox lehrt uns, dass es so einen Anfang gegeben haben muss – schließlich ist es nachts draußen dunkel.

Es gibt sie nicht

[303]Anm. d. Ü.: Ich persönliche halte die Chance für relativ hoch, dass Letzteres, also eine erste autochthone Lebensspur auf dem Mars, bis zum Jahr 2030 gefunden wird. Eventuell gelingt das sogar schon 2022 oder 2023, sofern die aktuellen Marssonden zuverlässig arbeiten.

[304]Anm. d. Ü.: Wenn nicht gleichzeitig mindestens ein anderer Faktor gegen unendlich geht, aber damit ist hier wohl wirklich nicht zu rechnen.

[305]*Unsere einsame Erde* [357] artikuliert den wachsenden Verdacht einer Reihe von Astrobiologinnen und Astrobiologen, dass die Erde mit ihren komplexen Lebensformen sehr ungewöhnlich, wenn nicht einzigartig im Kosmos ist. (Anm. d. Ü.: Der Originaltitel *Rare Earth* wäre besser als „Seltene Erde" übersetzt, sofern alle wüssten, was Seltene Erden sind …)

[306]Einen sehr fantasievollen Blick auf *vielleicht* mögliche Formen, die das Leben annehmen könnte, bietet [358]. Die Autoren diskutieren lebende Plasmastrukturen im Inneren von Sternen, strahlenbasiertes Leben in interstellaren Wolken, siliciumbasierte Lebensformen, Tieftemperaturwesen und noch so einige andere Möglichkeiten. Eine der ersten Science-Fiction-Geschichten über die Biochemie von Aliens ist die Story *Mars-Odyssee* [359] des früh verstorbenen Stanley G. Weinbaum (1902–1935).

[307]Siehe [360]; Ernst Mayr (1904–2005) begründete die synthetische Evolutionstheorie.

[308]Siehe zum Beispiel [361].

[309]Der 1942 geborene Australier Brandon Carter forscht heute in Paris. Neben seinen Beiträgen zur Diskussion des Fermi-Paradoxes und des anthropischen Prinzips ist er auch für seinen mit Stephen Hawking und Werner Israel geführten Beweis bekannt, dass Schwarze Löcher keine Haare haben. Siehe [362–364] für eine Erweiterung seines Ansatzes.

[310]Obwohl zugegebenermaßen ziemlich viele Leute diese „Erklärungen" für im Wesentlichen trivial halten.

[311]Siehe [365] für eine Diskussion des anthropische Bias. (Anm. d. Ü.: „Bias" ist auch so ein Wort, das gerade deutsch wird. Man kann an „Unvoreingenommenheit" denken, aber „Bias" ist nicht nur kürzer und treffender, sondern klingt auch viel besser …)

[312]Anm. d. Ü.: Für andere scheint ein Steuerrad dieses wichtigste Attribut darzustellen.

[313]Anm. d. Ü.: siehe Lösung 11.

[314]Siehe [366].

[315]Laut [367] erreichte die Sternbildungsrate vor rund 11 Mrd. Jahren ihren Höhepunkt – recht früh auf der kosmischen Zeitskala und eher als bis dahin gedacht.

[316]George-Louis Le Clerc, Comte de Buffon (1707–1788), stellte 1749 die Hypothese auf, dass die Planeten entstanden, als ein Komet mit der Sonne kollidierte. Immanuel Kant (1724–1804) formulierte dagegen im Jahr 1755 die „Nebularhypothese" der Planetenentstehung. [368] bietet einen Überblick über die verschiedenen Erklärungsversuche zum Ursprung des Sonnensystems. Und [369] präsentiert eine „Tour" durch das Sonnensystem von seinen Anfängen bis in unsere Tage, welche zu dem Schluss kommt, dass das Leben auf der Erde das Resultat eines gigantischen Zufalls ist, der sich wohl kaum irgendwo anders in derselben Weise zugetragen hat.

[317]James Jeans (1877–1946) formulierte mit John Strutt, 3. Baron Rayleigh (1842–1919), einem weiteren Physiker mit einem beeindruckenden Namen, das Rayleigh-Jeans-Gesetz, welches die Schwarzkörperstrahlung teilweise richtig beschreibt. Auch seine Idee der seltenen Bildung von lebenswerten Planeten ist nur teilweise korrekt – Leben ist vermutlich wirklich selten, aber Planeten entstehen anders und außerdem oft.

[318]Mehr über die Entdeckung von Planeten um fremde Sterne finden Sie in [370]. Einen Bericht aus erster Hand über die Exoplanetenjagd bietet [371].

[319]Anm. d. Ü.: Und dann doch wieder nicht … Planeten sind zwar wirklich nichts Besonderes, solche mit einem Mond wie dem unseren aber durchaus – siehe Lösung 41!

[320]Geochemische Messungen, ebenfalls mit Radioisotop-Datierung, liefern ein Alter unseres Heimatplaneten von $4{,}54 \pm 0{,}05$ Mrd. Jahre [372].

[321]Die ersten Berichte von Chondren finden sich in der Literatur bereits im Jahr 1802. Ihren Namen erhielten sie 1864 von Gustav Rose. Henry Clifton Sorby (1826–1908), einer der großen Privatgelehrten seiner Zeit, führte die ersten detaillierten Studien an Chondren aus [373]. Er vermutete, dass diese „Tropfen eines Feuerregens" bei Sonneneruptionen in den interplanetaren Raum hinausgeschleudert werden.

[322]Siehe [374] und ebenso [375].

[323]Näheres hierzu finden Sie in [376].

[324]Anm. d. Ü.: Auf Griechisch heißt *deuteros* „der Zweite".

[325]Siehe [377].

[326]Anm. d. Ü.: Falls Sie es noch nicht wussten oder bemerkt haben – Kometen werden nach der Person/den Personen benannt, die sie entdeckt haben.

[327][378] berichtet Näheres über die Beobachtungen von Hartley 2, [379] über Honda-Mrkos-Pajdušáková und [380] über 46P/Wirtanen.

[328][381] vergleicht die Phosphorgehalte von zwei Supernova-Überresten, dem Krebsnebel und Cassiopeia A. Computermodelle legen nahe, dass die Gehalte gleich sein müssten, doch die vorläufigen Beobachtungsdaten scheinen zu zeigen, dass es im Krebsnebel viel weniger Phosphor gibt als in Cassiopeia A. (Anm. d. Ü.: Noch mehr zum Phosphor steht in Lösung 42.)

[329]Eine der ersten Untersuchungen darüber, was einen Planeten eigentlich bewohnbar macht, erschien in [382], eine populärwissenschaftliche Version ist [383]. Eine moderne Zusammenfassung im Hinblick auf habitable Exoplaneten lesen Sie in [384].

[330]Anm. d. Ü.: „Offensichtlich" natürlich nur für Freundinnen und Freunde des angelsächsischen Märchens: *Goldilocks* beziehungsweise „Goldlöckchen" kommt ins Haus der drei Bären und stellt fest, dass dort alles entweder zu groß, zu klein oder gerade richtig für sie ist. Sehr lehrreich.

[331]Siehe [385].

[332]In einigen Berechnungen sitzt die Erde ziemlich am Rand, sie bekommt es sozusagen gerade eben noch hin – etwas weiter innen wäre dann für die Entwicklung von Leben besser geeignet gewesen [386].

[333]Siehe [387, 388].

[334]Siehe zum Beispiel [389, 390].

[335]In einem simplen Modell für die zeitliche Entwicklung der HZ gibt es auf manchen Exoplaneten viele Milliarden Jahre lang flüssiges Wasser, siehe [391].

[336]Genauer gesagt 22 %, siehe [392].

[337]In [393] finden Sie eine Definition der galaktischen habitablen Zone und in [394] eine Diskussion von Ausdehnung und zeitlicher Entwicklung dieses Bereichs. [395] beschreibt ein Modell der GHZ, insbesondere in Hinblick auf die räumlichen und zeitlichen Dimensionen einer Galaxie, welche die Entwicklung von komplexem Leben erlaubt.

[338]Daniel Kirkwood (1814–1895) schlug 1866 vor, dass Resonanzeffekte für die beobachteten Lücken im Planetoidengürtel verantwortlich sind. Jack Leach Wisdom (*1953) hat als einer der Ersten die Orbits im Sonnensystem mit modernen Methoden aus der nichtlinearen Dynamik untersucht, insbesondere hat er sich mit der 3:1-Resonanz des Jupiters beschäftigt [396].

[339]Eine populärwissenschaftliche Darstellung der Idee, dass Jupiter die Evolution auf der Erde antreiben könnte, gibt [397].

[340]Siehe [398].

[341]Anm. d. Ü.: Ein Neutronenstern mit selbst für diese Objekte außergewöhnlich starkem Magnetfeld. Magnetare sind möglicherweise die Quellen der Gammastrahlungsausbrüche (GRBs).

[342]Anm. d. Ü.: Dies kann nur der Pangalaktische Donnergurgler aus Douglas Adams' *Per Anhalter durch die Galaxis.*

[343]Siehe zum Beispiel [399].

[344]Was genau ein GRB war, bevor er ausgebrochen ist, wird noch diskutiert, siehe [400].

[345]In [401] wird vorgeschlagen, dass ein GRB das Massenaussterben im späten Ordovizium verursacht hat. Weitere Informationen dazu finden Sie in [402].

[346]Siehe [403].

[347]Arthur Clarkes Kurzgeschichte *Der Stern* (enthalten unter anderem in [404]), mit der er 1956 den Hugo Award gewann, beschreibt, wie Menschen auf die Reste einer Zivilisation stoßen, welche durch eine kosmische Explosion zerstört wurde. Die von dieser Katastrophe ausgesandte EM-Strahlung sollte die Erde um die Zeit von Christi Geburt erreicht haben – was der Story eine eindringliche Stimmung verleiht. Ich finde es frappierend, dass nur wenige Stunden nach Clarkes Tod im Jahr 2008 das Gamma-Weltraumteleskop Swift den GRB „080319B" aufzeichnete – eine Explosion, die so gigantisch war, dass sie – obwohl sie vor 7,5 Mrd. Jahren und in 7,5 Mrd. Lichtjahren Entfernung geschah – im Prinzip auf der Erde für eine halbe Minute mit bloßem Auge sichtbar gewesen wäre (wenn jemand hingeschaut hätte).

[348]Einen umfassenden Überblick über planetare Risiken für mehr oder weniger höhere Lebensformen gibt [405].

[349]1964 postulierte Walter Brian Harland (1917–2003), dass die Erde einmal eine globale Vereisung durchgemacht hat; Michail Budyko zeigte, wie ein sich selbst verstärkender „Kühlhauseffekt" so etwas bewirken könnte. Die Forschungsgruppen von Joseph Kirschvink und James Kasting machten die Idee in der wissenschaftlichen Community bekannt. [406] bietet eine frühe Einführung. Ein aktuellerer Überblick über die Theorien zur Schneeball-Erde ist in [407] zu finden. Eher technisch sind [408, 409].

[350]Siehe [410].

[351]Siehe [411].

[352]Alfred Lothar Wegener (1880–1930) hatte die geniale Idee, dass die Kontinente sich früher woanders befanden als heute, also beweglich sind. Als er sie 1915 veröffentlichte, wurde er ausgelacht. Er starb 1930 während einer Polarexpedition im Westen von Grönland, kurz bevor Arthur Holmes vorschlug, dass Konvektionsprozesse im Erdinneren tatsächlich eine Drift der Kontinente antreiben und erklären könnten. Erst 1960 zeigte dann Harry Hammond Hess, wie an den mittelozeanischen Rücken neuer Meeresboden entsteht, von dort wegdriftet und die Kontinente vor sich her treibt. [412] beschreibt den historischen Hintergrund, [413] Geologie und Physik der Vorgänge.

[353]Anm. d. Ü.: Erinnert sich noch jemand an den Film *Waterworld* von Kevin Costner? Der soll ziemlich langweilig gewesen sein …

[354]Zum ersten Mal wurde der irdische CO_2-Thermostat auf geologischen Zeitskalen in [414] beschrieben.

[355]Siehe [415, 416].

[356]In Mondgestein, das die Apollo-Astronauten auf die Erde gebracht haben, sind die verschiedenen Sauerstoff-Isotope genauso häufig wie auf der Erde

[417], das Gleiche gilt für Isotope des Elements Titan [418]. Es ist sehr unwahrscheinlich, dass Theia und Erde zufällig exakt dieselben Isotopenverhältnisse bei zwei verschiedenen Elementen hatten, darum hätte eine „streifende" Kollision einen Mond mit einer anderen chemischen und isotopischen Zusammensetzung erzeugt. Dies spricht aber nicht gegen das Kollisionsszenario, denn spätere Untersuchungen ergaben, dass bei einem *zentralen* Einschlag mit komplettem Aufschmelzen der oberen Erdschichten die „zweite" Erde und ihr Mond tatsächlich die gleiche Zusammensetzung haben sollten [419].

[357][420] ist eine lesenswerte populärwissenschaftliche Darstellung der Bedeutung des Mondes.

[358]Anm. d. Ü.: Natürlich wäre es auf dem sehr sonnennahen Merkur mit seiner stark elliptischen Bahn und ohne Atmosphäre, Magnetfeld und etliche andere Annehmlichkeiten auch mit Bahnneigung und Jahreszeiten ziemlich unwirtlich.

[359]Siehe [421].

[360]Mehr über die Gaia-Hypothese und unsere mögliche Zukunft lesen Sie zum Beispiel in [422, 423].(Anm. d. Ü.: Der 1919 geborene James Ephraim Lovelock war sowohl als Wissenschaftler als auch als Publizist einflussreich und ist selbst ein gutes Beispiel für Leben, das über die Zeiten andauert: Sein bisher letztes Buch schrieb er im Alter von 101 Jahren.Lynn Margulis (1938–2011) wiederum hat unter anderem die Endosymbionten-Hypothese zur Entstehung des Zellkerns geprägt. Sie war von 1957 bis 1964 mit Carl Sagan verheiratet und ist die Mutter seiner beiden ältesten Söhne.

[361]Anm. d. Ü.: Oder eben doch darüber: Die Radarfalle oder die Intensivstation hebt mahnend ihren Finger.

[362]Carl R. Woese (1928–2012) und George E. Fox (*1945) entdeckten, dass es in scheinbar völlig lebensfeindlichen Umgebungen Mikroorganismen gibt, etwa in extrem heißen, salzigen oder sauren Habitaten. Als sie deren Gene untersuchten, stellten sie fest, dass sich diese von den Genen der bis dahin bekannten Bakterien genauso stark unterscheiden wie von eukaryotischen Genen, siehe zum Beispiel [424]. (Anm. d. Ü.: Mittlerweile gibt es Anzeichen dafür, dass die Archaeen „uns" Eukaryoten sogar näher stehen als den Eubakterien.)

[363]Anm. d. Ü.: Ebenso den Papst.

[364]Anm. d. Ü.: Die Abkürzung steht für *last universal common ancestor,* also „letzter universeller gemeinsamer Ahne". Und das hat übrigens nichts mit der gleichnamigen App zu tun.

[365]Anm. d. Ü.: Deutlich schwerer wiegt, dass der horizontale Gentransfer maßgeblich zur immer weiter um sich greifenden Antibiotikaresistenz von Krankheitserregern beiträgt, einem großen medizinischen Problem unserer Tage.

[366]Albrecht Kossel (1853–1927) hat in den 1880er-Jahren bei Untersuchungen an Nukleinsäure entdeckt, dass diese vier stickstoffhaltige Basen enthält, die er Adenin, Guanin, Cytosin und Thymin nannte. 1953 schlugen Francis Crick und James Watson vor, dass das DNA-Molekül die räumliche Struktur einer „zweifachen Schraube" hat – die berühmte Doppelhelix; siehe [425, 426].

[367]Siehe [427] zur Frage, wie sich das genetische „Alphabet" erweitern lässt.

[368]Anm. d. Ü.: Es gibt hier die berühmte Schlüssel-Schloss-Analogie: Wenn Sie am Schlüsselbart eine Zacke entfernen oder ergänzen, nützt Ihnen der Schlüssel in der Regel nicht mehr viel.

[369]Anm. d. Ü.: *Poly* heißt auf Griechisch „viel", daher unterscheidet man manchmal auch langkettige Polypeptide von kurzen Oligopeptiden – *oligos* heißt „wenig".

[370]Eine gute Einführung in die Genetik gibt [428].

[371]In Material, das die Raumsonde Stardust vom Kometen Wild 2 zurückgebracht hat, wurde die Aminosäure Glycin gefunden [429].

[372]Einen Bericht aus erster Hand über die Suche nach dem Ursprung des Lebens bietet [430].

[373]Hart zum Beispiel argumentiert dafür, dass die Genese des Lebens ein seltenes Geschehen sein müsse [431].

[374]Anm. d. Ü.: Bedenken Sie auch, dass ein Mol von irgendeinem Stoff über 10^{23} Moleküle oder Atome enthält – es war schon einiges los in der Ursuppe.

[375]Die ersten Ribozyme wurden 1983 unabhängig voneinander durch Thomas Robert Cech (*1947) und Sidney Altman (*1939) entdeckt, wofür sie bereits 1989 den Chemie-Nobelpreis erhielten. Einen Überblick über das Konzept der RNA-Welt finden Sie in [432].

[376]Die folgenden Veröffentlichungen, die fast im gleichen Jahr erschienen, vermitteln ein Gefühl für das Spektrum an Ideen zur Genese des Lebens. [433]: Ein hochspekulativer Ansatz, er setzt den Ursprung des Lebens 9,7 Mrd. Jahre vor heute an, doppelt so lange her wie die Entstehung der Erde. Mutig! [434]: Eine etwas traditionellere Herangehensweise, der zufolge fundamentale physikalische Prinzipien logisch zur Entstehung des Lebens führten und das Leben sich daraus ganz natürlich ergeben hat. [435]: Eine Diskussion der „Autogenese" – eines physikalischen

Prozesses aus reziproker Katalyse und Selbstorganisation, der Ordnung erschaffen, erhalten und reproduziert hat, also die wesentlichen Merkmale des Lebens. [436]: Die Möglichkeit, dass die für die Genese von Leben notwendigen Chemikalien im interplanetaren Raum bei der Kollision von eisigen Kometenkernen und felsigen Körpern oder ähnlichen Ereignissen entstanden sind. [437]: Dieser Ansatz weist darauf hin, dass der Ursprung des Lebens unter anderem deswegen so geheimnisvoll wirkt, weil die Wissenschaft schon so viele mögliche Mechanismen gefunden und publiziert hat, wie es zur Selbstreplikation von Nukleinsäuren und der Erschaffung von Zellen gekommen sein könnte!

[377] [438] vertritt die Auffassung, dass das Leben in schlammigen Vulkanen in der Nähe von Isua auf Grönland entstand, und zwar 3,85 Mrd. Jahre vor heute.

[378] Forscherinnen und Forscher haben winzige Zirkonkristalle, ebenfalls aus Westaustralien, auf ein Alter von 4,4 Mrd. Jahren datiert. Sie sind die ältesten bekannten Bröckchen unseres Planeten. Siehe [439].

[379] Einführungen in die Astrobiologie sind zum Beispiel [440–442].

[380] Siehe [443].

[381] Siehe [444].

[382] Dem berühmten Ökonomen John Maynard Keynes (1883–1946) wurde einmal vorgeworfen, dass er in einer grundlegenden Frage seine Meinung geändert habe. Er antwortete darauf sehr vernünftig: „Wenn sich meine Informationen wandeln, ziehe ich neue Schlüsse daraus. Was würden Sie tun?"

[383] Geschichte und Bedeutung des Satzes von Bayers werden in [445] dargestellt. Der englische Geistliche Thomas Bayes (1701–1761), nach dem er benannt ist und über dessen Leben man wenig weiß, veröffentlichte das Theorem übrigens nicht zu Lebzeiten, es findet sich erst in einem posthum veröffentlichen Aufsatz, siehe [446].

[384] Untersuchungen über die Probleme von Medizinerinnen und Medizinern mit dem Bayesschen Denken sind zum Beispiel [447–449].

[385] Anm. d. Ü.: Die Lösung *dieses* Paradoxes liegt darin, dass fast alle Tests an Nicht-Aliens beziehungsweise gesunden Patientinnen durchgeführt werden. Darum ist das Zehntel der getesteten Menschen mit falsch positivem Testergebnis in absoluten Zahlen viel zahlreicher als die mit 80 % Wahrscheinlichkeit korrekt positiv getesteten Aliens, und deshalb stammt ein positiver Test viel häufiger von einem Menschen als von einem Alien und sagt somit in diesem Test-Layout so gut wie gar nichts aus.

[386] Siehe [450].

[387] Siehe [451].

[388]Siehe zum Beispiel [452].

[389]Siehe [453].

[390]Anm. d. Ü.: Und nicht nur Matt Damon!

[391]In [454] lesen Sie einen klar geschriebenen Abriss der Entwicklung von eukaryotischen Zellen einschließlich energetischer Betrachtungen.

[392]Anm. d. Ü.: Bemerkenswert in diesem Zusammenhang ist, dass alle Mitochondrien eines Vielzellers von seiner Mutter stammen, da Spermien keine Mitochondrien enthalten. Darum kann man durch Sequenzierung von mitochondrialer DNA einen rein weiblichen Stammbaum der Menschheit oder des eukaryotischen Lebens allgemein aufstellen. Aber nicht traurig sein, liebe Männer: Zumindest bei Säugetieren funktioniert in der männlichen Linie das Gleiche mit dem Y-Chromosom.

[393]Anm. d. Ü.: Nicht jeden, der zu spät kommt, bestraft das Leben.

[394]Siehe [455].

[395]Siehe [456].

[396]Es gibt viel Literatur über den Werkzeuggebrauch bei Tieren. Je nachdem, wie genau der Werkzeuggebrauch definiert wird, könnte man dieses Verhalten zum Beispiel bei Schimpansen [457, 458], Kapuzineraffen [459] oder auch Elefanten beobachten [460]. Allgemeine Informationen zum Thema Werkzeuggebrauch, insbesondere auch bei unseren steinzeitlichen Vorfahren, finden Sie in [461–463].

[397]Die früher Zwergschimpansen genannten Bonobos sind neben den Schimpansen unsere nächsten Verwandten und noch stärker vom Aussterben bedroht als diese. Die Geschichte dieses bemerkenswerten Bonobos lesen Sie in [464]. (Anm. d. Ü.: Früher hielt man Bonobos für keine eigene Art, deshalb der irreführende Titel „Kanzi, der sprechende Schimpanse".)

[398][465] beschreibt, wie wir modernen Menschen unsere Verwandtschaft aus Neandertalern und Denisovanern entdeckt und erforscht haben. (Anm. d. Ü.: Die 2004 auf der indonesischen Insel Flores entdeckten Fossilien von „Hobbit-Menschen" waren eine weitere kleinwüchsige Menschenart, die eventuell sogar bis vor 18 000 Jahren überdauerte; diese Datierung wird jedoch angezweifelt.)

[399][466] ist ein einführender Artikel über die Koexistenz verschiedener Menschenarten. Zum Werkzeuggebrauch der frühen Menschen siehe [467–470]. Eine Synthese dieser Ideen und insbesondere von möglichen wesentlichen Unterschieden zwischen modernen Menschen und Neandertalern lesen Sie in [471]. Zum „Mastermind" der Vormenschen-DNA-Forschung, dem in Leipzig arbeitenden Schweden Svante Pääbo (*1955), siehe [472].

[400]Möglicherweise tun wir mit dieser Sichtweise den Neandertalern unrecht. Ein archäologisches Team hat unter einem Abri (Felsvorsprung) in Südwestfrankreich 41 000 bis 51 000 Jahre alte Knochenwerkzeuge gefunden, die Glätthölzern ähneln, wie sie noch heute bei der Lederverarbeitung benutzt werden. Haben Neandertaler Werkzeug erfunden, das wir heute noch gebrauchen können? Vielleicht, aber nicht sicher. Die Messfehler bei der Datierung sind so groß, dass während der Herstellung diese Geräte auch schon moderne Menschen in der Region gelebt haben könnten. [473] beschreibt die knöchernen „Glätthölzer" im Detail, in [474] kommen beide Seiten der Debatte über die möglichen Errungenschaften der Neandertaler-Kultur zu Wort.

[401]Für eine Diskussion von Höhlenmalereien siehe zum Beispiel [475].

[402]Genetische Studien legen nahe, dass die australische Urbevölkerung von den ersten Menschen abstammt, die im Mittelpaläolithikum vor rund 70 000 Jahren Afrika in Richtung Asien verließen. Siehe [476].

[403]Eine gute historische Darstellung der Entwicklung der modernen Naturwissenschaften findet sich in [477].

[404][478] beschreibt und vergleicht verschiedene nichtmenschliche Formen von Intelligenz, um daraus Rückschlüsse auf mögliches intelligentes Leben auf anderen Planeten zu ziehen.

[405][479] beschreibt, wie das mögliche Aussehen des Urahnen aller Säugetiere erforscht wird.

[406]In [480] wird dargelegt, dass menschliche Intelligenz kein Ziel ist, das die Evolution generell beziehungsweise konvergent „anstreben" würde. Dort findet sich auch eine Zeichnung, die das Argument mit der Nasenlänge illustriert.

[407]Anm. d. Ü.: Die Männchen der in der Tiefsee lebenden Anglerfische sind diesen Weg konsequent bis zum Ende gegangen: Sie bestehen im Prinzip nur noch aus Hoden und sind im Wortsinn nur noch körperliche Anhängsel ihrer Partnerin.

[408]Siehe [481].

[409]In [482, 483] wird die Entdeckung des „*Eyeless*"-Gens beschrieben. Dieses Gen kontrolliert entscheidend, wie sich Augen in Fruchtfliegenembryos heranbilden, und es ähnelt einem Mausgen namens „*Small eye*". Wenn man das Mausgen „*Small eye*" in das Genom einer Fruchtfliege einbaut, wird es aktiv und das Insekt entwickelt fehlplatzierte Augen – und zwar *Fliegen*- und keine Mäuseaugen! Diese Augen sind zwar nicht mit dem Gehirn verbunden, aber sie sehen wie ganz normale Facettenaugen aus und reagieren auf einfallendes Licht. Obwohl also Augen im Tierreich sehr unterschiedliche Gestalt und Funktion haben, sind die bio-

chemischen Signalwege ihrer embryonalen Entwicklung anscheinend ein sehr frühes gemeinsames tierisches Erbe.

[410]Anm. d. Ü.: in seinen *Philosophischen Untersuchungen.*

[411]Eine gut verständliche Einführung in die Erforschung tierischer Kognitionsleistungen unter der Überschrift des Wittgenstein-Zitats liefert [484]. Eine andere Sichtweise von Bewusstsein und Intelligenz bei Tieren bietet [485].

[412]Auf die Relevanz der menschlichen Sprachfertigkeit für das Fermi-Paradox geht [486] ein. (Anm. d. Ü.: Der Turmbau zu Babel könnte in diesem Sinne eine sehr frühe Lösung des Paradoxes sein!)

[413][487] analysiert das versteinerte Zungenbein eines Neandertalers. Dieser Knochen, der zu keinem anderen Knochen eine direkte Verbindung hat, ist zusammen mit der ihn umgebenden Muskulatur wesentlich am Schlucken, Atmen und Sprechen beteiligt. Dieser Untersuchung zufolge könnten Neandertaler physikalisch in der Lage gewesen sein, Wörter zu sprechen – ob sie dies allerdings tatsächlich zur Kommunikation genutzt haben, bleibt unklar.

[414]Der 1928 geborene Wissenschaftler und Intellektuelle Noam Chomsky hat die moderne Linguistik maßgeblich geprägt und auch als Philosoph sowie zu sozialen und politischen Fragen wichtige Beiträge geliefert. [488] führt in seine sprachwissenschaftlichen Arbeiten ein.

[415]Anm. d. Ü.: Interessanterweise betrifft dies auch auf nichtakustische Kommunikationsformen wie die Gebärdensprache zu: Kinder von Taubstummen lernen diese genauso natürlich wie Kinder von Sprechenden die Lautsprache.

[416]Anm. d. Ü.: Eine SEE, sie alle zu finden, ins Hirn zu treiben und ewig zu binden …

[417]Oder Empfindungsvermögen oder Achtsamkeit oder Seele oder wie auch immer Sie es nennen mögen; es ist sehr schwer, Bewusstsein zu definieren, obwohl wir alle aus eigener Anschauung und persönlichem Erleben wissen, worum es dabei geht.

[418]Der Roman von Peter Watts (*1958) heißt auf Deutsch *Blindflug* [489] (Anm. d. Ü.: Da hat sich leider das Marketing gegen das Übersetzungslektorat durchgesetzt). Er ist ziemlich trostlos, aber voll von wissenschaftlich fundierten Spekulationen. Das medizinische Phänomen des Blindsehens wird in [490] diskutiert, dort gibt es auch einen Link zu einem Video über das im Text beschriebene Experiment.

[419]Der Philosoph Thomas Metzinger (*1958) präsentiert in [491] eine Tour durch die Welt des Bewusstseins und der Subjektivität.

[420]Das Zitat stammt aus dem ersten von fünf Bänden von Douglas Adams' (1952–2001) im Laufe der Zeit immer unzutreffender so bezeichneten

Trilogie *The Hitchhiker's Guide to the Galaxy* beziehungsweise „Per Anhalter durch die Galaxis" [492] (Anm. d. Ü.: Übersetzung des Zitats vom Übersetzer. Adams schrieb insgesamt fünf Bände, acht Jahre nach seinem Tod folgte ein ebenfalls lesenswerter, offiziell autorisierter sechster Band von Eoin Colfer. Siehe auch Lösung 18.)

[421]Der in [493] publizierte Schätzwert liegt höher als frühere Annahmen, ist aber nicht unbegründet.

[422]Anm. d. Ü.: Wenn Sie übrigens diese vertriebene Zeit in Zeptosekunden messen (1 zs $= 10^{-21}$ s), dann liegt sie zahlenmäßig wahrscheinlich in der Größenordnung der bewohnbaren Planeten im Universum.

[423]Die Geschichte von Grahams Zahl erschien 1977 in Martin Gardners Kolumne im *Scientific American* [494]. Gardner nannte sie „die größte Zahl, die jemals in einem seriösen mathematischen Beweis benutzt wurde". Ronald Graham (1935–2020) hatte sie zunächst in einem bis dahin unveröffentlichten Beweis verwendet. Etwas später, 1971, war Graham dann Koautor eines Papers, welches das im Text erwähnte Problem weiter behandelte; siehe [495]. Die obere Schranke für die Lösung war in diesem Paper schon etwas kleiner als *G,* aber ebenfalls gigantisch groß. Die untere Grenze konnte mittlerweile auf 13 angehoben werden. Auch oben gab es noch weitere Fortschritte: Die obere Schranke liegt nun bei 2↑↑2↑↑2↑↑9.

[424]Anm. d. Ü.: … und kommt ohne Hochstellung aus, was vor langer, langer Zeit die Textverarbeitung vereinfacht hat.

[425]Anm. d. Ü.: Und beim Übersetzen dieser Stelle stoßen auch leistungsfähige Synonymgeneratoren an ihre Grenzen … „Zetta" ist übrigens der international übliche Vorsatz für das Trilliardenfache einer Maßeinheit.

[426]Obwohl wir *G* nicht auf Papier bringen können (das beobachtbare Universum wäre *bei Weitem* zu klein, um die Dezimalstellen zu fassen, selbst wenn Sie mit einem Rastertunnelmikroskop schrieben), wissen wir interessanterweise trotzdem, wie die letzten paar Stellen von *G* lauten. Was auch immer Ihnen diese Wissen bringen mag: *G* endet auf die Stellen …2 464 195 387. Und doch arbeiten Mathematikerinnen und Mathematiker, die sich mit Kombinatorik oder Numerik beschäftigen, manchmal mit *noch* größeren Zahlen. Die Funktion TREE zum Beispiel beginnt zwar ziemlich harmlos mit TREE(1) $= 1$ und TREE(2) $= 3$. Aber TREE(3) ist bereits so wahnwitzig groß, dass sie mit hämischem Grinsen jeglicher Vorstellungskraft spottet: Grahams Zahl liegt viel näher an TREE(2) als an TREE(3). In dem Video [496] geht es um TREE(*G*). (Anm. d. Ü.: Keine Adjektive mehr im Vorrat.)

[427]Der berühmte Schweizer Psychiater Carl Jung (1875–1961) war zunächst Freund und Kollege, später einer der wichtigsten Gegenspieler von

Sigmund Freud. (Anm. d. Ü.: Das Zitat ist leider eine Rückübersetzung aus einer englischen Quelle [497], weder der Autor des Originals noch ich haben gefunden, wo Jung diese Aussage ursprünglich gemacht hat. Wenn Sie es wissen, schreiben Sie es uns!)

[428]Anm. d. Ü.: Die Ausnahme von der Regel sind die Oktopoden beziehungsweise Kraken, aber das ändert natürlich nichts an der Argumentation.

[429]Jacques Monod (1910–1976) bekam 1965 den Medizin-Nobelpreis und schrieb 1970 sein auch philosophisch sehr einflussreiches Buch *Le hasard et la nécessité*, zu Deutsch *Zufall und Notwendigkeit* [498]. (Anm. d. Ü.: Die Übersetzung stammt vom Übersetzer.)

Literatur

1. Asimov I. I, Asimov: A Memoir. New York: Doubleday; 1994.
2. NASA, „Wilkinson MAP home page", http://wmap.gsfc.nasa.gov. 2012.
3. Planck Collaboration, „Planck 2018 results. VI. Cosmological parameters", *Astron. Astrophys.*, Bd. 641, S. A6, 2020. (Auf Deutsch bietet z. B. die ESA Informationen über die Planck-Mission an: https://www.esa.int/Space_in_Member_States/Germany/Planck_offenbart_uns_ein_fast_perfektes_Universum)
4. Fermi L. Mein Mann und das Atom. Köln: Diederichs; 1956.
5. Segré E. Enrico Fermi: Physicist. Chicago: UCP; 1970.
6. Cronin JW. Fermi Remembered. Chicago: UCP; 2004.
7. Compton AH. Die Atombombe und ich. Frankfurt a. M.: Nest; 1958.
8. Poundstone W. Im Labyrinth des Denkens. Köln: Komet; 2006.
9. Einstein A, Podolsky B, Rosen N. Can a quantum-mechanical description of physical reality be considered complete? Phys Rev. 1935;41:777–80.
10. Mermin ND. Boojums all the way through. Cambridge: CUP; 1990.
11. Gribbin J. Schrödingers Kätzchen und die Suche nach der Wirklichkeit. Frankfurt a. M.: S. Fischer; 1996.
12. Ball P. Beyond weird. London: Bodley Head; 2018.
13. Harrison E. Darkness at night. Cambridge: Harvard University Press; 1987.
14. Jones EM. Where is everybody? An account of Fermi's question, *Physics Today*, S. 11–3, August 1985.
15. Drake FD, Sobel D. Signale von anderen Welten. München: Droemer Knaur; 1998.
16. Haqq-Misra J, Baum S. The sustainability solution to the Fermi paradox. J Brit Interplanetary Soc. 2009;62:47–51.
17. Prantzos N. A joint analysis of the Drake equation and the Fermi paradox. Int J Astrobiol. 2013;12:246–53.

© Der/die Herausgeber bzw. der/die Autor(en), exklusiv lizenziert durch Springer-Verlag GmbH, DE, ein Teil von Springer Nature 2021, korrigierte Publikation 2021
S. Webb, *Wo sind sie alle?*, https://doi.org/10.1007/978-3-662-63290-1

18. Lytkin B, Finney V, Alepko L. Tsiolkovsky, Russian cosmism and extraterrestrial intelligence. Quart J Royal Astro Soc. 1995;36:369–76.
19. Viewing D. Directly interacting extra-terrestrial technological communities. J Brit Interplanetary Soc. 1975;28:735–44.
20. Hart MH. An explanation for the absence of extraterrestrials on Earth. Quart J Royal Astro Soc. 1975;16:128–35.
21. Douglas F. The absence of extraterrestrials on Earth. Quart J Royal Astro Soc. 1977;18:157–8.
22. Tipler FJ. Extraterrestial intelligent beings do not exist. Quart J Royal Astro Soc. 1980;21:267–81.
23. Brin GD. The „great silence": the controversy concerning extraterrestrial intelligent life. Quart J Royal Astro Soc. 1983;24:283–309.
24. Brin GD. Just how dangerous *is* the Galaxy? Analog. 1985;105(7):80–95.
25. Zuckerman B, Hart MH. Extraterrestrials – where are they? In: Zuckerman B, Hart MH, Herausgeber. Extraterrestrials: Where are they? Cambridge: CUP; 1995.
26. Smolin L. Warum gibt es die Welt? München: dtv; 2002.
27. Gould SJ, Herausgeber. Das Lächeln des Flamingos. Frankfurt a. M.: Suhrkamp; 2009.
28. Aczel A. Probability 1. Reinbek bei Hamburg: Rowohlt; 2001.
29. Reinganum MR. Is time travel impossible? A financial proof, J. Portfolio Manage, 1986–1987;13(1):10–2.
30. Tipler FJ. Die Physik der Unsterblichkeit. München: Piper; 2001.
31. McPhee J. The curve of binding energy. New York: Farrar, Straus and Giroux; 1973.
32. Morrison P. „Hungarians as Martians: the truth behind the legend", In: Shuch HP, Hrsg. Searching for Extraterrestrial Intelligence, Berlin: Springer; 2011. S. 515–517 [Der Brief findet sich im Original online unter der Adresse www.setileague.org/editor/martians.htm]
33. Lanoutte W, Szilard B. Genius in the shadows. Chicago: UCP; 1994.
34. Icke D. Das größte Geheimnis. 2. Bd. Potsdam: Mosquito-Verlag; 2004.
35. Citizen Hearing on Disclosure, „Homepage". http://citizenhearing.org. 2013.
36. Nasar S. Genie und Wahnsinn. München: Piper; 2002.
37. Miodownik M. Wunderstoffe. München: Deutsche Verlags-Anstalt; 2016.
38. DigitalSpy, ‚Jesus Christ image' found in fabric conditioner, https://www.digitalspy.com/fun/a474585/jesus-christ-image-found-in-fabric-conditioner/. 2013.
39. Arnold K. The coming of the Saucers. Privately published; 1952.
40. Saad L. Americans skeptical of UFOs, but say government knows more, 6. September 2019. news.gallup.com.
41. Hall MD, Connors WA. Captain Edward J. Ruppelt. Albuquerque: Rose Press; 2000.

42. Sheaffer R. An examination of claims that extraterrestrial visitors to Earth are being observed. In: Zuckerman B, Hart MH, Herausgeber. Extraterrestrials: Where are they? Cambridge: CUP; 1995.

43. Davies PCW. Footprints of alien technology. Acta Astronaut. 2012;73:250-7.

44. Davies PCW. The Eerie Silence. London: Allen Lane; 2010. (auf Deutsch erschienen vom selben Autor: *Sind wir allein im Universum?* Frankfurt Fischer Taschenbuch, 2015.)

45. Weisman A. Die Welt ohne uns. München: Piper; 2009.

46. Zalasiewicz J. Die Erde nach uns. Heidelberg: Spektrum Akademischer Verlag; 2009.

47. Meshik AP. The workings of an ancient nuclear reactor. Sci Am. 2005;293(5):83-91.

48. von Däniken E. Erinnerungen an die Zukunft. Düsseldorf: Econ-Verlag; 1968.

49. von Däniken E. Aussaat und Kosmos. Düsseldorf: Econ-Verlag; 1972.

50. von Däniken E. Der jüngste Tag hat längst begonnen. München: Goldmann; 1998.

51. Story R. The space gods revealed. New York: Barnes and Noble; 1976.

52. Davies PCW, Wagner RV. Searching for alien artifacts on the moon. Acta Astronaut. 2013;89:261-5.

53. Lesnikowski A, Bickel VD. Angerhausen, „Unsupervised distribution learning for lunar surface anomaly detection", *Second Workshop on Machine Learning and the Physical Sciences*. Canada: Vancouver; 2020.

54. Freitas RA Jr, Valdes F. A search for natural or artificial objects located at the Earth– Moon libration points. Icarus. 1980;42:442-7.

55. Freitas RA Jr. If they are here, where are they? Observational and search considerations. Icarus. 1983;55:337-43.

56. Freitas RA Jr. The search for extraterrestrial artifacts (SETA). J Brit Interplanetary Soc. 1983;36:501-6.

57. KEO. Welcome to keo. www.keo.org. 2019.

58. Rouse Ball WW. A short account of the history of mathematics. New York: Dover; 1908.

59. Lissauer JJ, Chambers JE. Solar and planetary destabilization of the Earth-Moon triangular Lagrangian points. Icarus. 2008;195:16-27.

60. Rice M, Laughlin G. „Hidden planets: implications from 'Oumuamua and DSHARP". Ap J Lett. 2019;884(1):L22.

61. Lunan D. Man and the Stars. London: Souvenir Press; 1974.

62. Lawton AT, Newton SJ. Long delayed echoes: the search for a solution. Spaceflight. 1974;6:181-7.

63. Faizullin RT. „Geometrical joke(r?)s for SETI". arxiv.org/abs/1007.4054. 2010.

64. Sheehan W. The planet Mars. Tucson: University of Arizona Press; 1996.

65. Wells HG. Der Krieg der Welten und Die Zeitmaschine (zwei Romane). Frankfurt: Fischer Taschenbuch; 2018.

66. Zahnle K. Decline and fall of the Martian empire. Nature. 2001;412:209-13.

67. Shklovsky IS, Sagan C. Intelligent life in the Universe. San Francisco: Holden-Day; 1966.

68. Papagiannis MD. Are we all alone, or could they be in the asteroid belt? Quart J Royal Astro Soc. 1978;19:236–51.

69. Kecskes C. Scenarios which may lead to the rise of an asteroid-based technical civilisation. Acta Astronaut. 2002;50:569–77.

70. Elvis M. How many ore-bearing asteroids? Planet Space Sci. 2014;91:20–6.

71. Stephenson DG. Extraterrestrial cultures within the solar system? Quart J Royal Astro Soc. 1978;19:277–81.

72. Loeb A, Turner EL. Detection technique for artificially illuminated objects in the outer solar system and beyond. Astrobiology. 2012;12:290–4.

73. von Eshleman R. Gravitational lens of the sun: its potential for observations and communications over interstellar distances. Science. 1979;205:1133–5.

74. Maccone C. Space missions outside the solar system to exploit the gravitational lens of the sun. J Brit Interplanetary Soc. 1994;47:45–52.

75. Maccone C. The gravitational lens of Alpha Centauri a, b, c and of Barnard's star. Acta Astronaut. 2000;47:885–97.

76. Maccone C. Deep space flight and communications—Exploiting the Sun as a gravitational lens. Berlin: Springer; 2009.

77. Maccone C. Focusing the galactic internet. In: Schuch HP, Herausgeber. Searching for extraterrestrial intelligence. Berlin: Springer; 2011. p. 325–49.

78. Maccone C. Sun focus comes first, interstellar comes second. J Brit Interplanetary Soc. 2013;66:25–37.

79. Maccone C, Piantà M. Magnifying the nearby stellar systems by FOCAL space missions to 550 AU. Part I. J Brit Interplanetary Soc. 1997;50:277–80.

80. Gillon M. A novel SETI strategy targeting the solar focal regions of the most nearby stars. Acta Astronaut. 2014;94:629–33.

81. Webb S. New eyes on the Universe. New York: Springer; 2012.

82. Bialy S, Loeb A. Could solar radiation pressure explain 'Oumuamua's peculiar acceleration? Ap J Lett. 2018;868:L1.

83. Bannister MT, Bhandare A, Dybczynski PA, et al. The natural history of 'Oumuamua. Nat Astron. 2019;3:594–602.

84. Haqq-Misra J, Kopparapu RK. On the likelihood of non-terrestrial artifacts in the solar system. Acta Astronaut. 2012;72:15–20.

85. Freitas RA Jr. There is no Fermi paradox. Icarus. 1985;62:518–20.

86. shCherbak VI, Makukov MA. The „Wow! signal" of the terrestrial genetic code. Icarus. 2013;224:228–42.

87. Yokoo H, Oshima T. Is bacteriophage phi X174 DNA a message from an extraterrestrial intelligence? Icarus. 1979;38:148–53.

88. O'Leary M. Anaxagoras and the origin of Panspermia theory. Bloomington (Indiana): iUniverse; 2008.

89. Arrhenius SA. Das Werden der Welten. Paderborn: Salzwasser Verlag; 2012.

90. Hoyle F, Wickramasinghe NC. Leben aus dem All. Frankfurt a. M.: Zweitausendeins; 2000.

91. Secker J, Wesson PS, Lepock JR. Astrophysical and biological constraints on radiopanspermia. J Roy Astro Soc Canada. 1996;90:184–92.

92. Lage C. Probing the limits of extremophilic life in extraterrestrial environment-simulated experiments. Int J Astrobiol. 2012;11:251–6.

93. Wesson PS. Panspermia, past and present: astrophysical and biophysical conditions for the dissemination of life in space. Space Sci Rev. 2010;156:239–52.

94. Crick FHC, Orgel LE. Directed panspermia. Icarus. 1973;19:341–6.

95. Crick FHC. Life itself. New York: Simon and Schuster; 1981.

96. Gurzadyan VG. Kolmogorov complexity, string information, panspermia and the Fermi paradox. Observatory. 2005;125:352–5.

97. Scheffer LK. Machine intelligence, the cost of interstellar travel and Fermi's paradox. Quart J Royal Astro Soc. 1993;35:157–75.

98. Ball JA. The zoo hypothesis. Icarus. 1973;19:347–9.

99. Hair TW. Temporal dispersion of the emergence of intelligence: an inter-arrival time analysis. Int J Astrobiol. 2011;10:131–5.

100. Forgan DH. Spatio-temporal constraints on the zoo hypothesis, and the breakdown of total hegemony. Int J Astrobiol. 2011;10:341–7.

101. Deardorf JW. Possible extraterrestrial strategy for Earth. Quart J Royal Astro Soc. 1986;27:94–101.

102. Deardorf JW. Examination of the embargo hypothesis as an explanation for the Great Silence. J Brit Interplanetary Soc. 1987;40:373–9.

103. Carey SS. A beginner's guide to scientific method. Stamford: Wadsworth; 1997.

104. Fogg MJ. Temporal aspects of the interaction among the first galactic civilizations: the „interdict hypothesis". Icarus. 1987;69:370–84.

105. Fogg MJ. Extraterrestrial intelligence and the interdict hypothesis. Analog. 1988;108(10):62–72.

106. Asimov I. Außerirdische Zivilisationen. Bergisch Gladbach: Lübbe; 1984.

107. Newman WI, Sagan C. Galactic civilizations: population dynamics and inter-stellar diffusion. Icarus. 1981;46:293–327.

108. Baxter S. The planetarium hypothesis: a resolution of the Fermi paradox. J Brit Interplanetary Soc. 2000;54:210–6.

109. Deutsch D. Die Physik der Welterkenntnis. München: dtv; 2000.

110. Bostrom N. Are you living in a computer simulation? Phil Quarterly. 2003;53(211):243–55.

111. Bostrom N, Kulczycki M. A patch for the simulation argument. Analysis. 2011;71:54–61.

112. Beane SR, Davoudi Z, Savage MJ. Constraints on the universe as a numerical simulation Eur. Phys J A. 2014;50:148.

113. Asimov I. Wenn die Sterne verlöschen. Rastatt: Pabel; 1975.

114. Popper K. Vermutungen und Widerlegungen: Das Wachstum der wissen-schaftlichen Erkenntnis. Tübingen: Mohr Siebeck; 2009.

115. Harrison E. The natural selection of universes containing intelligent life. Quart J Royal Astro Soc. 1995;36:193–203.
116. Byl J. On the natural selection of universes. Quart J Royal Astro Soc. 1996;37:369–71.
117. Gribbin J. In Search of the multiverse. London: Penguin; 2010.
118. Carr B, Herausgeber. Universe or multiverse? Cambridge: CUP; 2007.
119. Vaidya PG. Are we alone in the multiverse? arXiv:0706.0317v1. 2007.
120. Merali Z. A big bang in a little room. London: Basic; 2017.
121. Ben-Bassat A, Ben-David-Zaslow R, Schocken S, Vardi Y. Sluggish data transport is faster than ADSL. Annals of Improbable Research. 2005;11:4–8.
122. Sandberg A, Armstrong S, Cirkovic MM. That is not dead which can eternal lie: what are the physical constraints for the aestivation hypothesis? J Brit Interplanetary Soc. 2017;69:406–15.
123. Bennett CH, Hanson R, Riedel CJ. „Comment on „The aestivation hypothesis for resolving Fermi's paradox"„. Found Phys. 2019;49:820–9.
124. Voyager. JPL home page. 2013.
125. NASA. Voyager home page. 2013.
126. Mermin ND. Es ist an der Zeit. Berlin: Springer; 2016.
127. Webb S. Measuring the Universe. Berlin: Springer; 1999.
128. Bernal JD. The world, the flesh and the devil. London: Cape; 1929.
129. Jeschke W (Hrsg.), Die lange Reise/Die Aufgabe (zwei Romane in einem Band von R. Heinlein und P. Zsoldos). München: Heyne; 1987.
130. Crawford IA. The astronomical, astrobiological and planetary science case for interstellar spaceflight. J Brit Interplanetary Soc. 2009;62:415–21.
131. Anderson P. Universum ohne Ende. München: Heyne; 1972.
132. Hemry JG. Interstellar navigation or getting where you want to go and back again (in one piece). Analog. 2000;121(11):30–7.
133. Garcia-Escartin JC, Chamorro-Posada P. Scouting the spectrum for interstellar travellers. Acta Astronaut. 2013;85:12–8.
134. Mallove EF, Matloff GL. The starflight handbook. New York: Wiley; 1989.
135. Crawford IA. Interstellar travel: a review. In: Zuckerman B, Hart MH, Herausgeber. Extraterrestrials: where are they? Cambridge: CUP; 1995.
136. Bussard RW. Galactic matter and interstellar flight. Acta Astronaut. 1960;6:179–94.
137. Forward RL. Roundtrip interstellar travel using laser-pushed lightsails. J Spacecraft. 1984;21:187–95.
138. Dyson FJ. Interstellar propulsion systems. In: Zuckerman B, Hart MH, Herausgeber. Extraterrestrials: where are they? Cambridge: CUP; 1982.
139. Wright JL. Space sailing. New York: Gordon and Breach; 1992.
140. Andrews DG. Interstellar propulsion opportunities using near-term technologies. Acta Astronaut. 2004;55:443–51.
141. Breakthrough Starshot. Starshot, https://breakthroughinitiatives.org/initiative/3. 2020.

142. Shkadov LM. Possibility of controlling solar system motion in the galaxy. In: Proc. IAF 38th Int. Astronautical Congress, (Brighton), S. 1–8, International Astronautical Federation, 1987.

143. Forgan DH. On the possibility of detecting class a stellar engines using exoplanet transit curves. J Brit Interplanetary Soc. 2013;66:144–54.

144. Benford G, Niven L. Himmelsjäger. München: Heyne; 2013.

145. Ulam SM. Adventures of a Mathematician. Berkeley: University of California Press; 1976.

146. Ulam SM. On the possibility of extracting energy from gravitational systems by navigating space vehicles, Tech. Rep. LA-2219-MS, Los Alamos National Laboratory: Los Alamos; 1958.

147. Dyson FJ. Gravitational machines. In: Cameron AGW, Herausgeber. Interstellar communication. New York: Benjamin; 1963.

148. Forward RL. The negative matter space drive. Analog. 1990;110(9):59–71.

149. OPERA Collaboration. Measurement of the neutrino velocity with the OPERA detector in the CNGS beam. J. High Energy Phys. 2012;093:1–34. (Anm. d. Ü.: Unter https://www.spektrum.de/news/das-kabel-das-die-physik-erschuetterte/1180422 können Sie allgemeinverständlich lesen, warum es doch keine Tachyonen waren.)

150. Sagan CE. Contact. München: Droemer Knaur; 1997.

151. Thorne K. Gekrümmter Raum und verbogene Zeit. Augsburg: Bechtermünz-Verlag; 1999.

152. Krasnikov SV. A traversible wormhole. Phys Rev D. 2000;62:084028.

153. Alcubierre M. The warp drive: hyper-fast travel within general relativity. Class Quantum Grav. 1994;11:L73–7.

154. Van Den Broeck C. A „warp drive“ with more reasonable total energy requirements. Class Quant Grav. 1999;16:3973–9.

155. Bressi G, Carugno G, Onofrio R, Ruoso G. Measurement of the Casimir force between parallel metallic surfaces. Phys Rev Lett. 2002;88:041804.

156. Haisch B, Rueda A, Puthoff HE. Beyond $E = mc^2$. Sciences. 1994;34(6):26–31.

157. Puthoff HE. SETI, the velocity of light limitation, and the Alcubierre warp drive: an integrating overview. Physics Essays. 1996;9:156.

158. Schmidt GR, Landis GA, Oleson SR. Human exploration using real-time robotic operations (HERRO): a space exploration strategy for the 21st century. Acta Astronaut. 2012;80:105–13.

159. Cox LJ. An explanation for the absence of extraterrestrials on Earth. Quart J Royal Astro Soc. 1976;17:201–8.

160. Gros C. Expanding advanced civilizations in the Universe. J Brit Interplanetary Soc. 2005;58:108–10.

161. Lampton M. Information-driven societies and Fermi's paradox. Int J Astrobiol. 2013;12:312–3.

162. Crawford IA. Where are they? Sci Am. 2000;283(7):28–33.

163. Jones EM. Colonization of the Galaxy. Icarus. 1975;28:421–2.

164. Jones EM. Discrete calculations of interstellar migration and settlement. Icarus. 1981;46:328–36.

165. Jones EM. Estimates of expansion timescales. In: Zuckerman B, Hart MH, Herausgeber. Extraterrestrials: where are they? Cambridge: CUP; 1995.

166. Finney BR, Jones EME. Interstellar Migration and the Human Experience. Berkeley: University of California Press; 1985.

167. Bjørk R. Exploring the galaxy using space probes. Int J Astrobiol. 2007;6:89–93.

168. Cotta C, Morales A. A computational analysis of galactic exploration with space probes: implications for the Fermi paradox. J Brit Interplanetary Soc. 2009;62:82–8.

169. Landis GA. The Fermi paradox: an approach based on percolation theory. J Brit Interplanetary Soc. 1998;51:163–6.

170. Stauffer D, Aharony A. Perkolationstheorie: eine Einführung. Weinheim: VCH; 1995.

171. Kinouchi O Persistence solves Fermi paradox but challenges SETI projects. arXiv:cond-mat/0112137v1. 2001.

172. Hanson R. Burning the cosmic commons: evolutionary strategies for interstellar colonization. http://hanson.gmu.edu/filluniv.pdf. 1998.

173. Wiley KB. The Fermi paradox, self-replicating probes, and the interstellar transportation bandwidth. arXiv:1111.6131v1. 2011.

174. Gardner M. The fantastic combinations of John Conway's new solitaire game „Life". Sci Am. 1970;223:120–3.

175. Bezsudnov I, Snarskii A. Where is everybody? – wait a moment... New approach to the Fermi paradox. arXiv:1007.2774v1. 2010.

176. Vukotic B, Cirkovic MM. Astrobiological complexity with probabilistic cellular automata. Orig Life Evol Bio. 2012;42:347–71.

177. Freitas RA Jr. A self-reproducing interstellar probe. J Brit Interplanetary Soc. 1980;33:251–64.

178. Borgue O, Hein AM. Near-term self-replicating probes – a concept design. arXiv:2005.12303. 2020.

179. Bracewell RN. Communication from superior galactic communities. Nature. 1960;186:670–1.

180. Forgan DH, Papadogiannakis S, Kitching T. The effects of probe dynamics on galactic exploration timescales. J Brit Interplanetary Soc. 2013;66:171–8.

181. Nicholson A, Forgan D. Slingshot dynamics for self-replicating probes and the effect on exploration timescales. Int J Astrobiol. 2013;12:337–44.

182. Barlow MT. Galactic exploration by directed self-replicating probes, and its implications for the Fermi paradox. Int J Astrobiol. 2013;12:63–8.

183. Cartin D. Exploration of the local solar neighbourhood I: fixed number of probes. Int J Astrobiol. 2013;12:271–81.

184. Mathews JD. From here to ET. J Brit Interplanetary Soc. 2011;64:234–41.

185. Chyba CF, Hand KP. Astrobiology: the study of the living Universe. Ann Rev Astron Astrophys. 2005;45:31–74.

186. Cirkovic MM. Against the empire. J Brit Interplanetary Soc. 2008;61:246–54.

187. Rummel JD. Planetary exploration in the time of astrobiology: protecting against biological contamination. Pub Nat Acad Sci. 2001;98:2128–31.

188. Bostrom N. What is a singleton? Ling Phil Investigations. 2006;5:48–54.

189. Caplan B. The totalitarian threat. In: Bostrom N, Cirkovic MM, Herausgeber. Global catastrophic risks. Oxford: OUP; 2008.

190. Armstrong S, Sandberg A. Eternity in six hours: intergalactic spreading of intelligent life and sharpening the Fermi paradox. Acta Astronaut. 2013;89:1–13.

191. Saberhagen F. Berserker. Rastatt: Moewig; 1988.

192. Farmer PJ. Die toten Welten des Bolg. München: Droemersche Verlagsanstalt Knaur; 1985.

193. Benford G. Im Meer der Nacht. München: Heyne; 1980.

194. Rood RT, Trefil JS. Sind wir allein im Universum? München: Goldmann; 1988.

195. Dyson FJ. Search for artificial sources of infrared radiation. Science. 1960;131:1667.

196. Niven L. *Ringwelt und Ringwelt Ingenieure* (zwei Romane). Köln: Bastei Lübbe; 2016.

197. Shaw B. Orbitsville. München: Goldmann; 1985.

198. Roy KI, Kennedy RGI, Fields DE. Shell worlds. Acta Astronaut. 2013;82:238–45.

199. Kecskes C. The possibility of finding traces of extraterrestrial intelligence on asteroids. J Brit Interplanetary Soc. 1998;51:175–80.

200. McInnes CR. The light cage limit to interstellar expansion. J Brit Interplanetary Soc. 2002;55:279–84.

201. von Hoerner S. Population explosion and interstellar expansion. J Brit Interplanetary Soc. 1975;28:691–712.

202. Baxter S. Das Multiversum: Raum. München: Heyne; 2002.

203. Cernan E, Davis D. The last man on the Moon. New York: St Martin's Press; 1999.

204. Smith A. Moondust: in search of the men who fell to Earth. London: Bloomsbury; 2005.

205. Niven L. Inconstant Moon. London: Gollancz; 1973.

206. Zuckerman B. Stellar evolution: motivation for mass interstellar migration. Quart J Royal Astro Soc. 1985;26:56–9.

207. Clarke AC. Die sieben Sonnen. München: Goldmann; 1984.

208. Learned JG, Pakvasa S, Zee A. Galactic neutrino communication. Phys Lett B. 2009;671:15–9.

209. Silagadze ZK. SETI and muon collider. Acta Phys Polonica B. 2008;39:2943–8.

210. Learned JG, Pakvasa S, Simmons WA, Tata X. Timing data communications with neutrinos: a new approach to SETI. Quart J Royal Astro Soc. 1994;35:321–9.

211. Jackson AA, Benford G. A gravitational wave transmitter. J Brit Interplanetary Soc. 2019;72:62–9.

212. Grote H. Gravitationswellen: Geschichte einer Jahrhundertentdeckung. München: C. H. Beck; 2018.

213. Abramowicz M, Bejger M, Gourgoulhon E, Straub O. The messenger: a galactic centre gravitational-wave beacon. https://arxiv.org/abs/1903.10698. 2019.

214. Jugaku J, Nishimura SE. A search for Dyson spheres around late-type stars in the IRAS catalog. In: Heidemann J, Klein MJ. Hrsg. Bioastronomy: The Search for Extraterrestrial Life (Lectures Notes in Physics) (Bd. 390). Berlin: Springer; 1991.

215. Jugaku J, Nishimura SE. A search for Dyson spheres around late-type stars in the solar neighborhood II. In: Cosmovici CB, Bowyer S, Wertheimer D, Herausgeber. Astronomical and biochemical origins and the search for life in the universe. Bologna: Editrice Compositori; 1997. pp. 707–10.

216. Jugaku J, Nishimura SE. A search for Dyson spheres around late-type stars in the solar neighbourhood. III. In: Lemarchand G, Meech K, Herausgeber. Bioastronomy: a new era in the search for life. Chicago: UCP; 2000.

217. Mauersberger R, et al. SETI at the spin-flip line frequency of positronium. Astron Astrophys. 1996;306:141–4.

218. Carrigan RA Jr. IRAS-based whole-sky upper limit on Dyson spheres. Ap J. 2009;698:2075–86.

219. Carrigan RA Jr. Starry messages: searching for signatures of interstellar archaeology. J Brit Interplanetary Soc. 2010;63:90–103.

220. Carrigan RA Jr. Is interstellar archeology possible? Acta Astronaut. 2012;78:121–6.

221. Wright JT, Mullan B, Sigurdsson S, Povich MS. The Ḡ infrared search for extraterrestrial civilizations with large energy supplies. I. Background and justification. Ap J. 2014;792:26.

222. Wright JT, Griffith RL, Sigurdsson S, Povich MS, Mullan B. The Ḡ infrared search for extraterrestrial civilizations with large energy supplies. II. Framework, strategy, and first result. Ap J. 2014;792:27.

223. Griffith RL, Wright JT, Maldonado J, Povich MS, Sigurdsson S, Mullan B. The Ḡ infrared search for extraterrestrial civilizations with large energy supplies. III. The reddest extended sources in WISE. Ap J Suppl. 2015;217:25.

224. Wright JT, Cartier KMS, Zhao M, Jontof-Hutter D, Ford EB. The Ḡ infrared search for extraterrestrial civilizations with large energy supplies. IV. The signatures and information content of transiting megastructures. Ap J. 2016;816.

225. Battersby S. Alien megaprojects: the hunt has begun. New Sci. 2013;2911:42–5.

226. Minsky M. Talk given at the Communication With Extraterrestrial Intelligence (CETI) conference. In: Sagan C. Hrsg. *Proc. Conf. Held at Byurakan Astrophysical Observatory, Yerevan, USSR, 5–11 September 1971*, Cambridge: MIT Press; 1973. S. ix.

227. Boyajian TS, et al. Planet hunters IX. KIC 8462852 – where's the flux? Monthly Notices Royal Astro Soc. 2016;457:3988–4004.

228. Martinez MAS, Stone NC, Metzger BD. Orphaned exomoons: tidal detachment and evaporation following an exoplanet–star collision. Monthly Notices Royal Astro Soc. 2019;489:5119–35.

229. Whitmire DP, Wright DP. Nuclear waste spectrum as evidence of technological extraterrestrial civilizations. Icarus. 1980;42:149–56.

230. Sullivan WS. Signale aus dem All. Düsseldorf: Econ-Verlag; 1966.

231. Arnold L. Transmitting signals over interstellar distances: three approaches compared in the context of the Drake equation. Int J Astrobiol. 2013;12:212–7.

232. Cocconi G, Morrison P. Searching for interstellar communications. Nature. 1959;184:844–6.

233. Benford J, Benford G, Benford D. Messaging with cost-optimized interstellar beacons. Astrobiology. 2010;10:475–90.

234. Benford J, Benford G, Benford D. Searching for cost-optimized interstellar beacons. Astrobiology. 2010;10:491–8.

235. Harp GR, Ackermann RF, Blair SK, Arbunich J, Backus PR, Tarter JC und das ATA-Team. A new class of SETI beacons that contain information. In: Vakoch DA. Hrsg. Communication with Extraterrestrial Intelligence (CETI). Albany: State University of New York Press; 2011. S. 45–70.

236. Messerschmitt DG. Interstellar communication: the case for spread spectrum. Acta Astronaut. 2012;81:227–38.

237. Morrison IS. Detection of antipodal signalling and its application to sideband SETI. Acta Astronaut. 2012;78:90–8.

238. Kardashev NS. Optimal wavelength region for communication with extraterrestrial intelligence— $\_ = 1{:}5$ mm. Nature. 1979;278:28–30.

239. Kuiper TBH, Morris M. Searching for extraterrestrial civilizations. Science. 1977;196:616–21.

240. Jill T. The search for extraterrestrial intelligence (SETI)", Ann. Rev. Astron. Astrophys. 2001;39:511–48.

241. Bowyer S. A brief history of the search for extraterrestrial intelligence and an appraisal of the future of this endeavor, Proc. SPIE: Instruments, Methods, and Missions for Astrobiology XIV 2011:8152.

242. Lazio TJW, Tarter J, Backus PR. Megachannel extraterrestrial assay candidates: no transmissions from intrinsically steady sources. Astron J. 2002;124:560–4.

243. Korpela et al. EJ. „Status of the UC-Berkeley SETI efforts", Proc. SPIE: Instruments, Methods, and Missions for Astrobiology XIV. 2011;8152.

244. Welch J, et al. The allen telescope array: the first widefield, panchromatic, snapshot radio camera for radio astronomy and SETI. Proc IEEE Special Issue: Advances in Radio Telescopes. 2009;97:1438–47.

245. Siemion APV, et al. New SETI sky surveys for radio pulses. Acta Astronaut. 2010;67:1342–9.

246. Tarter et al. J. The first SETI observations with the Allen telescope array, Acta Astronaut. 2011;68:340–6.

247. Penny AJ. „SETI with SKA", The Scientific Promise of the SKA. Oxford: SKA Workshop; 2004.

248. Loeb A, Zaldarriaga M. Eavesdropping on radio broadcasts from galactic civilizations with upcoming observatories for redshifted 21 cm radiation, J. Cosmology Astroparticle Phys. 2007.

249. Forgan DH, Nichol RC. A failure of serendipity: the Square Kilometre Array will struggle to eavesdrop on human-like ETI. Int J Astrobiol. 2011;10:77–81.

250. Rampadarath H, Morgan JS, Tingay SJ, Trott CM. The first very long baseline interferometric SETI experiment. Astron J. 2012;144(2):38.

251. Hair TW. Provocative radio transients and base rate bias: a Bayesian argument for conservatism. Acta Astronaut. 2013;91:194–7.

252. Gray RH. The elusive wow. Chicago: Palmer Square Press; 2011.

253. Hecht J. Beam: the race to make the laser. Oxford: OUP; 2010.

254. Schwartz RN, Townes CH. Interstellar and interplanetary communication by optical masers. Nature. 1961;190:205–8.

255. Eichler D, Beskin G. Optical SETI with air Cerenkov telescopes. Astrobiology. 2001;1:489–93.

256. Reines AE, Marcy GW. Optical SETI: a spectroscopic search for laser emission from nearby stars. Pub Astron Soc Pacific. 2002;114:416–26.

257. Ball JA. Gamma-ray bursts: the ETI hypothesis. www.haystack.mit.edu/hay/staff/jball/grbeti.ps. 1995.

258. Corbet RHD. The use of gamma-ray bursts as direction and time markers in SETI strategies. Pub Astron Soc Pacific. 1999;111:881–5.

259. Abeysekara et al. AU. A search for brief optical flashes associated with the SETI target KIC 8462852. Ap. J. Lett. 2016;818:L33.

260. Crane L. Searching for extraterrestrial civilizations using gamma ray telescopes. https://arxiv.org/abs/1902.09985. 2019.

261. LePage AJ. Where they could hide. Sci Am. 2000;283(7):30–1.

262. Turnbull MC, Tarter J. Target selection for SETI. I. A catalog of nearby habitable stellar systems. Ap J Supp. 2003;145:181–98.

263. Turnbull MC, Tarter J. Target selection for SETI. II. Tycho-2 dwarfs, old open clusters, and the nearest 100 stars. Ap J Supp. 2003;149:423–36.

264. Siemion et al. APV. A 1.1 to 1.9 GHz SETI survey of the Kepler field: I. a search for narrow-band emission from select targets. Ap. J. 2013;767:94.

265. Nussinov S. Some comments on possible preferred directions for the SETI search. arXiv:0903.1628v1. 2009.

266. Edmondson WH, Stevens IR. The utilization of pulsars as SETI beacons. Int J Astrobiol. 2003;2:231–71.

267. Edmondson WH. Targets and SETI: shared motivations, life signatures and asymmetric SETI. Acta Astronaut. 2010;67:1410–8.

268. Cohen N, Hohlfeld R. A newer, smarter SETI strategy. Sky & Telescope. 2001;101(4):50–1.

269. Drake FD, Sagan C. Interstellar radio communication and the frequency selection problem. Nature. 1973;245:257–8.

270. Gott III JR. Cosmological SETI frequency standards. In: Zuckerman B, Hart MH, Herausgeber. Extraterrestrials: Where are they? Cambridge: CUP; 1995.

271. SETI@home, „Seti@home poll results". http://boinc.berkeley.edu/slides/xerox/polls.html. 2000

272. Smith RD. Broadcasting but not receiving: density dependence considerations for SETI signals. Int J Astrobiol. 2009;8:101–5.

273. Zaitsev A. The SETI paradox. Bull. Spec. Astrophys. Obs., 2006:60.

274. Sullivan WTI, Brown S, Wetherill C. Eavesdropping: the radio signature of the Earth. Science. 1978;199:377–88.

275. Billingham J, Benford J. Costs and difficulties of large-scale „messaging", and the need for international debate on potential risks. J Brit Interplanetary Soc. 2014;67:17–23.

276. Hawking SW. Stephen hawking warns over making contact with aliens. BBC News (25 April), 2010. http:/news.bbc.co.uk/1/hi/8642558.stm.

277. Zaitsev A. Classification of interstellar radio messages. Acta Astronaut. 2012;78:16–9.

278. Haqq-Misra J, Busch M, Som S, Baum S. The benefits and harms of transmitting into space. Space Policy. 2013;29:40–8.

279. Vakoch DA. Asymmetry in active SETI: a case for transmissions from Earth. Acta Astronaut. 2011;68:476–88.

280. Denning K. Unpacking the great transmission debate. Acta Astronaut. 2010;67:1399–405.

281. Musso P. The problem of active SETI: an overview. Acta Astronaut. 2012;78:43–54.

282. Penny AJ. Transmitting (and listening) may be good (or bad). Acta Astronaut. 2012;78:69–71.

283. Hoyle F, Eliot J. A wie Andromeda. München: Goldmann; 1984.

284. Cixin L. Der dunkle Wald. München: Heyne; 2018.

285. de Vladar HP. „The game of active search for extra-terrestrial intelligence: breaking the „Great Silence",. Int J Astrobiol. 2013;12:53–62.

286. Korhonen JM. MAD with aliens? interstellar deterrence and its implications. Acta Astronaut. 2013;86:201–10.

287. Hogben LT. Science in authority. New York: Norton; 1963.

288. Morrison P. Interstellar communication. Bulletin Phil Soc Washington. 1962;16:68–81.

289. Musso P. A language based on analogy to communicate cultural concepts in SETI. Acta Astronaut. 2011;68:489–99.

290. Freudenthal H. Design of a language for cosmic intercourse. Amsterdam: North Holland; 1960.

291. Ollongren A. Recursivity in Lingua cosmica. Acta Astronaut. 2011;68:544–8.

292. Ollongren A. Astrolinguistics. New York: Springer; 2013.

293. D'Imperio ME. The Voynich manuscript. Laguna Hills: Aegean Park Press; 1978.

294. Hodgins G. Forensic investigations of the Voynich MS, in *Voynich 100 Conference*. www.voynich.nu/mon2012/index.html. 2012.

295. Amancio DR, Altmann EG, Rybski D, Oliveira Jr ON, Costa LdF. Probing the statistical properties of unknown texts: application to the Voynich Manuscript. PLoS ONE. 2013;8(7):e67310.

269. Elliott JR. A post-detection decipherment strategy. Acta Astronaut. 2011;68:441–4.

297. Elliott JR, Baxter S. The DISC quotient. Acta Astronaut. 2012;78:20–5.

298. Elliott JR. Constructing the matrix. Acta Astronaut. 2012;78:26–30.

299. Caves CM, Drummond PD. Quantum limits on bosonic communication rates. Rev Mod Phys. 1994;66:481–537.

300. Lachman M, Newman MEJ, Moore C. The physical limits of communication, or why any sufficiently advanced technology is indistinguishable from noise. Am J Phys. 2004;72:1290–3.

301. Rose C, Wright G. Inscribed matter as an energy-efficient means of communication with an extraterrestrial civilization. Nature. 2004;431:47–9.

302. Clarke AC. Rendezvous mit Rama. München: Heyne; 2014.

303. FNAL. The universe lives on and rumors of its imminent demise have been greatly exaggerated. www.fnal.gov/pub/ferminews/FermiNews98-06-19.pdf. 1998.

304. Hut P, Rees MJ. How stable is our vacuum? Nature. 1983;302:508–9.

305. Matthews RA. black hole ate my planet. New Sci. 1999:24–7, 28 August.

306. Jaffe RC, et al. Review of speculative „disaster scenarios" at RHIC. Rev Mod Phys. 2000;72:1125–40.

307. Johnson EE, Baram M. New US Science Commission should look at experiment's risk of destroying the Earth. Int. Business Times. www.ibtimes.com. 2014.

308. Ellis J, Giudice G, Mangano ML, Tkachev T, Wiedemann U. Review of the safety of LHC collisions. J Phys G: Nucl Part Phys. 2008;35:115004.

309. Drexler KE. Experiment Zukunft. Bonn: Addison-Wesley; 1994.

310. Feynman RP. There's plenty of room at the bottom, 1959. Lecture given to the American physical society at caltech, 29 December.

311. Aiken B. Small doses of the future. Berlin: Springer; 2014.

312. Royal Society. Nanoscience and nanotechnologies. London: Royal Society; 2004.

313. Bear G. Blutmusik. München: Heyne; 1990.

314. Freitas Jr. RA. Some limits to global ecophagy by biovorous nanoreplicators, with public policy recommendations. www.foresight.org/nano/Ecophagy.html. 2000.

315. Bowen M. Thin ice. New York: Holt; 2006.

316. Weart SR. The discovery of global warming. Cambridge: Harvard University Press; 2008.

317. NOAA/National Centers for Environmental Information, „Global Climate Report – April 2020", 2020. www.ncdc.noaa.gov/sotc/global/202004.

318. Goldblatt C, Watson AJ. The runaway greenhouse: implications for future climate change, geoengineering and planetary atmospheres. Phil Trans R Soc A. 2012;370:4197–216.

319. Lynas M. 6 Grad mehr: Die verheerenden Folgen der Erderwärmung. Hamburg: Rowohlt Taschenbuch; 2021.

320. Stevenson DJ. Mission to Earth's core – a modest proposal. Nature. 2003;423:239–40.

321. Cirkovic MM, Cathcart RB. Geo-engineering gone awry: a new partial solution of Fermi's paradox. J Brit Interplanetary Soc. 2004;57:209–15.

322. Turco RP, et al. Nuclear winter: global consequences of multiple nuclear explosions. Science. 1983;222:1283–97.

323. Miller WM Jr. Lobgesang auf Leibowitz. München: Heyne; 2000.

324. Cooper J. Bioterrorism and the Fermi paradox. Int J Astrobiol. 2013;12:144–8.

325. Atwood M. Oryx und Crake (MaddAddam-Trilogie). München: Piper; 2017.

326. Gott JR III. Implications of the Copernican principle for our future prospects. Nature. 1993;363:315–9.

327. Buch P, Mackay AL, Goodman SN. Future prospects discussed. Nature. 1994;358:106–8.

328. Leslie J. The end of the world. London: Routledge; 1996.

329. Wells W. Apocalypse when? Chichester: Praxis; 2009.

330. Schroeder K. Permanence. New York: Tor; 2002.

331. Cirkovic MM. Permanence – an adaptationist solution to Fermi's paradox? J Brit Interplanetary Soc. 2005;58:62–70.

332. Cirkovic MM, Dragicevic I, Beric-Bjedov T. Adaptationism fails to resolve Fermi's paradox. Serb Astron J. 2005;170:89–100.

333. Dick SJ. Cultural evolution, the postbiological universe and SETI. Int J Astrobiol. 2003;2:65–74.

334. Dick SJ. The postbiological universe. Acta Astronaut. 2008;62:499–504.

335. Dick SJ. The biological universe: the twentieth century extraterrestrial life debate and the limits of science. Cambridge: CUP; 1996.

336. Dick SJ. Space, time and aliens. Berlin: Springer; 2020.

337. Stapledon O. Die Letzten und die Ersten Menschen. München: Piper; 2015.

338. Stapledon O. Der Sternenschöpfer. München: Heyne; 1982.

339. Martin GRR. Ein Lied für Lya, in: Die zweite Stufe der Einsamkeit. Rastatt: Moewig; 1982.

340. Barrow JD. Die Entdeckung des Unmöglichen. Heidelberg: Spektrum Akademischer Verlag; 2001.

341. Vidal C. The beginning and the end: the meaning of life in a cosmological perspective. Vrije Universiteit Brussel: PhD Thesis; 2013.

342. Dokuchaev VI. Is there life inside black holes? Class Quantum Grav. 2011;28:235015.

343. Inoue M, Yokoo H. Type III Dyson sphere of highly advanced civilisations around a super massive black hole. J Brit Interplanetary Soc. 2011;64:58–62.

344. Moore GE. Cramming more components onto integrated circuits. Electronics. 1965;38(8):114–7.

435. Vinge V. VISION-21 Symposium. Cleveland: NASA Lewis Research Center; 1993.

436. Kurzweil R. Menschheit 2.0: die Singularität naht. Berlin: Lola Books; 2013.

347. Ulam SM. Tribute to John von Neumann, 1903–57. Bullet American Math Soc. 1958;64:1–49.

348. de Teilhard CP. Die Zukunft des Menschen. Olten: Walter; 1987.

349. Searle JR. Minds, brains and programs. Cambridge: Harvard University Press; 1984.

350. Penrose R. Computerdenken. Heidelberg: Spektrum der Wissenschaft; 1991.

351. Smart JM. The transcension hypothesis: sufficiently advanced civilizations invariably leave our universe, and implications for METI and SETI. Acta Astronaut. 2012;78:55–68.

352. Carroll SB. Evo Devo: das neue Bild der Evolution. Berlin: Berlin Univ. Press; 2008.

353. WHO. Urban population growth. www.who.int/gho/urban_health/situation_trends/urban_population_growth_text/en/. 2013.

354. Circovic MM, Bradbury RJ. Galactic gradients, postbiological evolution and the apparent failure of SETI. New Astron. 2006;11:628–39.

355. Wesson PS. Cosmology, extraterrestrial intelligence, and a resolution of the Fermi-Hart paradox. Quart J Royal Astro Soc. 1990;31:161–70.

356. Guth AH. Eternal inflation and its implications. J Phys A. 2007;40:6811.

357. Ward PD, Brownlee D. Unsere einsame Erde. Berlin: Springer; 2001.

358. Feinberg G, Shapiro R. Life beyond earth. New York: Morrow; 1980.

359. Weinbaum SG. Mars-Odyssee: Science-Fiction-Erzählungen. München: Heyne; 1987.

360. Mayr E. A critique of the search for extraterrestrial intelligence. Bioastron News. 1995;7(3):152–6.

361. Bergman NM, Lenton TM, Watson AJ. COPSE: a new model of biogeochemical cycling over Phanerozoic time. Am J Sci. 2004;304:397–437.

362. Carter B. Large number coincidences and the anthropic principle in cosmology. In: Longair MS, Herausgeber. Confrontation of cosmological theories with observation. Dordrecht: Reidel; 1974.

363. Watson AJ. Implications of an anthropic model of evolution for emergence of complex life and intelligence. Astrobiol. 2008;8:175–85.

364. McCabe M, Lucas H. On the origin and evolution of life in the Galaxy. Int J Astrobiol. 2010;9:217–26.

365. Bostrom N. Anthropic bias: observer self-selection effects in science and philosophy. New York: Routledge; 2002.

366. Livio M. How rare are extraterrestrial civilizations, and when did they emerge? Ap J. 1999;511:429–31.

367. Sobral D, et al. A large, multi-epoch H_ survey at z = 2:23, 1.47, 0.84 & 0.40: the 11 Gyr evolution of star-forming galaxies from HiZELS. Monthly Notices Royal Astro Soc. 2013;428:1128–46.

368. Williams IP, Cremin AW. A survey of theories relating to the origin of the solar system. Quart J Royal Astro Soc. 1968;9:40–62.

369. Taylor SR. Destiny or chance. Cambridge: CUP; 1998.

370. Exoplanet-Team, The extrasolar planets encyclopaedia, http://exoplanet.eu. 2020.

371. Billings L. Five billion years of solitude. New York: Current; 2013.

372. Dalrymple GB. The age of the Earth in the twentieth century: a problem (mostly) solved, Geol. Soc. *London, Special Publ.* 2001;190:205–21.

373. Sorby HC. On the structure and origin of meteorites. Nature. 1877;15:495–8.

374. McBreen B, Hanlon L. Gamma-ray bursts and the origin of chondrules and planets. Astron Astrophys. 1999;351:759–65.

375. Duggan P, et al. Gamma-ray bursts and X-ray melting of material to form chondrules and planets. Astron Astrophys. 2003;409:L9–12.

376. Connelly JN, Bizzarro M, Krot AN, Nordlund A, Wielandt D, Ivanova MA. The absolute chronology and thermal processing of solids in the solar protoplanetary disk. Science. 2012;338:651–5.

377. Sarafian AR, Nielsen SG, Marschall HR, McCubbin FM, Monteleone BD. Early accretion of water in the inner solar system from a carbonaceous chondrite–like source. Science. 2014;346(6209):623–6.

378. Hartogh P, et al. Ocean-like water in the Jupiter-family comet 103P/Hartley 2. Nature. 2011;478:218–20.

379. Lis DC, et al. A Herschel study of D/H in water in the Jupiter-family comet 45P/Honda– Mrkos–Pajduˇsáková and prospects for D/H measurements with CCAT. Ap J Lett. 2013;774:L3–8.

380. Lis DC, et al. Terrestrial deuterium-to-hydrogen ratio in water in hyperactive comets. Astron Astrophys. 2019;625:L5–13.

381. Greaves J, Cigan P. „Lack of phosphorous may be a problem", Astron. Geophys. 2018;59(3):3–10.

382. Dole SH. Habitable planets for man. New York: Blaisdell; 1964.

383. Dole SH, Asimov I. Planets for Man. New York: Random House; 1964.

384. Seager S. Exoplanet habitability. Science. 2013;340:577–81.

385. Vladilo G, Murante G, Silva L, Provenzale A, Ferri G, Ragazzini G. The habitable zone of Earth-like planets with different levels of atmospheric pressure, Ap. J. 2013;767(23pp):65.

386. Heller R, Armstrong J. Superhabitable worlds. Astrobiology. 2014;14:50–66.

387. Hart MH. The evolution of the atmosphere of the Earth. Icarus. 1978;33:23–39.

388. Hart MH. Habitable zones about main sequence stars. Icarus. 1979;37:351–7.

389. Kasting JF, Reynolds RT, Whitmire DP. Habitable zones around main sequence stars. Icarus. 1992;101:108–28.

390. Selsis F, Kasting JF, Levard B, Paillet J, Ribas I, Delfosse X. Habitable planets around the star Gliese 581? Astron Astrophys. 2007;476:1373–87.

391. Rushby AJ, Claire MW, Osborn H, Watson AJ. Habitable zone lifetimes of exoplanets around main sequence stars. Astrobiology. 2013;13:833–49.

392. Petigura EA, Howard AW, Marcy GW „Prevalence of Earth-size planets orbiting Sun-like stars“, *Proc. Natl Acad. Sci.*, 2013.

393. Gonzalez G, Brownlee D, Ward PD. Refuges for life in a hostile universe. Sci Am. 2001;285(4):60–7.

394. Lineweaver CH, Fenner Y, Gibson BK. The Galactic habitable zone and the age distribution of complex life in the Milky Way. Science. 2004;303:59–62.

395. Gowanlock MG, Patton DR, McConnell SM. A model of habitability within the milky way galaxy. Astrobiology. 2011;11:855–73.

396. Yeomans DK. Near-Earth objects. Princeton: Princeton University Press; 2012.

397. Cramer JG. The pump of evolution. Analog. 1986;106(1):124–7.

398. Jones G. „The pump of curiosity“, *I-M-IntelligentMagazine*, https://i-m-magazine.com/. 2020.

399. Gehrels N, Laird CM, Jackman CH, Canizzo JK, Mattson BJ, Chen W. Ozone depletion from nearby supernovae. Ap J. 2003;585:1169–76.

400. Vedrenne G, Atteia J-L. Gamma-ray bursts. Berlin: Springer; 2009.

401. Melott AL, et al. Did a gamma-ray burst initiate the late Ordovician mass extinction? Int J Astrobiol. 2004;3:55–61.

402. Thomas B. Gamma-ray bursts as a threat to life on Earth. Int J Astrobiol. 2009;8:183–6.

403. Annis, J. „An astrophysical explanation of the great silence“, *J. Brit. Interplanetary Soc.*, 52, 1999. S. 19.

404. Asimov I, Herausgeber. Das Forschungsteam: die Hugo-Gernsback-Preisträger 1955–1961. München: Heyne; 1982.

405. Bostrom N, Cirkovic MM. Global catastrophic risks. Oxford: OUP; 2008.

406. Harland WB, Rudwick MJS. The great infra-Cambrian glaciation. Sci Am. 1964;211(2):28–36.

407. Hoffman PF, Schrag DP. Snowball Earth. Sci Am. 2000;282(1):68–75.

408. Hoffman PF, Kaufman AJ, Halverson GP, Schrag DP. A neoproterozoic Snowball Earth. Science. 1998;281:1342–6.

409. Kirschvink JL. „Late proterozoic low-latitude global glaciation: the Snowball Earth", In Schopf JW, Klein C Hrsg. *The Proterozoic Biosphere*, Cambridge: CUP;1992.

410. Raup DM. Impact as a general cause of extinction: a feasability test. In: Sharpton VL, Ward PD, Herausgeber. Global catastrophes in earth history. Boulder: Geological Society of America; 1990.

411. Leakey R, Lewin R. Die sechste Auslöschung. Frankfurt a. M.: S. Fischer; 1996.

412. Oreskes N. Plate tectonics. Boulder: Westview; 2003.

413. Robert C, Bousquet R. Geowissenschaften. Berlin: Springer Spektrum; 2018.

414. Walker J, Hays P, Kasting J. A negative feedback mechanism for the long-term stabilization of the Earth's surface temperature. J Geophys Res. 1981;86:9776–82.

415. Hartmann WK, Davis DR. Satellite-sized planetesimals and lunar origin. Icarus. 1975;24:504–14.

416. Cameron AGW, Ward WR. „The origin of the Moon", *Abstracts of the Lunar and Planetary Sci*. Conf. 1976;7:120–2.

417. Wiechert U, Halliday AN, Lee D-C, Snyder GA, Taylor LA, Rumble D. Oxygen isotopes and the Moon-forming giant impact. Science. 2001;294:345–8.

418. Zhang J, Dauphas N, Davis AM, Leya I, Fedkin A. The proto-Earth as a significant source of lunar material. Nat Geosci. 2012;5:251–5.

419. Young ED, Kohl IE, Warren PH, Rubie DC, Jacobson SA, Morbidelli A. Oxygen isotopic evidence for vigorous mixing during the Moon-forming giant impact. Science. 2016;351(6272):493–6.

420. Comins NF. What if the moon didn't exist? New York: Harper Collins; 1993.

421. Waltham D. Lucky planet. London: Icon; 2014.

422. Lovelock JE. Gaias Rache: Warum die Erde sich wehrt. Berlin: Ullstein; 2009.

423. Lovelock JE. A rough ride to the future. London: Allen Lane; 2014.

424. Woese CR, Kandler O, Wheelis ML. Towards a natural system of organisms: proposal for the domains Archaea, Bacteria, and Eucarya. Proc Nat Acad Sci USA. 1990;87:4576–9.

425. Watson JD. Die Double Helix. Reinbek bei Hamburg: Rowohlt; 2011.

426. Crick F. Ein irres Unternehmen. München: Piper; 1990.

427. Malyshev DA, Dhami K, Lavergne T, Chen T, Dai N, Foster JM, Corrêa IR Romesberg, FE. „A semi-synthetic organism with an expanded genetic alphabet", *Nature,* 2014.

428. Graw J. Genetik. Berlin: Springer Spektrum; 2020.

429. Elsila JE, Glavin DP, Dworkin JP. Cometary glycine detected in samples returned by Stardust. Meteoritics & Planetary Sci. 2009;44:1323–30.

430. Deamer D. First life: Discovering the connections between stars, cells, and how life began. Oakland: University of California Press; 2012.

431. Hart MH. „N is very small". In *Strategies for the Search for Life in the Universe* Papagiannis MD Hrsg. Boston: Reidel; 1980; S. 19–25.

432. Bernhardt HS. „The RNA world hypothesis: the worst theory of the early evolution of life (except for all the others)", *Biology Direct*, Bd. 7, https://doi.org/10.1186/1745-6150-7-23, 2012. S. 23.

433. Sharov AA, Gordon R. „Life before Earth", arXiv:1304.3381. 2013.

434. England JL. Statistical physics of self replication, *J. Chem. Phys.* 2013;139:121923.

435. Deacon T. „Life before genetics: autogenesis, and the outer solar system", https://www.youtube.com/watch?v=jeMwy3xuEs8. 2013.

436. Martins Z, Price MC, Goldman N, Sephton MA, Burchell MJ. Shock synthesis of amino acids from impacting cometary and icy planet surface analogues. Nat Geosci. 2013;6:1045–9.

437. Gollihar J, Levy M, Ellington AD. Many paths to the origin of life. Science. 2014;343:259–60.

438. Pons M-L, Quitte G, Fujii T, Rosing MT, Reynard F, Moynier F, Douchet C, Albarede F. Early Archean serpentine mud volcanoes at Isua, Greenland, as a niche for early life. Proc Natl Acad Sci. 2011. https://doi.org/10.1073/pnas.1108061108.

439. Valley JE, et al. Hadean age for a post-magma-ocean zircon confirmed by atom-probe tomography. Nat Geosci. 2014;7:219–23.

440. Dartnell L. Life in the universe: a beginner's guide. London: Oneworld; 2007.

441. Sullivan WT, Baross J, Herausgeber. Planets and life. Cambridge: CUP; 2007.

442. Catling DC. Astrobiology: a very short introduction. Oxford: OUP; 2014.

443. Witze A. Icy Enceladus hides a water ocean. Nature. 2014. https://doi.org/10.1038/nature.2014.14985.

444. Lineweaver CH, Davis TM. Does the rapid appearance of life on Earth suggest that life is common in the universe? Astrobiology. 2002;2:293–304.

445. McGrayne SB. Die Theorie, die nicht sterben wollte. Berlin: Springer Spektrum; 2014.

446. Bayes T. An essay towards solving a problem in the doctrine of chances, *Phil. Trans. R. Soc.* 1763;53:370–418.

447. Casscells W, Schoenberger A, Graboys TB. Interpretation by physicians of clinical laboratory results. N Engl J Med. 1978;299:999–1001.

448. E. D. M, „Probabilistic reasoning in clinical medicine: problems and opportunities", In Kahneman D., Slovic P., Tversky A. Hrsg. *Judgment Under Uncertainty: Heuristics and Biases*, Cambridge: CUP; 1982.

449. Gigerenzer G, Hoffrage U. How to improve Bayesian reasoning without instruction: frequency formats. Psych Rev. 1995;102:684–704.

450. Spiegel DS, Turner EL. Bayesian analysis of the astrobiological implications of life's early emergence on Earth. Proc Natl Acad Sci. 2012;109:395–400.

451. Benner SA. „Planets, minerals and life's origin", *Mineralogical Mag.*, Bd. 77; 2013. S. 686.

452. Belbruno E, Moro-Martín A, Malhotra R, Savransky D. Chaotic exchange of solid material between planetary systems: implications for lithopanspermia. Astrobiology. 2012;12:754–74.

453. Worth RJ, Sigurdsson S, House CH. Seeding life on the moons of the outer planets via lithopanspermia. Astrobiol. 2013;13:1155–65.

454. Lane N. Leben: verblüffende Erfindungen der Evolution. Darmstadt: Theiss; 2015.

455. Knoll AH, Carroll S. Early animal evolution: emerging views from comparative biology and geology. Science. 1999;284:2129–37.

456. Cawood PA, Hawkesworth C. Earth's middle age. Geology. 2014;42:503–6.

457. Boesch C, Boesch H. Mental map in wild chimpanzees: an analysis of hammer transports for nut cracking. Primates. 1984;25:160–70.

458. Boesch C, Boesch H. Tool use and tool making in wild chimpanzees. Filia Primatologica. 1990;54:86–99.

459. Visalberghi E, Trinca L. Tool use in capuchin monkeys: distinguishing between performing and understanding. Primates. 1989;30:511–21.

460. Chevalier-Skolnikoff S, Liska J. Tool use by wild and captive elephants. Anim Behav. 1993;46:209–19.

461. Calvin WH. Wie das Gehirn denkt. München: Elsevier/Spektrum Akademischer Verlag; 2004.

462. Gibson KR, Ingold T. Tools, language and cognition in human evolution. Cambridge: CUP; 1993.

463. Griffin DR. Wie Tiere denken. München: dtv; 1991.

464. Savage-Rumbaugh S, Lewin R. Kanzi, der sprechende Schimpanse. München: Droemer Knaur; 1998.

465. Reich D. Who we are and how we got here. Oxford: OUP; 2018.

466. Tattersall I. Once we were not alone. Sci Am. 2000;282(1):56–62.

467. Tattersall I. Puzzle Menschwerdung. Heidelberg: Spektrum Akademischer Verlag; 1997.

468. Schick KD, Toth N. Making silent stones speak. New York: Simon and Schuster; 1993.

469. Leakey R. Die ersten Spuren. München: Bertelsmann; 1997.

470. Kohn M. As we know it. London: Granta; 1999.

471. Stringer C. The origin of our species. London: Penguin; 2012.

472. Pääbo S. Die Neandertaler und wir. Frankfurt a. M.: Fischer Taschenbuch; 2015.

473. Soressi M, et al. Neandertals made the first specialized bone tools in Europe. Proc Natl Acad Sci. 2013;110:14186–90.

474. Appenzeller T. Neanderthal culture: old masters. Nature. 2013;497:302–4.

475. Sieveking A. The cave artists. London: Thames and Hudson; 1979.

476. Rasmussen M, et al. An Aboriginal Australian genome reveals separate human dispersals into Asia. Science. 2011;334:94–8.

477. Asimov I. Die exakten Geheimnisse unserer Welt (2. Bd.). München: Droemer Knaur, 1985/86.

478. Herzing DL. Profiling nonhuman intelligence: an exercise in developing unbiased tools for describing other „types" of intelligence on Earth. Acta Astronaut. 2014;94:676–80.

479. O'Leary MA, et al. The placental mammal ancestor and the post-K-Pg radiation of placentals. Science. 2013;339:662–7.

480. Lineweaver CH. Paleontological tests: human-like intelligence is not a convergent feature of evolution. In: Seckbach J, Walsh M, Herausgeber. From fossils to astrobiology. Berlin: Springer; 2008. p. 355–68.

481. Viet L, Nieder A. Abstract rule neurons in the endbrain support intelligent behaviour in corvid songbirds, *Nature Communications*, Bd. 4, 2013. https://doi.org/10.1038/ncomms3878.

482. Quiring R, et al. Homology of the eyeless gene of Drosophila to the small eye in mice and aniridia in humans. Science. 1994;265:785–9.

483. Halder G, et al. Induction of ectopic eyes by targeted expression of the eyeless gene in Drosophila. Science. 1995;267:1788–92.

484. Budiansky S. Wenn ein Löwe sprechen könnte. Reinbek bei Hamburg: Rowohlt; 2003.

485. Rogers LJ. Minds of their own. Boulder: Westview; 1997.

486. Olson EC. N and the rise of cognitive intelligence on Earth. Quart J Royal Astro Soc. 1988;29:503–9.

487. D'Anastasio R, et al. Micro-biomechanics of the Kebara 2 hyoid and its implications for speech in Neanderthals. PLoS ONE. 2013. https://doi.org/10.1371/journal.pone.0082261.

488. Pinker S. Der Sprachinstinkt. München: Droemer Knaur; 1998.

489. Watts P. Blindflug. München: Heyne; 2015.

490. de Gelder B. Uncanny sight in the blind. Sci Am. 2010;302:60–5.

491. Metzinger T. Being no one. Cambridge: MIT Press; 2003.

492. Adams D. *Per Anhalter durch die Galaxis* (5. Bd.). Zürich: Kein & Aber, 1979.

493. Abe F, et al. Extending the planetary mass function to Earth mass by microlensing at moderately high magnification. Monthly Notices Royal Astro Soc. 2013;431:2975–85.

494. Gardner M. Mathematical games. Sci Am. 1977;237:18–28.

495. Graham RL, Rothschild BL. Ramsey's theorem for n-parameter sets. Trans American Math Soc. 1971;159:257–92.

496. Numberphile, „TREE vs Graham's Number", https://www.numberphile.com/videos/tree-v-grahams-number?rq=graham. 2020.

497. Schwartzman D, Rickard LJ. „Being optimistic about SETI", In Marx G Hrsg. *Bioastronomy – The Next Steps*, Astrophysics and space science library, 144. Bd., Dordrecht: Springer, 1988. S. 355–368.

498. Monod J. Zufall und Notwendigkeit. München: Piper; 1996.

Stichwortverzeichnis

Printed in the United States
by Baker & Taylor Publisher Services